ANÁLISE LINEAR DE SISTEMAS DINÂMICOS

Teoria, ensaios práticos e exercícios

ACADEMIA BRASILEIRA DE CIÊNCIAS

MCMXVI

ANÁLISE LINEAR DE SISTEMAS DINÂMICOS

Teoria, ensaios práticos e exercícios

3ª edição

José C. Geromel
Faculdade de Engenharia Elétrica
e de Computação, UNICAMP

Alvaro G. B. Palhares
Faculdade de Engenharia Elétrica
e de Computação, UNICAMP

Análise linear de sistemas dinâmicos: teoria, ensaios práticos e exercícios, 3. ed.

Editora Edgard Blücher Ltda.

Blucher

Rua Pedroso Alvarenga, 1245, 4° andar
04531-934 – São Paulo – SP – Brasil
Tel.: 55 11 3078-5366
contato@blucher.com.br
www.blucher.com.br

Segundo o Novo Acordo Ortográfico, conforme 5. ed. do *Vocabulário Ortográfico da Língua Portuguesa*, Academia Brasileira de Letras, março de 2009.

Dados Internacionais de Catalogação na Publicação (CIP)
Angélica Ilacqua CRB-8/7057

Geromel, José C.
Análise linear de sistemas dinâmicos : teoria, ensaios práticos e exercícios / José C. Geromel, Alvaro G. B. Palhares. -- 3. ed. -- São Paulo : Blucher, 2019.
380 p. : il.

Bibliografia
ISBN 978-85-212-1638-4 (impresso)
ISBN 978-85-212-1639-1 (e-book)

1. Análise de sistemas 2. Dinâmica 3. Sistemas lineares I. Título. II. Palhares, Alvaro G. B.

19-0923 CDD 515.352

Índices para catálogo sistemático:
1. Análise linear : Sistemas dinâmicos : Matemática

Este livro é dedicado aos nossos pais

Hermínio e Yolanda Geromel
Geraldo e Hélia Palhares

Conteúdo

Prefácio & Agradecimentos

O material exposto neste livro é fruto da experiência dos autores, adquirida durante vários anos como professores da disciplina *Análise Linear de Sistemas*, ministrada aos alunos do terceiro ano do curso de Engenharia Elétrica da UNICAMP.

Este livro não enfoca somente os diversos temas tratados para alunos com aquele perfil. Ao contrário, pretende ser abrangente para tornar-se adequado também para outros estudantes que estão iniciando seus estudos em diversas carreiras de ciências exatas, tais como licenciatura e bacharelado em Física, Química e Matemática, ou nos demais campos da engenharia. Na verdade, o texto vai além daquilo que se exige dos alunos de graduação na medida em que contém material pertinente e útil para a formação básica de alunos de pós-graduação nas áreas já mencionadas.

Temos a pretensão de ter tratado os diversos tópicos de maneira matematicamente rigorosa, mas sem trazer dificuldades excessivas aos potenciais leitores. Quando necessário, informações complementares a respeito de tópicos específicos, mas não completamente dentro dos objetivos do livro, são dadas no decorrer do texto. Ademais, uma grande variedade de exemplos resolvidos são incluídos de modo a melhor ilustrar os resultados apresentados. Além dos diversos aspectos teóricos, este livro contém um número bastante significativo de exercícios propostos, bem como diversos ensaios práticos realizados em laboratório que permitem colocar em evidência, de forma bastante clara, as dificuldades para viabilizar a análise e a modelagem de sistemas dinâmicos reais. Tópicos considerados pré-requisitos importantes, tais como vetores, matrizes e funções de variáveis complexas são tratados com mais detalhes em dois apêndices. Em nossa opinião, isso deve, ao mesmo tempo, facilitar a leitura e a consulta.

É certo que a leitura completa deste livro exigirá bastante trabalho que tentamos tornar o mais agradável possível. Além disso, esperamos também ter contribuído para que, do ponto de vista do leitor, o resultado final seja efetivamente proveitoso para o aprendizado dos mais variados conceitos e técnicas que constam do currículo mínimo das diversas carreiras profissionais anteriormente referidas.

Devemos a muitos colegas e alunos os mais sinceros agradecimentos por termos tido o benefício de muitas discussões acaloradas as quais, sem dúvida, contribuíram para aprimorar o texto final. Neste sentido, desejamos citar os colegas professores Maurício Carvalho de Oliveira e Afonso de Oliveira Alonso pela sempre pronta ajuda e pelo frequente incentivo.

Por fim, agradecemos ao CNPq - *Conselho Nacional de Desenvolvimento Científico e Tecnológico* e à FAPESP - *Fundação de Amparo à Pesquisa do Estado de São Paulo* pelo apoio a diversos projetos de pesquisa que desenvolvemos nas últimas duas décadas em conjunto com nossos alunos de iniciação científica, mestrado e doutorado e que foram, embora de forma indireta, decisivos para que este livro pudesse ser projetado e escrito.

O texto e as figuras foram editados pelos autores, em LaTeX, usando o estilo `livro` desenvolvido por professores do atual Instituto de Computação da UNICAMP, com o frequente e competente apoio técnico do colega Maurício Carvalho de Oliveira[1].

Campinas, São Paulo, outubro de 2003.

José C. Geromel
Alvaro G. B. Palhares

[1]A revisão do texto para corrigir algumas imprecisões e adequar-se ao Acordo Ortográfico da Língua Portuguesa foi realizada em novembro de 2010. Uma segunda revisão, que inclusive alterou uma notação para deixar o texto mais homogêneo, foi concluída em janeiro de 2019.

Capítulo 1

Prolegômenos

1.1 Discussão Preliminar

Este livro pretende oferecer ao leitor uma visão abrangente a respeito da problemática que envolve a modelagem e análise de processos dinâmicos contínuos ou discretos no tempo, cujo comportamento é descrito através de equações diferenciais ou de equações a diferenças finitas, respectivamente.

O esforço para desenvolver modelos matemáticos nas mais diversas áreas do conhecimento é notável e, certamente, tem um impacto importante na história do desenvolvimento humano. Vale aqui relembrar, por exemplo, o monumental esforço realizado por séculos para se construir um modelo matemático para a matéria, o qual, ainda nos dias atuais, não está inteiramente acabado. O mesmo esforço se verificou na astronomia, culminando com a contribuição ímpar da Lei da Gravitação de Newton e da Teoria da Relatividade Geral de Einstein. Em outras áreas da ciência, tais como Química, Biologia, Economia etc., algo similar aconteceu e certamente continuará acontecendo tendo em vista que, como hipótese de base, aprimoramentos sempre são possíveis e desejáveis.

O modelo matemático de um determinado fenômeno abre a possibilidade para que o seu comportamento futuro possa ser previsto com certa precisão e, em consequência, o seu impacto possa ser devidamente avaliado e, até mesmo, ser alterado através de ações determinadas para tal fim. Por exemplo, existem atualmente modelos bastante precisos que permitem prever o clima em uma determinada região com grande antecedência e determinar como os poluentes emitidos por indústrias, automóveis etc., se dissolvem ou reagem na atmosfera, indicando o impacto negativo na qualidade de vida da população e a necessidade de controle das fontes primárias de poluição.

A obtenção de um modelo matemático para um determinado fenômeno, normalmente, tem como base um conjunto de quatro atributos que devem ser adotados, a saber: *leis básicas*, *simplicidade*, *precisão* e *validação*. Primeiramente, tendo em vista o ambiente lógico e físico, onde o próprio fenômeno objeto da modelagem se insere, é preciso selecionar de forma adequada as leis básicas, estabelecidas *a priori*, que devem ser aplicadas. Elas devem gerar um conjunto de equações que descrevem o fenômeno em estudo, tendo como meta sua simplicidade, isto é, que sejam descritas por relações matemáticas as mais simples possíveis. Ao mesmo tempo e de forma geralmente conflituosa, requer-se precisão do modelo que deve fornecer resultados bastante próximos ao fenômeno observado, objeto da modelagem. O conflito se estabelece pois uma maior simplicidade na modelagem é, via de regra, conseguida negligenciando alguns aspectos que poderiam ser relevantes e que, por conseguinte, ao não serem explicitamente considerados, redundam em menor precisão. Finalmente, obtido um determinado modelo, é preciso confrontá-lo com a realidade para que ele possa ser validado, isto é, para que ele possa ser eleito como sendo uma representação matemática adequada do fenômeno em estudo. Não é de se surpreender que esse caminho seja trilhado várias vezes, até que um modelo efetivo seja devidamente estabelecido de tal maneira a, pelo menos, resvalar no paradigma de se conseguir um modelo que, simultaneamente, apresente menor complexidade e maior precisão, quando então a engenhosidade e a dedicação para obtê-lo convertem-se em arte.

Dessa forma, para se construir e analisar um modelo matemático é importante dominar e saber aplicar corretamente as leis básicas de áreas específicas do conhecimento tais como Mecânica Translacional e Rotacional, Eletricidade e Eletromagnetismo e outras, mas é também imperativo versar sobre um conjunto de propriedades e conceitos matemáticos que são essenciais para manipular processos dinâmicos. Em tempo contínuo, é fundamental saber manipular equações diferenciais de ordem qualquer, seja no próprio domínio do tempo, como também no caso linear, no domínio da frequência definido pela sua transformada de Laplace. Em tempo discreto, o mesmo se dá, sendo necessário conhecer as equações a diferenças de ordem arbitrária e, no caso linear, sua respectiva representação através de transformada $\mathcal{Z}$. Além disso, é importante conhecer as limitações e as vantagens de se converter, mesmo que de forma aproximada, equações diferenciais em equações a diferenças como resultado de um processo de discretização.

Para ilustrar o que foi dito, considere, como descrito na Figura 1.1, um corpo de massa m que parte da superfície do corpo de massa M com velocidade inicial v_0. Sendo v_0 uma velocidade com direção radial, no instante inicial $t = 0$, o deslocamento do corpo de massa $m \ll M$, medido segundo o sistema de referências

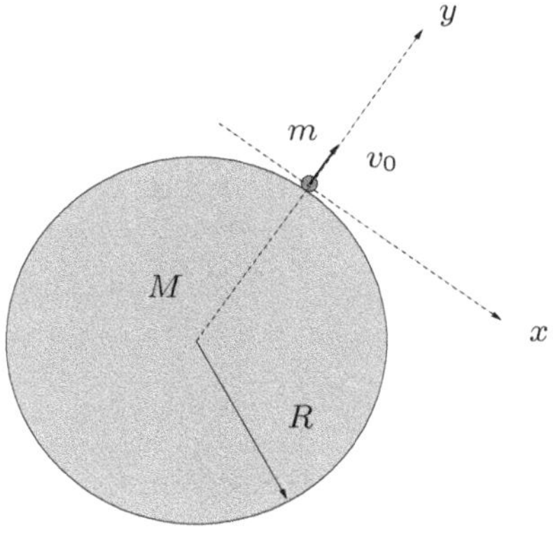

Figura 1.1: Movimento de um corpo sob ação da gravidade

indicado, deve satisfazer as condições iniciais

$$y(0) = 0 \ , \ \frac{dy}{dt}(0) = v_0 \tag{1.1}$$

Para que possamos determinar o seu deslocamento em função do tempo $t \geq 0$, necessitamos invocar a Lei Universal da Gravitação, que estabelece que o referido corpo, quando estiver a uma distância y da superfície, estará sujeito a uma força atrativa radial, cuja intensidade é dada por

$$f(y) = \frac{GMm}{(R+y)^2} = m\frac{g}{(1+\frac{y}{R})^2} \tag{1.2}$$

onde $f(0) = mg$ nada mais é que o peso do corpo de massa m em repouso na superfície do corpo de massa M, o qual, tratando-se do nosso planeta, faz com que a aceleração da gravidade seja $g = 9{,}8$ [m/s^2]. Em seguida, é preciso invocar a Segunda Lei de Newton, que estabelece que a variação do momento linear do corpo é igual, em todo instante de tempo, à resultante das forças externas que nele atuam. Considerando que a massa m é constante no tempo e que ele está sujeito apenas à força gravitacional, obtemos a seguinte equação diferencial:

$$\frac{d^2}{dt^2}y(t) + \frac{g}{\left(1+\frac{y(t)}{R}\right)^2} = 0 \tag{1.3}$$

que, ao ser resolvida, levando-se em conta as condições iniciais (1.1), fornece o deslocamento $y(t)$ para todo $t \geq 0$. Como a força da gravidade é radial e o mesmo ocorre com a velocidade inicial v_0, o movimento do corpo será radial para todo $t \geq 0$, indicando, neste caso particular, que $x(t) = 0$ para todo $t \geq 0$. Este é o modelo matemático para o deslocamento do corpo sob a ação exclusiva da força de gravidade. Porém, não se trata de um modelo simples, pois é representado por uma equação diferencial de segunda ordem não linear cuja solução $y(t)$ não é imediata. Entretanto, como o raio da Terra é aproximadamente $R = 6{,}37 \times 10^6$ [m], para movimentos em que $y(t) \ll R$, podemos adotar a aproximação

$$\frac{d^2}{dt^2}y(t) + g = 0 \tag{1.4}$$

que fornece um modelo matemático muito mais simples, traduzido por uma equação diferencial de segunda ordem linear cuja solução $y(t)$, sujeita às mesmas condições iniciais (1.1), é obtida de forma imediata. É claro que resta validar o modelo aproximado que acabamos de obter, o que é feito comparando-se as soluções produzidas por (1.3) e (1.4). Definindo $v(t) = dy(t)/dt$ como sendo a velocidade do corpo de massa m em qualquer instante de tempo $t \geq 0$, temos

$$\frac{d^2}{dt^2}y(t) = \frac{d}{dt}v(t) = v\frac{dv}{dy}$$

que, levada a (1.3), permite calcular a função $v(y)$, que fornece a velocidade do corpo em função de sua posição $y(t)$ para qualquer instante de tempo $t \geq 0$, ou seja:

$$\int_{v_0}^{v} v dv + \int_0^y \frac{g}{\left(1 + \frac{y}{R}\right)^2} dy = 0$$

e, calculando as duas integrais indicadas, obtemos sem dificuldades

$$v(y)^2 = v_0^2 - 2gy\left(\frac{R}{R+y}\right) \tag{1.5}$$

De maneira totalmente análoga, podemos adotar o mesmo procedimento para a equação aproximada (1.4) para obtermos

$$v(y)^2 = v_0^2 - 2gy \tag{1.6}$$

que permite uma comparação bastante interessante. De fato, com (1.6) podemos concluir que, na posição $y_0 = v_0^2/2g$, a velocidade do corpo se anula, qualquer que seja o valor da velocidade inicial v_0. Por outro lado, usando (1.5) verificamos que na posição

$$y_0 = \frac{v_0^2}{2g}\frac{1}{1 - \left(\frac{v_0}{v_e}\right)^2}, \quad v_e = \sqrt{2gR}$$

a velocidade do corpo também se anula, desde que a velocidade inicial v_0 seja menor que v_e. Se essa condição não se verificar, o corpo não para e escapa da atração gravitacional a que está submetido. Por esse motivo, v_e é chamada velocidade de escape e vale $v_e \approx 11{,}17$ [km/s] na Terra. É importante salientar que para $v_0 \ll v_e$, as funções $v(y)$, dadas em (1.5) e (1.6), são bastante parecidas e a aproximação (1.4) é válida e deve ser adotada. Porém, se v_0 for da mesma ordem de grandeza que v_e, a aproximação torna-se bastante pobre e então é o modelo não linear (1.3) que deve ser adotado. Em conclusão, se estivermos analisando o movimento de um corpo que se mantém próximo da superfície da Terra, é possível e desejável adotar o modelo aproximado (1.4), tendo em vista que não há perda de precisão e se ganha em simplicidade. Por outro lado, se o corpo em movimento vertical atingir altitudes comparáveis ao raio da Terra, é mandatório considerar o modelo original (1.3), sob pena de introduzir imprecisões importantes que acabam comprometendo os resultados.

Considere agora que o mesmo corpo, de massa m em $t = 0$, cai de uma determinada altura h_0, com velocidade inicial nula, sob a ação da gravidade. Sendo $h_0 \ll R$, adotamos inicialmente (1.4), que sujeita às condições iniciais $y(0) = h_0$ e $dy(0)/dt = 0$, fornece o seu deslocamento e a sua velocidade, segundo o referencial adotado. Resolvendo essa equação diferencial linear de segunda ordem, obtemos

$$y(t) = h_0 - \frac{1}{2}gt^2 \ , \quad v(t) = -gt \tag{1.7}$$

com a qual determinamos o intervalo de tempo decorrido até o impacto com o solo t_i, que satisfaz $y(t_i) = 0$, bem como a velocidade do corpo no momento do impacto $v_i = -\sqrt{2gh_0}$, que é maior quanto maior for a altura inicial da queda. Se esse modelo estivesse completo, não seria possível vermos alguém pular de paraquedas de um avião. O que de fato ocorre é que o modelo, tal como estabelecido, não está completo pois, além da força gravitacional, devemos também levar em conta a existência de uma força produzida pela resistência do ar, que contribui para inibir a ação da gravidade sobre o corpo. Em outras palavras, no ar, um corpo, ao cair, não está sujeito a uma aceleração constante como preconizado por (1.4), mas sim a uma aceleração que diminui conforme sua velocidade aumenta. Devemos, então, considerar a equação diferencial linear de segunda ordem

$$\frac{d^2}{dt^2}y(t) + \left(\frac{b}{m}\right)\frac{d}{dt}y(t) + g = 0 \tag{1.8}$$

como sendo um modelo mais adequado, onde b é uma constante denominada coeficiente de atrito viscoso e que será objeto de estudo mais adiante. Resolvendo essa equação, obtemos a posição do corpo em função do tempo, a qual, após

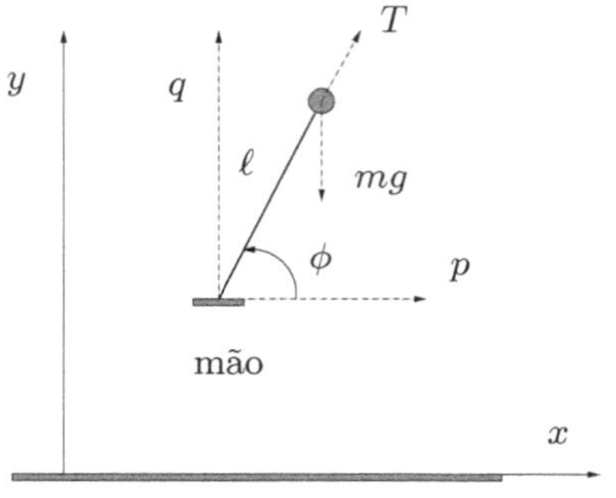

Figura 1.2: O equilibrista

simples derivação, fornece sua velocidade como sendo

$$v(t) = \frac{mg}{b}\left(e^{-(b/m)t} - 1\right) \tag{1.9}$$

Comparando essa função com aquela que consta em (1.7), notamos que ambas e suas respectivas derivadas em relação ao tempo são iguais em $t = 0$. Assim sendo, no início da queda, os dois modelos se comportam de forma semelhante. Porém, à medida que o tempo passa, eles se distanciam de forma marcante, tendo em vista que, segundo (1.9), a velocidade não aumenta indefinidamente, mas atinge o valor máximo $v_\infty = -mg/b$, o que é bastante concordante com o que podemos observar na prática. Quanto maior a massa, maior será a velocidade v_∞, mas, em contrapartida, ela torna-se menor conforme o coeficiente de atrito viscoso aumenta. O projeto de um bom paraquedas deve resultar em um b suficientemente grande para oferecer maior conforto e segurança ao usuário.

Em toda modelagem, um passo importante é ser capaz de selecionar as leis básicas adequadas e aplicá-las corretamente, sobretudo observando as condições e hipóteses em que elas são válidas. Para ilustrar esse fato, vamos considerar a Segunda Lei de Newton e discutir sua validade, que é restrita a referenciais ditos inerciais. A Figura 1.2 mostra a mão de um equilibrista que, supostamente, tenta equilibrar um bastão delgado de comprimento ℓ e massa m concentrada em sua extremidade, em um ambiente desprovido de qualquer tipo de atrito. O referencial definido pelos eixos coordenados xy pode ser considerado como sendo inercial, pois está parado em relação ao solo. O referencial pq também pode ser considerado inercial, desde que a mão do equilibrista não se mova em relação ao solo. Quando ela se move, ele perde esse atributo. Supondo, inicialmente, que a mão do equilibrista encontra-se parada, podemos aplicar a Segunda Lei de Newton, relativamente ao referencial pq, multiplicando a massa m pela derivada segunda da componente do deslocamento em cada uma das duas direções e igualando o resultado à resultante das forças que atuam nessas mesmas direções. Assim procedendo, obtemos relativamente à direção horizontal

$$m\frac{d^2}{dt^2}\left(\ell\cos(\phi)\right) - T\cos(\phi) = 0$$

e relativamente à direção vertical

$$m\frac{d^2}{dt^2}\left(\ell\mathrm{sen}(\phi)\right) - T\mathrm{sen}(\phi) + mg = 0$$

onde T, a intensidade da força aplicada na massa pela haste, pode ser eliminada dessas equações multiplicando a primeira delas por $-\mathrm{sen}(\phi)$, a segunda por $\cos(\phi)$ e somando os resultados. Efetuando as derivadas indicadas e lembrando que ϕ é uma função do tempo, resulta em

$$\ell\frac{d^2}{dt^2}\phi(t) + g\cos(\phi) = 0 \tag{1.10}$$

que é a equação clássica que rege o comportamento dinâmico de um pêndulo simples segundo o referencial inercial adotado. A partir de uma condição inicial qualquer, mesmo que ligeiramente afastada da vertical, o bastão cai. Vamos agora imaginar que o equilibrista move a sua mão. Nesse caso, como já comentamos anteriormente, o referencial que acabamos de adotar deixa de ser inercial e tem que ser abandonado, ou seja, se desejarmos aplicar corretamente a Segunda Lei de Newton, a equação (1.10) deixa de ser válida. Afinal, sabemos que um bom equilibrista, através de sua ação, acaba equilibrando o bastão. Temos então que adotar o referencial preso ao solo definido pelos eixos xy. Considerando que, relativamente a esse referencial, a mão do equilibrista ocupa uma posição genérica (x, y), a posição da massa m, nesse mesmo referencial, passa a ser definida pela abscissa $x + \ell\cos(\phi)$ e pela ordenada $y + \ell\mathrm{sen}(\phi)$. Portanto, aplicando o mesmo procedimento anterior em relação à direção horizontal, temos

$$m\frac{d^2}{dt^2}\left(x + \ell\cos(\phi)\right) - T\cos(\phi) = 0$$

bem como, relativamente à direção vertical, obtemos

$$m\frac{d^2}{dt^2}\left(y + \ell\mathrm{sen}(\phi)\right) - T\mathrm{sen}(\phi) + mg = 0$$

as quais, após a eliminação da tração T, resultam em

$$\ell\frac{d^2}{dt^2}\phi(t) + g\cos(\phi) = \mathrm{sen}(\phi)\frac{d^2}{dt^2}x(t) - \cos(\phi)\frac{d^2}{dt^2}y(t) \tag{1.11}$$

que é bastante diversa da equação (1.10). A diferença ocorre quando a mão está acelerada em relação ao referencial preso no solo, que acaba afetando o movimento do bastão fazendo com que o seu equilíbrio, mesmo na posição vertical, por ação do equilibrista, possa ocorrer. Esse exemplo singelo deve ser encarado como um alerta a respeito da importância de se aplicar, com cautela e com a devida atenção, as leis básicas disponíveis para cada caso específico.

A seguir, oferecemos ao leitor uma breve descrição do conteúdo de cada capítulo bem como as principais notações empregadas no decorrer de todo o texto. O objetivo é ressaltar os pontos que entendemos ser os mais importantes e que devem, portanto, ser bem compreendidos e sedimentados. Resolver os exercícios propostos no final de cada capítulo contribui de forma decisiva para que os conceitos, técnicas e manipulações introduzidos sejam absorvidos de forma sólida e definitiva.

- **Cap. 2: Modelagem de Processos Dinâmicos**

Esse capítulo introduz diversos conceitos básicos que são indispensáveis para construir modelos matemáticos para diversos sistemas dinâmicos. Movimentos de translação, de rotação e compostos, no plano e no espaço são analisados com vistas a se estabelecer um procedimento lógico que permite obter modelos de forma sistemática. As duas leis básicas utilizadas para os movimentos de translação e de rotação se expressam na forma

$$m\ddot{r}_c(t) = F(t) \tag{1.12}$$

significando que, em relação a um referencial inercial, a aceleração do centro de massa de um corpo multiplicada por sua massa total é igual à resultante das forças que nele atuam e

$$J\ddot{\phi}(t) = \tau(t) \tag{1.13}$$

indicando que, em relação a um referencial inercial, o momento de inércia de um corpo tomado em relação a um determinado eixo de rotação multiplicado por sua aceleração angular é igual ao torque resultante. Vários aspectos importantes envolvendo a escolha de referenciais mais adequados são discutidos detalhadamente. Em seguida, os modelos dos elementos elétricos básicos, resistor, capacitor e indutor são introduzidos para que a equação de estado de qualquer circuito planar seja obtida através de decomposição em valores singulares. Alguns conceitos sobre eletromagnetismo são enunciados com vistas à modelagem de motores de corrente contínua. O capítulo termina com um estudo sucinto de um modelo a tempo discreto de dinâmica econômica, no qual coloca-se em particular evidência os preços de equilíbrio em mercados interconectados. Esse capítulo contém dezoito exemplos completos resolvidos e comentados.

- **Cap. 3: Fundamentos de Dinâmica Contínua**

Esse capítulo inicia com um estudo detalhado de equações diferenciais lineares com coeficientes constantes e de ordem arbitrária, da forma

$$\sum_{i=0}^{n} a_i \frac{d^i}{dt^i} y(t) = g(t) \ , \ \forall t \geq 0 \in \mathbb{R} \tag{1.14}$$

onde $g(t)$ é uma função conhecida e a função incógnita $y(t)$ está submetida a condições iniciais que especificam o seu valor e os valores de suas derivadas sucessivas em $t = 0$. Estuda-se a estrutura de sua solução particionando-a na soma de duas parcelas denominadas homogênea e particular, respectivamente. Verifica-se que para uma classe bastante ampla de funções de entrada $g(t)$ apenas a parcela homogênea, de uma equação modificada adequadamente, fornece a respectiva solução geral. A transformada de Laplace de uma função $f(t)$, definida para todo $t \geq 0$,

$$\hat{f}(s) = \int_0^\infty f(t) e^{-st} dt \tag{1.15}$$

é estudada com detalhes e algum refinamento, sendo dada particular atenção à determinação de seu domínio, o que permite obter propriedades interessantes e úteis. Em seguida, ela é aplicada para introduzir e interpretar o impulso unitário, ente matemático que tem particular importância no estudo de sistemas dinâmicos. Como consequência natural, obtemos para as equações diferenciais dessa classe a sua representação de estado e, de forma alternativa, a sua representação através de função de transferência. A transformada de Laplace fornece um método seguro e simples para a solução de equações diferenciais lineares, sendo, portanto, adotada para resolver equações com coeficientes constantes no tempo, com coeficientes que variam linearmente com o tempo e para resolver equações diferenciais a derivadas parciais. Foi dada particular atenção ao cálculo de transformadas inversas de funções racionais e também irracionais, sendo que esta última classe tem um papel central na manipulação de equações convolucionais do tipo

$$f(t) * f(t) = g(t) \Longleftrightarrow \hat{f}(s) = \sqrt{\hat{g}(s)} \tag{1.16}$$

Em seguida, a resposta em frequência de sistemas dinâmicos lineares é estudada detalhadamente, incluindo sua representação gráfica através dos diagramas de

Bode. Ela consiste na determinação da transformada $\hat{f}(s)$ em $s = j\omega$ com $\omega \in \mathbb{R}$ e sua importância reside, em particular, no fato de viabilizar o cálculo da resposta temporal de um sistema linear invariante no tempo, em regime permanente, com auxílio da série de Fourier. Neste contexto, discutimos um resultado clássico conhecido como Teorema de Parseval. Esse capítulo contém trinta e dois exemplos completos resolvidos e comentados.

- **Cap. 4: Fundamentos de Dinâmica Discreta**

Esse capítulo tenta trilhar, da maneira mais próxima possível, o mesmo caminho adotado no capítulo anterior, porém com o objetivo central de estudar sistemas dinâmicos que evoluem em tempo discreto. Inicialmente estudamos com detalhes a solução de uma equação a diferenças com coeficientes constantes, dada na forma

$$\sum_{i=0}^{n} a_i y(k+i) = g(k) \ , \ \forall k \in \mathbb{N} \tag{1.17}$$

onde $g(k)$ é uma função conhecida e a incógnita $y(k)$ está submetida a condições iniciais que definem os valores de $y(k)$ para todo $k = 0, 1, \cdots, n-1$. Uma comparação com as técnicas desenvolvidas no capítulo anterior coloca em evidência uma semelhança notável com estas, que foram especialmente desenvolvidas para tratar equações a diferenças do tipo (1.17). Em seguida, é introduzida a transformada $\mathcal{Z}$ de uma função ou sequência numérica $f(k)$ definida para todo $k \in \mathbb{N}$, a saber:

$$\hat{f}(z) = \sum_{k=0}^{\infty} f(k) z^{-k} \tag{1.18}$$

sendo seu domínio determinado com a devida atenção, tendo em vista que ele define todos os pontos do plano complexo para os quais a avaliação de $\hat{f}(z)$ pode ser feita. A transformada $\mathcal{Z}$ permite definir a função impulso unitário discreto e representar uma equação a diferenças através de sua função de transferência, que resulta ser uma forma alternativa de sua respectiva representação de estado, também estudada detalhadamente. De maneira similar ao que foi feito no capítulo anterior, a transformada $\mathcal{Z}$ é adotada para se determinar a solução de equações a diferenças cujos coeficientes não são constantes, mas variam linearmente com $k \in \mathbb{N}$. As transformadas $\mathcal{Z}$ inversas de funções racionais e irracionais são determinadas sendo que, a exemplo dos sistemas a tempo contínuo, esta última classe permite a solução de equações convolucionais discretas, a saber:

$$f(k) * f(k) = g(k) \Longleftrightarrow \hat{f}(z) = \sqrt{\hat{g}(z)} \tag{1.19}$$

A resposta em frequência de sistemas lineares a tempo discreto é estudada tendo como meta principal a obtenção de soluções com a aplicação da série de Fourier. Sua representação gráfica é feita com os diagramas de Bode de módulo e de fase, bem como a partir de uma transformação de variável complexa, denominada transformação bilinear, que permite interpretar os resultados com perfeita similitude àqueles dos sistemas a tempo contínuo. A versão discreta do Teorema de Parseval é apresentada e discutida. Por fim, um importante tópico, que consiste na discretização de sistemas a tempo contínuo, com período de discretização constante, é apresentado, sendo que o sistema a tempo discreto resultante é obtido com o auxílio da transformada $\mathcal{Z}$ e, de forma alternativa, diretamente através de sua representação de estado. Como principal produto dessa parte do capítulo, mostramos a validade de um importante resultado conhecido como Teorema da Amostragem, obtido simplesmente através da solução de um problema de mínimos quadrados. Esse capítulo contém trinta e três exemplos completos resolvidos e comentados.

- **Cap. 5: Modelagem e Ensaios Práticos**

Esse capítulo é inteiramente dedicado à aplicação dos resultados expostos nos capítulos precedentes na modelagem e análise de sistemas dinâmicos reais. Inicialmente discutimos o problema de identificação de parâmetros para sistemas a tempo contínuo e a tempo discreto. Trata-se de definir e resolver de maneira adequada um problema de mínimos quadrados o qual, inclusive, admite uma solução que pode ser calculada de forma recursiva. Realizamos seis ensaios práticos em laboratório envolvendo sistemas mecânicos e elétricos. Foram determinados seus respectivos modelos e seus parâmetros, e a validação de cada um deles foi feita mediante confrontação dos comportamentos obtidos durante os ensaios práticos e aqueles preconizados pelos respectivos modelos identificados. Em particular, no estudo de linha de transmissão é importante citar a elaboração de um modelo racional aproximado que forneceu, dentro do contexto das experiências realizadas, resultados bastante precisos.

- **Notação**

Neste ponto, cabe, finalmente, lembrar que a notação usada no decorrer do texto é padrão. Os símbolos $\mathbb{R}$, $\mathbb{N}$, $\mathbb{Z}$ e $\mathbb{C}$ denotam, respectivamente, os conjuntos dos números reais, naturais, inteiros e complexos. O conjunto $\mathbb{R}_+$ refere-se aos reais não negativos. Para funções a tempo contínuo ou discreto, são usadas letras minúsculas indicando sua variável independente $t \in \mathbb{R}$ ou $k \in \mathbb{Z}$, por exemplo, $f(t)$ e $f(k)$. A transformada de Laplace e a transformada $\mathcal{Z}$ de uma função a tempo contínuo $f(t)$ ou de uma função a tempo discreto $f(k)$ são denotadas indistintamente como $\hat{f}(s)$ ou $\hat{f}(z)$. Os seus respectivos domínios são denotados também de forma indistinta como sendo $\mathcal{D}(\hat{f})$, ficando claro, no contexto, se estamos tratando do domínio de uma transformada de Laplace ou de uma transformada $\mathcal{Z}$. Sempre que possível, empregamos letras minúsculas para a resposta ao impulso e a mesma letra maiúscula para denotar a função de transferência a ela associada. Da mesma forma, matrizes são denotadas com letras maiúsculas e vetores com letras minúsculas, assim, $A \in \mathbb{R}^{n \times m}$ denota uma matriz real com n linhas e m colunas e $v \in \mathbb{R}^n$ denota um vetor real com n elementos, sempre considerado um vetor coluna. O vetor linha, transposto de v, é denotado por v'. Para números complexos $z \in \mathbb{C}$, empregamos z^* para denotar o seu conjugado e para vetores ou matrizes complexas $v \in \mathbb{C}^n$ o seu conjugado transposto é denotado como $v^{\sim}$. As operações de convolução a tempo contínuo e a tempo discreto são notadas $f(t) * h(t)$ e $f(k) * h(k)$, indistintamente[1]. Finalmente, as derivadas primeira e segunda de uma função $y(t)$, exclusivamente em relação ao tempo, são denotadas por $\dot{y}(t)$, $\ddot{y}(t)$ ou por $y^{(1)}(t)$, $y^{(2)}(t)$, e assim sucessivamente.

[1] Na 1ª e na 2ª edição deste livro a convolução a tempo discreto era denotada $f(k) \bullet h(k)$.

Capítulo 2

Modelagem de Processos Dinâmicos

2.1 Introdução

Neste capítulo, revemos algumas das principais leis fundamentais que exprimem as relações dinâmicas de processos, tais como: eletroeletrônicos, eletromagnéticos, eletromecânicos, mecânicos, térmicos, econômicos etc. A finalidade deste estudo é preparar o leitor para uma sistematização com vistas à obtenção de modelos matemáticos para diversas classes de processos dinâmicos.

As leis fundamentais utilizadas nos mais variados ramos da ciência, como a Física, Biologia, Química, Economia etc., são enunciadas a partir de observações de fenômenos estáticos e/ou dinâmicos feitas de tal modo a obter-se um modelo matemático que as represente. Considera-se como fenômenos dinâmicos aqueles caracterizados por propriedades que associam ao seu comportamento atual e futuro as ocorrências em tempos passados. Os fenômenos estáticos, pelo contrário, têm sua ocorrência dependente somente de alterações instantâneas dos agentes externos ao processo em observação. Essas leis são enunciadas com o propósito de se ter uma descrição quantitativa dos fenômenos observados e, por conseguinte, elaborar, através de relações precisas, o respectivo modelo matemático ou experimental.

De maneira genérica, podemos descrever um modelo experimental como um conjunto de elementos que interagem entre si e com o meio externo, trocando ou dissipando energia. A cada um desses elementos, associamos variáveis ou funções matemáticas que exprimem a quantidade de energia que é por ele dissipada ou armazenada, bem como a troca feita com o meio exterior. Os elementos que constituem o modelo experimental de um processo dinâmico podem ser então classificados da seguinte forma:

$$\textit{Elementos externos} \begin{cases} \textit{fontes} \\ \textit{ruído} \\ \textit{carga} \end{cases}$$

As *fontes* têm a finalidade de alterar o desempenho do processo de forma planejada. As variáveis do modelo matemático associadas a esses elementos denominamos *variáveis de entrada*. Os *ruídos* estão presentes no modelo experimental à revelia do projetista e são associados às variáveis que denominamos *variáveis de perturbação*. A *carga* está relacionada aos elementos que se utilizam da energia convertida pelo processo. Esses elementos são associados às variáveis que denominamos *variáveis de saída*.

$$\textit{Elementos internos} \begin{cases} \textit{armazenadores} \\ \textit{dissipadores} \\ \textit{conversores} \end{cases}$$

Os *armazenadores* são os elementos que têm a capacidade de armazenar energia ou informação e são, portanto, os responsáveis pela característica dinâmica do processo, uma vez que os seus desempenhos presente e futuro dependem das ocorrências passadas que armazenou. O conjunto desses elementos constitui a memória do processo, estando associado a um conjunto de variáveis que denominamos *variáveis de estado*. Num circuito elétrico, esses elementos são os indutores, que armazenam energia na forma de corrente, e os capacitores, que armazenam energia na forma de tensão. Numa montagem mecânica do tipo massa-mola-amortecedor, os elementos armazenadores são a massa, que armazena energia cinética, e a mola, que armazena energia potencial. Num computador digital, os *flip-flops* armazenam informação na forma de níveis de tensão. Já num processo econômico que representa o comportamento do mercado, as informações passadas acerca da oferta e da procura de um determinado produto determinam a evolução destas nos períodos futuros.

Os *dissipadores* são os elementos que produzem energia não aproveitável, dentro do contexto para o qual a montagem experimental foi concebida ou, no caso de processos que operam com transmissão e tratamento de informações, os elementos que as destroem durante a transmissão, sem armazená-las. Num circuito elétrico, o resistor é um dissipador, na medida em que produz energia na forma de calor quando submetido a uma determinada corrente elétrica. Como essa forma de energia é na maioria dos casos inútil, para a finalidade requerida, diz-se que tal elemento é um dissipador de energia. É importante observar que existe um efeito dinâmico na dissipação que não afeta de forma significativa a relação estática entre a tensão e a corrente. Se, entretanto, existirem restrições quanto à temperatura de trabalho, para efeitos de proteção dos materiais condutores e isolantes, um modelo termodinâmico poderá ser analisado em paralelo com o modelo elétrico. Em uma montagem mecânica do tipo massa-mola-amortecedor o dissipador é o amortecedor, uma vez que a força resistiva de atrito viscoso inerente a esse elemento é um agente de produção de calor. No caso do computador digital, elementos que somente transmitem informação, sem, contudo, armazená-las, são as portas lógicas.

Os *conversores* são os elementos responsáveis pela conversão de energia como, por exemplo, a conversão de energia elétrica em mecânica, feita através dos motores elétricos, que é viabilizada graças a uma interação eletromagnética onde a energia elétrica armazenada na forma de corrente, em condutores imersos em um campo magnético, cria um outro campo magnético que interage com o primeiro produzindo energia mecânica, armazenada na forma de quantidade de movimento angular ou linear, dependendo da montagem realizada para o experimento. Isso provocará aceleração angular ou linear nas massas acopladas a esses condutores. Esses conversores, em geral, são constituídos de dois ou mais elementos armazenadores, sendo, portanto, elementos compostos.

A representação matemática das propriedades dinâmicas que relacionam passado, presente e futuro é feita por *operações diferenciais* entre as variáveis associadas a cada elemento dinâmico, para o caso de processos ditos *contínuos*, ou *operações recursivas*, para o caso de processos ditos *discretos*.

Um processo contínuo é caracterizado por ter todas as variáveis, associadas aos seus elementos, descritas por funções definidas num domínio contínuo. Então, se $t \in \mathbb{R}$ é a variável independente que representa o tempo e $y(t) \in \mathbb{R}^r$ é uma variável dinâmica do processo, podemos afirmar que, por exemplo, para $\forall t \in \mathbb{R}$, vale a relação

$$\frac{dx}{dt}(t) = f(x(t), u(t), t) \ , \quad y(t) = g(x(t), u(t), t) \tag{2.1}$$

onde $x(t) \in \mathbb{R}^n$ é um vetor que contém todas as n variáveis de estado do processo, enquanto que $u(t) \in \mathbb{R}^m$ é a variável de entrada, incluindo-se as eventuais perturbações existentes, e $y(t) \in \mathbb{R}^r$ representa a variável de saída de interesse. Ademais, $f(\cdot)$ é uma função que exprime as relações dinâmicas envolvendo o vetor de variáveis de estado e a variável de entrada e $g(\cdot)$ é uma função que permite determinar a variável de saída a partir das demais.

Se o processo tem somente propriedades estáticas, ou seja, se $y(t)$ é uma variável associada a um elemento dissipativo, então a descrição matemática das suas relações com os demais elementos do processo tem a forma algébrica

$$y(t) = h(u(t)) \tag{2.2}$$

onde $h(\cdot)$ é uma função que exprime uma relação algébrica entre as variáveis de entrada e de saída.

Um processo discreto é caracterizado por ter todas as variáveis, associadas aos seus elementos, descritas por sequências numéricas discretas, cuja variável independente restringe-se ao conjunto dos números naturais que, no presente contexto, pode representar intervalos de tempo ou eventos discretos, isto é, $k \in \mathbb{N}$. Sendo $y(k) \in \mathbb{R}^r$ uma variável dinâmica associada a um elemento de um processo discreto, podemos dizer que $\forall k \in \mathbb{N}$ vale a relação

$$x(k+1) = f(x(k), u(k), k) \ , \quad y(k) = g(x(k), u(k), k) \tag{2.3}$$

onde, de maneira similar à anterior, $x(k) \in \mathbb{R}^n$ é um vetor que contém todas as n variáveis de estado do processo, $u(k) \in \mathbb{R}^m$ é a variável de entrada, incluindo-se as eventuais perturbações existentes, e $y(k)$ representa a variável de saída de interesse. Ademais, $f(\cdot)$ é uma função que exprime as relações dinâmicas envolvendo o vetor de variáveis de estado e a variável de entrada e $g(\cdot)$ é uma função que permite determinar a variável de saída a partir das demais. Em se tratando de um processo discreto estático, sua descrição matemática é, então, da forma

$$y(k) = h(u(k)) \tag{2.4}$$

onde $h(\cdot)$ é uma função que exprime a relação algébrica existente entre as variáveis de entrada e de saída.

2.2 Mecânica Translacional e Rotacional

O estudo do movimento de partículas é o ponto de partida para o entendimento das relações que regem o comportamento dinâmico dos corpos rígidos ou flexíveis, nas duas formas possíveis de movimentos, a saber, translacional e rotacional.

Sabemos que os processos mecânicos, que operam com velocidades abaixo de determinados limites, podem ser estudados com bastante precisão a partir das leis de Newton. Vamos então restringir o nosso estudo, neste livro, aos processos que satisfazem tal propriedade. O enunciado original da *Segunda Lei de Newton* estabelece que a aceleração de uma partícula é determinada, em cada instante, pela razão entre a resultante de todas as forças externas atuantes sobre a partícula e a sua massa. Sendo $r(t) \in \mathbb{R}^3$ o vetor que define a posição de uma partícula de massa m em relação a um sistema de referência fixo, também chamado inercial, S_F definido pelos versores ortonormais (i, j, k) e $F(t) \in \mathbb{R}^3$ a resultante de todas as forças externas atuantes, temos

$$F(t) = m\ddot{r}(t) \tag{2.5}$$

Uma versão moderna desta mesma lei diz que a variação do momento linear da partícula é igual à resultante de todas as forças externas atuantes sobre ela. Então, sendo o momento linear da partícula $p(t)$ definido por

$$p(t) = m\dot{r}(t) \tag{2.6}$$

a resultante $F(t)$, anteriormente definida pela equação (2.5), será agora dada na forma

$$\begin{aligned} F(t) &= \dot{p}(t) \\ &= m\ddot{r}(t) + \dot{m}\dot{r}(t) \end{aligned} \tag{2.7}$$

Assim, para processos onde a massa m pode ser considerada constante, a equação (2.5), que é um caso particular de (2.7), será utilizada em todos os casos estudados neste livro. Algumas definições importantes são dadas a seguir.

Definição 2.1 (Sistema de partículas) *Um sistema de partículas é um conjunto de N partículas interagindo entre si e com movimento relativo entre elas. O movimento global deste sistema, em relação a um referencial fixo S_F, pode ser caracterizado pelo deslocamento de um ponto denominado centro de massa.*

Definição 2.2 (Centro de massa) *O centro de massa de um sistema de partículas com massas m_i, $i = 1, 2, \dots, N$ e localizadas nas posições r_i, $i = 1, 2, \dots, N$ em relação a um referencial inercial S_F é dado por*

$$r_c = \frac{1}{m} \sum_{i=1}^{N} m_i r_i \tag{2.8}$$

onde

$$m = \sum_{i=1}^{N} m_i \tag{2.9}$$

denota, portanto, a sua massa total.

Definição 2.3 (Corpo rígido) *Definimos como corpo rígido um sistema que contém um número infinito de partículas sem movimento relativo entre si. Por conseguinte, com formas bem definidas e cujas dimensões permanecem inalteradas, seja qual for a ação das forças externas.*

Definição 2.4 (Corpo flexível) *Corpo flexível é um sistema que contém um número infinito de partículas, com formas mutantes quando sob a ação de forças externas.*

Nas duas últimas definições que envolvem um número infinito de partículas, o centro de massa, em relação a um referencial inercial S_F, será agora determinado por

$$r_c = \frac{1}{m}\int_{\text{corpo}} r dm \ , \quad m = \int_{\text{corpo}} dm \tag{2.10}$$

onde r é o vetor posição da massa infinitesimal dm em relação ao referencial S_F e m é a massa total do corpo. A determinação do diferencial dm depende basicamente de propriedades do corpo que está sendo estudado. Três situações são as mais frequentes e importantes. Para corpos *delgados*, que podem ser definidos em uma única direção, temos $dm = \rho_l dl$, onde ρ_l é a sua densidade linear de massa e dl um incremento infinitesimal linear. Para corpos *planares*, definidos em duas dimensões, temos $dm = \rho_s ds$, onde ρ_s é a sua densidade superficial de massa e ds o incremento infinitesimal de área. E, finalmente, no caso de corpos *volumétricos*, temos $dm = \rho_v dv$, onde ρ_v é a sua densidade volumétrica de massa e dv o incremento infinitesimal de volume.

Torna-se importante observar que toda a análise feita para movimentos translacionais puros, de sistemas de partículas ou de corpos, segue as mesmas leis do movimento de uma partícula isolada, dado que a aceleração do seu centro de massa é perfeitamente determinada pela resultante de todas as forças atuantes sobre o corpo, vista como se fosse aplicada sobre ele. De fato, qualquer força aplicada em algum ponto do sistema pode, para efeito de estudo da translação pura, ser considerada como aplicada sobre o centro de massa, cuja localização r_c é determinada pela equação (2.8), no caso de um sistema de partículas, ou pela equação (2.10), no caso de corpos rígidos. Dessa forma, a Segunda Lei de Newton, definida pela equação (2.5), quando utilizada para o estudo do movimento do centro de massa, será reformulada substituindo-se $\ddot{r}(t)$ por $\ddot{r}_c(t)$, ou seja, o novo enunciado feito através da equação (2.11), abaixo, descreve o movimento do centro de massa, com aceleração $\ddot{r}_c(t)$ do corpo, de forma análoga à equação (2.5) que descreve o movimento de uma partícula, com aceleração $\ddot{r}(t)$.

$$F(t) = m\ddot{r}_c(t) \tag{2.11}$$

Uma interpretação dessa equação, feita por D'Alembert, estabelece o princípio dado a seguir, que será bastante útil daqui em diante.

Princípio 2.1 (Princípio de D'Alembert) *Em cada instante, um corpo ou um sistema de partículas, de massa m constante, com o seu centro de massa sujeito à ação de forças externas, com aceleração $\ddot{r}_c$, mantém o equilíbrio dinâmico de forças devido ao surgimento de uma força resistiva ao movimento do centro de massa, denominada força de inércia e determinada por $-m\ddot{r}_c$. Isto é, em cada instante de tempo, incluindo-se a componente inercial, a soma de todas as forças que agem no centro de massa é nula.*

Note que o sinal negativo que aparece na expressão que determina a força inercial indica que ela tem sentido contrário e mesma direção da resultante das forças que provocam o movimento. Esse princípio estabelece uma condição instantânea de equilíbrio dinâmico do centro de massa de um sistema de partículas. Sua aplicação pode ser feita de duas maneiras diversas. A primeira é exatamente dada por (2.11), onde m é a massa total e $F(t)$ é a resultante de todas as forças que agem em todas as N partículas do sistema. Resolvida, a equação (2.11) fornece a posição, em relação ao tempo, do centro de massa. A segunda refere-se à determinação da posição de cada partícula isolada, isto é:

$$m_i\ddot{r}_i(t) = F_i(t) \ , \quad i = 1, 2, \ldots, N \tag{2.12}$$

onde $F_i(t)$ é a resultante de todas as forças atuantes na i-ésima partícula. Usando a definição de centro de massa e a igualdade acima, temos

$$\begin{aligned} m\ddot{r}_c(t) &= \sum_{i=1}^{N} m_i\ddot{r}_i(t) \\ &= \sum_{i=1}^{N} F_i(t) = F(t) \end{aligned} \tag{2.13}$$

onde fica perfeitamente claro que $F(t)$ é a soma vetorial, isto é, a resultante de todas as forças que atuam no sistema de partículas, independentemente de qual das N partículas cada força $F_i(t)$ está sendo aplicada.

Para a identificação das forças externas que compõem as resultantes $F_i(t)$, vamos enumerar os tipos mais comuns de forças que atuam sobre um corpo, isolado, de massa m constante, bem como os seus modelos matemáticos mais usualmente empregados.

- **Força peso:** Força atuante devido a ação gravitacional

$$f_p(t) = mg$$

onde g denota a aceleração da gravidade.

- **Força de deformação linear:** São forças provocadas por molas de extensão

$$f_\kappa(t) = \kappa d(t) \tag{2.14}$$

onde $d(t)$ representa a sua deformação e κ, chamado *coeficiente de elasticidade*, representa a constante de proporcionalidade estabelecida pela lei de Hooke, que pode ser determinada empiricamente para cada mola.

Em muitas situações práticas, uma mola de extensão interliga dois corpos rígidos em movimento translacional. Neste caso, a deformação $d(t)$ é determinada obtendo-se o deslocamento relativo entre os centros de massa dos dois corpos.

- **Força de atrito viscoso:** São forças que surgem devido ao contato de partes do corpo em movimento com o ar e demais fluidos viscosos, com efeitos análogos aos dos amortecedores. Este tipo de força é normalmente modelado como sendo proporcional à velocidade relativa $v(t)$ entre o corpo e o meio viscoso, de acordo com a seguinte expressão:

$$f_b(t) = bv(t) \tag{2.15}$$

onde a constante de proporcionalidade b é denominada *coeficiente de atrito viscoso* e é determinada empiricamente em cada caso.

- **Força de atrito seco ou de Coulomb:** São forças que atuam sobre o corpo, devido ao contato entre parte da superfície do corpo e outras superfícies. Seu modelo matemático mais simples é expresso em termos da velocidade relativa $v(t)$ do corpo e da superfície de contato. Enquanto o corpo não se movimenta, seu valor (até um certo valor máximo f_{max}) depende das condições para que o corpo permaneça em equilíbrio estático. Quando o corpo se movimenta, seu valor é tipicamente constante, mas muito menor que f_{max}.

Um corpo sob a ação de forças de atrito seco somente iniciará o movimento se a resultante das forças externas a ele aplicadas superar, em intensidade, o valor limite f_{max}. Essa força limite f_{max} pode ser determinada empiricamente para cada tipo de contato entre as superfícies.

Uma vez identificadas as forças que compõem $F(t)$, resta agora, para completar o modelo descrito por (2.11), determinar as expressões para as acelerações $\ddot{r}_c(t)$ de cada corpo. Antes, porém, vamos adotar alguns critérios para escolha e definição de sistemas de referência, com a finalidade de definir a localização do centro de massa $r_c(t)$, que deverá conter um número mínimo de coordenadas,

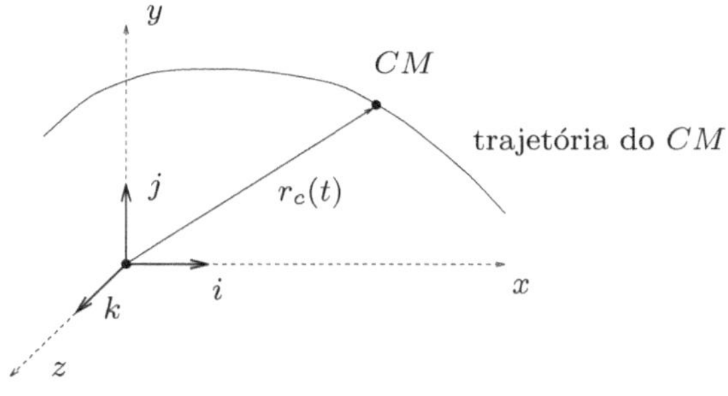

Figura 2.1: Sistema de referência para movimentos translacionais

suficientes para representar a translação desse ponto, bem como a sua rotação em torno de um ponto arbitrário, que corresponde a rotações independentes em torno de três eixos de um sistema cartesiano. Além disso, vamos estabelecer convenções para os sentidos dos movimentos, a fim de facilitar o trabalho na obtenção dos modelos.

2.2.1 Sistemas de Referência para Movimentos de Translação

Para escrevermos a equação do movimento do centro de massa, na forma da equação (2.11), que é vetorial, será necessário definir sistemas de referência adequados aos tipos de movimentos possíveis no processo em estudo, que podem ser classificados como: processos com movimentos de translação pura, processos com movimentos de rotação pura e processos com movimentos compostos de translação, rotação e deformação.

Para processos com movimentos que envolvem somente translação, define-se para cada corpo um sistema de referência com a finalidade de expressar o vetor de posição do seu centro de massa $r_c(t)$, que fica completamente determinado com três coordenadas (x, y, z) de um sistema cartesiano fixo, isto é, inercial, com base definida pelos versores (i, j, k) e origem localizada num ponto qualquer, podendo ser o próprio ponto de equilíbrio estático, conforme mostra a Figura 2.1. Desta forma, a determinação da aceleração do centro de massa de cada corpo $\ddot{r}_c(t)$, necessária para a descrição do modelo, segundo a equação (2.11), será também definida na base desse sistema de coordenadas, donde se conclui que movimentos de translação puros podem sempre ser decompostos nestas três direções ou, se for conveniente para efeito de simplificação do modelo, nas três direções de um sistema definido a partir deste, através de uma operação de mudança de base.

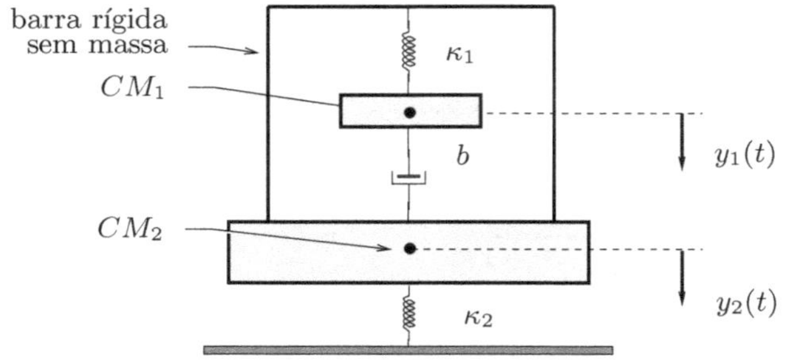

Figura 2.2: Sistema massa-mola-amortecedor

Exemplo 2.1 (Massa-mola-amortecedor) Deseja-se determinar o modelo matemático de um sistema mecânico constituído por dois corpos rígidos interligados entre molas e amortecedor, conforme mostrado na Figura 2.2. Para a determinação das equações que regem os deslocamentos das duas massas, vamos supor que há somente movimento de translação na direção vertical do plano xy. Como temos que descrever o deslocamento de duas massas, devemos definir dois sistemas de referência inerciais, isto é, sem movimento relativo entre eles, mas alocados de forma que, nas suas respectivas origens, as molas e o amortecedor não imprimam nenhuma força às massas. Consequentemente, os vetores de posição de cada centro de massa CM_1 e CM_2 são dados por

$$r_{c1} = -y_1 \jmath$$
$$r_{c2} = -y_2 \jmath$$

É importante observar que o sentido de cada um desses vetores pode ser arbitrado, porém, uma regra que sempre facilita a determinação das equações é arbitrar o mesmo sentido para o deslocamento de todos os corpos, com movimentos numa dada direção. Embora não seja fundamental, o uso dessa convenção permite que consideremos, sempre, que as posições e velocidades relativas, necessárias para a determinação das intensidades das forças definidas pelas equações (2.14) e (2.15), sejam dadas pelas diferenças entre esses dois vetores e pelas diferenças entre as suas derivadas, respectivamente, obtendo-se, portanto, as intensidades dessas forças externas aplicadas, em cada um dos corpos isolados, na forma

$$\begin{aligned} f_{\kappa_1} &= \kappa_1(y_1 - y_2) \\ f_{\kappa_2} &= \kappa_2 y_2 \\ f_b &= b(\dot{y}_1 - \dot{y}_2) \end{aligned} \tag{2.16}$$

O sentido de cada uma dessas forças depende do corpo no qual estão atuando e, quando se utiliza a convenção dada anteriormente, o sentido é determinado para cada um deles, como sendo contrário ao do vetor de posição do seu centro de massa, como aparece na equação (2.16). Isto significa que essas forças são de reação da mola ou do elemento viscoso sobre os corpos, sendo, portanto, forças resistivas aos deslocamentos nos sentidos arbitrados para cada um deles.

Teremos então, para os corpos de massa m_1 e m_2, as resultantes das forças externas $F_1(t)$ e $F_2(t)$, respectivamente, dadas por

$$F_1(t) = -m_1gj + \kappa_1(y_1 - y_2)j + b(\dot{y}_1 - \dot{y}_2)j$$
$$F_2(t) = -m_2gj + \kappa_1(y_2 - y_1)j + b(\dot{y}_2 - \dot{y}_1)j + \kappa_2y_2j$$

Como a forças inerciais são $m_1\ddot{y}_1j$ e $m_2\ddot{y}_2j$, respectivamente, para os corpos de massa m_1 e m_2, o modelo formulado segundo o princípio de D'Alembert será

$$m_1\ddot{y}_1 + \kappa_1(y_1 - y_2) + b(\dot{y}_1 - \dot{y}_2) = m_1g$$
$$m_2\ddot{y}_2 + \kappa_1(y_2 - y_1) + b(\dot{y}_2 - \dot{y}_1) + \kappa_2y_2 = m_2g$$

Observe que as equações acima foram escritas de tal forma que as forças m_1g na primeira equação e m_2g na segunda ficaram isoladas no lado direito, porque essas são, de fato, as únicas forças externas atuantes no sistema. Embora, na análise individual de cada corpo, as forças f_{κ_1}, f_{κ_2} e f_b tenham atuação externa sobre os corpos isolados, deve-se ter claro que essas são forças que só estão presentes devido à existência das molas e do amortecedor.

Finalmente, é bom ressaltar que o modelo obtido é um sistema de duas equações diferenciais, lineares, acopladas e de segunda ordem cada uma, constituindo, portanto, um modelo linear contínuo de quarta ordem. Isso significa que a memória desse processo é constituída de um vetor de estados $x(t) \in \mathbb{R}^4$, com quatro componentes, sendo duas ligadas à capacidade de realizar trabalho em cada corpo, armazenando energia potencial, que são as posições dos centros de massa, $x_1 = y_1$ e $x_2 = y_2$, medidos em relação aos referenciais inerciais adotados, e duas ligadas à energia cinética armazenada, que são as quantidades de movimento linear de cada corpo, $x_3 = m_1\dot{y}_1$ e $x_4 = m_2\dot{y}_2$. Com isto, se o vetor de entradas $u(t) \in \mathbb{R}^2$ for constituído pelas componentes $u_1 = m_1g$ e $u_2 = m_2g$, que representam as forças externas, é possível reescrever o modelo obtido acima em uma forma equivalente chamada *representação de estado*, que é caracterizada por um sistema de equações diferenciais envolvendo unicamente as diversas variáveis de estado e suas derivadas de primeira ordem. Assim, seguindo o modelo proposto nas equações (2.1), temos

$$\dot{x}_1 = (1/m_1)x_3$$
$$\dot{x}_2 = (1/m_2)x_4$$
$$\dot{x}_3 = -\kappa_1(x_1 - x_2) - (b/m_1)x_3 + (b/m_2)x_4 + u_1$$
$$\dot{x}_4 = -\kappa_1(x_2 - x_1) + (b/m_1)x_3 - (b/m_2)x_4 - \kappa_2x_2 + u_2$$

Por outro lado, se o vetor de saídas $y(t)$ for considerado como um vetor de duas componentes de posição, y_1 e y_2, temos também

$$y_1 = x_1$$
$$y_2 = x_2$$

Finalmente, definindo os vetores de estado, de entrada e de saída, respectivamente, como sendo

$$x(t) = \begin{bmatrix} x_1(t) \\ x_2(t) \\ x_3(t) \\ x_4(t) \end{bmatrix}, \quad u(t) = \begin{bmatrix} u_1(t) \\ u_2(t) \end{bmatrix}, \quad y(t) = \begin{bmatrix} y_1(t) \\ y_2(t) \end{bmatrix}$$

a representação matricial do sistema linear de equações diferenciais já determinado será então dada por

$$\begin{aligned} \dot{x}(t) &= Ax(t) + Bu(t) \\ y(t) &= Cx(t) + Du(t) \end{aligned}$$

onde as matrizes indicadas são obtidas na forma

$$A = \begin{bmatrix} 0 & 0 & 1/m_1 & 0 \\ 0 & 0 & 0 & 1/m_2 \\ -\kappa_1 & \kappa_1 & -b/m_1 & b/m_2 \\ \kappa_1 & -(\kappa_1 + \kappa_2) & b/m_1 & -b/m_2 \end{bmatrix}, \quad B = \begin{bmatrix} 0 & 0 \\ 0 & 0 \\ 1 & 0 \\ 0 & 1 \end{bmatrix}$$

e

$$C = \begin{bmatrix} 1 & 0 & 0 & 0 \\ 0 & 1 & 0 & 0 \end{bmatrix}, \quad D = \begin{bmatrix} 0 & 0 \\ 0 & 0 \end{bmatrix}$$

Cabe ressaltar que qualquer modelo matemático envolvendo equações diferenciais de qualquer ordem pode ser reduzido à representação de estado, como acabamos de indicar neste exemplo particular. Vale a pena, novamente, enfatizar que a característica fundamental da representação de estado é que somente derivadas de primeira ordem das variáveis de estado aparecem nas suas equações. □

2.2.2 Sistemas de Referência para Movimentos de Rotação

No caso de movimentos de rotação pura, podemos escrever a equação (2.11) em coordenadas cartesianas da mesma forma que fizemos no Exemplo 2.1. Entretanto, se utilizarmos outros sistemas de referência, tais como coordenadas cilíndricas ou esféricas, a obtenção do modelo poderá ser extremamente facilitada. Para bem entender este ponto, vamos inicialmente estudar um exemplo simples do movimento circular de uma partícula no plano e, em seguida, vamos generalizar os resultados obtidos para movimentos de rotação espaciais.

Exemplo 2.2 (Movimento circular de uma partícula) A Figura 2.3 mostra uma partícula P de massa m em movimento circular, com raio ℓ, em torno de um ponto fixo CR. Consideramos que o movimento se dá no plano xy, sendo, portanto, uma rotação em torno do eixo z, de um sistema de referência cartesiano inercial S_F, com origem em CR.

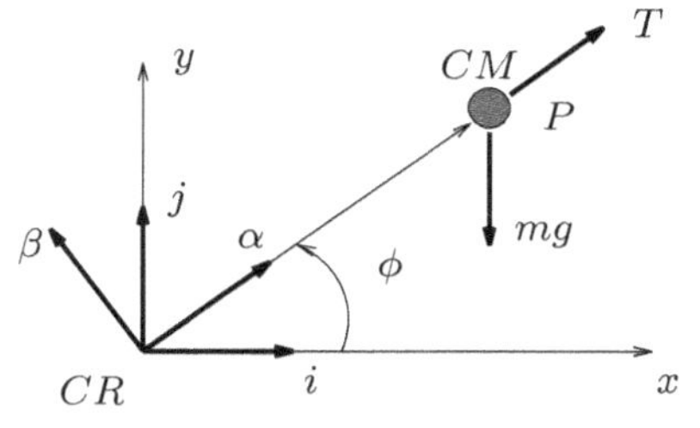

Figura 2.3: Movimento circular de uma partícula no plano xy

Definimos também um sistema de referência cilíndrico S_C a partir de uma base de versores (α, β, γ) com γ na mesma direção de k, de tal forma que o movimento desse sistema seja representado pelo deslocamento angular ϕ em torno do eixo z, conforme mostrado na Figura 2.3. Por facilidade, o versor α é fixado na direção definida pela reta que passa pelos pontos CM e CR com o sentido de CR para CM. Queremos determinar as equações do movimento e a força externa $T\alpha$, atuando sobre CM, que, juntamente com a força peso com intensidade mg, mantém, de fato, o movimento de P em trajetória circular no referido plano. O leitor deve estar atento para o fato de que a Segunda Lei de Newton é válida para S_F, mas não é válida para S_C, pois este último não é um referencial inercial. Entretanto, nada impede que calculemos a aceleração do centro de massa e a resultante das forças externas em relação a S_F e exprimamos os resultados obtidos em uma base qualquer, por exemplo, a base definida pelo sistema de coordenadas cilíndricas. Geralmente, quando manipulamos rotações, esse procedimento torna-se muito conveniente e simplificador.

Denotando por $r_c(t)$ a localização de CM em relação ao referencial S_F, então, pela figura, vemos que

$$r_c(t) = \ell(\cos\phi)i + \ell(\text{sen}\phi)j$$

e, lembrando que ℓ deve se manter constante, derivando sucessivamente em relação ao tempo, obtemos o vetor velocidade

$$\dot{r}_c(t) = -\ell\dot{\phi}(\text{sen}\phi)i + \ell\dot{\phi}(\cos\phi)j$$

e o vetor aceleração

$$\ddot{r}_c(t) = -\ell\left(\ddot{\phi}\text{sen}\phi + \dot{\phi}^2\cos\phi\right)i + \ell\left(\ddot{\phi}\cos\phi - \dot{\phi}^2\text{sen}\phi\right)j$$

Por outro lado, como em relação a S_F, a resultante das forças externas é $F(t) = (T\cos\phi)i + (T\text{sen}\phi - mg)j$, aplicando a Segunda Lei de Newton, expressa pela igualdade (2.11), obtemos o modelo procurado.

Existe, entretanto, uma maneira mais simples de se obter o mesmo resultado. De fato, descrevendo os versores da base (α, β, γ) como funções dos versores (i, j, k) do sistema fixo S_F, temos

$$\begin{aligned} \alpha &= (\cos\phi)i + (\text{sen}\phi)j \\ \beta &= -(\text{sen}\phi)i + (\cos\phi)j \\ \gamma &= k \end{aligned} \tag{2.17}$$

Para um observador no sistema fixo, tem-se que (i, j, k) é invariante no tempo e (α, β, γ) é variante no tempo, devido à variação de ϕ. Portanto, podemos escrever

$$\begin{aligned} \dot{\alpha} &= \dot{\phi}\left(-(\text{sen}\phi)i + (\cos\phi)j\right) \\ \dot{\beta} &= -\dot{\phi}\left((\cos\phi)i + (\text{sen}\phi)j\right) \\ \dot{\gamma} &= 0 \end{aligned} \tag{2.18}$$

que nos permite imediatamente obter as derivadas em relação a S_F, mas expressas em termos dos versores que definem S_C, ou seja:

$$\begin{aligned} \dot{\alpha} &= \dot{\phi}\beta \\ \dot{\beta} &= -\dot{\phi}\alpha \\ \dot{\gamma} &= 0 \end{aligned} \tag{2.19}$$

Notamos imediatamente que $\dot{r}_c(t) = \ell\dot{\alpha} = \ell\dot{\phi}\beta$, que é justamente o vetor velocidade em relação ao referencial S_F, mas expresso em termos da base do sistema cilíndrico S_C. Derivando novamente (2.18) em relação ao tempo e usando as equações (2.19), obtemos

$$\begin{aligned} \ddot{\alpha} &= \ddot{\phi}\beta - \dot{\phi}^2\alpha \\ \ddot{\beta} &= -\ddot{\phi}\alpha - \dot{\phi}^2\beta \\ \ddot{\gamma} &= 0 \end{aligned} \tag{2.20}$$

que nos permite determinar a aceleração da partícula em relação ao referencial fixo S_F, mas escrita em relação à base do sistema S_C, isto é:

$$\ddot{r}_c(t) = \ell\ddot{\alpha} = \ell\left(\ddot{\phi}\beta - \dot{\phi}^2\alpha\right) \tag{2.21}$$

Escrevendo a resultante das forças externas na base definida por S_C, podemos estabelecer as equações do movimento (2.11), mas agora expressas em relação ao sistema de coordenadas S_C. Como $F(t) = -mgj + T\alpha$ e verificando pela Figura 2.3 que $j = (\text{sen}\phi)\alpha + (\cos\phi)\beta$, a resultante $F(t)$ pode então ser escrita na forma

$$F(t) = -mg\left((\text{sen}\phi)\alpha + (\cos\phi)\beta\right) + T\alpha$$

Substituindo $F(t)$ e $\ddot{r}_c(t)$ em (2.11), obtemos

$$-mg\left((\text{sen}\phi)\alpha + (\cos\phi)\beta\right) + T\alpha = m\ell\left(\ddot{\phi}\beta - \dot{\phi}^2\alpha\right)$$

que pode ser escrita separadamente nas direções α e β, resultando nas duas equações escalares

$$m\ell\dot{\phi}^2 = mg\text{sen}\phi - T \tag{2.22}$$

$$m\ell\ddot{\phi} = -mg\cos\phi \tag{2.23}$$

e, consequentemente, a força procurada $T\alpha$ tem intensidade

$$T = mg(\text{sen}\phi) - m\ell\dot{\phi}^2$$

onde o deslocamento angular $\phi(t)$ pode ser determinado através da solução de (2.23), a partir de condições iniciais conhecidas, por exemplo, posição e velocidade angulares em $t = 0$. A equação (2.23) é uma equação diferencial de segunda ordem não linear. Para ϕ na vizinhança de um ponto dado, por exemplo, $\phi_0 = -\pi/2$, podemos adotar uma aproximação linear para o modelo obtido. De fato, definindo a nova variável $\theta(t) = \phi(t) - \phi_0$ e adotando as aproximações de primeira ordem

$$\text{sen}(\theta - \pi/2) \approx -1 \ , \quad \cos(\theta - \pi/2) \approx \theta$$

então, a intensidade da força procurada torna-se $T = mg$ e θ deve satisfazer

$$m\ell\ddot{\theta} + mg\theta = 0$$

que é uma equação de segunda ordem linear com coeficientes constantes. Para a partícula próxima da posição vertical, a força requerida é aproximadamente igual ao seu peso e seu movimento será periódico com período constante e independente de sua massa. □

Esse exemplo que acabamos de resolver permite introduzir uma notação matricial que deverá facilitar a obtenção de modelos matemáticos correspondentes a sistemas de maior complexidade. Um vetor qualquer $v \in \mathbb{R}^3$, relativo ao referencial fixo S_F, pode ser escrito de duas formas equivalentes:

$$v = v_x i + v_y j + v_z k \Longleftrightarrow v = \begin{bmatrix} v_x \\ v_y \\ v_z \end{bmatrix}$$

pois, relativo a S_F, os versores ortonormais (i, j, k) são representados por

$$i = \begin{bmatrix} 1 \\ 0 \\ 0 \end{bmatrix} \ , \ j = \begin{bmatrix} 0 \\ 1 \\ 0 \end{bmatrix} \ , \ k = \begin{bmatrix} 0 \\ 0 \\ 1 \end{bmatrix}$$

e torna-se claro que, por exemplo, qualquer vetor pertencente ao plano xy tem a coordenada v_z sempre nula. De maneira similar, o mesmo vetor $v \in \mathbb{R}^3$, relativo ao referencial S_C, pode ser escrito equivalentemente a

$$v = v_\alpha \alpha + v_\beta \beta + v_\gamma \gamma \Longleftrightarrow v = \begin{bmatrix} v_\alpha \\ v_\beta \\ v_\gamma \end{bmatrix}$$

pois, relativo a S_C, os versores ortonormais (α, β, γ) são igualmente dados por

$$\alpha = \begin{bmatrix} 1 \\ 0 \\ 0 \end{bmatrix} \ , \ \beta = \begin{bmatrix} 0 \\ 1 \\ 0 \end{bmatrix} \ , \ \gamma = \begin{bmatrix} 0 \\ 0 \\ 1 \end{bmatrix}$$

Neste ponto, podemos determinar a relação entre as coordenadas do mesmo vetor v quando este é expresso em termos de dois referenciais diferentes S_F e S_C. Com as relações já estabelecidas em (2.17), vem imediatamente

$$\begin{bmatrix} v_x \\ v_y \\ v_z \end{bmatrix} = \begin{bmatrix} \cos\phi & -\text{sen}\phi & 0 \\ \text{sen}\phi & \cos\phi & 0 \\ 0 & 0 & 1 \end{bmatrix} \begin{bmatrix} v_\alpha \\ v_\beta \\ v_\gamma \end{bmatrix}$$

que pode ser reescrita de maneira mais compacta como

$$v_F = R_\phi v_C \tag{2.24}$$

onde a matriz $R_\phi \in \mathbb{R}^{3\times 3}$ é dada por

$$R_\phi = \begin{bmatrix} \cos\phi & -\text{sen}\phi & 0 \\ \text{sen}\phi & \cos\phi & 0 \\ 0 & 0 & 1 \end{bmatrix} \tag{2.25}$$

É muito importante perceber que ambos v_F e v_C representam o mesmo vetor v. Sua representação em relação ao sistema de referência cartesiano S_F é v_F, enquanto que sua representação em relação ao sistema de referência cilíndrico S_C é v_C. Numericamente, v_F e v_C são diferentes, a menos que $\phi = 0$, quando então os dois referenciais coincidem e R_ϕ torna-se a matriz identidade. Por esse motivo, a matriz R_ϕ é chamada *matriz de mudança de base*, devido ao fato de que os dois sistemas de referência adotados formam duas bases distintas para todo o espaço $\mathbb{R}^3$.

Uma outra interpretação muito útil deste mesmo resultado é a seguinte: tomemos um vetor qualquer $v \in \mathbb{R}^3$ relativo ao referencial S_F. Fazendo o produto $R_\phi v$, obtemos um outro vetor no $\mathbb{R}^3$ que, relativo ao mesmo referencial S_F, corresponde a rodar o primeiro vetor de um ângulo ϕ no sentido anti-horário. Por exemplo, $R_\phi i$ é exatamente igual ao versor α representado em relação ao referencial fixo S_F. Por esse motivo, a matriz R_ϕ é também chamada de *matriz de rotação* que se dá em torno do eixo z.

Lema 2.1 *A matriz R_ϕ apresenta as seguintes propriedades:*

i) R_ϕ é uma matriz não singular e $R_\phi^{-1} = R_\phi'$.

ii) $\dot{R}_\phi = R_\phi \mathcal{V}_\phi$, onde

$$\mathcal{V}_\phi = \begin{bmatrix} 0 & -\dot{\phi} & 0 \\ \dot{\phi} & 0 & 0 \\ 0 & 0 & 0 \end{bmatrix} \tag{2.26}$$

iii) $\ddot{R}_\phi = R_\phi \mathcal{A}_\phi$, *onde*

$$\mathcal{A}_\phi = \begin{bmatrix} -\dot{\phi}^2 & -\ddot{\phi} & 0 \\ \ddot{\phi} & -\dot{\phi}^2 & 0 \\ 0 & 0 & 0 \end{bmatrix} \tag{2.27}$$

iv) As matrizes $\mathcal{V}_\phi$ *e* $\mathcal{A}_\phi$ *comutam com a matriz* R_ϕ*, isto é:*

$$R_\phi \mathcal{V}_\phi = \mathcal{V}_\phi R_\phi \ , \ R_\phi \mathcal{A}_\phi = \mathcal{A}_\phi R_\phi \tag{2.28}$$

Prova: O determinante de R_ϕ é sempre igual a um, indicando que sua inversa sempre existe. Por outro lado, com uma simples multiplicação, verifica-se que $R'_\phi R_\phi = I$ e, consequentemente, o primeiro item é verdadeiro. O item *ii)* é provado pelo cálculo da derivada de R_ϕ, em relação ao tempo. Finalmente, derivando novamente em relação ao tempo, vem

$$\begin{aligned} \ddot{R}_\phi &= \dot{R}_\phi \mathcal{V}_\phi + R_\phi \dot{\mathcal{V}}_\phi \\ &= R_\phi \mathcal{V}_\phi \mathcal{V}_\phi + R_\phi \dot{\mathcal{V}}_\phi \\ &= R_\phi \mathcal{A}_\phi \end{aligned}$$

a qual, com $\mathcal{A}_\phi = \mathcal{V}_\phi^2 + \dot{\mathcal{V}}_\phi$, fornece o resultado desejado. A última propriedade é provada por mera verificação. □

Para simplificar a notação, não tornamos explícita a dependência de $\mathcal{V}_\phi$ com $\dot{\phi}$ e de $\mathcal{A}_\phi$ com $\dot{\phi}$ e $\ddot{\phi}$. As matrizes $\mathcal{V}_\phi$ e $\mathcal{A}_\phi$ podem ser interpretadas como matrizes de velocidades e acelerações generalizadas. Essa afirmação tem como base o seguinte fato muito importante e que deve sempre ser levado em conta quando se deseja obter as equações do movimento de uma partícula, ou de um sistemas de partículas, restrito a um plano. Em um movimento circular, o vetor de posição relativo ao sistema de referência cilíndrico S_C é um vetor constante r. Assim, sua representação em relação ao sistema de referência fixo S_F é dada por $r_F = R_\phi r$. A partir do resultado do último lema, podemos determinar sua velocidade e aceleração relativas ao mesmo sistema de referência S_F, ou seja:

$$\dot{r}_F = R_\phi \mathcal{V}_\phi r \ , \ \ddot{r}_F = R_\phi \mathcal{A}_\phi r$$

Porém, usando a transformação inversa, podemos expressar esses vetores em relação ao sistema de referência S_C. Para isto, basta multiplicá-los à esquerda por $R'_\phi = R_\phi^{-1}$, quando, então, obtemos

$$\dot{r}_C = \mathcal{V}_\phi r \ , \ \ddot{r}_C = \mathcal{A}_\phi r$$

O uso desse resultado será ilustrado no exemplo dado a seguir, que trata novamente do movimento circular de uma partícula. É importante que o leitor se familiarize com a notação matricial, a qual, como ficará claro mais adiante, é essencial para o modelamento matemático de movimentos circulares realizados no espaço tridimensional $\mathbb{R}^3$.

Exemplo 2.3 (Movimento circular de uma partícula) Considere o movimento de uma partícula já descrito no Exemplo 2.2. Relativo ao referencial S_C, sua posição é todo o tempo definida pelo vetor constante

$$r = \begin{bmatrix} \ell \\ 0 \\ 0 \end{bmatrix}$$

Consequentemente, sua posição em relação ao referencial fixo S_F é dada por

$$r_F = R_\phi r$$

onde usamos a fórmula de transformação de sistemas de referência (ou bases) dada em (2.24). Com o lema anterior, podemos calcular a aceleração em relação a S_F de maneira muito simplificada, pois r é constante em relação ao tempo. Obtemos então

$$\begin{aligned} \ddot{r}_F &= \ddot{R}_\phi r \\ &= R_\phi \mathcal{A}_\phi r \\ &= \begin{bmatrix} -\dot{\phi}^2 \ell \cos\phi - \ddot{\phi}\ell \operatorname{sen}\phi \\ \ddot{\phi}\ell\cos\phi - \dot{\phi}^2\ell\operatorname{sen}\phi \\ 0 \end{bmatrix} \end{aligned}$$

de onde concluímos que

$$\ddot{r}_c(t) = (-\dot{\phi}^2\ell\cos\phi - \ddot{\phi}\ell\operatorname{sen}\phi)i + (\ddot{\phi}\ell\cos\phi - \dot{\phi}^2\ell\operatorname{sen}\phi)j$$

Finalmente, como o vetor aceleração acima calculado está representado em relação ao sistema de referência fixo S_F, podemos, multiplicando-o à esquerda por R'_ϕ, obter o vetor aceleração em relação ao sistema de referência S_C. Usando (2.27), temos

$$\begin{aligned} \ddot{r}_C &= R'_\phi \ddot{r}_F \\ &= R'_\phi R_\phi \mathcal{A}_\phi r \\ &= \mathcal{A}_\phi r \\ &= \begin{bmatrix} -\dot{\phi}^2\ell \\ \ddot{\phi}\ell \\ 0 \end{bmatrix} \end{aligned}$$

que permite obter

$$\ddot{r}_c(t) = -\dot{\phi}^2\ell\alpha + \ddot{\phi}\ell\beta$$

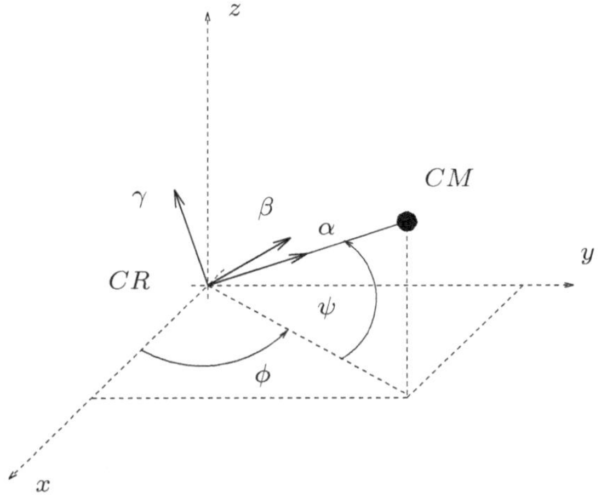

Figura 2.4: Sistema de referência esférico

ou seja, recuperamos exatamente a equação (2.21). É claro que o procedimento matricial adotado para atacar este exemplo parece exagerado, dada a simplicidade do problema. Todavia, voltamos a enfatizar que veremos mais adiante a grande utilidade em adotar este procedimento para obter o modelo matemático de sistemas complexos envolvendo movimentos compostos, espaciais, com centros de rotação acelerados e com a localização do centro de massa variante em relação ao centro de rotação. O mesmo procedimento básico permite enfrentar todas essas situações. □

Baseados no procedimento adotado anteriormente quando tratamos um movimento circular no plano, podemos generalizá-lo para tratar movimentos circulares no espaço. Para tanto, escolhemos um sistema de referência esférico, como ilustrado na Figura 2.4. Inicialmente, vamos considerar o movimento somente de rotação de uma partícula e definir um sistema de referência esférico S_E com a base de versores (α, β, γ), fixado ao corpo, com origem no centro de rotação e coincidente com a origem de um sistema fixo S_F, definido na base de versores invariantes (i, j, k) com a finalidade de medir o vetor $r_c(t)$, que localiza o centro de massa CM em relação ao centro de rotação CR. Note que esse procedimento é idêntico ao adotado anteriormente para estudar o movimento restrito a um plano, porém, no presente caso, o novo sistema de coordenadas depende de dois ângulos ϕ e ψ. Deve-se notar, também, que o sistema de referência esférico S_E tem o versor α coincidente com a reta definida por CR e CM.

Para podermos operar adequadamente com o sistema de referência esférico, é preciso determinar a matriz de mudança de base entre S_E e S_F. Por inspeção, com base na Figura 2.4, obtemos as relações

$$\begin{aligned}
\alpha &= (\cos\psi\cos\phi)i + (\cos\psi\text{sen}\phi)j + (\text{sen}\psi)k \\
\beta &= -(\text{sen}\phi)i + (\cos\phi)j \\
\gamma &= -(\text{sen}\psi\cos\phi)i - (\text{sen}\psi\text{sen}\phi)j + (\cos\psi)k
\end{aligned} \tag{2.29}$$

as quais permitem estabelecer a seguinte relação entre vetores relativos às duas bases em consideração:

$$\begin{bmatrix} v_x \\ v_y \\ v_z \end{bmatrix} = \begin{bmatrix} \cos\phi\cos\psi & -\text{sen}\phi & -\cos\phi\text{sen}\psi \\ \text{sen}\phi\cos\psi & \cos\phi & -\text{sen}\phi\text{sen}\psi \\ \text{sen}\psi & 0 & \cos\psi \end{bmatrix} \begin{bmatrix} v_\alpha \\ v_\beta \\ v_\gamma \end{bmatrix}$$

que pode ser escrita na forma compacta

$$v_F = R_{\phi\psi} v_E \tag{2.30}$$

sendo que a matriz de mudança de bases $R_{\phi\psi}$ pode ser interpretada como resultante de uma rotação de ϕ em torno do eixo z e de uma rotação de ψ em torno do novo eixo y. Assim sendo, após os cálculos devidos, verifica-se que

$$R_{\phi\psi} = R_\phi R_\psi \tag{2.31}$$

onde R_ϕ é a matriz de rotação em torno do eixo z já introduzida anteriormente e R_ψ é a matriz de rotação em torno do eixo y que é dada por

$$R_\psi = \begin{bmatrix} \cos\psi & 0 & -\text{sen}\psi \\ 0 & 1 & 0 \\ \text{sen}\psi & 0 & \cos\psi \end{bmatrix} \tag{2.32}$$

Comparando-a com a matriz de rotação R_ϕ, notamos que R_ψ tem a mesma estrutura, onde a linha e a coluna correspondentes ao eixo de rotação são nulas, a menos do número um na diagonal principal. Assim sendo, propriedades similares àquelas do Lema 2.1 são também válidas para a matriz de rotação R_ψ.

Lema 2.2 *A matriz R_ψ apresenta as seguintes propriedades:*

i) R_ψ é uma matriz não singular e $R_\psi^{-1} = R'_\psi$.

ii) $\dot{R}_\psi = R_\psi \mathcal{V}_\psi$, onde

$$\mathcal{V}_\psi = \begin{bmatrix} 0 & 0 & -\dot{\psi} \\ 0 & 0 & 0 \\ \dot{\psi} & 0 & 0 \end{bmatrix} \tag{2.33}$$

iii) $\ddot{R}_\psi = R_\psi \mathcal{A}_\psi$, *onde*

$$\mathcal{A}_\psi = \begin{bmatrix} -\dot{\psi}^2 & 0 & -\ddot{\psi} \\ 0 & 0 & 0 \\ \ddot{\psi} & 0 & -\dot{\psi}^2 \end{bmatrix} \tag{2.34}$$

iv) As matrizes $\mathcal{V}_\psi$ *e* $\mathcal{A}_\psi$ *comutam com a matriz* R_ψ, *isto é:*

$$R_\psi \mathcal{V}_\psi = \mathcal{V}_\psi R_\psi \ , \ R_\psi \mathcal{A}_\psi = \mathcal{A}_\psi R_\psi \tag{2.35}$$

Com esses resultados preliminares, estamos agora em condições de estabelecer as fórmulas das derivadas de primeira e de segunda ordens de $R_{\phi\psi}$ em relação ao tempo. As mais importantes propriedades da matriz de mudança de base entre o sistema cartesiano S_F e o esférico S_E são dadas no lema a seguir. Para simplificar a notação, sempre que for possível, a dependência das diversas matrizes com as derivadas dos ângulos ϕ e ψ não será explicitada.

Lema 2.3 *A matriz* $R_{\phi\psi}$ *apresenta as seguintes propriedades:*

i) $R_{\phi\psi}$ *é uma matriz não singular e* $R_{\phi\psi}^{-1} = R'_{\phi\psi}$.

ii) $\dot{R}_{\phi\psi} = R_\phi \mathcal{V}_{\phi\psi} R_\psi$, *onde*

$$\mathcal{V}_{\phi\psi} = \begin{bmatrix} 0 & -\dot{\phi} & -\dot{\psi} \\ \dot{\phi} & 0 & 0 \\ \dot{\psi} & 0 & 0 \end{bmatrix} \tag{2.36}$$

iii) $\ddot{R}_{\phi\psi} = R_\phi \mathcal{A}_{\phi\psi} R_\psi$, *onde*

$$\mathcal{A}_{\phi\psi} = \begin{bmatrix} -\dot{\psi}^2 - \dot{\phi}^2 & -\ddot{\phi} & -\ddot{\psi} \\ \ddot{\phi} & -\dot{\phi}^2 & -2\dot{\phi}\dot{\psi} \\ \ddot{\psi} & 0 & -\dot{\psi}^2 \end{bmatrix} \tag{2.37}$$

Prova: O primeiro item decorre do fato de que $R_{\phi\psi}$ é dada pelo produto de duas matrizes não singulares. Derivando em relação ao tempo

$$\begin{aligned} \dot{R}_{\phi\psi} &= \dot{R}_\phi R_\psi + R_\phi \dot{R}_\psi \\ &= R_\phi \mathcal{V}_\phi R_\psi + R_\phi \mathcal{V}_\psi R_\psi \\ &= R_\phi \mathcal{V}_{\phi\psi} R_\psi \end{aligned}$$

e definindo $\mathcal{V}_{\phi\psi} = \mathcal{V}_\phi + \mathcal{V}_\psi$, obtemos (2.36). Derivando novamente em relação ao tempo, vem

$$\begin{aligned}\ddot{R}_{\phi\psi} &= \dot{R}_\phi \mathcal{V}_{\phi\psi} R_\psi + R_\phi \mathcal{V}_{\phi\psi} \dot{R}_\psi + R_\phi \dot{\mathcal{V}}_{\phi\psi} R_\psi \\ &= R_\phi \left(\dot{\mathcal{V}}_{\phi\psi} + \mathcal{V}_{\phi\psi}\mathcal{V}_\psi + \mathcal{V}_\phi \mathcal{V}_{\phi\psi} \right) R_\psi \\ &= R_\phi \mathcal{A}_{\phi\psi} R_\psi\end{aligned}$$

que é o que se desejava obter. □

É claro que a importância desse resultado reside na possibilidade que ele abre para determinarmos, com maior facilidade, as equações que regem os movimentos circulares no espaço tridimensional. Como já foi feito para o movimento circular no plano, também no caso espacial, esse tipo de movimento é caracterizado pelo vetor de posição constante r em relação ao referencial S_E. Assim sendo, em relação a S_F temos $r_F = R_{\phi\psi} r$ e os respectivos vetores de velocidade e aceleração são dados por

$$\dot{r}_F = R_\phi \mathcal{V}_{\phi\psi} R_\psi r \ , \ \ddot{r}_F = R_\phi \mathcal{A}_{\phi\psi} R_\psi r$$

os quais, lembrando mais uma vez, estão relacionados ao sistema fixo S_F. Podemos determinar os mesmos vetores, porém relacionados ao sistema S_E, bastando, para isto, multiplicá-los à esquerda por $R'_{\phi\psi}$, ou seja:

$$\dot{r}_E = R'_\psi \mathcal{V}_{\phi\psi} R_\psi r \ , \ \ddot{r}_E = R'_\psi \mathcal{A}_{\phi\psi} R_\psi r$$

Deve ser notado que não obtemos fórmulas simples como no caso de um movimento circular restrito a um dos planos coordenados. Isto é, a velocidade e a aceleração, no sistema de referência S_E, depende de funções trigonométricas do ângulo ψ e também das matrizes de velocidade e aceleração generalizadas. Mesmo assim, o exemplo a seguir mostra como o uso dessas fórmulas torna mais simples a obtenção de modelos para sistemas rotacionais no espaço $\mathbb{R}^3$.

Exemplo 2.4 (Pêndulo esférico) Considere um pêndulo esférico como mostrado na Figura 2.5 que é composto por uma massa m atada a um suporte rígido através de uma haste rígida sem massa, de comprimento ℓ. Deseja-se determinar as equações do seu movimento.

Adotando o sistema de coordenadas esférico já introduzido, verificamos que a resultante das forças que atuam na massa é $F(t) = -mgk - T\alpha$. De fato, a primeira componente na direção k é o peso e T, na direção α, é a tração no fio de suspensão. Com os resultados anteriores podemos determinar o versor k escrito na base S_E, resolvendo o sistema linear

$$\begin{bmatrix} 0 \\ 0 \\ 1 \end{bmatrix} = R_\phi R_\psi \begin{bmatrix} v_\alpha \\ v_\beta \\ v_\gamma \end{bmatrix} \longrightarrow k = \begin{bmatrix} \text{sen}\psi \\ 0 \\ \cos\psi \end{bmatrix}$$

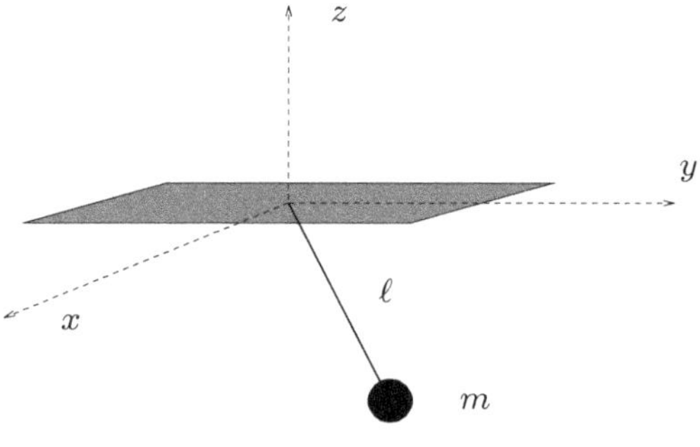

Figura 2.5: O pêndulo esférico

Consequentemente, relativo ao sistema de referência S_E, temos

$$F(t) = -mgk - T\alpha = \begin{bmatrix} -mg\text{sen}\psi - T \\ 0 \\ -mg\cos\psi \end{bmatrix}$$

Em seguida, devemos calcular a aceleração da massa m em relação ao sistema de referência fixo S_F, mas expressa no mesmo sistema de referência S_E. Lembrando que a posição do pêndulo em relação a S_E é sempre constante e dada por

$$r = \ell\alpha = \begin{bmatrix} \ell \\ 0 \\ 0 \end{bmatrix}$$

então, em relação a S_F, temos $r_F = R_{\phi\psi}r$, que permite calcular a aceleração procurada, ou seja:

$$\begin{aligned} \ddot{r}_E &= R'_{\phi\psi}\ddot{r}_F \\ &= R'_{\phi\psi}\ddot{R}_{\phi\psi}r \\ &= R'_{\psi}R'_{\phi}R_{\phi}\mathcal{A}_{\phi\psi}R_{\psi}r \\ &= R'_{\psi}\mathcal{A}_{\phi\psi}R_{\psi}r \end{aligned}$$

Portanto a aceleração, na base S_E, é dada por

$$\ddot{r}_c(t) = R'_{\psi}\mathcal{A}_{\phi\psi}R_{\psi}r = \ell \begin{bmatrix} -\dot{\phi}^2\cos^2\psi - \dot{\psi}^2 \\ \ddot{\phi}\cos\psi - 2\dot{\phi}\dot{\psi}\text{sen}\psi \\ \ddot{\psi} + \dot{\phi}^2\text{sen}\psi\cos\psi \end{bmatrix}$$

e a equação (2.11), isto é, $m\ddot{r}_c(t) = F(t)$, permite finalmente escrever o modelo matemático na forma de três equações diferenciais não lineares. Com a primeira determina-se a tração no fio, em função dos ângulos ϕ e ψ, a saber:

$$T = -mg\text{sen}\psi + m\ell\left(\dot{\psi}^2 + \dot{\phi}^2\cos^2\psi\right)$$

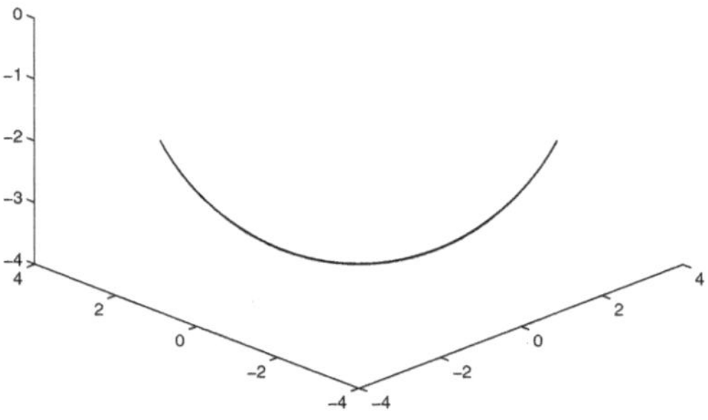

Figura 2.6: O pêndulo oscilando no plano

e as duas últimas determinam os ângulos relacionados ao sistema de coordenadas esféricas através de duas equações diferenciais não lineares acopladas

$$m\ell\ddot{\psi} + m\ell\dot{\phi}^2 \text{sen}\psi\cos\psi + mg\cos\psi = 0 \tag{2.38}$$

e

$$m\ell\ddot{\phi}\cos\psi - 2m\ell\dot{\phi}\dot{\psi}\text{sen}\psi = 0 \tag{2.39}$$

É interessante notar que, se a condição inicial de velocidade for tal que $\dot{\phi}(0) = 0$, então a equação (2.39) admite a função $\phi(t) = \phi(0) = \phi_0 \ \forall t \geq 0$ como solução. Neste caso, a equação (2.38) reduz-se exatamente à equação que descreve o comportamento dinâmico de um pêndulo restrito ao plano $\phi = \phi_0$.

Para melhor ilustrar este resultado, duas simulações numéricas foram feitas e estão mostradas nas Figuras 2.6 e 2.7, respectivamente. Nos dois casos, o observador foi localizado no ponto $(x, y, z) = (4, 4, -4)$. Consideramos $g = 10$ [m/s^2], $\ell = 4$ [m] e simulamos de $t = 0$ [s] até $t = 200$ [s]. A Figura 2.6 foi obtida a partir das condições iniciais

$$\psi(0) = -\pi/6 \text{ [rad]} \ , \ \dot{\psi}(0) = 0 \text{ [rad/s]} \ , \ \phi(0) = -\pi/4 \text{ [rad]} \ , \ \dot{\phi}(0) = 0 \text{ [rad/s]}$$

e confirma aquilo que já foi dito. Como a velocidade inicial do pêndulo tem a componente $\dot{\phi}(0) = 0$ [rad/s], então sua trajetória está confinada no plano $\phi = -\pi/4$ [rad]. A Figura 2.7 foi obtida a partir das condições iniciais

$$\psi(0) = -\pi/6 \text{ [rad]} \ , \ \dot{\psi}(0) = 0 \text{ [rad/s]} \ , \ \phi(0) = -\pi/4 \text{ [rad]} \ , \ \dot{\phi}(0) = \pi/3 \text{ [rad/s]}$$

e, agora, devido ao fato de que $\dot{\phi}(0) \neq 0$, o movimento se torna espacial. Finalmente, é importante observar que as trajetórias mostradas nas duas figuras foram obtidas por integração numérica das equações (2.38) e (2.39), obtendo-se $\phi(t)$ e $\psi(t)$ para todo $0 \leq$

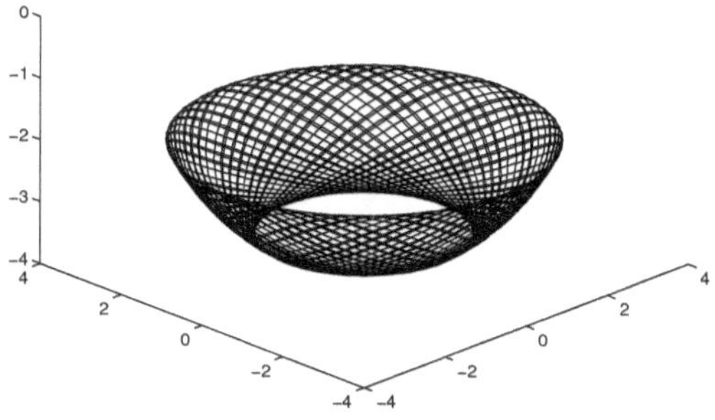

Figura 2.7: O pêndulo oscilando no espaço

$t \leq 200$ [s]. Em seguida, a posição do pêndulo foi calculada, em coordenadas cartesianas, pelas relações

$$x(t) = \ell\cos\phi(t)\cos\psi(t) \ , \ y(t) = \ell\text{sen}\phi(t)\cos\psi(t) \ , \ z(t) = \ell\text{sen}\psi(t)$$

que são imediatamente definidas a partir da matriz de mudança de base de coordenadas esféricas para coordenadas cartesianas. □

Para ilustrar ainda mais a aplicação dos resultados anteriores, vamos obter as equações do movimento no caso em que a distância entre o centro de rotação e o centro de massa não é constante, mas sim variante no tempo.

Exemplo 2.5 (Pêndulo suspenso por mola) Considere um pêndulo oscilando em um plano, constituído de uma massa m suspensa por uma mola com coeficiente de elasticidade κ. Considere, ainda, a existência de atrito viscoso, com coeficiente b entre a massa e o ar. Deseja-se determinar as equações do movimento do pêndulo ilustrado na Figura 2.8.

Neste caso, a posição do pêndulo na base definida pelo referencial S_C não é mais constante, mas, considerando que a mola não se dobra, sua direção é ainda aquela do versor α. Consequentemente, $r(t) = d(t)\alpha$. Em relação ao sistema fixo, temos

$$r_F = R_\phi r \ , \ \dot{r}_F = R_\phi \left(\mathcal{V}_\phi r + \dot{r}\right) \ , \ \ddot{r}_F = R_\phi \left(\mathcal{A}_\phi r + 2\mathcal{V}_\phi \dot{r} + \ddot{r}\right)$$

as quais, em relação a S_C, podem ser escritas na forma

$$r_C = r \ , \ \dot{r}_C = \mathcal{V}_\phi r + \dot{r} \ , \ \ddot{r}_C = \mathcal{A}_\phi r + 2\mathcal{V}_\phi \dot{r} + \ddot{r}$$

portanto, com os resultados do Lema 2.1 podemos imediatamente determinar

$$m\ddot{r}_c = \begin{bmatrix} m\ddot{d} - m\dot{\phi}^2 d \\ m\ddot{\phi}d + 2m\dot{\phi}\dot{d} \\ 0 \end{bmatrix}$$

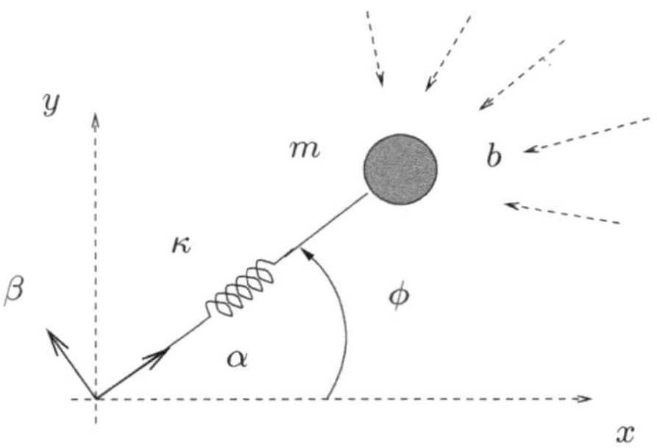

Figura 2.8: Pêndulo suspenso por mola

Por outro lado, a resultante de todas as forças agindo na massa do pêndulo é obtida pela soma de três componentes, a saber, a força peso $-mgj$, a força devido à existência da mola no fio de suspensão $-\kappa(d-\ell)\alpha$, onde ℓ representa o comprimento do pêndulo sem nenhuma deformação e a força devida ao atrito viscoso entre a massa e o ar $-b\dot{r}_c$. Consequentemente, em relação ao sistema de coordenadas S_C temos

$$\begin{aligned} F(t) &= \begin{bmatrix} -mg\text{sen}\phi - \kappa(d-\ell) \\ -mg\text{cos}\phi \\ 0 \end{bmatrix} - b\left(\mathcal{V}_\phi r + \dot{r}\right) \\ &= \begin{bmatrix} -mg\text{sen}\phi - \kappa(d-\ell) - b\dot{d} \\ -mg\text{cos}\phi - b\dot{\phi}d \\ 0 \end{bmatrix} \end{aligned}$$

Finalmente, aplicando a Segunda Lei de Newton, expressa em termos da equação (2.11), obtemos as equações do movimento

$$m\ddot{d} + b\dot{d} + (\kappa - m\dot{\phi}^2)d + mg\text{sen}\phi = \kappa\ell \tag{2.40}$$

e

$$md\ddot{\phi} + (2m\dot{d} + bd)\dot{\phi} + mg\text{cos}\phi = 0 \tag{2.41}$$

É interessante observar que, se $\phi(0) = -\pi/2$ e $\dot{\phi}(0) = 0$, então a equação diferencial (2.41) admite como solução $\phi(t) = -\pi/2$ para todo $t \geq 0$. Neste caso, a equação (2.40) se reduz a

$$m\ddot{d} + b\dot{d} + \kappa d = mg + \kappa\ell$$

que corresponde a um movimento oscilatório amortecido do pêndulo, situado na posição vertical e que, com o decorrer do tempo, irá parar na posição de equilíbrio $d_{eq} = \ell + mg/\kappa$.

Para confirmar essas afirmações, simulamos numericamente as equações acima obtidas, considerando um pêndulo com as seguintes características: $m = 1$ [kg], $g = 10$ [m/s^2],

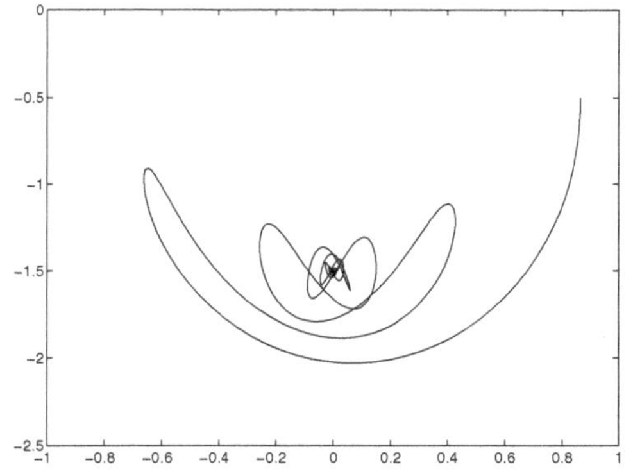

Figura 2.9: O pêndulo oscilando no plano xy

$\kappa = 20$ [N/m], $b = 0{,}5$ [Ns/m] e $\ell = 1$ [m]. A simulação foi realizada para $0 \leq t \leq 100$ [s] com as condições iniciais

$$d(0) = 1 \text{ [m]} \ , \ \dot{d}(0) = 0 \text{ [m/s]} \ , \ \phi(0) = -\pi/6 \text{ [rad]} \ , \ \dot{\phi}(0) = 0 \text{ [rad/s]}$$

e o resultado obtido está mostrado na Figura 2.9, sendo que o centro de rotação do pêndulo está localizado no ponto $(x, y) = (0, 0)$. Verifica-se nitidamente que, sob a ação do atrito viscoso entre a massa e o ar, após um certo tempo, o pêndulo para na posição de equilíbrio $(d, \phi) = (1{,}50; -\pi/2)$, que corresponde à posição vertical e a uma deformação na mola suficiente para equilibrar a força peso agindo na massa m em repouso. □

Para processos que envolvem movimentos compostos de translação e de rotação no espaço, são necessárias até seis coordenadas para representar todas as direções do movimento. Três delas são responsáveis pela localização do centro de rotação CR e, para tanto, são geralmente utilizadas coordenadas cartesianas. As outras três são responsáveis pela medida do deslocamento angular espacial do centro de massa CM em torno do centro de rotação, sendo assim é mais natural o uso de coordenadas esféricas. É claro que, se a rotação ocorrer em torno de um eixo, a trajetória de CM estará restrita a um plano e, neste caso, bastam duas coordenadas para representar todo o movimento, como já vimos nos Exemplos 2.2 e 2.3.

Para corpos rígidos a distância entre CR e CM, que vamos denotar por ℓ_{cr}, é o módulo do vetor r_{cr}. Essa distância é, em geral e por construção, fixa, porém, para corpos flexíveis ou sistemas de corpos fixos interligados, essa distância pode ser variante no tempo, como ocorre no caso do Exemplo 2.5.

Além disso, durante o movimento, a posição centro de massa é sempre variante, salvo no caso em que é coincidente com um centro de rotação fixo. En-

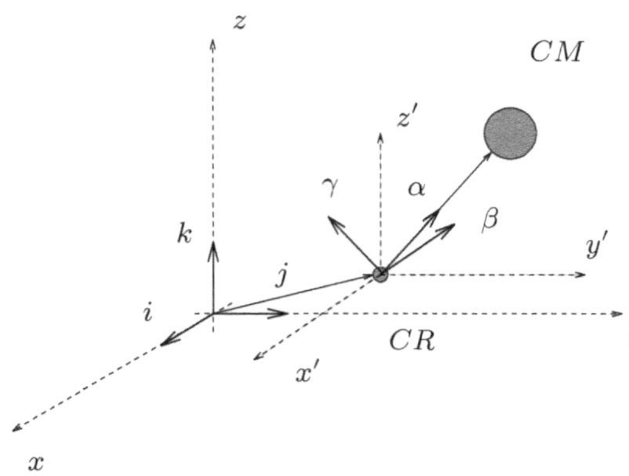

Figura 2.10: Movimento composto

tretanto, a posição $r(t)$ do centro de rotação pode ser fixa; como no caso de um pêndulo esférico, onde a rotação se dá em torno de um ponto fixo, ou no caso de um motor elétrico, onde a rotação se dá em torno de um eixo fixo; ou pode ser móvel, como no caso de um manipulador robótico, que será analisado com mais detalhes no Capítulo 5.

Podemos então afirmar que o caso mais genérico possível envolvendo movimentos compostos de translação e de rotação é aquele em que, em relação a um referencial inercial S_F, os pontos CR e CM possam assumir posições arbitrárias. Neste caso, a localização completa do centro de massa r_c, medindo a translação de CR e CM e a rotação de CM em relação a CR, é dada pela seguinte expressão:

$$r_c(t) = r(t) + r_{cr}(t) \tag{2.42}$$

onde, como ilustra a Figura 2.10, em relação ao referencial inercial S_F, o vetor $r(t)$ localiza o centro de rotação CR e, em relação ao mesmo referencial, o vetor $r_{cr}(t)$ localiza o centro de massa CM. Nosso propósito é determinar os vetores velocidade e aceleração em relação ao referencial fixo S_F e então aplicar a Segunda Lei de Newton (2.11). Adotando o sistema esférico de coordenadas para localizar CM, em relação ao sistema S'_F obtido pela translação de S_F, temos $r_E(t) = \ell_{cr}(t)\alpha$, que, convertido para o sistema cartesiano S'_F, assume a forma

$$r_{cr}(t) = R_{\phi\psi} r_E(t) = R_{\phi\psi} \begin{bmatrix} \ell_{cr}(t) \\ 0 \\ 0 \end{bmatrix} \tag{2.43}$$

e assim, levando em conta a translação entre S'_F e S_F, obtemos a forma final do vetor posição de CM em relação a S_F, isto é:

$$r_c(t) = r(t) + R_{\phi\psi} r_E(t) = r(t) + R_{\phi\psi} \begin{bmatrix} \ell_{cr}(t) \\ 0 \\ 0 \end{bmatrix} \tag{2.44}$$

que pode ser derivado sucessivamente em relação ao tempo para obtemos os vetores velocidade e aceleração do centro de massa em relação ao referencial inercial S_F. Com esses vetores e a resultante das forças externas expressa no mesmo sistema de coordenadas, a Segunda Lei de Newton fornece as equações do movimento composto em estudo.

2.2.3 Momento de Inércia

A uma partícula em movimento, em relação a um referencial inercial S_F, podemos associar uma grandeza vetorial chamada *momento angular* relativo à origem de S_F como sendo

$$H(t) = r(t) \times p(t) \tag{2.45}$$

onde $r(t)$ denota o vetor que define a posição da partícula e $p(t)$ o vetor quantidade de movimento ou momento linear, ou seja, $p(t) = m\dot{r}(t)$, sempre em relação ao mesmo referencial S_F. O resultado do produto vetorial acima indicado é um vetor perpendicular ao plano definido pelos vetores $r(t)$ e $\dot{r}(t)$ e pela origem do sistema de referência adotado. Se o vetor $r(t)$ e o vetor velocidade têm a mesma direção, isto é, se forem colineares, então $H(t)$ é nulo, que é o caso de translação pura. Derivando (2.45) em relação ao tempo, obtemos

$$\begin{aligned} \dot{H}(t) &= \dot{r}(t) \times p(t) + r(t) \times \dot{p}(t) \\ &= \dot{r}(t) \times m\dot{r}(t) + r(t) \times m\ddot{r}(t) \\ &= r(t) \times m\ddot{r}(t) \end{aligned} \tag{2.46}$$

ou ainda, aplicando a Segunda Lei de Newton, temos

$$\dot{H}(t) = r(t) \times F(t) = \tau(t) \tag{2.47}$$

mostrando que a variação temporal do momento angular é igual ao torque produzido pela força externa $F(t)$ aplicada à partícula.

Para um sistema com N partículas, cada qual com massa m_i, $i = 1, \cdots, N$, o momento angular total do sistema em relação à origem de S_F é dado por

$$\begin{aligned} H(t) &= \sum_{i=1}^{N} H_i(t) \\ &= \sum_{i=1}^{N} r_i(t) \times p_i(t) \end{aligned} \tag{2.48}$$

e cuja derivada em relação ao tempo, após o uso uma vez mais, da Segunda Lei de Newton, pode ser escrita na forma

$$\begin{aligned} \dot{H}(t) &= \sum_{i=1}^{N} r_i(t) \times m_i \ddot{r}_i(t) \\ &= \sum_{i=1}^{N} r_i(t) \times F_i(t) \\ &= \sum_{i=1}^{N} \tau_i(t) = \tau(t) \end{aligned} \tag{2.49}$$

ou seja, a variação temporal do momento angular total é igual à soma de todos os torques produzidos pelas forças externas. Deve ser notado que, ao contrário do movimento de translação do centro de massa, na equação (2.49), é importante individualizar as forças aplicadas em cada partícula para podermos determinar corretamente o torque total produzido.

Considere agora uma partícula realizando um movimento circular em um plano paralelo ao plano xy, em torno do eixo z. Sua posição relativa a um referencial cilíndrico é definida pelo vetor constante

$$r = \begin{bmatrix} r_\alpha \\ 0 \\ r_\gamma \end{bmatrix}$$

e, neste mesmo sistema de coordenadas, seu vetor velocidade é dado, como já sabemos, por $\mathcal{V}_\phi r$. Podemos, então, calcular o momento angular expresso no sistema de referência S_C da seguinte maneira:

$$\begin{aligned} H &= r \times m\mathcal{V}_\phi r \\ &= m\dot{\phi} \det \begin{bmatrix} \alpha & \beta & \gamma \\ r_\alpha & 0 & r_\gamma \\ 0 & r_\alpha & 0 \end{bmatrix} \\ &= m\dot{\phi}(-r_\alpha r_\gamma \alpha + r_\alpha^2 \gamma) \end{aligned} \tag{2.50}$$

e assim, como os versores k e γ são coincidentes, a componente de H na direção do eixo, em torno do qual o movimento se dá, é

$$H_\gamma = md_\gamma^2\dot{\phi} \tag{2.51}$$

onde $d_\gamma = |r_\alpha|$ é a distância entre a partícula e o eixo z, também definido pelo versor γ. É interessante observar que a componente H_γ não depende da localização exata da partícula, mas tão somente de sua distância ao eixo de rotação. Além disso, quando o movimento ocorre no plano xy, então $r_\gamma = 0$ e somente a componente H_γ de H é não nula. A quantidade

$$J_\gamma = md_\gamma^2 \tag{2.52}$$

é chamada *momento de inércia* da partícula relativamente ao eixo de rotação z. Com o momento de inércia e a componente τ_γ do torque, a equação (2.47) permite escrever a igualdade

$$J_\gamma\ddot{\phi} = \tau_\gamma \tag{2.53}$$

Para um sistema com N partículas, esta última equação permanece válida desde que todas as partículas se movimentem ao redor do eixo z com a mesma velocidade angular $\dot{\phi}$. Neste caso, τ_γ representa a componente na direção γ do torque total e o momento de inércia do sistema é dado por

$$J_\gamma = \sum_{i=1}^{N} m_i d_{\gamma i}^2 \tag{2.54}$$

Estamos agora em condições de estudar o movimento de um corpo rígido em torno do eixo de rotação z. Devemos perceber que, nesta situação, o corpo rígido pode ser entendido como um conjunto de infinitas partículas, cada qual com massa infinitesimal dm, e animadas com a mesma velocidade angular $\dot{\phi}$. Usando (2.51), temos que dH_γ dado por

$$dH_\gamma = dmd_\gamma^2\dot{\phi}$$

é a contribuição da massa dm, localizada a uma distância d_γ do eixo z para a parcela do momento angular na direção do eixo de rotação. Integrando, vem

$$\begin{aligned} H_\gamma &= \int_{\text{corpo}} dH_\gamma \\ &= \left(\int_{\text{corpo}} d_\gamma^2 dm\right)\dot{\phi} \\ &= J_\gamma\dot{\phi} \end{aligned} \tag{2.55}$$

onde consideramos que o momento de inércia do corpo rígido, relativo ao eixo de rotação z, é dado por

$$J_\gamma = \int_{\text{corpo}} d_\gamma^2 dm \tag{2.56}$$

Com essa definição, a equação do movimento torna-se exatamente a equação já obtida (2.53). Resta, entretanto, determinarmos o torque total produzido pelas forças externas na origem do nosso sistema de coordenadas. No caso geral, a contribuição de cada força externa deve ser calculada e, então, adicionadas para obtermos a componente τ_γ. Um caso especial importante ocorre com a força peso. A força peso agindo na massa dm é $-gdmj$ e, portanto,

$$\begin{aligned} \tau &= \int_{\text{corpo}} r \times (-gdmj) \\ &= \left(\int_{\text{corpo}} rdm \right) \times (-gj) \\ &= mr_{cm} \times (-gj) \\ &= r_{cm} \times (-mgj) \end{aligned} \tag{2.57}$$

ou seja, o torque total devido à força peso pode ser determinado como se a massa total do corpo estivesse concentrada no seu centro de massa. É claro que, na eventualidade de existir qualquer outra força externa, sua contribuição no torque total deve ser adicionada a (2.57). Mais uma vez deve ser enfatizado que somente a componente τ_γ entra na equação do movimento (2.53).

A determinação do momento de inércia de um corpo rígido requer o cálculo da integral (2.56). Como foi feito no caso do centro de massa, vamos denotar por ρ_l, ρ_s e ρ_v as densidades linear, superficial e volumétrica de massa, respectivamente. Para corpos delgados definidos em uma única dimensão temos $dm = \rho_l dl$, para corpos planares definidos em duas dimensões temos $dm = \rho_s ds$ e, finalmente, para corpos volumétricos definidos em três dimensões temos $dm = \rho_v dv$. Um outro resultado importante e muito simplificador, que pode ser empregado no cálculo da integral (2.56), é o chamado teorema dos eixos paralelos ou Teorema de Steiner.

Teorema 2.1 (Eixos paralelos) *Considere um corpo rígido. O momento de inércia J relativo a um eixo E qualquer e o momento de inércia J_{cm} relativo ao eixo E_{cm} que é paralelo ao primeiro e passa pelo centro de massa r_{cm} são tais que*

$$J = J_{cm} + md^2 \tag{2.58}$$

onde d é a distância entre os eixos de rotação E e E_{cm}.

Prova: Considere que adotamos um referencial fixo cartesiano em que o eixo de rotação E é paralelo ao eixo z. Podemos, então, escrever

$$E = \begin{bmatrix} x_E \\ y_E \\ z \end{bmatrix} , \ E_{cm} = \begin{bmatrix} x_{cm} \\ y_{cm} \\ z \end{bmatrix} , \ r = \begin{bmatrix} x \\ y \\ z \end{bmatrix}$$

Pela definição de centro de massa, podemos imediatamente determinar as componentes nas direções i e j do vetor r_{cm}, isto é:

$$x_{cm} = \frac{1}{m} \int_{\text{corpo}} x dm \ , \quad y_{cm} = \frac{1}{m} \int_{\text{corpo}} y dm \tag{2.59}$$

e também calcular o momento de inércia relativo ao eixo E. Temos então

$$J = \int_{\text{corpo}} \left[(x - x_E)^2 + (y - y_E)^2 \right] dm$$

$$= \int_{\text{corpo}} \left[(x - x_{cm})^2 + (y - y_{cm})^2 \right] dm + \tag{2.60}$$

$$+ 2 \int_{\text{corpo}} \left[(x - x_{cm})(x_{cm} - x_E) + (y - y_{cm})(y_{cm} - y_E) \right] dm \tag{2.61}$$

$$+ \int_{\text{corpo}} \left[(x_{cm} - x_E)^2 + (y_{cm} - y_E)^2 \right] dm \tag{2.62}$$

A primeira integral (2.60) é, por definição, igual a J_{cm}. A segunda integral (2.61) é nula, tendo em vista (2.59), e a terceira integral (2.62) é igual a md^2, o que prova o teorema proposto. □

Esse resultado é importante na medida em que permite calcular o momento de inércia de um corpo rígido, animado de um movimento de rotação em torno de um eixo qualquer, desde que se tenha calculado o momento de inércia do mesmo corpo em relação a um eixo de rotação paralelo ao primeiro, passando, porém, pelo seu centro de massa. A diferença entre esses momentos de inércia é calculada como se a massa total do corpo estivesse localizada em seu centro de massa. É claro que esse resultado só é válido para eixos paralelos.

Exemplo 2.6 (Movimento circular de uma partícula) Como estudado no Exemplo 2.2, considere uma partícula em movimento circular no plano xy, em torno do eixo z. Para obter a equação do seu movimento, podemos aplicar diretamente a equação básica (2.53). De fato, o momento de inércia é dado por

$$J_\gamma = m\ell^2$$

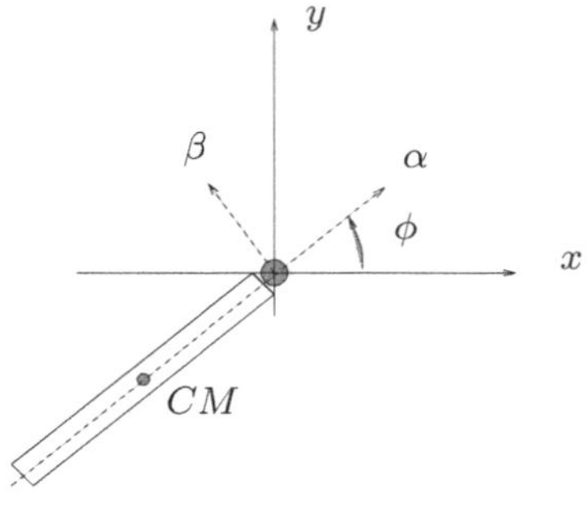

Figura 2.11: Pêndulo composto

e o torque devido às forças atuantes na partícula pode ser calculado na forma

$$\begin{aligned}\tau_\gamma &= \ell\alpha \times [(T - mg\text{sen}\phi)\alpha - mg\cos\phi\beta] \\ &= \ell\alpha \times -mg\cos\phi\beta \\ &= \det\begin{bmatrix} \alpha & \beta & \gamma \\ \ell & 0 & 0 \\ 0 & -mg\cos\phi & 0 \end{bmatrix} = -mgl\cos\phi\gamma\end{aligned}$$

Consequentemente, usando (2.53), a equação do movimento torna-se

$$m\ell^2\ddot{\phi} + mg\ell\cos\phi = 0$$

que é exatamente a equação (2.23). Este exemplo ilustra uma limitação deste procedimento. Como a força $T\alpha$ é, por construção, colinear ao vetor de posição do pêndulo, ela não produz torque e, assim sendo, sua intensidade para manter o movimento circular da partícula não pode ser diretamente determinada. □

Exemplo 2.7 (Pêndulo composto) Considere um pêndulo, como ilustrado da Figura 2.11, constituído de uma haste delgada, de uma dimensão com comprimento ℓ e massa m uniformemente distribuída. Sendo $\rho_l = m/\ell$ sua densidade linear de massa, a fórmula (2.10) permite calcular seu centro de massa. Com $dm = \rho_l dl$ localizada na posição $-l\alpha$, temos

$$\begin{aligned}r_{cm} &= \frac{1}{m}\int_0^{-\ell}(-l)\rho_l dl\alpha \\ &= -\frac{\ell}{2}\,\alpha\end{aligned}$$

ou seja, como era esperado, o centro de massa situa-se no meio da barra. Calculamos o momento de inércia da barra lembrando que o movimento se dá em torno do eixo z, ou seja:

$$\begin{aligned} J &= \int_0^{\ell} l^2 \rho_l dl \\ &= \frac{1}{3} m\ell^2 \end{aligned}$$

Finalmente, como só a força peso age sobre a barra, o momento total relativo ao eixo de rotação é dado pela equação (2.57). Temos então

$$\begin{aligned} \tau &= \left(-\frac{\ell}{2}\right) \alpha \times -(mg\text{sen}\phi\alpha + mg\cos\phi\beta) \\ &= \frac{1}{2} mg\ell\cos\phi\gamma \end{aligned}$$

e, portanto, a equação do movimento do pêndulo composto cujo centro de massa é localizado por $\pi + \phi$ é obtida através de (2.53) e, após simplificações, temos

$$\ddot{\phi} - \frac{3g}{2\ell}\cos\phi = 0$$

Deve ser enfatizado que este procedimento é válido para qualquer corpo rígido. Assim sendo, a maior dificuldade reside na determinação correta do seu centro de massa. Podemos ainda concluir que, se o eixo de rotação passar exatamente pelo centro de massa, então, sem ação de nenhum torque externo, o movimento reduz-se a um movimento circular uniforme caracterizado por $\ddot{\phi} = 0$. □

Da mesma forma, como foi feito para movimentos de translação, é importante sabermos modelar os diversos torques externos que podem atuar em um corpo isolado, com momento de inércia J relativo a um determinado eixo de rotação, de tal maneira a viabilizar o cálculo do torque externo resultante, necessário para estabelecermos a equação de seu movimento.

- **Torque de deformação torcional:** São torques dissipativos produzidos pela reação a um deslocamento angular $\theta(t)$ cuja intensidade é dada por

$$\tau_\kappa(t) = \kappa\theta(t)$$

  e ocorre na direção do eixo de rotação. O coeficiente κ é chamado *coeficiente de elasticidade torcional* e representa a constante de proporcionalidade entre o torque e o deslocamento angular.

- **Torque de atrito viscoso rotacional:** São torques dissipativos que surgem devido ao contato do corpo em movimento de rotação com outros meios físicos. Sua intensidade é modelada na forma

$$\tau_b(t) = b\dot{\theta}(t)$$

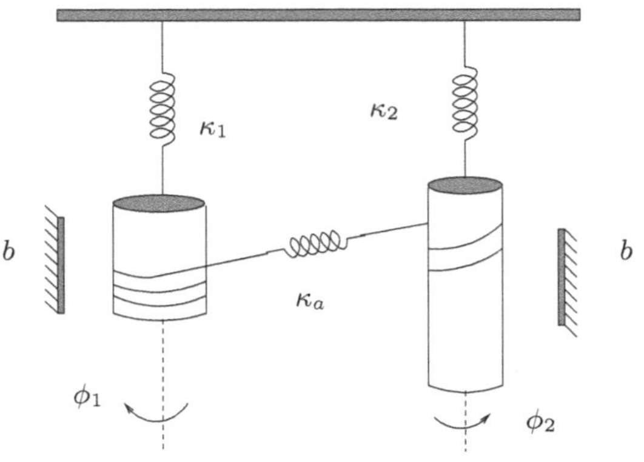

Figura 2.12: Pêndulos de torção acoplados

e sua direção é a do eixo de rotação. A constante de proporcionalidade b é denominada *coeficiente de atrito viscoso rotacional* e é normalmente determinada empiricamente, em cada caso, tendo em vista sua dependência, dentre vários outros fatores, da geometria das partes em contato.

Como vemos, esses modelos são bastante similares àqueles já introduzidos no caso de movimentos de translação, mantendo como principal característica a linearidade entre os torques produzidos e a posição ou velocidade angulares do corpo em movimento. Outros modelos básicos de forças, introduzidos para movimentos de translação, por exemplo, o da força de atrito de Coulomb, podem ser reformulados em termos de torques para os movimentos de rotação. É importante alertar o leitor de que, muito embora a mesma notação tenha sido utilizada, obviamente os coeficientes κ e b têm significados e unidades físicas diversos, conforme sejam considerados os coeficientes de proporcionalidade entre forças e deslocamentos ou velocidades lineares nos movimentos de translação ou entre torques e deslocamentos ou velocidades angulares nos movimentos de rotação, respectivamente.

Exemplo 2.8 (Pêndulos de torção acoplados) Dois cilindros com massas m_1 e m_2 uniformemente distribuídas e raios r_1 e r_2 são suspensos por duas hastes com coeficientes de elasticidade torcional κ_1 e κ_2, respectivamente. Ambos são acoplados entre si por uma mola com coeficiente de elasticidade κ_a. Os cilindros estão imersos em um meio que proporciona, em cada um deles, um torque com coeficiente de atrito rotacional b conhecido. Deseja-se determinar como os dois cilindros oscilam em relação aos eixos verticais, quando são retirados do repouso através de uma leve torção.

Antes de mais nada, é preciso impor a hipótese de que a mola que liga os dois cilindros sempre permanece na horizontal. Neste caso, a força produzida pela mola em cada um deles criará torques que estão na direção dos eixos de rotação. Também é necessária a hipótese de que as referências angulares que permitem definir ϕ_1 e ϕ_2 sejam escolhidas de tal modo que, para $\phi_1 = 0$ e $\phi_2 = 0$, as hastes de suspensão não exerçam nenhum torque nos respectivos eixos de rotação. Desta forma, os torques produzidos por deslocamentos angulares são dados por $\kappa_1\phi_1$ e $\kappa_2\phi_2$ e os torques produzidos pelo atrito viscoso são $b\dot{\phi}_1$ e $b\dot{\phi}_2$, respectivamente, e, além disso, são dissipativos, ou seja, resistivos ao movimento. Finalmente, assumimos que os respectivos centros de massa estão nas linhas verticais definidas pelas duas hastes.

Primeiramente, devemos calcular os momentos de inércia de cada cilindro relativos aos respectivos eixos de rotação, obtendo

$$J_i = \frac{1}{2}m_i r_i^2 \ , \quad i = 1, 2$$

Consequentemente, as equações do movimento são dadas por

$$\begin{aligned} J_1\ddot{\phi}_1 + b\dot{\phi}_1 + \kappa_1\phi_1 &= \tau_1 \\ J_2\ddot{\phi}_2 + b\dot{\phi}_2 + \kappa_2\phi_2 &= \tau_2 \end{aligned}$$

onde τ_1 e τ_2 são os torques, em cada um dos cilindros, produzidos pelas forças devido à mola e que são tangentes às suas superfícies. Assim sendo, temos

$$\begin{aligned} \tau_1 &= r_1\kappa_a(r_2\phi_2 - r_1\phi_1) \\ \tau_2 &= r_2\kappa_a(r_1\phi_1 - r_2\phi_2) \end{aligned}$$

Esses dois conjuntos de equações fornecem

$$\begin{aligned} J_1\ddot{\phi}_1 + b\dot{\phi}_1 + (\kappa_1 + \kappa_a r_1^2)\phi_1 - \kappa_a r_1 r_2\phi_2 &= 0 \\ J_2\ddot{\phi}_2 + b\dot{\phi}_2 + (\kappa_2 + \kappa_a r_2^2)\phi_2 - \kappa_a r_1 r_2\phi_1 &= 0 \end{aligned}$$

que definem os deslocamentos angulares dos dois pêndulos de torção acoplados. Note que para $\kappa_a = 0$, isto é, na ausência da mola de acoplamento, as duas equações acima tornam-se completamente desacopladas, como seria esperado. □

Anteriormente consideramos movimentos de rotação em torno de um eixo de rotação fixo em relação a um referencial inercial S_F. Quando isso não ocorre, ou seja, quando todos os pontos de um determinado corpo rígido ou de um sistema de partículas estão em movimento em relação a S_F, a equação (2.47) não é mais válida a menos que consideremos o eixo de rotação passando pelo centro de massa do corpo ou sistema de partículas. Para provar essa afirmação, seja um sistema composto de N partículas com massas m_i e situadas nas posições r_i, $i = 1, \cdots, N$ relativas a um referencial inercial S_F. Nesse mesmo referencial, podemos determinar a posição do centro de massa r_{cm} e determinar a posição relativa q_i de cada partícula em relação ao centro de massa, ou seja, $q_i = r_i - r_{cm}$.

Temos, então, o momento angular dado por

$$\begin{aligned}
H &= \sum_{i=1}^{N} r_i \times m_i \dot{r}_i \\
&= \sum_{i=1}^{N} (r_{cm} + q_i) \times m_i(\dot{r}_{cm} + \dot{q}_i) \\
&= \sum_{i=1}^{N} q_i \times m_i \dot{q}_i + \sum_{i=1}^{N} q_i \times m_i \dot{r}_{cm} + \\
&\quad + \sum_{i=1}^{N} r_{cm} \times m_i \dot{q}_i + \sum_{i=1}^{N} r_{cm} \times m_i \dot{r}_{cm}
\end{aligned}$$

Nessa soma, a primeira parcela, por definição, é o momento angular relativo ao centro de massa, enquanto que a última é igual a $r_{cm} \times m\dot{r}_{cm}$. A segunda parcela é nula, pois

$$\begin{aligned}
\sum_{i=1}^{N} q_i \times m_i \dot{r}_{cm} &= \left(\sum_{i=1}^{N} m_i q_i \right) \times \dot{r}_{cm} \\
&= \left(\sum_{i=1}^{N} m_i (r_i - r_{cm}) \right) \times \dot{r}_{cm} \\
&= (m r_{cm} - m r_{cm}) \times \dot{r}_{cm} = 0
\end{aligned}$$

e a terceira também é nula, como pode ser verificado adotando-se um raciocínio análogo. Consequentemente,

$$H = H_{cm} + r_{cm} \times m\dot{r}_{cm} \tag{2.63}$$

isto é, o momento angular total em relação a um eixo fixo é igual ao momento angular relativo a um eixo móvel, passando pelo centro de massa, mais uma parcela correspondente ao movimento do eixo em relação a S_F. Para o torque externo, temos

$$\begin{aligned}
\tau &= \sum_{i=1}^{N} r_i \times F_i \\
&= \sum_{i=1}^{N} (q_i + r_{cm}) \times F_i \\
&= \sum_{i=1}^{N} q_i \times F_i + r_{cm} \times \left(\sum_{i=1}^{N} F_i \right)
\end{aligned}$$

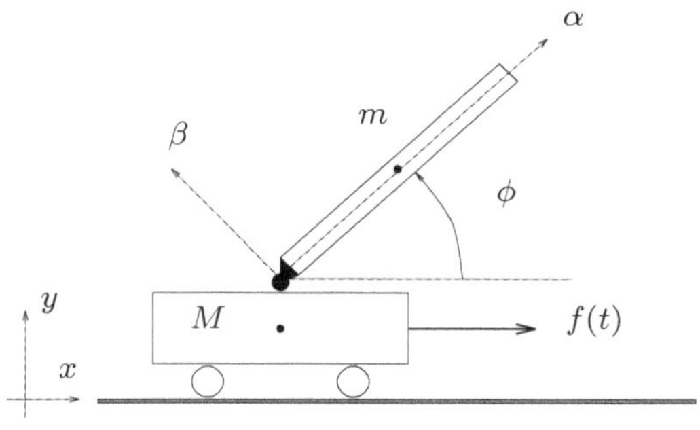

Figura 2.13: Pêndulo composto acelerado

que se reduz a

$$\tau = \tau_{cm} + r_{cm} \times F \tag{2.64}$$

onde τ_{cm} é o torque relativo ao centro de massa e F é a resultante de todas as forças externas que atuam no corpo. Como H e τ estão relacionados ao referencial inercial S_F, vale a relação (2.47), isto é, $\dot{H} = \tau$. Com (2.63) e (2.64) temos, por conseguinte, que

$$\begin{aligned} \dot{H}_{cm} &= \dot{H} - r_{cm} \times m\ddot{r}_{cm} \\ &= \tau_{cm} + r_{cm} \times (F - m\ddot{r}_{cm}) \end{aligned}$$

ou seja,

$$\dot{H}_{cm} = \tau_{cm} \tag{2.65}$$

Essa equação é do mesmo tipo que (2.47). Entretanto, esta última é mais geral, pois coloca em evidência que a derivada temporal do momento angular permanece igual ao torque produzido pelas forças externas, quando ambos são calculados relativamente ao centro de massa, mesmo que este ponto não esteja em repouso em relação ao referencial inercial S_F. Devido a este fato, a equação (2.65) pode ser escrita na forma $J_{cm}\ddot{\phi} = \tau_{cm}$. A aplicação deste importante resultado é ilustrado através do próximo exemplo.

Exemplo 2.9 (Pêndulo composto acelerado) A Figura 2.13 mostra um veículo de massa M, trafegando em um plano horizontal sem atrito, sob a ação de uma força $f(t)$ conhecida. A uma distância desprezível do seu centro de massa, está montado um pêndulo composto homogêneo com massa total m e comprimento ℓ. Desejamos obter as equações do movimento do veículo e do pêndulo relativamente ao referencial inercial S_F indicado na figura pelo sistema de eixos xy.

O veículo está realizando um movimento de translação na direção do versor i sob a ação do seu peso $-Mgj$, da força externa $f(t)i$, da força de reação do pêndulo T_xi+T_yj e da força de reação do solo Nj. É preciso notar que a força de reação do pêndulo não tem, necessariamente, a direção do versor α e, portanto, suas componentes T_x e T_y devem ser encaradas como variáveis independentes a serem determinadas. Supondo que o veículo sempre se mantém em contato com o solo, então a posição do seu centro de massa é xi. Consequentemente, pela Segunda Lei de Newton, o movimento de translação do veículo é definido por

$$N = Mg - T_y \tag{2.66}$$

$$M\ddot{x} = T_x + f \tag{2.67}$$

Para o pêndulo, a localização do seu centro de massa em relação ao referencial inercial S_F é dada por

$$r_{cm} = \begin{bmatrix} x \\ 0 \\ 0 \end{bmatrix} + R_\phi r$$

onde r é o vetor constante

$$r = \begin{bmatrix} \ell/2 \\ 0 \\ 0 \end{bmatrix}$$

Portanto, derivando duas vezes em relação ao tempo e usando os resultados já estabelecidos, determinamos

$$\ddot{r}_{cm} = \begin{bmatrix} \ddot{x} \\ 0 \\ 0 \end{bmatrix} + R_\phi \mathcal{A}_\phi r$$

que é a aceleração do centro de massa em relação ao referencial inercial S_F. Por outro lado, a resultante de todas as forças que atuam no pêndulo é $-T_x i - (mg + T_y)j$, a qual, na base definida por S_F, pode ser escrita na forma

$$F(t) = \begin{bmatrix} -T_x \\ -mg - T_y \\ 0 \end{bmatrix}$$

Podemos, então, aplicar a Segunda Lei de Newton relativa ao movimento de translação do centro de massa do pêndulo. Fazendo $m\ddot{r}_{cm} = F(t)$, obtemos as forças de reação

$$T_x = -m\ddot{x} + (m\ell/2)\left(\dot{\phi}^2\cos\phi + \ddot{\phi}\text{sen}\phi\right) \tag{2.68}$$

$$T_y = -mg + (m\ell/2)\left(\dot{\phi}^2\text{sen}\phi - \ddot{\phi}\cos\phi\right) \tag{2.69}$$

Finalmente, devido ao fato de que todos os pontos do pêndulo estão animados de um movimento de rotação e o ponto de contato do pêndulo com o veículo está em movimento em relação a S_F, a equação de equilíbrio de momentos relativos ao centro de massa do pêndulo fornece $J_{cm}\ddot{\phi} = \tau_{cm}$, onde

$$\begin{aligned} \tau_{cm} &= \det \begin{bmatrix} i & j & k \\ -(\ell/2)\cos\phi & -(\ell/2)\text{sen}\phi & 0 \\ -T_x & -T_y & 0 \end{bmatrix} \\ &= (\ell/2)(T_y\cos\phi - T_x\text{sen}\phi)k \end{aligned} \tag{2.70}$$

e $J_{cm} = m\ell^2/12$. Finalmente, como os versores k e γ são coincidentes, substituindo (2.68) e (2.69) em (2.67) e (2.70) obtemos as equações desejadas

$$(M+m)\ddot{x} - (m\ell/2)\dot{\phi}^2\text{cos}\phi - (m\ell/2)\ddot{\phi}\text{sen}\phi = f \tag{2.71}$$

$$\left(J_{cm} + m(\ell/2)^2\right)\ddot{\phi} - (m\ell/2)\ddot{x}\text{sen}\phi + (mg\ell/2)\text{cos}\phi = 0 \tag{2.72}$$

Essas equações permitem o estudo de uma situação particularmente importante. Se o veículo se movimentar com velocidade constante, ou seja, $\ddot{x} = 0$, a equação (2.72) reduz-se à equação do pêndulo composto já estudado no Exemplo 2.7, porém com outra referência para o seu deslocamento angular.

Nesse mesmo exemplo, vamos agora considerar que o veículo e o pêndulo se movem em um meio de tal forma que existam forças de atrito viscoso agindo sobre o veículo e sobre o pêndulo, ambas proporcionais às suas velocidades. O coeficiente de atrito viscoso entre o veículo e o meio é denotado por b, enquanto que o coeficiente de atrito viscoso entre o pêndulo e o meio é denotado por B. Como quanto maior for o pêndulo, maior será a força de atrito que nele age, então o coeficiente de atrito B é dado por unidade de comprimento.

O movimento de translação do veículo é definido substituindo-se (2.66) e (2.67) por

$$N = Mg - T_y \tag{2.73}$$

$$M\ddot{x} = -b\dot{x} + T_x + f \tag{2.74}$$

O movimento composto do pêndulo é definido por $m\ddot{r}_{cm} = F(t)$, onde $F(t)$ é a resultante de todas as forças externas. Assim sendo, devemos incluir a força de atrito viscoso. Temos então

$$\begin{aligned} F(t) &= \begin{bmatrix} -T_x \\ -mg - T_y \\ 0 \end{bmatrix} - B\ell\dot{r}_{cm} \\ &= \begin{bmatrix} -T_x \\ -mg - T_y \\ 0 \end{bmatrix} - B\ell\left(\begin{bmatrix} \dot{x} \\ 0 \\ 0 \end{bmatrix} + R_\phi \mathcal{V}_\phi r\right) \\ &= \begin{bmatrix} -T_x - B\ell\dot{x} + (B\ell^2/2)\dot{\phi}\text{sen}\phi \\ -mg - T_y - (B\ell^2/2)\dot{\phi}\text{cos}\phi \\ 0 \end{bmatrix} \end{aligned}$$

que fornecem as forças de reação do pêndulo no veículo

$$T_x = -m\ddot{x} - B\ell\dot{x} + (B\ell^2/2)\dot{\phi}\text{sen}\phi + (m\ell/2)\left(\dot{\phi}^2\text{cos}\phi + \ddot{\phi}\text{sen}\phi\right) \tag{2.75}$$

$$T_y = -mg - (B\ell^2/2)\dot{\phi}\text{cos}\phi + (m\ell/2)\left(\dot{\phi}^2\text{sen}\phi - \ddot{\phi}\text{cos}\phi\right) \tag{2.76}$$

Resta, agora, aplicarmos a equação dos momentos relativos ao centro de massa. Sabemos que nesse ponto a força peso, embora seja distribuída sobre todo o pêndulo, não produz nenhum torque. As forças de reação produzem um torque líquido no centro de massa, que é dado pela expressão (2.70). Resta, então, determinarmos o torque produzido pelas forças de atrito viscoso que agem em cada ponto do pêndulo. Devido ao movimento de rotação, em cada elemento infinitesimal de comprimento dl, situado em $r = l\alpha$, essa força é dada, em coordenadas cilíndricas, por $-B\dot{\phi}ldl\beta$. Consequentemente,

$$\begin{aligned}\tau_{rot} &= \int_0^{\ell} (l - \ell/2)\alpha \times -B\dot{\phi}ldl\beta \\ &= -B\dot{\phi}\int_0^{\ell} l(l-\ell/2)dl\ \alpha \times \beta \\ &= -(B\ell^3/12)\dot{\phi}\gamma\end{aligned}$$

e, portanto, lembrando que os versores k e γ são coincidentes, o torque total em relação ao centro de massa passa a ser

$$\tau_{cm} = (\ell/2)(T_y\cos\phi - T_x\text{sen}\phi)\gamma - (B\ell^3/12)\dot{\phi}\gamma \tag{2.77}$$

Finalmente, substituindo (2.75) e (2.76) em (2.74) e (2.77), obtemos

$$(M+m)\ddot{x} + (b+B\ell)\dot{x} - (m\ell/2)\dot{\phi}^2\cos\phi - (\ell/2)(B\ell\dot{\phi} + m\ddot{\phi})\text{sen}\phi = f \tag{2.78}$$

$$\left(J_{cm} + m(\ell/2)^2\right)\ddot{\phi} + (B\ell^3/3)\dot{\phi} - (\ell/2)(B\ell\dot{x} + m\ddot{x})\text{sen}\phi + (mg\ell/2)\cos\phi = 0 \tag{2.79}$$

que são as equações que definem o movimento do veículo e do pêndulo, ambos sob a ação de forças de atrito viscoso. Para $\phi(t) \approx -\pi/2$, podemos definir a nova variável angular $\theta(t) = \phi(t) + \pi/2$ com a qual, adotando aproximações de primeira ordem (ver o Exemplo 2.2), determinamos as equações aproximadas

$$(M+m)\ddot{x} + (b+B\ell)\dot{x} + (\ell/2)(B\ell\dot{\theta} + m\ddot{\theta}) = f \tag{2.80}$$

$$\left(J_{cm} + m(\ell/2)^2\right)\ddot{\theta} + (B\ell^3/3)\dot{\theta} + (\ell/2)(B\ell\dot{x} + m\ddot{x}) + (mg\ell/2)\theta = 0 \tag{2.81}$$

que, ao contrário das anteriores, são equações diferenciais lineares com coeficientes constantes. Como fizemos no Exemplo 2.1, essas equações podem ser reescritas de tal forma a obtermos a chamada representação de estado do sistema físico em questão. Para isto, vamos definir os vetores $q(t) \in \mathbb{R}^4$, $y(t) \in \mathbb{R}^2$ e $u(t) \in \mathbb{R}$ como sendo

$$q(t) = \begin{bmatrix} x(t) \\ \theta(t) \\ \dot{x}(t) \\ \dot{\theta}(t) \end{bmatrix},\ y(t) = \begin{bmatrix} x(t) \\ x(t) + (\ell/2)\theta(t) \end{bmatrix},\ u(t) = \begin{bmatrix} f(t) \end{bmatrix}$$

onde a primeira componente do vetor de saída $y(t)$ é a posição do veículo e a segunda componente é aproximadamente a posição horizontal do centro de massa do pêndulo, obtida adotando-se a mesma aproximação já discutida acima. Podemos, então, escrever o sistema de equações diferenciais lineares de primeira ordem

$$\begin{aligned}\dot{q}_1 &= q_3 \\ \dot{q}_2 &= q_4 \\ (M+m)\dot{q}_3 + (m\ell/2)\dot{q}_4 &= u - (b+B\ell)q_3 - (B\ell^2/2)q_4 \\ (m\ell/2)\dot{q}_3 + \left(J_{cm} + m(\ell/2)^2\right)\dot{q}_4 &= -(mg\ell/2)q_2 - (B\ell^2/2)q_3 - (B\ell^3/3)q_4\end{aligned}$$

bem como as relações lineares que definem o vetor de saída

$$y_1 = q_1$$
$$y_2 = q_1 + (\ell/2)q_2$$

Essas equações podem ser colocadas na forma vetorial $E\dot{q} = Fq + Gu$ e $y = Cq + Du$, onde

$$E = \begin{bmatrix} 1 & 0 & 0 & 0 \\ 0 & 1 & 0 & 0 \\ 0 & 0 & M-m & m\ell/2 \\ 0 & 0 & m\ell/2 & J_{cm} + m(\ell/2)^2 \end{bmatrix}, \quad F = \begin{bmatrix} 0 & 0 & 1 & 0 \\ 0 & 0 & 0 & 1 \\ 0 & 0 & -b - B\ell & -B\ell^2/2 \\ 0 & -mg\ell/2 & -B\ell^2/2 & -B\ell^3/3 \end{bmatrix}$$

e

$$G = \begin{bmatrix} 0 \\ 0 \\ 1 \\ 0 \end{bmatrix}, \quad C = \begin{bmatrix} 1 & 0 & 0 & 0 \\ 1 & \ell/2 & 0 & 0 \end{bmatrix}, \quad D = \begin{bmatrix} 0 \\ 0 \end{bmatrix}$$

e, finalmente, o modelo assume a forma padrão $\dot{q} = Aq + Bu$ e $y = Cq + Du$, onde $A = E^{-1}F$ e $B = E^{-1}G$. É interessante observar que esta última manipulação é possível pois, como pode ser facilmente verificado, a matriz E é sempre não singular. □

Essa seção é encerrada com uma pequena discussão sobre os conceitos introduzidos. Para determinarmos as equações do movimento de um determinado corpo rígido ou um conjunto de partículas, podemos seguir os seguintes passos:

- Nos movimentos de translação, determinamos as equações do movimento do centro de massa r_c relativamente a um referencial inercial previamente definido. Neste caso, a equação básica que rege sua dinâmica é

$$\frac{dp}{dt}(t) = F(t) \tag{2.82}$$

  onde $F(t)$ representa a resultante de todas as forças externas e $p(t)$ o momento linear. Sendo a massa total m constante em relação ao tempo, então (2.82) reduz-se a

$$m\ddot{r}_c(t) = F(t) \tag{2.83}$$

- Nos movimentos de rotação, sempre em relação a um referencial inercial previamente definido, devemos identificar o eixo em torno do qual a rotação ocorre. Neste caso, a equação básica que rege sua dinâmica é

$$\frac{dH}{dt}(t) = \tau(t) \tag{2.84}$$

onde $\tau(t)$ representa o torque externo resultante e $H(t)$ o momento angular, ambos relativos ao eixo de rotação. Sempre podemos definir convenientemente um sistema de referência de tal forma que o eixo de rotação esteja na direção do versor γ. Sendo o momento de inércia J_γ constante em relação ao tempo e τ_γ a componente do torque nesta mesma direção, então (2.84) se reduz a

$$J_\gamma \ddot{\phi}(t) = \tau_\gamma(t) \tag{2.85}$$

- Nos movimentos compostos, as equações acima devem ser aplicadas conjuntamente. Quando todos os pontos estão em movimento de rotação, podemos arbitrar o eixo de rotação, porém, obrigatoriamente, passando pelo centro de massa.

Cabe ainda lembrar dois pontos muito importantes. O primeiro diz respeito à escolha do sistema de referência mais adequado. Como regra geral, parece prudente adotar o sistema cartesiano para descrever movimentos de translação e o cilíndrico ou esférico para descrever movimentos de rotação. O segundo diz respeito às equações acima reapresentadas. Em (2.83), devemos determinar a resultante de todas as forças como se elas fossem aplicadas no centro de massa. Ao contrário, em (2.85) os pontos onde cada força é aplicada são importantes de serem identificados para podermos calcular corretamente os torques por elas produzidos.

2.3 Eletricidade e Eletromagnetismo

Nesta seção, tratamos alguns aspectos que entendemos ser importantes para o modelamento de sistemas elétricos e eletromagnéticos e que estão dentro do escopo deste livro. Para o tratamento dos mesmos tópicos de maneira mais abrangente e de outros, certamente também bastante importantes dentro dessa vasta área do conhecimento, o leitor é convidado a consultar as referências bibliográficas específicas que são citadas e comentadas na seção *Notas e Referências* deste capítulo. O material aqui exposto é aquele necessário para que o leitor tenha uma visão suficientemente precisa e abrangente deste importante assunto, porém circunscrita aos objetivos de sua aplicação nos modelos aqui considerados.

2.3.1 Eletricidade

Corrente elétrica é uma grandeza associada ao movimento de cargas em um meio condutor. Em outras palavras, uma certa quantidade de carga elétrica que

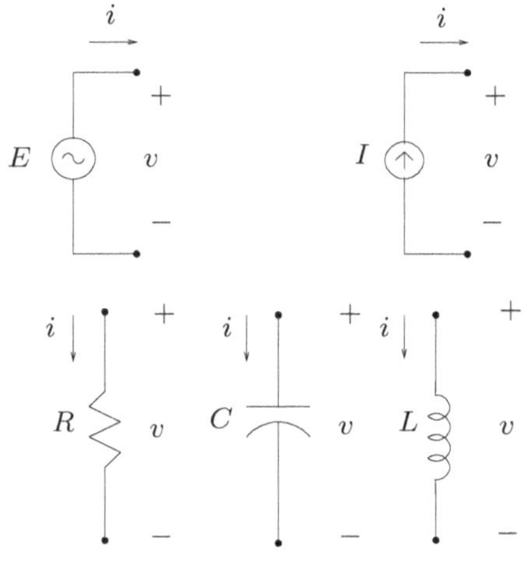

Figura 2.14: Bipolos

passa, por unidade de tempo, através de uma seção de um condutor, define a intensidade de corrente. Para que cargas se movimentem, é necessário o aparecimento de forças que nelas atuem, neste caso, devido à presença de um campo elétrico. Assim sendo, para ocorrer o movimento de cargas é preciso fornecer-lhes energia através da imposição de uma diferença de potencial elétrico ou *tensão*.

Um *bipolo* é um dispositivo com dois terminais que estabelece uma relação entre a corrente que o atravessa e a diferença de potencial entre seus dois terminais. Essa relação pode ser algébrica ou dinâmica e linear ou não linear. O bipolos elétricos lineares mais comuns são: *fonte de tensão*, *fonte de corrente*, *resistor*, *capacitor* e *indutor*. A Figura 2.14 mostra esses bipolos com as correntes e tensões indicadas segundo a *convenção de gerador* para as fontes e a *convenção de receptor* para os outros três dispositivos. Os modelos matemáticos desses dispositivos, ou seja, a) fonte de tensão, b) fonte de corrente, c) resistor com resistência R, d) capacitor com capacitância C e e) indutor com indutância L, dados a seguir, são de particular importância na medida em que constituem um conjunto de modelos básicos que, segundo as convenções já anunciadas, podem ser aplicados na modelagem e análise dos mais variados e complexos circuitos elétricos.

$$\begin{aligned}
a) &: \; v(t) = E(t) \\
b) &: \; i(t) = I(t) \\
c) &: \; v(t) = Ri(t) \\
d) &: \; i(t) = Cdv(t)/dt \\
e) &: \; v(t) = Ldi(t)/dt
\end{aligned} \tag{2.86}$$

O modelo matemático de um circuito elétrico pode ser obtido através das chamadas *Leis de Kirchhoff*. Para enunciá-las, necessitamos definir os seguintes elementos importantes:

Definição 2.5 (Nó) *É qualquer ponto de um circuito elétrico, comum a dois ou mais bipolos.*

Definição 2.6 (Circuitos planares) *É qualquer circuito elétrico que pode ser representado em um plano sem que ocorra nenhum cruzamento de bipolos.*

Definição 2.7 (Malha) *É qualquer percurso fechado de um circuito elétrico constituído por um conjunto de nós sem repetição e sem conter nenhum bipolo em seu interior.*

Para descrevermos as características dinâmicas de um determinado circuito, isto é, determinar as correntes e tensões em todos os seus bipolos, devemos notar que um circuito com b bipolos tem $2b$ variáveis a serem determinadas. Porém, os modelos elementares de cada bipolo, por exemplo, aqueles introduzidos em (2.86), só permitem escrever b equações relacionando as $2b$ variáveis existentes. As demais equações necessárias são, então, obtidas através das Leis de Kirchhoff, em seguida enunciadas.

Lei 2.1 (Lei das correntes) *Para todo nó de um circuito elétrico, a soma algébrica de todas as correntes que nele saem ou chegam é nula.*

Lei 2.2 (Lei das tensões) *Para toda malha de um circuito elétrico, a soma algébrica das tensões em todos os seus bipolos é nula.*

Em geral, em um circuito planar com n nós, podemos desprezar qualquer um deles para, então, com a lei das correntes, obtermos $n-1$ equações sem nenhuma redundância. Por outro lado, esse mesmo circuito, com b bipolos, terá $b-(n-1)$ malhas, nas quais, aplicando-se a lei das tensões, obtemos as equações restantes. Assim sendo, o modelo matemático de um circuito elétrico planar com b bipolos e n nós é obtido quando escrevemos as $2b$ equações que permitem determinar todas as variáveis envolvidas, isto é, as correntes e tensões em todos os seus bipolos.

Cabe ainda ressaltar que, embora não tenha sido deixado explícito, as duas leis enunciadas se verificam em todo instante de tempo $t \geq 0$, sendo que, normalmente, o instante inicial de estudo é arbitrado em $t = 0$. Para tornar mais explícita as consequências dessa afirmação, consideremos uma vez mais um circuito genérico com b bipolos, cada um deles percorrido por uma corrente $i_k(t)$

quando submetido a uma tensão $v_k(t)$, $k = 1, 2, \cdots, b$. A lei das correntes permite escrever imediatamente as $n-1$ equações lineares não redundantes

$$\sum_{k=1}^{b} N_{jk} i_k(t) = 0 \ , \ j = 1, 2, \cdots, (n-1) \tag{2.87}$$

e, também, a lei das tensões permite escrever as $b-(n-1)$ equações lineares não redundantes

$$\sum_{k=1}^{b} M_{jk} v_k(t) = 0 \ , \ j = 1, 2, \cdots, b-(n-1) \tag{2.88}$$

É fundamental perceber que os coeficientes N_{jk} e M_{jk} são constantes que só podem assumir os valores -1, 0, ou 1. Ademais, definindo os vetores

$$i(t) = \begin{bmatrix} i_1(t) \\ i_2(t) \\ \vdots \\ i_b(t) \end{bmatrix} \ , \ v(t) = \begin{bmatrix} v_1(t) \\ v_2(t) \\ \vdots \\ v_b(t) \end{bmatrix}$$

e as matrizes $N \in \mathbb{R}^{(n-1)\times b}$ e $M \in \mathbb{R}^{b-(n-1)\times b}$ com elementos N_{jk} e M_{jk}, respectivamente, a forma matricial das duas leis anteriores é

$$Ni(t) = 0 \ , \ Mv(t) = 0 \tag{2.89}$$

Essa formulação da lei das correntes e da lei das tensões deixa claro que um circuito específico é caracterizado completamente pelas matrizes N, M que definem sua topologia e pelas relações entre corrente e tensão nos bipolos existentes. Sendo importantes, essas duas matrizes recebem denominações particulares, a saber, N é chamada *matriz de incidência* e M é chamada *matriz de malha.*

As b equações (2.89) não permitem obter as $2b$ incógnitas correspondentes a todas as tensões e correntes nos b bipolos do circuito. Elas representam simplesmente a topologia, isto é, a estrutura com que os bipolos são interligados. As b equações adicionais que necessitamos são, portanto, aquelas que definem cada bipolo. No caso geral (linear), essas equações podem envolver constantes, derivadas ou integrais, as quais sempre podem ser escritas na forma

$$C\frac{dv}{dt}(t) - Gv(t) + L\frac{di}{dt}(t) - Ri(t) = f(t) \tag{2.90}$$

que nada mais é que uma equação linear genérica envolvendo tensões, correntes e suas respectivas derivadas e seus coeficientes são matrizes quadradas $b \times b$ constantes. Em geral, as matrizes C, G, L e R são diagonais. Isso não ocorre quando o circuito contiver, por exemplo, fontes controladas ou indutâncias mútuas, pois, neste caso, a tensão ou corrente do bipolo i depende da tensão ou corrente do bipolo $j \neq i$. O vetor $f(t)$ contém zeros e os valores de tensão ou de corrente definidos por fontes eventualmente presentes no circuito. A construção de (2.90) é ilustrada, em seguida, através de exemplos.

Levando em conta que as matrizes N e M, já calculadas, são sempre matrizes constantes, completamente definidas pela topologia do circuito em estudo, com os resultados do Apêndice A, podemos afirmar que todas as soluções do sistema com b equações e $2b$ incógnitas (2.89), reescrito na forma

$$\begin{bmatrix} N & 0 \\ 0 & M \end{bmatrix} \begin{bmatrix} i(t) \\ v(t) \end{bmatrix} = \begin{bmatrix} 0 \\ 0 \end{bmatrix} \tag{2.91}$$

são dadas por

$$\begin{bmatrix} i(t) \\ v(t) \end{bmatrix} = T\xi(t) = \begin{bmatrix} T_i \\ T_v \end{bmatrix} \xi(t) \tag{2.92}$$

onde a matriz $T \in \mathbb{R}^{2b\times b}$, que pode ser particionada nas submatrizes $T_i \in \mathbb{R}^{b\times b}$ e $T_v \in \mathbb{R}^{b\times b}$, sempre existe e define uma base para o espaço nulo da matriz que se encontra no lado esquerdo da equação linear (2.91). Levando (2.92) em (2.90), obtemos, finalmente, a equação geral do circuito

$$(CT_v + LT_i)\,\dot{\xi}(t) = (GT_v + RT_i)\,\xi(t) + f(t) \tag{2.93}$$

Essa equação apresenta uma particularidade importante. Normalmente, a matriz CT_v+LT_i é uma matriz singular e, por consequência, não pode ser invertida. Esse fato ocorre quando tivermos no circuito bipolos que não são definidos por relações diferenciais, mas sim por relações algébricas, tais como resistores, fontes de tensão e fontes de corrente. Neste caso, para obtermos um modelo expresso por uma equação diferencial padrão, devemos proceder segundo os passos elencados em seguida. Como indicado no Apêndice A, a decomposição de uma matriz qualquer em valores singulares permite escrever

$$CT_v + LT_i = V\Sigma U \tag{2.94}$$

onde V e U são matrizes não singulares e Σ é uma matriz diagonal com todos os elementos da diagonal principal iguais a um ou zero dispostos em ordem decrescente. Assim sendo, podemos supor que

$$\Sigma = \begin{bmatrix} I & 0 \\ 0 & 0 \end{bmatrix} \tag{2.95}$$

onde I é uma matriz identidade de dimensão adequada. Definindo as variáveis $x(t) = U\xi(t)$ e $u(t)$ que contém somente as tensões e correntes definidas pelas fontes, isto é, $f(t) = Fu(t)$ para uma determinada matriz constante F, então, substituindo (2.94) em (2.93) e multiplicando-a à esquerda por V^{-1}, obtemos

$$\Sigma\dot{x}(t) = \Phi x(t) + \Gamma u(t) \tag{2.96}$$

onde

$$\Phi = V^{-1}(GT_v + RT_i)U^{-1} \ , \ \Gamma = V^{-1}F \tag{2.97}$$

Sendo Σ uma matriz singular, fica aparente que a equação diferencial acima apresenta vínculos algébricos. Esse aspecto é mais bem visualizado ao escrevermos (2.96) na forma particionada

$$\begin{bmatrix} \dot{x}_1(t) \\ 0 \end{bmatrix} = \begin{bmatrix} \Phi_{11} & \Phi_{12} \\ \Phi_{21} & \Phi_{22} \end{bmatrix} \begin{bmatrix} x_1(t) \\ x_2(t) \end{bmatrix} + \begin{bmatrix} \Gamma_1 \\ \Gamma_2 \end{bmatrix} u(t) \tag{2.98}$$

Portanto, a equação algébrica pode ser resolvida desde que a matriz Φ_{22} seja uma matriz não singular. Isso é o que geralmente ocorre, a menos de casos que podemos classificar como *patológicos* e que serão ilustrados através dos exemplos dados em seguida. Supondo que Φ_{22} seja inversível, obtemos

$$x_2(t) = -\Phi_{22}^{-1}\Phi_{21}x_1(t) - \Phi_{22}^{-1}\Gamma_2 u(t) \tag{2.99}$$

com a qual, a partir de (2.98), podemos determinar por simples substituição a forma final da equação diferencial que define o modelo do circuito em estudo como sendo

$$\dot{x}_1(t) = A_1 x_1(t) + B_1 u(t) \tag{2.100}$$

onde as matrizes indicadas são dadas por

$$A_1 = \Phi_{11} - \Phi_{12}\Phi_{22}^{-1}\Phi_{21} \ , \ B_1 = \Gamma_1 - \Phi_{12}\Phi_{22}^{-1}\Gamma_2 \tag{2.101}$$

É preciso ficar bem claro que, com a solução da equação diferencial (2.100), podemos calcular todas as correntes e tensões do circuito. De fato, a partir de (2.92), da transformação inversa $\xi(t) = U^{-1}x(t)$ e de (2.99), temos

$$\begin{aligned} \begin{bmatrix} i(t) \\ v(t) \end{bmatrix} &= T\xi(t) \\ &= TU^{-1}x(t) \\ &= C_1 x_1(t) + D_1 u(t) \end{aligned} \tag{2.102}$$

onde

$$C_1 = TU^{-1} \begin{bmatrix} I \\ -\Phi_{22}^{-1}\Phi_{21} \end{bmatrix} \ , \ D_1 = TU^{-1} \begin{bmatrix} 0 \\ -\Phi_{22}^{-1}\Gamma_2 \end{bmatrix} \tag{2.103}$$

ou seja, as tensões e correntes são expressas por uma função linear da solução da equação diferencial (2.100) e das fontes representadas pela variável de entrada $u(t)$. É claro que, mesmo em se tratando de circuitos elétricos relativamente pequenos, isto é, com um número pequeno de bipolos, as manipulações realizadas anteriormente são proibitivas de serem realizadas sem a ajuda de um computador. Porém, tendo em mãos um programa adequado, as operações necessárias são simples e permitem tratar circuitos planares com qualquer topologia e composto por qualquer conjunto de bipolos lineares.

Resta mencionar que a equação diferencial (2.100) necessita, para ser resolvida, das suas condições iniciais, isto é, do valor do vetor $x_1(t)$ para, por exemplo, $t = 0$. Em um circuito genérico, as condições iniciais são definidas pelos armazenadores de energia, ou seja, pelas correntes no indutores e pelas tensões nos capacitores em $t = 0$ que constituem o vetor c_0 dado por

$$c_0 = E \begin{bmatrix} i(0) \\ v(0) \end{bmatrix} \tag{2.104}$$

onde E é uma matriz apropriada. Como o vetor de entradas $u(t)$ deve ser considerado nulo até o instante inicial, (2.102) fornece

$$x_1(0) = (EC_1)^{-1}c_0 \tag{2.105}$$

onde fica aparente que E deve ser tal que a matriz EC_1 seja quadrada e não singular. Neste caso, o vetor de condições iniciais que se deseja impor é válido na medida em que a inversa indicada em (2.105) existe.

Exemplo 2.10 (Fonte e capacitor) Considere o circuito elétrico (a) da Figura 2.15, onde o capacitor tem uma capacitância de 2 unidades e a fonte de corrente é definida por $i_1(t) = u(t)$. Esse circuito simples tem dois nós, mas só um deles, por exemplo, o nó "1", precisa ser usado para aplicarmos a lei das correntes. Imediatamente, obtemos

$$N = M = \begin{bmatrix} 1 & -1 \end{bmatrix} \Longrightarrow T_i = \begin{bmatrix} 1 & 0 \\ 1 & 0 \end{bmatrix}, \quad T_v = \begin{bmatrix} 0 & 1 \\ 0 & 1 \end{bmatrix}$$

Por outro lado, as equações que definem os dois bipolos são $i_1 = u$ e $2\dot{v}_2 = i_2$, que podem ser escritas na forma (2.90), com

$$C = \begin{bmatrix} 0 & 0 \\ 0 & 2 \end{bmatrix}, \quad G = L = \begin{bmatrix} 0 & 0 \\ 0 & 0 \end{bmatrix}, \quad R = \begin{bmatrix} -1 & 0 \\ 0 & 1 \end{bmatrix}, \quad f(t) = \begin{bmatrix} 1 \\ 0 \end{bmatrix} u(t)$$

Nesse ponto, temos em mãos todos os elementos para determinarmos a equação diferencial do modelo em estudo. Decompondo o lado direito de (2.94), vem

$$V = \begin{bmatrix} 0 & 2 \\ 2 & 0 \end{bmatrix}, \quad \Sigma = \begin{bmatrix} 1 & 0 \\ 0 & 0 \end{bmatrix}, \quad U = \begin{bmatrix} 0 & 1 \\ 1 & 0 \end{bmatrix}$$

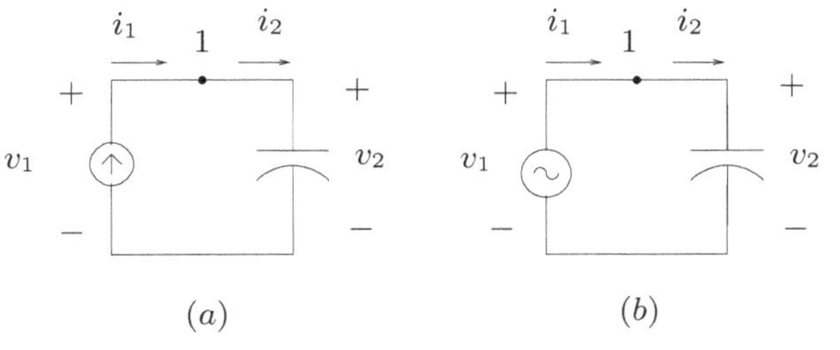

Figura 2.15: Fonte e capacitor

e, consequentemente, com (2.97), temos

$$\Phi = \begin{bmatrix} 0 & 0{,}5 \\ 0 & -0{,}5 \end{bmatrix}, \quad \Gamma = \begin{bmatrix} 0 \\ 0{,}5 \end{bmatrix}$$

onde se nota que a submatriz, no caso um escalar, $\Phi_{22} = -0{,}5$ é obviamente inversível. Neste caso, as equações (2.99) e (2.100) fornecem, respectivamente, $x_2(t) = u(t)$ e $\dot{x}_1(t) = 0{,}5u(t)$. Finalmente, com a equação (2.102), obtemos todas as correntes e tensões do circuito, isto é,

$$\begin{bmatrix} i_1(t) \\ i_2(t) \\ v_1(t) \\ v_2(t) \end{bmatrix} = \begin{bmatrix} 0 \\ 0 \\ 1 \\ 1 \end{bmatrix} x_1(t) + \begin{bmatrix} 1 \\ 1 \\ 0 \\ 0 \end{bmatrix} u(t)$$

que é, como sabemos, o resultado esperado. Agora, para ilustrar uma situação que consideramos *patológica*, vamos adotar o mesmo procedimento para a determinação das equações do modelo do circuito (*b*) da Figura 2.15, obtido a partir do anterior substituindo-se a fonte de corrente por uma fonte de tensão $v_1(t) = u(t)$. Como se trata de um circuito com a mesma topologia do anterior, é claro que as matrizes N e M e, por consequência, T_i e T_v são as mesmas. Entretanto, com

$$C = \begin{bmatrix} 0 & 0 \\ 0 & 2 \end{bmatrix}, \quad G = \begin{bmatrix} -1 & 0 \\ 0 & 0 \end{bmatrix}, \quad L = \begin{bmatrix} 0 & 0 \\ 0 & 0 \end{bmatrix}, \quad R = \begin{bmatrix} 0 & 0 \\ 0 & 1 \end{bmatrix}, \quad f(t) = \begin{bmatrix} 1 \\ 0 \end{bmatrix} u(t)$$

verificamos que as matrizes V, Σ e U permanecem também inalteradas, porém

$$\Phi = \begin{bmatrix} 0 & 0{,}5 \\ -0{,}5 & 0 \end{bmatrix}, \quad \Gamma = \begin{bmatrix} 0 \\ 0{,}5 \end{bmatrix}$$

mostra que a matriz (escalar) $\Phi_{22} = 0$, sendo impossível continuar a determinação do modelo do circuito em questão. O motivo da ocorrência desse fato é que o circuito (*b*) não é modelado por uma equação diferencial, mas sim pelas equações $x_1(t) = u(t)$ e $\dot{x}_1(t) = x_2(t)$, que são obtidas diretamente de (2.98). Como $u(t)$ é uma função definida pela fonte de tensão, então $x_2(t) = \dot{u}(t)$. Ou seja, trata-se de um circuito puramente algébrico que tem uma das variáveis de estado que depende da derivada da entrada. Este caso não pode ser manipulado pelo procedimento aqui adotado. □

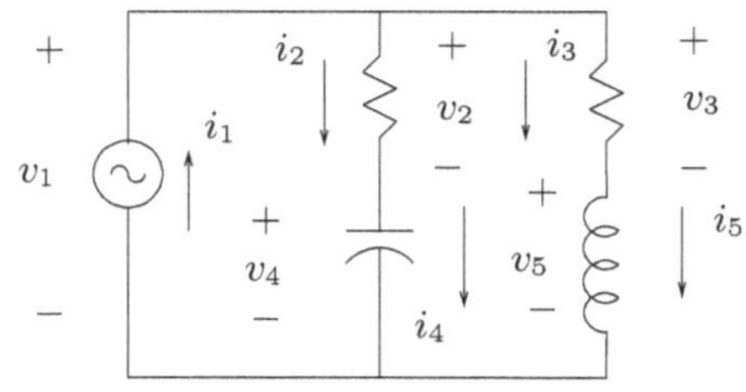

Figura 2.16: Circuito RLC

Exemplo 2.11 (Circuito RLC) Considere o circuito elétrico da Figura 2.16, onde todos os componentes têm valores de 1 unidade e a fonte de tensão é definida por $v_1(t) = u(t)$. O objetivo é obter o modelo matemático para a corrente $i(t) = i_1(t)$, que passa pela fonte. Esse circuito apresenta duas malhas e três nós que fornecem as equações de correntes e tensões linearmente independentes. Temos então

$$N = \begin{bmatrix} 1 & -1 & -1 & 0 & 0 \\ 0 & 1 & 0 & -1 & 0 \\ 0 & 0 & 1 & 0 & -1 \end{bmatrix} , \; M = \begin{bmatrix} -1 & 1 & 0 & 1 & 0 \\ -1 & 0 & 1 & 0 & 1 \end{bmatrix}$$

As equações que definem os cinco bipolos, a saber, $v_1 = u$, $v_2 = i_2$, $v_3 = i_3$, $\dot{v}_4 = i_4$ e $\dot{i}_5 = v_5$, podem ser escritas na forma (2.90) com as matrizes

$$C = \text{diag}(0,0,0,1,0) \; , \; G = \text{diag}(-1,-1,-1,0,1) \; , \; L = \text{diag}(0,0,0,0,1)$$

$$R = \text{diag}(0,1,1,1,0) \; , \; F' = \begin{bmatrix} 1 & 0 & 0 & 0 & 0 \end{bmatrix}$$

Adotando o procedimento já discutido, com auxílio de um computador para calcular as diversas matrizes envolvidas, obtemos

$$\begin{aligned} \dot{x}_1(t) &= A_1 x_1(t) + b_1 u(t) \\ i(t) &= c_1 x_1(t) + d_1 u(t) \end{aligned}$$

onde

$$A_1 = \begin{bmatrix} -1 & 0 \\ 0 & -1 \end{bmatrix} , \; b_1 = \begin{bmatrix} 1{,}2649 \\ -1{,}6330 \end{bmatrix} , \; c_1 = \begin{bmatrix} -0{,}7906 & -0{,}6124 \end{bmatrix} , \; d_1 = 1$$

Ademais, sendo as condições iniciais definidas pela corrente no indutor $i_5(0)$ e a tensão no capacitor $v_4(0)$, determinamos, imediatamente,

$$E = \begin{bmatrix} 0 & 0 & 0 & 0 & 1 & 0 & 0 & 0 & 0 & 0 \\ 0 & 0 & 0 & 0 & 0 & 0 & 0 & 0 & 1 & 0 \end{bmatrix}$$

que fornece, com auxílio de (2.105), o vetor de condições iniciais expresso na forma

$$x_1(0) = \begin{bmatrix} 0 & 1{,}2649 \\ -1{,}6330 & 0 \end{bmatrix} \begin{bmatrix} i_5(0) \\ v_4(0) \end{bmatrix}$$

Como era de se esperar, o modelo matemático do circuito em estudo é descrito por um sistema de duas equações diferenciais de primeira ordem acopladas. Entretanto, com os valores numéricos obtidos, verificamos que $c_1 A_1 = -c_1$, $c_1 b_1 = 0$ e, consequentemente,

$$\frac{d}{dt}(i(t) - u(t)) = c_1 \dot{x}_1(t) = -c_1 x_1(t) = u(t) - i(t)$$

a qual nos permite concluir que a equação que define a corrente $i(t)$ é

$$\frac{d}{dt} i(t) + i(t) = \frac{d}{dt} u(t) + u(t)$$

com a condição inicial $i(0) = c_1 x_1(0) = i_5(0) - v_4(0)$. Trata-se, portanto, de uma equação diferencial de primeira ordem, o que não deve surpreender mesmo em se tratando de um circuito RLC. Isso ocorre devido aos valores numéricos dos resistores, do indutor e do capacitor que foram utilizados. Observe ainda que, para condições iniciais tais que $i(0) = 0$, a solução geral da equação diferencial acima é $i(t) = u(t)$ e, neste caso, o circuito comporta-se como um simples resistor com resistência elétrica unitária. □

Exemplo 2.12 (Indutância mútua) O circuito da Figura 2.17 tem duas indutâncias com acoplamento magnético entre si. O modelo matemático para as duas indutâncias é o seguinte:

$$v_4(t) = L_4 \frac{d}{dt} i_4(t) + \mu \frac{d}{dt} i_5(t) \ , \ v_5(t) = L_5 \frac{d}{dt} i_5(t) + \mu \frac{d}{dt} i_4(t)$$

sendo $\mu = \kappa \sqrt{L_4 L_5}$, onde $0 \le \kappa < 1$ é o chamado *fator de acoplamento magnético*. Observe que, segundo a convenção de receptor adotada, as marcas "•" indicam onde entram as correntes em cada uma das indutâncias de forma que os fluxos sejam reforçados. Em um sistema coerente de unidades, consideramos os seguintes dados numéricos: $C_2 = 1$, $R_3 = 1$, $L_4 = 1$, $L_5 = 1$ e $R_6 = 2$. Sendo a fonte de tensão definida por $v_1(t) = u(t)$, o objetivo é determinar o modelo matemático para a tensão no resistor R_6, isto é, $v(t) = v_6(t)$.

As equações de correntes e de tensões são expressas através das matrizes

$$N = \begin{bmatrix} 1 & -1 & -1 & 0 & 0 & 0 \\ 0 & 0 & 1 & -1 & -1 & 0 \\ 0 & -1 & 0 & -1 & 0 & 1 \end{bmatrix} \ , \ M = \begin{bmatrix} -1 & 0 & 1 & 0 & 1 & 0 \\ -1 & 1 & 0 & 0 & 0 & 1 \\ 0 & 0 & 0 & 1 & -1 & 1 \end{bmatrix}$$

e as equações que definem os bipolos determinam três matrizes diagonais

$$C = \text{diag}(0, 1, 0, 0, 0, 0) \ , \ G = \text{diag}(-1, 0, -1, 1, 1, -1) \ , \ R = \text{diag}(0, 1, 1, 0, 0, 2)$$

e uma não diagonal, pois depende do fator de acoplamento magnético

$$L = \begin{bmatrix} 0 & 0 & 0 & 0 & 0 & 0 \\ 0 & 0 & 0 & 0 & 0 & 0 \\ 0 & 0 & 0 & 0 & 0 & 0 \\ 0 & 0 & 0 & 1 & \mu & 0 \\ 0 & 0 & 0 & \mu & 1 & 0 \\ 0 & 0 & 0 & 0 & 0 & 0 \end{bmatrix} \ , \ F = \begin{bmatrix} 1 \\ 0 \\ 0 \\ 0 \\ 0 \\ 0 \end{bmatrix}$$

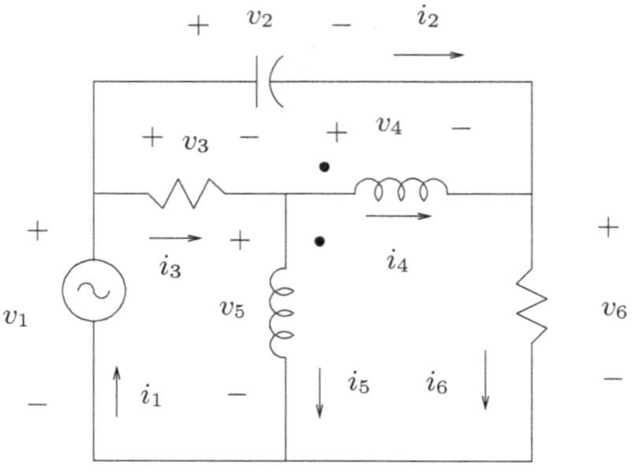

Figura 2.17: Circuito com indutâncias mútuas

Consideramos, então, dois casos: no primeiro, adotamos $\mu = 0$, o que corresponde a eliminar o acoplamento magnético entre as indutâncias. Com o procedimento anterior, determinamos então

$$\begin{aligned} \dot{x}_1(t) &= \begin{bmatrix} 0 & -0{,}5774 & 0 \\ 0{,}8660 & -0{,}5 & -0{,}5 \\ 0 & 1 & -2 \end{bmatrix} x_1(t) + \begin{bmatrix} 0{,}8165 \\ 0{,}7071 \\ 1{,}4142 \end{bmatrix} u(t) \\ v(t) &= \begin{bmatrix} 0 & -0{,}7071 & 0 \end{bmatrix} x_1(t) + u(t) \end{aligned}$$

A Figura 2.18 mostra a solução numérica da equação acima sob condições iniciais nulas (tensão no capacitor e correntes nos indutores) e com $u(t)$ sendo a função degrau unitário. No segundo caso, o mesmo procedimento foi adotado para determinar o modelo matemático correspondente à existência de um forte acoplamento magnético entre as indutâncias, caracterizado por $\mu = 0{,}8$. Nota-se pela Figura 2.18 que a tensão no resistor R_6 apresenta então um comportamento fortemente oscilatório. □

2.3.2 Eletromagnetismo

Uma carga elétrica Q, presente em um determinado meio material, produz, em cada ponto, um *campo elétrico* E que pode ser observado ao colocarmos, no referido ponto, uma carga elétrica positiva q. Obtemos, então,

$$F_e = qE \tag{2.106}$$

onde F_e denota a força eletrostática, também chamada de força de Coulomb. Assim sendo, o campo elétrico produzido é um vetor com a mesma direção e

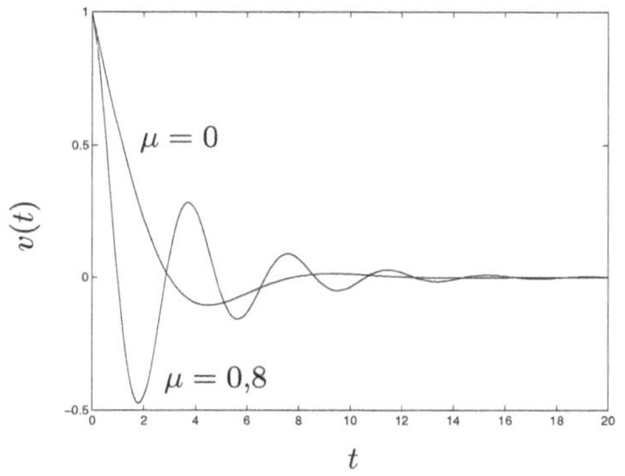

Figura 2.18: Efeito de indutâncias mútuas

mesmo sentido de F_e e sua intensidade é proporcional à carga Q e inversamente proporcional ao quadrado da distância entre Q e q. No Sistema Internacional de Unidades, a intensidade de campo elétrico é medida em Newtons por Coulombs [N/C]. Uma carga elétrica imersa em um campo elétrico está sempre sujeita a uma força que a acelera em relação a um referencial inercial.

Uma ferramenta importante para o cálculo de campos elétricos é expressa em termos da seguinte igualdade, conhecida como *Lei de Gauss*:

$$\epsilon_0 \oint_S E \cdot dS = q \tag{2.107}$$

onde ϵ_0 é uma constante chamada *permissividade* do meio que vale $\epsilon_0 = 8{,}85 \times 10^{-12}$ [$\mathrm{C^2/Nm^2}$] para o vácuo, E é o campo elétrico e q é a soma algébrica de todas as cargas elétricas presentes no interior da superfície fechada S, onde a integral de superfície indicada é calculada. Finalmente, em uma região onde um determinado campo elétrico está presente, uma carga elétrica sofre a ação da força de Coulomb (2.106) e, assim, ocorre a realização de um determinado trabalho para movê-la entre dois pontos quaisquer. Assim sendo, a diferença de potencial entre os pontos em consideração, denotados por p_1 e p_2, é dada por

$$V_2 - V_1 = -\int_C E \cdot dp \tag{2.108}$$

onde a integral acima é uma integral de linha em um percurso C qualquer unindo os pontos p_1 e p_2. Note-se que o percurso particular adotado não altera o valor da integral ou, em outras palavras, o campo elétrico tem a importante propriedade de tornar a integral de linha (2.108) independente do caminho de integração.

Exemplo 2.13 (Campo e potencial elétricos) Considere uma carga elétrica Q colocada no vácuo. Deseja-se determinar o campo elétrico por ela produzido em relação a um sistema de referência em cuja origem situa-se a referida carga. Em coordenadas esféricas, devido à simetria, sabemos que o campo elétrico deve ser da forma

$$E = E_\alpha \alpha$$

Aplicando a Lei de Gauss em uma superfície esférica S com centro no sistema de referência adotado e raio r, temos $dS = dS_\alpha \alpha$ e, consequentemente,

$$\oint_S E \cdot dS = E_\alpha \oint_S dS_\alpha = 4\pi r^2 E_\alpha$$

que, com auxílio de (2.107), leva ao resultado já bem conhecido

$$E = \frac{1}{4\pi\epsilon_0} \frac{Q}{r^2} \alpha$$

Vamos, agora, a partir da situação descrita acima, determinar a diferença de potencial existente entre dois pontos, denominados p_1 e p_2, localizados à distância r_1 e r_2, respectivamente, da origem do sistema de referência adotado, onde se encontra a carga elétrica Q. É preciso ser enfatizado que o passo fundamental para simplificar o cálculo da integral de linha em (2.108) é escolher convenientemente o percurso de integração. Assim sendo, vamos dividir o referido percurso em dois trechos. O primeiro vai radialmente do ponto p_1 até um ponto intermediário p_i situado na esfera de raio r_2. O segundo trecho vai de p_i até p_2 sobre a mesma superfície esférica. Para o primeiro trecho temos $d_p = dr\alpha$ e, portanto,

$$\begin{aligned} V_i - V_1 &= -\int_{r_1}^{r_2} \frac{1}{4\pi\epsilon_0} \frac{Q}{r^2} dr \\ &= \frac{Q}{4\pi\epsilon_0} \left(\frac{1}{r_2} - \frac{1}{r_1} \right) \end{aligned}$$

Para o segundo trecho, sendo o campo elétrico radial e dp tangente à superfície esférica, o produto escalar $E \cdot dp$ é sempre nulo, levando a $V_i - V_2 = 0$ e, consequentemente,

$$V_2 - V_1 = \frac{Q}{4\pi\epsilon_0} \left(\frac{1}{r_2} - \frac{1}{r_1} \right)$$

Pela discussão anterior, podemos ainda concluir que todos os pontos de qualquer esfera com centro onde se encontra a carga Q tem o mesmo potencial elétrico, caracterizando, portanto, uma superfície *equipotencial*. □

Ao contrário do campo elétrico, a existência de um *campo magnético* em uma determinada região do espaço só pode ser evidenciada através de cargas elétricas em movimento, devido à relação

$$F_m = qv \times B \tag{2.109}$$

onde F_m representa a força aplicada à partícula com carga elétrica q, animada de uma velocidade v e imersa em um campo magnético caracterizado pelo vetor *indução magnética* B. No Sistema Internacional de Unidades, a magnitude de B é medida em [Ns/Cm], que é igual a [N/Am], chamada Tesla [T]. Para o cálculo de campos magnéticos, usa-se frequentemente a chamada *Lei de Ampère*, expressa pela igualdade

$$\oint_C B \cdot dp = \mu_0 i \tag{2.110}$$

que indica que a integral de linha, em um percurso fechado C, do vetor indução magnética B, é proporcional à soma algébrica das correntes elétricas envolvidas. A constante de proporcionalidade μ_0 é chamada *permeabilidade* do meio e vale $\mu_0 = 1{,}26 \times 10^{-6}$ [Tm/A] para o vácuo.

Exemplo 2.14 (Campo magnético) Considere um fio condutor de grande comprimento sendo percorrido por uma corrente i. Fazendo coincidir o fio condutor com o eixo z do sistema cartesiano, em coordenadas cilíndricas, devido à simetria, podemos afirmar que

$$B = B_\beta \beta$$

Escolhendo C como sendo um percurso circular de raio r, com centro na origem do sistema de referência adotado, temos $dp = dp_\beta \beta$. Consequentemente,

$$\oint_C B \cdot dp = B_\beta \oint_C dp_\beta = 2\pi r B_\beta$$

e a Lei de Ampère expressa por (2.110) fornece

$$B = \frac{\mu_0 i}{2\pi r} \beta$$

que é o resultado esperado. Observe que a integração acima foi facilmente realizada por termos usado a simetria do problema para escolher um caminho de integração conveniente, bem como a forma particular do vetor B. □

Em muitas aplicações práticas, tais como geradores e motores elétricos, as interações produzidas pelo campo magnético em correntes nele imersas são de importância capital. A Figura 2.19 ilustra duas situações muito frequentes.

Na parte (a) temos um fio condutor de comprimento total l em repouso, percorrido por uma corrente elétrica i, inteiramente imersa em um campo magnético homogêneo B. Adotando o sistema cartesiano, devido à corrente elétrica, cargas elétricas negativas estarão em movimento no interior do condutor com uma determinada velocidade v, de tal forma que em uma porção dp temos uma carga total dq dada por

$$dp = \left(\frac{dq}{i}\right) v \tag{2.111}$$

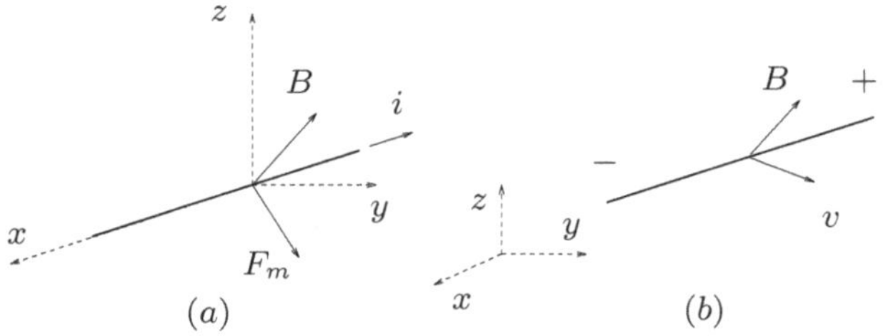

Figura 2.19: Interações eletromagnéticas

Consequentemente, por (2.109), concluímos que essa parte do condutor está sujeita a uma força dada por $dF_m = dqv \times B = idp \times B$. Integrando esta última relação em todo o comprimento do condutor que está imerso no campo magnético, obtemos a força total aplicada, isto é,

$$F_m = \int idp \times B \tag{2.112}$$

Essa propriedade física pode ser verificada experimentalmente e é conhecida por *ação motora*. Nota-se que um condutor de comprimento l, percorrido por uma corrente i, estará sujeito a uma força de máxima intensidade quando a tangente em qualquer ponto do condutor for ortogonal à direção do campo. Por exemplo, em coordenadas polares, para $B = B_\alpha \alpha$, $dp = -dp_\beta \beta$ e um fio condutor formado por N espiras circulares com raio r, isto é, de comprimento total $l = 2\pi N r$, a força total nela aplicada é dada por

$$\begin{aligned} F_m &= \int -idp_\beta \beta \times B_\alpha \alpha \\ &= ilB_\alpha \gamma \end{aligned} \tag{2.113}$$

Deve ser observado que, na situação descrita acima, os eixos das N espiras devem coincidir com a direção do versor γ e a força (2.113) fará com que ela se movimente nessa mesma direção.

Uma situação diversa é ilustrada na parte (*b*) da Figura 2.19. Um fio condutor, em aberto, isto é, sem ser percorrido por uma corrente elétrica, está se movendo com uma velocidade v em um campo magnético B. Sabemos que, no seu interior, as cargas elétricas sofrem a ação de uma força dada por

$$F_m = qv \times B$$

Entretanto, como não é possível que elas se movimentem, o que caracterizaria uma corrente elétrica, após alguns momentos, o equilíbrio é estabelecido quando o condutor forma um bipolo. Nessa situação, um campo elétrico se desenvolve no interior do condutor de tal forma que a força eletrostática $F_e = qE$ seja tal que $F_m = F_e$. De fato, isso é necessário para que a resultante das forças que agem em cada carga existente no interior do condutor seja nula e elas, portanto, possam permanecer em repouso. Podemos, então, calcular o campo elétrico, que é dado por

$$E = v \times B \tag{2.114}$$

Devido a (2.108), esse campo elétrico é responsável por uma diferença de potencial que aparece entre as extremidades do fio condutor, que pode ser imediatamente determinada pela integral de linha (2.108), pois o campo elétrico dado em (2.114) só depende de valores conhecidos. Essa importante propriedade é denominada *ação geradora*. Novamente, observa-se que a diferença de potencial é máxima quando a velocidade de qualquer ponto do fio condutor é ortogonal e invariante com a direção do campo. Vamos ilustrar esse fato considerando o arranjo de N espiras discutido anteriormente, para o qual $B = B_\alpha \alpha$, $dp = -dp_\beta \beta$, sendo que o movimento se dá na direção γ, ou seja, $v = v_\gamma \gamma$. Temos, então,

$$\begin{aligned} e &= -\int E \cdot dp \\ &= -\int (v \times B) \cdot dp \\ &= v_\gamma B_\alpha \int \beta \cdot dp_\beta \beta \\ &= v_\gamma l B_\alpha \end{aligned} \tag{2.115}$$

que é o resultado conhecido. Finalmente, é importante ressaltar que todo o desenvolvimento feito para um fio condutor em aberto continua válido quando forçamos através dele, com auxílio de um circuito externo, uma determinada corrente elétrica. O equilíbrio de forças se mantém, mas, em consequência dessa imposição externa, o movimento do condutor é perturbado pela ação da força F_m dada em (2.112) e a mesma diferença de potencial é gerada. Cabe, ainda, colocar em evidência que a partir da definição do parâmetro $K = lB_\alpha = 2\pi N r B_\alpha$, para o arranjo formado por N espiras anteriormente discutido, temos

$$F_m = Ki\gamma \ , \ e = Kv_\gamma \tag{2.116}$$

ou seja, em um mesmo sistema de unidades, o coeficiente de proporcionalidade entre a intensidade da força, devido à ação motora, e a corrente elétrica é o mesmo que aquele entre a diferença de potencial que aparece nos terminais do condutor, devido à ação geradora, e o módulo de sua velocidade relativa ao campo magnético.

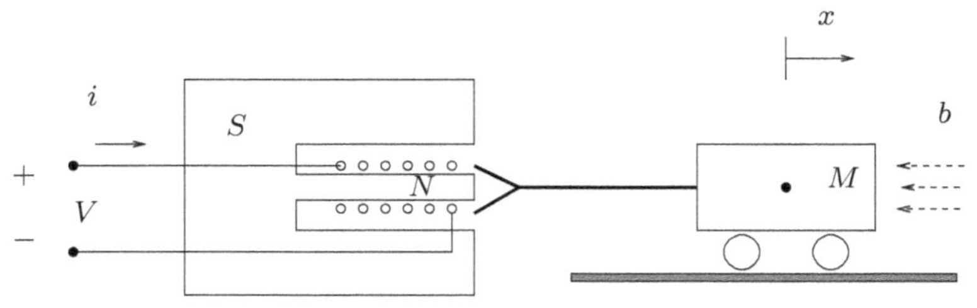

Figura 2.20: Movimento sob ação de uma força magnética

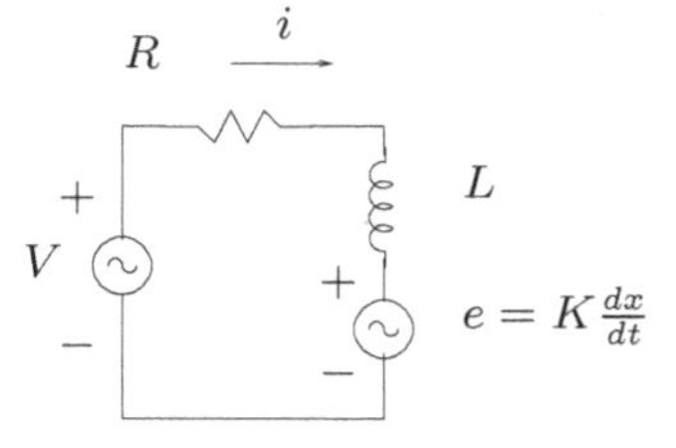

Figura 2.21: Circuito elétrico equivalente

Exemplo 2.15 A Figura 2.20 mostra um dispositivo magnético que pode ser usado para movimentar uma massa M sujeita a um atrito viscoso com coeficiente de viscosidade b. Trata-se de um ímã permanente cilíndrico que gera no seu interior uma indução magnética aproximadamente uniforme e radial com intensidade B_α. Um conjunto de espiras com comprimento total l está imerso no campo magnético. Esse conjunto de espiras pode ser modelado eletricamente por uma resistência R e uma indutância L em série que, submetidas à tensão externa V, são percorridas pela corrente i. Finalmente, o conjunto de espiras é ligado rigidamente à massa M.

Deve ser observado que essa situação é exatamente aquela anteriormente discutida. Assim sendo, sob a ação do campo magnético será aplicada às espiras e, por conseguinte, na massa uma força $f = Ki$, onde $K = lB_\alpha$. Note que, devido à geometria do dispositivo, essa força tem direção e sentido do eixo x do sistema de referência indicado na figura. A equação do movimento da massa pode, então, ser escrita na forma

$$M\frac{d^2}{dt^2}x(t) + b\frac{d}{dt}x(t) = Ki(t)$$

Por outro lado, a Figura 2.21 mostra o circuito elétrico equivalente do conjunto de espiras imersas no campo magnético. Devido ao seu movimento, como vimos anteriormente, devemos considerar a diferença de potencial e que aparece entre seus terminais. Assim sendo, obtemos

$$L\frac{d}{dt}i(t) + Ri(t) = V(t) - K\frac{d}{dt}x(t)$$

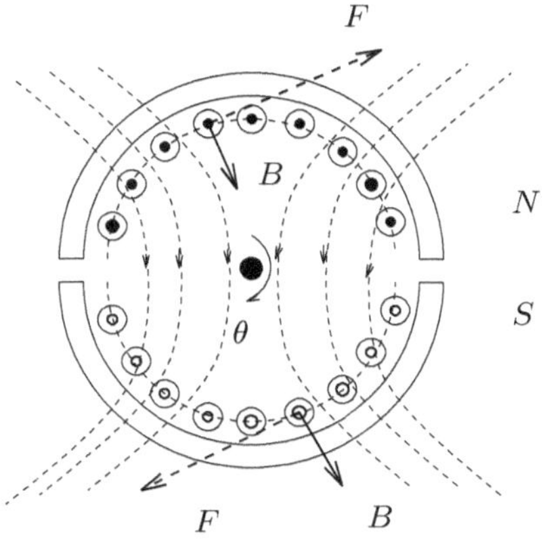

Figura 2.22: Motor CC

Trata-se de um modelo descrito por duas equações diferenciais acopladas. Ambas permitem descrever o comportamento dinâmico do movimento da massa a partir da definição das condições iniciais e da tensão externa aplicada às espiras. □

Exemplo 2.16 (Motor de corrente contínua) Um motor de corrente contínua é esquematizado na Figura 2.22. A parte magnética fixa é chamada *estator* e produz uma indução magnética radial aproximadamente uniforme com intensidade B_α. A parte móvel é chamada *rotor* e é constituída de um conjunto de N espiras nas quais circula uma corrente i. O *comutador* é responsável por manter as correntes nas espiras como indicado, isto é, nas espiras debaixo do polo norte magnético as correntes saem do plano da página, enquanto que naquelas debaixo do polo sul magnético as correntes entram no plano da página. Estão ainda indicadas, na mesma figura, as forças produzidas, responsáveis pelo surgimento de um torque no rotor que é transmitido ao seu eixo e que pode então mover uma determinada carga caracterizada por seu momento de inércia em relação ao eixo de rotação.

Para calcularmos o torque total produzido, devemos considerar que cada espira tem um comprimento l completamente imerso em B e uma largura d fora do campo magnético. Neste caso,

$$\begin{aligned} T &= N\left(F\frac{d}{2} + F\frac{d}{2}\right) \\ &= N(ld)B_\alpha i \\ &= Ki \end{aligned}$$

onde $K = N(ld)B_\alpha$ é uma constante que depende do número de espiras, da área de cada uma e da intensidade do campo magnético. Por outro lado, sabemos que as espiras em movimento, com velocidade linear v (com mesmo sentido e direção que a força F), estão submetidas, ao longo do seu comprimento, a uma tensão $e = B_\alpha lv$. Como, por construção, as N espiras estão dispostas em série e

$$\dot{\theta} = \frac{v}{(d/2)}$$

a tensão total produzida será

$$\begin{aligned} e &= N(lB_\alpha v + lB_\alpha v) \\ &= N(ld)B_\alpha \dot{\theta} \\ &= K\dot{\theta} \end{aligned}$$

onde mais uma vez temos $K = N(ld)B_\alpha$. Ou seja, ao produzir um torque proporcional à intensidade de corrente que circula no rotor, uma tensão aparece ao longo das bobinas que estão imersas no campo magnético definido pelo estator.

Considere, agora, o seguinte experimento: uma massa qualquer é acoplada ao eixo do motor. A massa e o rotor têm um momento de inércia total J e estão em um ambiente sujeito a um atrito viscoso de tal forma que o torque de atrito produzido é proporcional à velocidade angular do eixo de rotação, ou seja, $b\dot{\theta}$. O movimento do rotor é regido, então, pela equação diferencial

$$J\frac{d^2}{dt^2}\theta(t) + b\frac{d}{dt}\theta(t) = Ki(t)$$

Por outro lado, o circuito existente no rotor, as espiras, ao ser modelado como uma resistência elétrica R em série com um indutância L alimentado por uma fonte de tensão externa $V(t)$, resulta em

$$L\frac{d}{dt}i(t) + Ri(t) = V(t) - K\frac{d}{dt}\theta(t)$$

É interessante observar que podemos escrever as equações acima em função da velocidade angular do motor $\omega(t) = \dot{\theta}(t)$, ou seja,

$$J\frac{d}{dt}\omega(t) + b\omega(t) = Ki(t) \ , \ L\frac{d}{dt}i(t) + Ri(t) = V(t) - K\omega(t)$$

tornando aparente que, para $V(t) = V$ constante no tempo, elas admitem como solução para $t > 0$ suficientemente grande $i(t) = I_\infty$ e $\omega(t) = \omega_\infty$ constantes, que devem satisfazer $b\omega_\infty = KI_\infty$ e $RI_\infty = V - K\omega_\infty$, ou seja,

$$\omega_\infty = \frac{K}{K^2 + Rb}V$$

Para entrada $V(t)$ constante no tempo, após alguns momentos, o motor gira com velocidade angular constante ω_∞, que é proporcional à amplitude da tensão de entrada. Escolhendo-a convenientemente, podemos fazer o motor girar com uma velocidade angular desejada. □

2.4 Dinâmica Econômica

No século XVIII, foi Adam Smith o primeiro a observar que um sistema livre de preços, estabelecido através da lei da oferta e da procura, em um ambiente de liberdades regido pelo estado de direito, é estável. A ideia central está em perceber que os produtos disponíveis em um determinado mercado têm dois preços. O chamado *preço de mercado*, estabelecido pela lei da oferta e da procura, segundo a qual um excesso de oferta em relação à procura tende a diminuir o preço de mercado, enquanto que, ao contrário, um excesso de procura em relação à oferta tende a aumentá-lo. Por outro lado, o chamado *preço natural* é estabelecido pelos custos de produção e pelo lucro.

O equilíbrio é caracterizado pela igualdade entre o preço de mercado e o preço natural, e essa situação é estável. De fato, se o preço de mercado é maior que o preço natural, existirá uma tendência ao aumento da produção, pois os produtores estabelecidos terão maiores lucros e novos produtores, pela mesma razão, surgirão. Com uma oferta maior, o preço de mercado reduz. Ao contrário, se o preço de mercado é menor que o preço natural, a tendência é haver uma redução na oferta como forma de os produtores minimizarem seus prejuízos. Com uma oferta menor, o preço de mercado aumenta.

É interessante observar que o equilíbrio de preços descrito acima não permite concluir que os preços ficarão fixos no decorrer do tempo. Ao contrário, a dinâmica econômica faz com que o equilíbrio seja a todo instante perdido para, então, ser novamente restabelecido em um outro ponto.

Vamos, em seguida, considerar o caso ideal de uma economia em equilíbrio, sendo, portanto, descrita por um único preço, onde o preço de mercado é igual ao preço natural. O processo a ser descrito é, naturalmente, modelado com uma dinâmica discreta no tempo. Assim sendo, o preço em um determinado período $k = 0, 1, \cdots, M$ é denotado $p(k)$. Primeiramente vamos considerar uma economia completamente isolada, sem a possibilidade de importar ou exportar produtos. Neste caso, tal economia é caracterizada por duas funções, a saber: $D(p)$ que estabelece a demanda por produtos e $P(p)$ que estabelece a produção de bens, ambas em função do preço. Como já vimos, $D(p)$ é uma função decrescente, isto é, quanto maior o preço, menor a demanda, e vice-versa. Ademais, $P(p)$ é uma função crescente, porém com derivada decrescente para levar em conta eventual economia de escala, sempre presente na produção. É ainda razoável sugerir que a demanda seja mais sensível que a produção em relação ao preço, ou seja:

$$\frac{dP}{dp} < -\frac{dD}{dp} \tag{2.117}$$

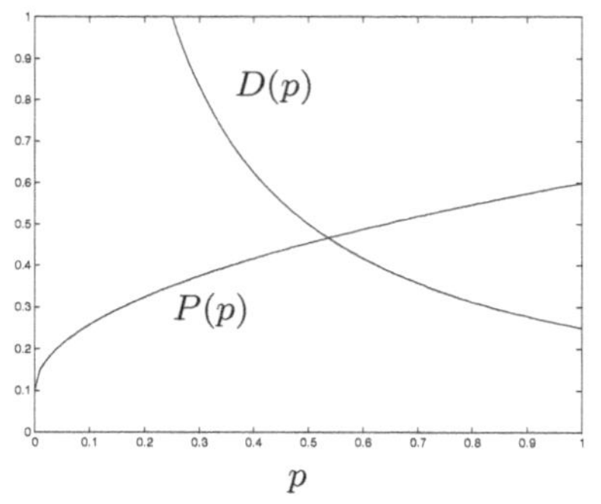

Figura 2.23: Demanda e produção

A Figura 2.23 ilustra essas funções em escalas normalizadas. Deve ser notado que, a partir de suas propriedades, sempre existirá um preço de equilíbrio p_{eq}, tal que

$$D(p_{eq}) = P(p_{eq})$$

Considere, agora, que estamos em um instante de tempo $k+1$ e que o mercado está praticando um preço $p(k+1)$. Os consumidores reagem imediatamente a esse preço e definem a demanda $D(p(k+1))$. Entretanto, a produção requer modificações de procedimentos que só podem ser mudados após algum tempo, ou seja, a produção no instante $k+1$ é dada por $P(p(k))$. Finalmente, postulamos que no intervalo $k+2$ o preço será dado por

$$p(k+2) - p(k+1) = -\rho[P(p(k)) - D(p(k+1))] \tag{2.118}$$

onde $\rho > 0$ é uma constante. Note que, se a produção suplanta a demanda, o preço tende a ser menor e vice-versa. Reescrevendo (2.118) na forma padrão de uma equação a diferenças, temos

$$p(k+2) - [p(k+1) + \rho D(p(k+1))] + \rho P(p(k)) = 0 \tag{2.119}$$

ficando aparente que existe um preço de equilíbrio constante $p(k) = p_{eq}$ que necessariamente satisfaça $D(p_{eq}) = P(p_{eq})$, como foi anteriormente requerido.

Exemplo 2.17 (Preços de equilíbrio) Para ilustrar o comportamento dinâmico da equação (2.119), ela foi simulada para duas situações diversas, caracterizadas por $\rho = 0{,}05$ e pelas funções de produção e demanda

$$P_1(p) = 0{,}10 + 0{,}25\sqrt{p}\ ,\ D_1(p) = \frac{0{,}20}{p}$$

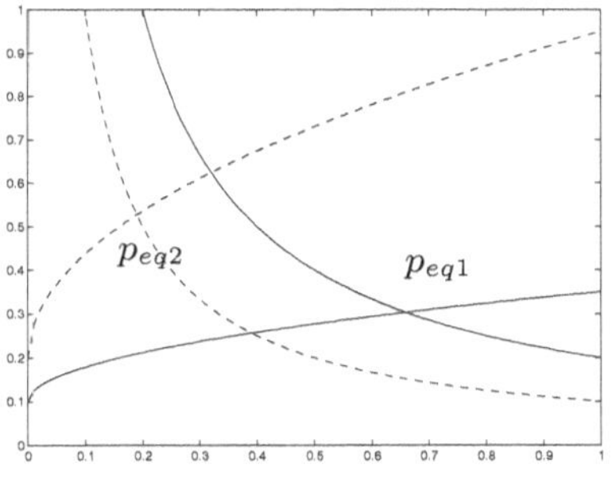

Figura 2.24: Preços de equilíbrio

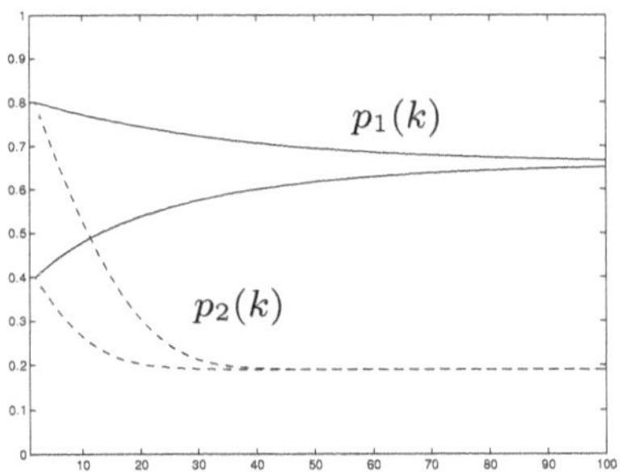

Figura 2.25: Evolução dos preços no tempo

e

$$P_2(p) = 0{,}20 + 0{,}75\sqrt{p}\ ,\ D_2(p) = \frac{0{,}10}{p}$$

Como mostra a Figura 2.24, o equilíbrio entre produção e demanda para cada caso fornece preços diferentes, a saber:

$$p_{eq1} \approx 0{,}66\ ,\ \ p_{eq2} \approx 0{,}19$$

que correspondem a níveis diferentes de produção e demanda, dadas por $D_1 = P_1 \approx 0{,}38$ e $D_2 = P_2 \approx 0{,}52$. Em particular, como era de se esperar, ao menor preço de equilíbrio corresponde o maior nível de produção. Pode-se concluir que a situação "2" é mais favorável que a situação "1" se maior produção vier a implicar em maior oferta de empregos.

A Figura 2.25 mostra a evolução dos preços $p_1(k)$ e $p_2(k)$ a partir de condições iniciais idênticas, fora do equilíbrio. Nota-se a convergência de cada sequência para o respectivo preço de equilíbrio acima determinado. □

Até agora, analisamos uma economia isolada. Para generalizar o estudo para N economias interconectadas via importação e exportação de produtos, podemos proceder da seguinte maneira: seja u_i, $i = 1, \cdots, N$ a taxa de câmbio praticada pela economia i em relação a uma moeda ou bem de referência. O volume total de importação entre i e j pode ser expresso da forma

$$Q_{ij} = H_{ij}(u_i p_i - u_j p_j) \tag{2.120}$$

onde $H_{ij}(\cdot)$ é uma função crescente, ímpar e tal que $H_{ij}(\cdot) = H_{ji}(\cdot)$, para todo $i \neq j = 1, \cdots, N$. Nessas condições, se o preço na moeda de referência, praticado na economia i, dado por $u_i p_i$, for maior que o preço na moeda de referência, praticado na economia j, dado por $u_j p_j$, então vale a pena importar produtos e ocorre a importação por i da quantidade Q_{ij} de j e a consequente exportação por parte de j da quantidade $Q_{ji} = -Q_{ij}$ para i. Com as hipóteses acima preconizadas, mantém-se o balanço

$$\begin{aligned} Q_{ij} + Q_{ji} &= H_{ij}(u_i p_i - u_j p_j) + H_{ji}(u_j p_j - u_i p_i) \\ &= H_{ij}(u_i p_i - u_j p_j) + H_{ij}(u_j p_j - u_i p_i) \\ &= H_{ij}(u_i p_i - u_j p_j) - H_{ij}(u_i p_i - u_j p_j) = 0 \end{aligned} \tag{2.121}$$

ou seja, a soma total de todas as importações e exportações efetuadas entre as N economias é sempre nula.

Importar de ou exportar para uma determinada economia i é equivalente a alterar sua produção interna. De fato, importar um volume Q_{ij} significa um acréscimo igual em $P_i(\cdot)$ através da produção ocorrida em j. Consequentemente, a equação de evolução do preço interno (2.119) passa a ser

$$\begin{aligned} p_i(k+2) - p_i(k+1) &= \rho_i D_i(p_i(k+1)) - \\ &\quad - \rho_i \left(P_i(p_i(k)) + \sum_{i \neq j = 1}^{N} H_{ij}(u_i p_i(k) - u_j p_j(k)) \right) \end{aligned} \tag{2.122}$$

para todo $i = 1, \cdots, N$. Fazendo $p_i(k) = \bar{p}_i$, então os preços de equilíbrio satisfazem

$$D_i(\bar{p}_i) = P_i(\bar{p}_i) + \sum_{i \neq j = 1}^{N} H_{ij}(u_i \bar{p}_i - u_j \bar{p}_j) \ , \ i = 1, \cdots, N \tag{2.123}$$

indicando que o equilíbrio depende agora da taxa de câmbio praticada em cada economia. Em particular, uma solução possível para o sistema (2.123) é dada por

u_1	$\bar{p}_1$	P_1	D_1	$\bar{p}_2$	P_2	D_2	Q_{12}
0,1000	0,8164	0,3258	0,2450	0,1682	0,5076	0,5944	−0,0866
0,2879	0,6598	0,3031	0,3031	0,1899	0,5268	0,5267	0,0000
1,0000	0,4417	0,2662	0,4528	0,2551	0,5788	0,3921	0,1867

Tabela 2.1: Influência da taxa de câmbio

$\bar{p}_i$, tal que $D_i(\bar{p}_i) = P_i(\bar{p}_i)$, $i = 1, \cdots, N$ desde que as taxas de câmbio satisfaçam à condição

$$u_i\bar{p}_i = u_j\bar{p}_j \ , \ i \neq j = 1, \cdots, N \tag{2.124}$$

quando, então, os preços de equilíbrio interno, em cada mercado, expressos na moeda de referência, serão iguais. O equilíbrio estabelecido implica que nenhuma importação ou exportação pode ocorrer.

Exemplo 2.18 (Taxa de câmbio) Considere duas economias, "1" e "2", descritas pelas funções de demanda e produção dadas no Exemplo 2.17. A economia "1" representa um país em desenvolvimento, que opera com alto preço e com demanda e produção de equilíbrio baixas. A economia "2" representa um país muito desenvolvido, que opera com baixo preço e com demanda e produção de equilíbrio altas. Vamos imaginar que a moeda de referência seja aquela da economia "2", levando-nos, então, a fixar $u_2 = 1$. Nosso objetivo é simular o modelo descrito por (2.123), que descreve o comportamento dinâmico dos seus preços.

Supomos que ambas estão, inicialmente, operando isoladamente em equilíbrio, fato que pode ser facilmente expresso pelas condições iniciais

$$p_1(0) = p_1(1) = p_{eq1} = 0{,}66 \ , \ \ p_2(0) = p_2(1) = p_{eq2} = 0{,}19$$

Por outro lado, com $u_2 = 1$, a condição (2.124) torna claro que a taxa de câmbio

$$u_1 = \frac{p_{eq2}}{p_{eq1}} = 0{,}2879$$

faz com que nenhuma exportação ou importação ocorra, pois $p_1(k) = p_{eq1}$ e $p_2(k) = p_{eq2}$ para todo $k \geq 0$. Ambas operam como se estivessem completamente desacopladas. Podemos, então, construir dois cenários de interesse. No primeiro, a taxa de câmbio é $u_1 = 0{,}1$ indicando grande desvalorização da moeda, enquanto que, no segundo, a taxa de câmbio vale $u_1 = 1{,}0$ indicando forte valorização, sempre perante a moeda de referência.

Considerando $H_{12}(\xi) = H_{21}(\xi) = \xi$, resolvemos as equações dinâmicas (2.122), até que o equilíbrio fosse atingido. A Tabela 2.1 contém os resultados conseguidos e permite, então, as seguintes conclusões:

- **Desvalorização da moeda:** Quando se faz uma forte desvalorização na moeda da economia do país em desenvolvimento ($u_1 = 0{,}1$), verifica-se que ocorre um forte aumento do seu preço interno, de 0,6598 para 0,8164 que corresponde a aproximadamente 25%. A produção de bens (P_1) aumenta um pouco e a demanda interna (D_1) é bastante reduzida. Isso ocorre para que possa haver uma pequena exportação ($Q_{12} < 0$) para o país desenvolvido. Deve-se notar que o pequeno aumento da produção pode significar uma pequena melhora no nível de emprego, mas todo esse esforço pode ser perdido pelo brutal aumento de preço. A economia do país desenvolvido não apresenta modificações significativas.

- **Valorização da moeda:** Faz-se, neste caso, uma forte valorização da moeda da economia do país em desenvolvimento ($u_1 = 1{,}0$) e verifica-se uma forte redução do seu preço interno, de 0,6598 para 0,4417 que corresponde a aproximadamente 32%. Observa-se uma pequena diminuição no nível de produção (P_1) e uma forte elevação na demanda interna (D_1) que é suprida pela grande importação ($Q_{12} > 0$). Verifica-se, portanto, que uma pequena redução na produção de bens, que pode acarretar desemprego, deve ser compensada pela forte redução nos preços internos.

Esta simulação coloca em evidência que a valorização da taxa de câmbio pode levar a economia do país em desenvolvimento a operar em um ponto de equilíbrio mais favorável, desde que existam recursos suficientes para bancar as importações requeridas até que, através da competitividade interna, induzida pela importação, a curva de produção $P(p)$ se altere de modo a estabelecer o novo ponto de equilíbrio econômico. É preciso salientar que o leitor deve atentar para a adoção das devidas cautelas quanto a esta conclusão, que é baseada em um modelo por demais simples, o qual, certamente, não representa todas as interações complexas existentes em um sistema econômico com características próximas das reais. □

2.5 Notas e Referências

O material deste capítulo consta de diversos livros clássicos de Cálculo e de Física que podem ser consultados pelo leitor. Como referências básicas que também tratam os temas aqui abordados de maneira bastante ampla e perfeitamente acessível aos alunos de graduação, podemos citar [1], [15], [19], [21] e [24]. Para um maior aprofundamento nos resultados clássicos de Mecânica, indo muito além do material aqui exposto, a referência [2] é bastante adequada, sobretudo se for utilizada como complemento de uma leitura com menor dificuldade e capaz de prover informações extremamente úteis e pormenorizadas a respeito deste tema, como a [28]. Vários aspectos específicos tratados neste livro são abordados com mais detalhes e maior abrangência em outros textos. Este é precisamente o caso de [6], o qual, sem dúvida, é um excelente livro sobre circuitos elétricos disponível em língua portuguesa. Para aqueles que estejam interessados em aprofundar seus conhecimentos sobre dispositivos eletromagnéticos em geral e, em particular, sobre motores elétricos, as referências [20] e [26] são recomendadas. O livro [22] contém uma enorme coleção de exemplos que ilustra de maneira bastante precisa e abrangente diversos caminhos que resultam na modelagem de processos dinâmicos a tempo contínuo e a tempo discreto, sendo, portanto, uma fonte adicional de consulta e de exercícios a serem resolvidos. O texto [25] é primoroso e singular em todos os aspectos. Dá uma visão abrangente e cronológica dos mais importantes resultados da Física e da Matemática que leva, segundo um encadeamento lógico bastante particular e preciso, à modelagem e análise econômica. É uma leitura agradável, enriquecedora e, portanto, fortemente recomendada. Nos dias atuais, os alunos de graduação e de pós-graduação devem ter a preocupação de dominar com certa profundidade o cálculo numérico e, neste sentido, as referências [4] e [17] são essenciais.

2.6 Exercícios

Exercício 2.1 *Para um líquido incompressível com densidade volumétrica de massa ρ, mostre que a diferença de pressão entre dois pontos a e b, separados por uma distância h, conforme indicado na Figura 2.26, é dada por $p_b - p_a = \rho g h$, onde g é a aceleração da gravidade.*

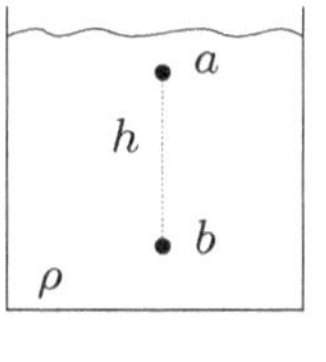

Figura 2.26: Pressão entre dois pontos

Exercício 2.2 *Duas massas $m_1 = 1{,}0$ [kg] e $m_2 = 2{,}0$ [kg] estão ligadas por uma mola com coeficiente de elasticidade $\kappa = 10{,}0$ [N/m] e movimentam-se sobre um plano horizontal. Desconsiderando a existência de atrito, determine o modelo matemático para o deslocamento de cada massa, em relação à sua respectiva posição de repouso, considerando que:*

a) Em $t = 0$, uma delas é deslocada $0{,}5$ [m] da sua posição de repouso e é solta com velocidade nula.

b) Em $t = 0$, ambas encontram-se em repouso e uma força de $20{,}0$ [N], paralela ao plano, é aplicada em uma das massas.

Exercício 2.3 *Refaça o exercício anterior considerando a existência de atrito viscoso entre as duas massas e o ar com coeficiente* $b = 1{,}5$ [Ns/m].

Exercício 2.4 *Um cilindro de altura* h*, feito de um determinado material, encontra-se em um tanque de grandes dimensões, que contém um certo líquido. Em equilíbrio, dois terços da altura do cilindro permanece submersa. Pressiona-se o cilindro até que sua face superior chegue ao nível do líquido, quando então ele é solto. Verifica-se, em seguida, um movimento oscilatório com período* $T = 10/\pi$ [s]. *Considerando que a aceleração da gravidade é* $g = 9{,}8$ [m/s²], *determine:*

a) O modelo matemático para o movimento do centro de massa do cilindro adotando como origem do sistema de referência a sua posição de equilíbrio.

b) A altura h *do cilindro.*

Exercício 2.5 *A Figura 2.27 mostra um tanque com seção circular de área* $A = 2{,}0$ [m²] *cuja vazão de entrada, inicialmente, é* $Q_e = 70$ [l/s]. *Na sua parte inferior, encontra-se um orifício que permite uma vazão modelada por* $Q_s = \kappa\sqrt{h}$. *Verifica-se que, mantendo* Q_e *constante, a vazão de saída* Q_s *torna-se constante e a altura* h *permanece inalterada em* $h = 1{,}5$ [m]. *Aumentando ligeiramente, em* $t = 0$, *a vazão de entrada de um valor constante* ΔQ_e, *determine a equação diferencial linearizada, bem como sua condição inicial, que descreve o comportamento dinâmico do incremento da vazão de saída* $\Delta Q_s(t)$.

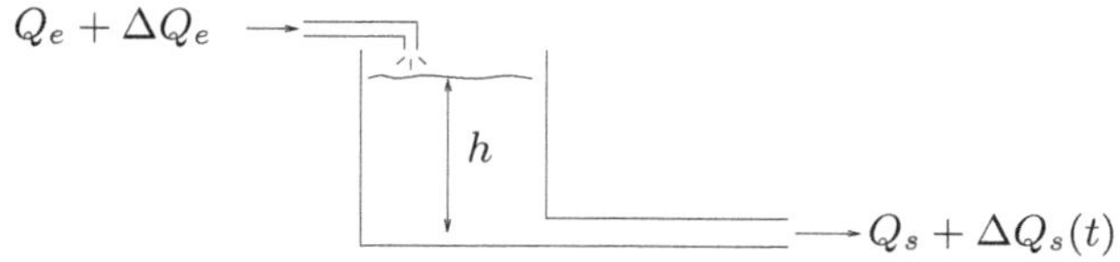

Figura 2.27: Vazão em um tanque

Exercício 2.6 *Um balão sobe com velocidade constante de* 7,2 [km/h], *até alcançar a altitude de* 4,2 [km], *quando, então, para. A temperatura ambiente* T_a *decresce com a altitude a uma taxa de* 5,0 [°C/km]. *Para sua medida, usa-se um termômetro acoplado ao balão, cujo modelo matemático é*

$$\tau\dot{T}_m(t) + T_m(t) = T_a(t)$$

onde $\tau = 2{,}0$ [min] *é a sua constante de tempo e* $T_m(t)$ *é a temperatura medida. Sabe-se que a temperatura ambiente é* 15,0 [°C], *a* 1,2 [km] *de altitude. Determine:*

a) A leitura do termômetro em função do tempo.

b) A leitura do termômetro quando o balão se encontra a 1,2 [km] *de altura.*

Exercício 2.7 *Um termômetro com constante de tempo* τ = 0,5 [min] *encontra-se imerso em um líquido com temperatura constante de* 40 [^{o}C].

a) Em $t = 0$*, o termômetro é retirado daquele líquido e colocado em um banho mantido à temperatura constante de* 80 [^{o}C]. *Determine o tempo necessário para que a temperatura lida neste termômetro seja* 60 [^{o}C].

b) Em $t = 0$*, a temperatura do líquido de* 40 [^{o}C] *começa a oscilar senoidalmente com frequência de* $10/\pi$ [ciclos/min] *e amplitude de* 20 [^{o}C]. *Determine a leitura do termômetro.*

Exercício 2.8 *Como ilustrado na Figura 2.28, uma caixa de massa* M *é presa ao teto de uma sala, através de uma mola e de um amortecedor. Em seu interior, encontra-se um outra massa* m*, que é presa à primeira através de duas molas idênticas. Considerando dois referenciais inerciais para definir o deslocamento de cada massa, a partir das suas respectivas posições de repouso, determine o modelo matemático que fornece seus respectivos deslocamentos, após a ocorrência de um evento qualquer que as tire das suas posições de equilíbrio.*

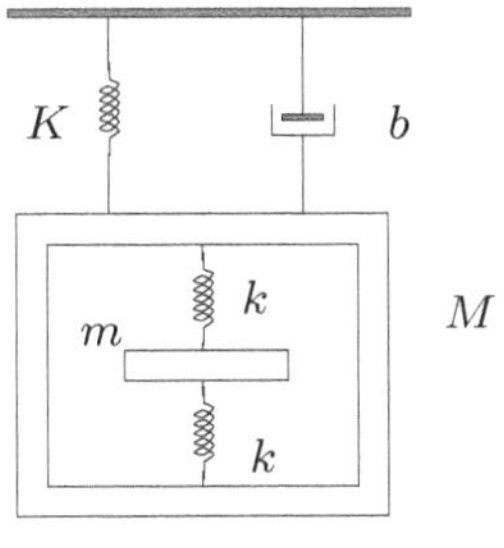

Figura 2.28: Massa-mola-amortecedor

Exercício 2.9 *A lei de desintegração de um material radioativo é*

$$\dot{N} + \lambda N = 0$$

onde $N(t)$ *é a quantidade de material e* λ *é uma constante. Definindo meia-vida como sendo o tempo necessário para que a quantidade de material radioativo seja reduzida pela metade, determine a constante de tempo* $\tau = 1/\lambda$ *de um processo, sabendo-se que a meia-vida do material envolvido é* 72 [s].

Exercício 2.10 *Como ilustrado na Figura 2.29, um cilindro de material sólido, imerso em um líquido, desenvolve um movimento de rotação mantendo-se na vertical, devido à queda de uma massa que está a ele ligada através de um fio inextensível. Sendo B o coeficiente de atrito viscoso rotacional entre o cilindro e o líquido, determine a equação diferencial que descreve o comportamento dinâmico do deslocamento angular do cilindro.*

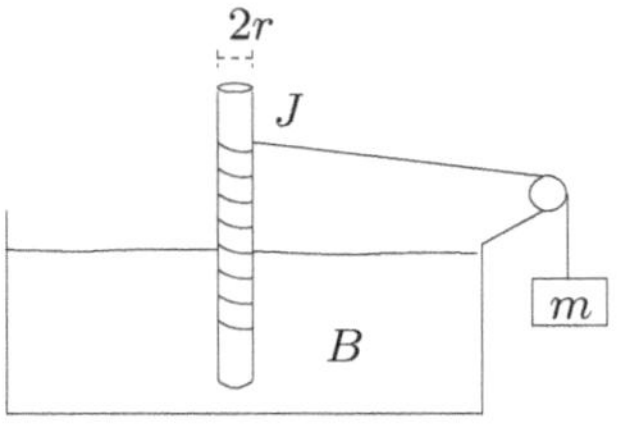

Figura 2.29: Rotação com atrito

Exercício 2.11 *A Figura 2.30 mostra um cilindro delgado com momento de inércia J e coeficiente de elasticidade torcional κ, em cujo eixo se exerce um torque externo T. O cilindro está ligado a uma massa através de um fio rígido inextensível. A massa, por sua vez, está ligada ao solo através de um par mola-amortecedor. Determine o modelo matemático do deslocamento da massa sob a influência do torque externo T.*

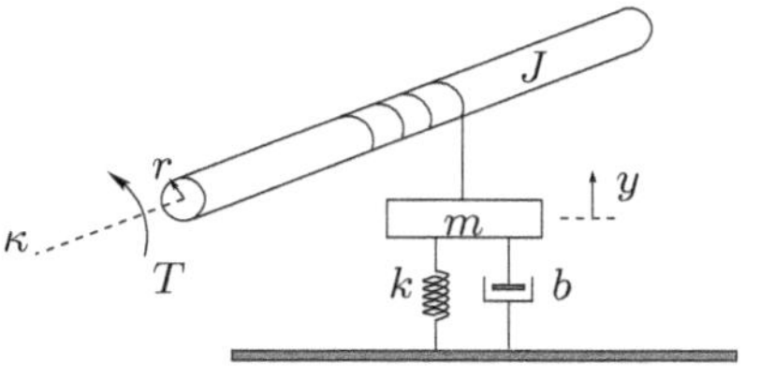

Figura 2.30: Torque e translação

Exercício 2.12 *Refaça o exercício anterior substituindo o fio rígido e inextensível que une o cilindro à massa por uma mola com coeficiente de elasticidade k_r.*

Exercício 2.13 *Para um sistema dinâmico não linear, definido pela representação de estado $\dot{x}(t) = f(x(t), u(t))$ com $x(t) \in \mathbb{R}^n$ e $u(t) \in \mathbb{R}^m$, define-se ponto de operação como sendo qualquer par de vetores (x_o, u_o), constantes no tempo, tais que $f(x_o, u_o) = 0$. No circuito elétrico da Figura 2.31, considere um sistema de unidades coerentes no qual*

$C_1 = C_2 = 1$, $L = 1$. *Sendo que* η_1 *e* η_2 *são dois dispositivos elétricos não lineares, cujas características elétricas tensão-corrente, na convenção receptor, são dadas respectivamente por*

$$i_1 = v_1^3 \ , \quad v_2 = \begin{cases} 1{,}5 + 0{,}5 i_2 & , \quad i_2 \leq -1 \\ 2{,}0 + i_2 & , \quad i_2 > -1 \end{cases}$$

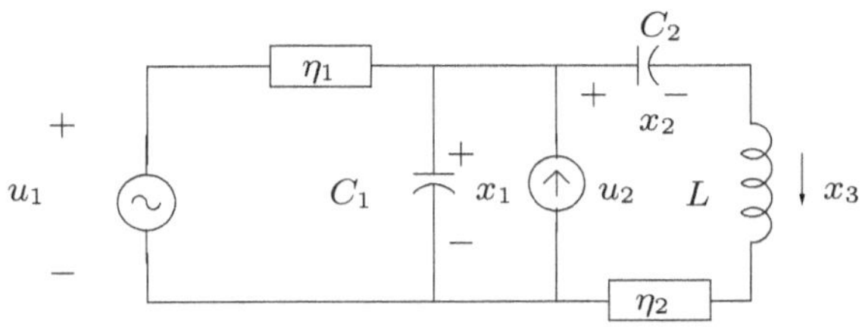

Figura 2.31: Circuito elétrico não linear

a) *Determine as equações que regem o seu comportamento.*

b) *Definindo os vetores*

$$x = \begin{bmatrix} x_1 \\ x_2 \\ x_3 \end{bmatrix} \ , \quad u = \begin{bmatrix} u_1 \\ u_2 \end{bmatrix}$$

e considerando $u(t) = u_o = [1 \ 27]'$ *para todo* $t \geq 0$, *determine o seu ponto de operação.*

c) *Determine a representação de estado do modelo linear aproximado, obtido com auxílio da série de Taylor, válido em uma vizinhança de* (x_o, u_o).

Exercício 2.14 *Considere o seguinte sistema dinâmico não linear de segunda ordem*

$$\ddot{y}(t) = e^{y(t)} u(t) - 2$$

a) *Determine a sua representação de estado.*

b) *Determine qual deve ser a entrada constante* u_o *de tal forma que o ponto de operação seja definido por* $y_o = \ln(2)$.

c) *Determine a representação de estado do modelo linearizado, válido na vizinhança do ponto de operação obtido no item anterior.*

Exercício 2.15 *A Figura 2.32 mostra duas montagens. Na primeira, uma corda de massa m uniformemente distribuída em seu comprimento está dobrada sobre uma haste fina e, em $t = 0$, começa a escorregar exclusivamente sob a ação de seu peso. Na segunda, a haste fina é substituída por uma roldana com raio r e momento de inércia J e a corda também se movimenta, sob a ação exclusiva do seu peso, fazendo a roldana se movimentar sem patinar. Determine, nos dois casos, o tempo decorrido para que a corda comece a cair em queda livre, isto é, imediatamente após deixar de ter qualquer contato com os respectivos dispositivos de apoio. Considere que o comprimento da corda é muito maior que o raio da roldana.*

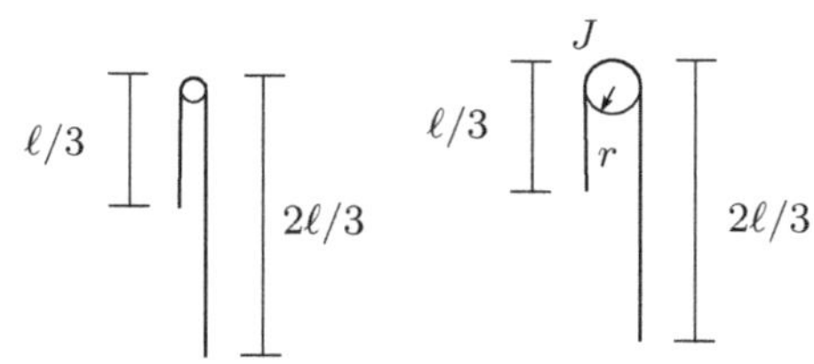

Figura 2.32: Massa distribuída em movimento

Exercício 2.16 *A Figura 2.33 mostra uma massa $M = 1{,}0$ [kg] e uma mola com massa $m = 0{,}1$ [kg] e coeficiente de elasticidade $\kappa = 4$ [N/m]. Considere, como indicado na mesma figura, que a massa da mola está concentrada na metade do seu comprimento. Determine:*

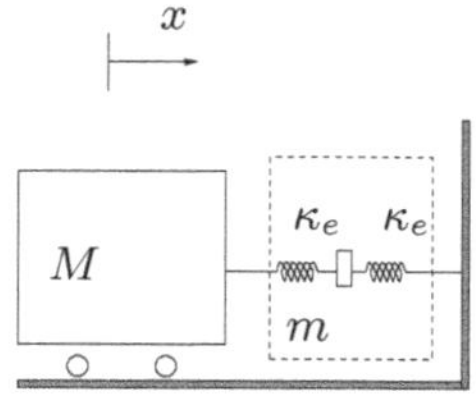

Figura 2.33: Mola com massa própria

a) O valor do coeficiente de elasticidade equivalente κ_e.

b) As equações que regem o movimento da massa M segundo o referencial indicado, desconsiderando a existência de atrito.

c) Numericamente o deslocamento da massa M considerando que, em $t = 0$, ela parte da posição $x(0) = -0{,}5$ [m] com velocidade inicial nula e que a massa m está em repouso na origem do referencial inercial a ela associado.

Exercício 2.17 *Uma roldana com momento de inércia $J = 0{,}07$ [kgm^2] e raio $r = 0{,}1$ [m] acopla duas massas $m = 1{,}0$ [kg] e $M = 2$ [kg] através de um fio inextensível. Durante todo o movimento, a massa m permanece imersa em um líquido que produz um atrito viscoso com coeficiente $b = 10$ [Ns/m]. Considerando que as dimensões das massas podem ser desprezíveis, determine:*

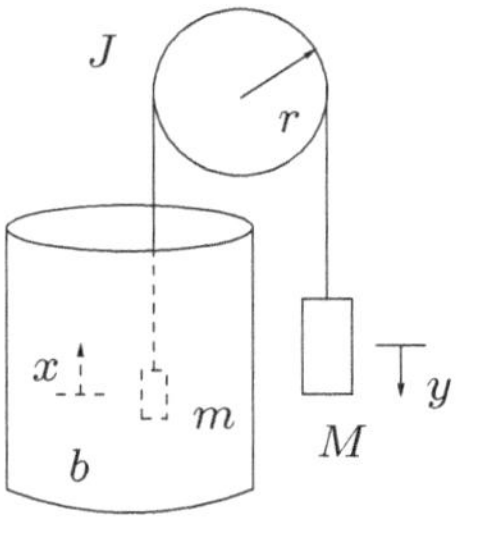

Figura 2.34: Roldana e atrito

a) A equação que define o movimento circular da roldana.

b) O deslocamento angular da roldana, considerando que em $t = 0$ ela esteja em repouso.

Exercício 2.18 *Conforme é ilustrado no Figura 2.35, um pêndulo oscila no interior de uma caixa. O pêndulo tem comprimento $\ell = 0{,}50$ [m] e massa $m = 0{,}75$ [kg]. A caixa delgada, que contém o pêndulo no seu interior, tem massa $M = 2{,}00$ [kg] e está ligada a uma parede através de uma mola com coeficiente de elasticidade $\kappa = 8{,}00$ [N/m].*

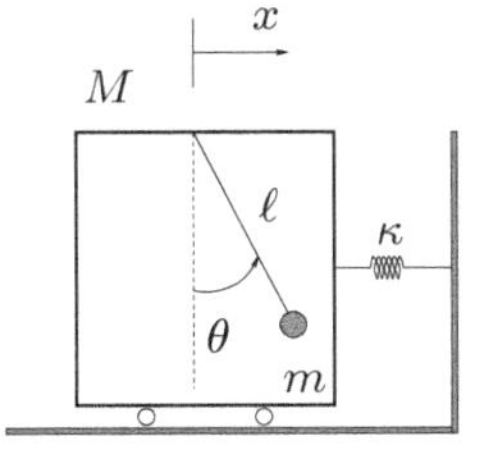

Figura 2.35: Pêndulo em movimento de translação

a) Determine as equações do movimento da caixa e do pêndulo.

b) Resolva numericamente as equações do modelo e determine a posição do pêndulo em função do tempo $t \geq 0$, considerando que, em $t = 0$, a caixa estava em repouso e o pêndulo estava na posição $\theta(0) = \pi/4$ [rad] com velocidade angular nula. Desconsidere a existência de atrito.

c) Refaça o item anterior, levando em conta a existência de atrito viscoso entre a caixa e o ar, com coeficiente $b = 2{,}0$ [Ns/m].

d) Sob as condições do item anterior, determine o deslocamento da caixa, considerando que em $t = 5{,}0$ [s] o pêndulo quebra, cai e permanece imóvel na parte inferior da caixa.

Exercício 2.19 *A Figura 2.36 mostra um modelo simplificado para o movimento vertical de uma roda de um veículo, que está acoplada à suspensão composta por uma mola e um amortecedor. Para esses dispositivos, adotam-se os valores numéricos $\kappa/m = 100$ [N/mkg] e $b/m = 6$ [Ns/mkg]. A referência y foi determinada com a roda parada e com sua massa em equilíbrio sobre a suspensão. Como indicado, durante todo o movimento horizontal com velocidade constante $v = 10$ [m/s], o sistema permanece na vertical e está, por hipótese, isento de qualquer tipo de atrito. Inicialmente, o veículo se desloca por muito tempo em um terreno plano. Em $t = 0$, por convenção, ele entra em uma estrada com perfil $e(x) = 0,25\ \text{sen}(10x)$ [m]. Determine:*

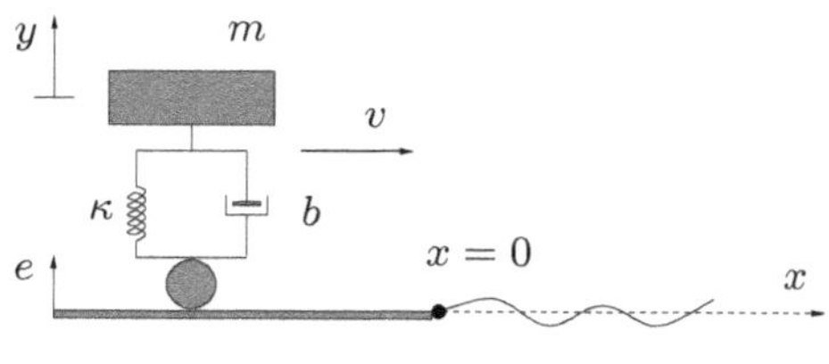

Figura 2.36: Roda e suspensão

a) O modelo matemático válido para $t \geq 0$, bem como as condições iniciais $y(0)$ e $\dot{y}(0)$.

b) Em regime permanente, a amplitude da oscilação sofrida pela roda.

c) Em regime permanente, a frequência ω_e em que ocorre o maior valor para a relação $R = a/A$, onde a representa a amplitude de oscilação sofrida pela roda, correspondente ao perfil $e(x) = A\text{sen}(\omega_e x)$ [m].

Exercício 2.20 *A Figura 2.37 mostra um sistema mecânico que oscila em um ambiente desprovido de atrito. O perfil do corpo com momento de inércia J, em relação ao centro de rotação, é bastante irregular. Em $t = 0$, o sistema se encontra em repouso e a massa m é impulsionada para a direita com velocidade v, fazendo com que ela se movimente com um deslocamento oscilatório de amplitude a. Determine:*

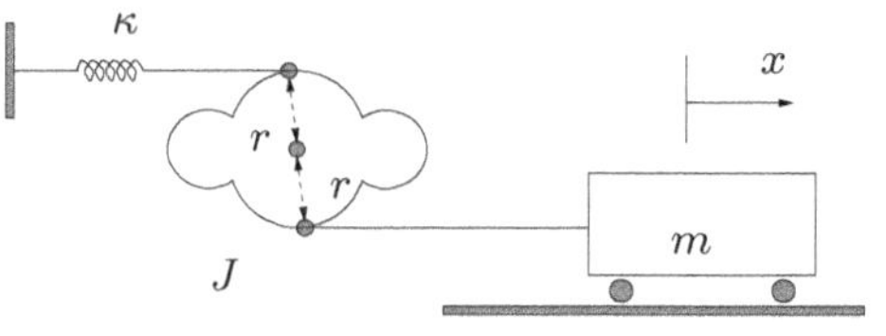

Figura 2.37: Momento de inércia

a) A equação do movimento da massa m, bem como as condições iniciais $x(0)$ e $\dot{x}(0)$.

b) A solução geral da equação diferencial linear, obtida no item anterior.

c) O momento de inércia J, sendo conhecidos os valores de κ, r, m, v e a.

Exercício 2.21 *O produto nacional bruto de um país $p(k)$, em um determinado instante $k \in \mathbb{N}$, pode ser obtido como sendo $p(k) = c(k) + i(k) + g(k)$, onde $c(k)$, $i(k)$ e $g(k)$ representam, respectivamente, o consumo interno, o investimento e os gastos realizados pelo governo. Considere que o consumo interno no período $k+1$ é uma fração α do produto nacional bruto do período anterior e que o investimento no período $k+1$ é uma fração β do que deixou de ser consumido entre dois períodos consecutivos, ou seja, $c(k+1) - c(k)$. Determine o modelo matemático da evolução do produto nacional bruto, como consequência da ação do governo feita através dos seus gastos. Considerando $p(0) = 1{,}0$ e $p(1) = 1{,}1$ unidades monetárias e $\alpha = \beta = 0{,}5$ determine a evolução temporal do produto interno bruto $p(k)$ para todo $k \in \mathbb{N}$, correspondente à implementação de uma política de gastos governamentais constante $g(k) = 0{,}25$ unidades monetárias para todo $k \in \mathbb{N}$.*

Exercício 2.22 *Uma pessoa toma emprestado, no mês $k = 0$, um valor de $E = 100$ unidades monetárias. O valor da dívida no mês seguinte $D(k+1)$ é determinado pela adição de juros de $q = 10\ \%$, sobre o saldo existente no mês atual, apurado imediatamente após o pagamento mensal $P(k)$ ser efetuado. A pessoa deseja saldar a dívida em $N = 12$ parcelas mensais, que começam a ser pagas no mês $k = 1$, e são decrescentes segundo uma progressão geométrica com razão $r > 0$. Determine:*

a) O valor da primeira parcela para $r = 1/2$, $r = 1$ e $r = 2$.

b) O montante total pago a título de juros, para os mesmos valores de r indicados no item anterior.

Exercício 2.23 *A Figura 2.38 mostra um conjunto, idealizado, de $n+1$ estações de uma linha de metrô. No período $k = 0$ todas as estações estão completamente vazias. Sendo $N_i(k)$ o número de passageiros presentes na estação $0 \leq i \leq n$ no instante $k \in \mathbb{N}$ e $T_i(k)$ o número de passageiros transportados da estação i para a estação $i+1$ no mesmo período, considere que as seguintes relações são válidas:*

$$
\begin{aligned}
N_i(k+1) &= N_i(k) - T_i(k) + T_{i-1}(k-1) \\
T_i(k) &= (1-\alpha_i)N_i(k)
\end{aligned}
$$

onde $0 < 1 - \alpha_i < 1$ indica, para cada estação $i \neq n$, o percentual de passageiros efetivamente transportados e $\alpha_n = 0$. Para a estação origem $i = 0$, o mesmo modelo é válido, porém com $T_{-1}(k) = d_0$ para todo $k \in \mathbb{N}$, indicando que ela recebe um fluxo constante de passageiros. Determine:

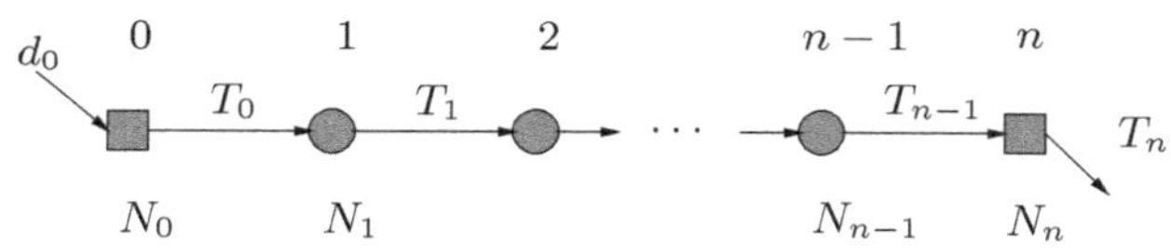

Figura 2.38: Linha de metrô

a) A evolução temporal do número de passageiros em cada estação.

b) A evolução temporal do número de passageiros que saem da estação destino.

c) Numericamente as funções dos dois itens anteriores considerando $d_0 = 100$, $n = 3$ e $\alpha_0 = \alpha_1 = \alpha_2 = 0{,}25$. Verifique se a linha suporta, isto é, se consegue transportar o fluxo de passageiros que chega na estação origem.

Exercício 2.24 *Um fundo de pensão recolhe um percentual r do salário mensal $s(k)$ de cada um dos seus mutuários durante n meses. Após esse período, o fundo paga a cada mutuário uma pensão constante, igual a $p \times s(n)$ durante m meses, onde p é um valor situado no intervalo $0 < p \leq 1$. Considerando que o salário do mutuário varia, no decorrer do tempo, de forma linear*

$$
s(k) = a + \left(\frac{b-a}{n}\right)k
$$

e que o fundo aplica todo o montante recebido, com uma taxa de retorno de q pontos percentuais, o objetivo é estudar a evolução dos recursos do fundo, de tal maneira que ele termine quando os m meses de pensão tiverem sido pagos. Determine:

a) A equação a diferenças que define a evolução dos recursos existentes no fundo $R(k)$ *para* $k = 0, \cdots, n$ *e para* $k = n+1, \cdots, n+m$.

b) A função de calibração de pagamento definida como $p(q)$, *tal que* $R(n+m) = 0$, *considerando* $n = 35$ [anos], $m = 20$ [anos], $a = 40$, $b = 100$ *unidades monetárias e dois casos distintos caracterizados por* $r = 10\%$ *e* $r = 20\%$ *ao mês.*

c) A função de calibração de cobrança definida como $r(q)$, *tal que* $R(n+m) = 0$, *considerando* $n = 35$ [anos], $m = 20$ [anos], $a = 40$, $b = 100$ *unidades monetárias e dois casos distintos caracterizados por* $p = 0{,}75$ *e* $p = 1$.

Exercício 2.25 *Uma usina hidroelétrica tem um reservatório cujo volume de água armazenada, no decorrer de cada mês, satisfaz a seguinte equação a diferenças:*

$$v(k+1) = (1-\alpha)v(k) - u(k) + d(k) \ , \quad v(0) = v_0$$

onde $v(k)$ *representa o volume de água armazenada,* $u(k)$ *representa o volume de água utilizado para a geração de energia elétrica e* $d(k)$ *representa o volume de água devido às chuvas. O reservatório apresenta uma taxa de evaporação definida através do parâmetro* α *e uma altura de queda da água usada para geração de energia elétrica dada, em função do volume de água armazenada, por* $h(v(k)) = \beta\sqrt{v(k)}$. *Considere o rendimento da conversão de energia potencial da água em energia elétrica como sendo* $\eta = 90\%$, $\beta = 1{,}5$ $[\mathrm{m}^{-1/2}]$, *a densidade da água* $\rho = 10^3$ $[\mathrm{kg/m^3}]$, *a aceleração da gravidade* $g = 9{,}8$ $[\mathrm{m/s^2}]$, $v_0 = 50 \times 10^7$ $[\mathrm{m^3}]$, $d(k) = 10 \times 10^7 + 5 \times 10^7 \mathrm{sen}(\pi k/6)$ $[\mathrm{m^3}]$ *e* $\alpha = 0{,}05$. *Determine:*

a) A energia total gerada durante o período de um ano correspondente a $k = 0$ *e* $k = 11$ *meses, considerando uma política de geração tal que* $v(k) = v_0$ *para todo* $0 \leq k \leq 12$.

b) A energia total gerada durante o período de um ano correspondente a $k = 0$ *e* $k = 11$ *meses, considerando uma política de geração tal que* $u(k) = u_0$ *para todo* $0 \leq k \leq 11$ *e* $v(12) = v_0$.

c) A política ótima de geração $u(k)$, *para todo* $0 \leq k \leq 11$, *de tal forma que a energia total gerada durante o período de um ano correspondente a* $k = 0$ *e* $k = 11$ *meses seja máxima e* $v(12) = v_0$.

Capítulo 3

Fundamentos de Dinâmica Contínua

3.1 Introdução

No capítulo anterior, estudamos com detalhes o comportamento de diversos *sistema dinâmicos*. Genericamente, como já sabemos, um *sistema* caracteriza-se por um conjunto de componentes acoplados que desenvolvem uma determinada função. Com o adjetivo *dinâmico*, desejamos colocar em evidência que o seu comportamento em um determinado instante de tempo depende das ocorrências a que foi submetido em outros instantes de tempo. No mundo real, podemos afirmar que o comportamento futuro de um determinado sistema dinâmico só depende das ocorrências a que foi submetido no passado e no presente.

Um passo fundamental para podermos descrever e, consequentemente, analisar e prever a evolução temporal de um determinado sistema dinâmico é dado ao fazermos sua representação matemática. Obtemos, assim, seu *modelo matemático*. Como já vimos anteriormente, o modelo matemático de um sistema dinâmico é normalmente obtido a partir de leis fundamentais. Ao associá-las de maneira adequada, podemos descrever seu comportamento, naturalmente restrito às condições em que tais leis são válidas. Assim sendo, um conjunto de equações diferenciais pode representar um determinado motor elétrico e permite prever seu comportamento através de sua solução. Um modelo pode ser mais ou menos preciso no que diz respeito à representação de um certo fenômeno. Geralmente, maior precisão implica em maior complexidade matemática do modelo proposto. Por exemplo, o deslocamento $x(t)$ de um corpo com massa m, submetido à ação

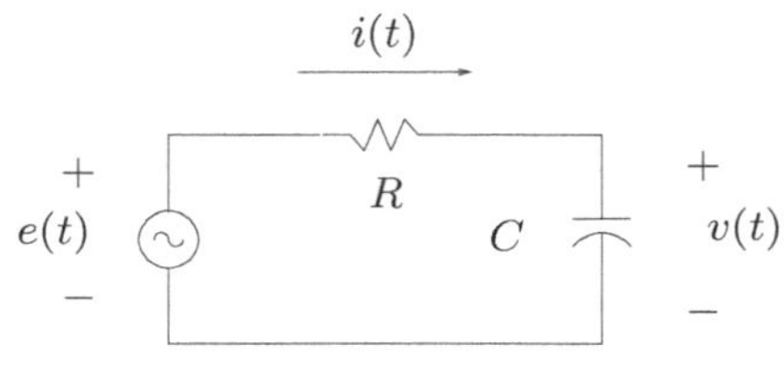

Figura 3.1: Circuito RC

de uma força externa de intensidade $f(t)$, obedece à equação

$$\begin{aligned} f &= \frac{d}{dt}\left(m\frac{dx}{dt}\right) \\ &= m\ddot{x} + \dot{m}\dot{x} \end{aligned} \tag{3.1}$$

Para baixas velocidades, muito menores em módulo que c, a velocidade da luz no vácuo, podemos supor que a massa é constante. Sob esta hipótese, a equação reduz-se a

$$f = m\ddot{x} \tag{3.2}$$

Para o estudo do movimento de corpos deslocando-se em velocidades relativamente baixas, a aproximação (3.2) fornece resultados dentro de precisões muito aceitáveis. Por outro lado, é claro que (3.1) deve ser adotada para o estudo do movimento de partículas que se deslocam com velocidades próximas à velocidade da luz, caso em que a equação (3.2) torna-se uma aproximação grosseira de (3.1).

Os modelos matemáticos dos sistemas dinâmicos estudados neste livro são, basicamente, constituídos por equações diferenciais (tempo contínuo) ou por equações a diferenças (tempo discreto). Os modelos já introduzidos no capítulo anterior permitem uma visão dos tipos de equações que devemos estar aptos a manipular. Os exemplos a seguir também reforçam esta mesma necessidade.

Exemplo 3.1 Considere o circuito elétrico elementar da Figura 3.1. As Leis de Kirchhoff, bem como as relações entre tensão e corrente no resistor (com resistência R) e no capacitor (com capacitância C), permitem escrever o modelo matemático na forma

$$e(t) = Ri(t) + v(t) \tag{3.3}$$

$$i(t) = C\dot{v}(t) \tag{3.4}$$

Substituindo (3.4) em (3.3), obtemos a seguinte equação diferencial, onde $\tau = RC$ é a *constante de tempo* do circuito e v_0 é a tensão no capacitor no instante $t = 0$:

$$\begin{aligned} \tau\dot{v}(t) + v(t) &= e(t) \\ v(0) &= v_0 \end{aligned}$$

É interessante verificar por meio de simples substituição que, no caso particular em que $e(t) = 1, \forall\ t \in (-\infty, \infty)$, essa equação admite uma única solução, dada por

$$v(t) = 1 + (v_0 - 1)e^{-t/\tau}$$

que é válida para todo $t \in (-\infty, \infty)$ e satisfaz a condição de contorno $v(t = 0) = v_0$. Neste mesmo caso, a corrente $i(t)$ fica na forma

$$i(t) = C\frac{d}{dt}v(t) = \frac{1 - v_0}{R}e^{-t/\tau} \tag{3.5}$$

que também é válida para todo $t \in (-\infty, \infty)$. Por outro lado, derivando (3.3) e substituindo (3.4) no resultado, obtemos imediatamente a equação diferencial

$$\begin{aligned} \tau\frac{d}{dt}i(t) + i(t) &= C\frac{d}{dt}e(t) \\ i(0) &= \frac{e(0) - v_0}{R} \end{aligned}$$

cuja solução, única no caso acima considerado, é dada pela expressão (3.5). Neste ponto, é preciso colocar em evidência as condições sob as quais um determinado modelo realmente representa um sistema físico. No presente caso, a equação diferencial que descreve o comportamento dinâmico da tensão no capacitor foi resolvida para todo $t \in (-\infty, \infty)$. Entretanto, quando estudamos o comportamento de um circuito elétrico, o instante $t = 0$, em que se considera a condição de contorno, é chamado de *instante inicial* e $v(0)$ é chamada *condição inicial*. Essa denominação deixa claro que só estamos interessados na solução da equação diferencial para $t \geq 0$. Isso pode introduzir algumas dificuldades que serão analisadas com todos os cuidados devidos. Neste exemplo, se a função $e(t)$ for considerada como 1 para $t \geq 0$ e 0 para $t < 0$, isto é, descontínua em $t = 0$, a equação diferencial em $v(t)$ pode ser perfeitamente resolvida. Entretanto uma dificuldade aparece ao desejarmos resolver a equação diferencial em $i(t)$, pois esta depende da derivada de $e(t)$, que claramente não existe em $t = 0$. □

Exemplo 3.2 Desejamos descrever o comportamento dinâmico do escoamento de um fluido incompressível em um funil como esquematizado na Figura 3.2. No instante inicial $t = 0$, o funil está cheio até a altura y_0. O funil é um tronco de cone definido pelos parâmetros (r, θ), sendo que o primeiro denota o raio do orifício em sua base e θ denota o ângulo com a vertical. O fluido incompressível, no seu interior, tem densidade volumétrica de massa ρ.

Considerando $R(y)$ como sendo o raio da seção circular a uma altura y genérica, temos imediatamente que

$$R(y) = r + y\ \text{tg}(\theta)$$

A velocidade de escoamento do fluido na saída do funil v_o pode ser determinada usando a equação da continuidade e o Teorema de Bernoulli, respectivamente, isto é,

$$\begin{aligned} \pi R(y)^2 v_y &= \pi r^2 v_o \\ v_y^2 + 2gy &= v_o^2 \end{aligned}$$

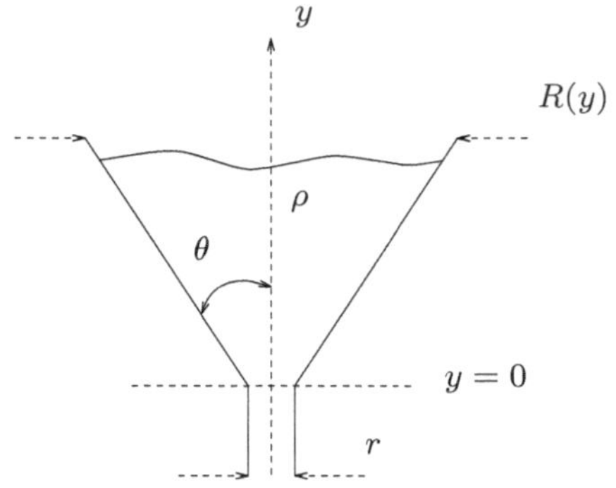

Figura 3.2: Escoamento de um fluido incompressível

onde v_y e g denotam a velocidade de escoamento a uma altura y e a aceleração da gravidade. Resolvendo este sistema, obtemos

$$v_o = R(y)^2 \sqrt{\frac{2gy}{R(y)^4 - r^4}}$$

Por outro lado, como o fluido é incompressível, em qualquer instante de tempo devemos ter

$$Q_e - Q_s = \frac{d}{dt} V \tag{3.6}$$

onde Q_e, Q_s e V denotam, respectivamente, a vazão de entrada, a vazão de saída e o volume de fluido armazenado no interior do funil. Neste exemplo, estamos obviamente considerando $Q_e = 0$. As outras quantidades podem ser facilmente avaliadas como sendo

$$Q_s = \pi r^2 v_o$$

e

$$V = \frac{\pi}{3} R(y)^2 \left(y + \frac{r}{\operatorname{tg}(\theta)} \right) - \frac{\pi}{3} r^2 \left(\frac{r}{tg(\theta)} \right)$$

Derivando esta última expressão em relação ao tempo, obtemos

$$\frac{d}{dt} V = \pi R(y)^2 \dot{y}$$

que, juntamente com a relação (3.6), fornece a equação diferencial

$$\dot{y}(t) + f(y(t)) = 0 \tag{3.7}$$

$$y(0) = y_0 \tag{3.8}$$

onde

$$f(y) = \sqrt{\frac{2gy}{\left(1 + y\frac{\operatorname{tg}(\theta)}{r}\right)^4 - 1}}$$

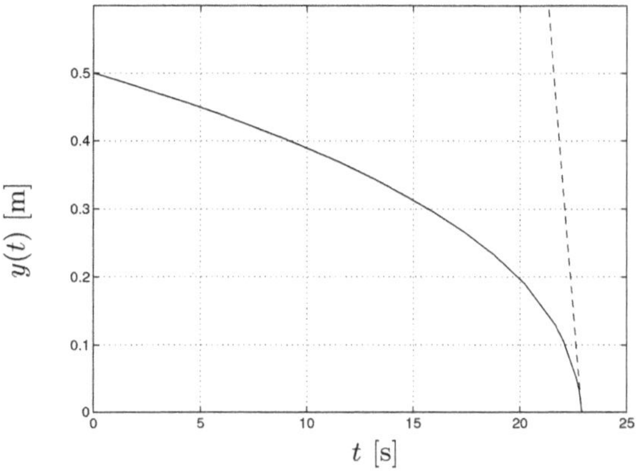

Figura 3.3: Solução numérica

que descreve o comportamento dinâmico correspondente à altura $y(t)$ de fluido, dentro do funil, em função do tempo. Resolvemos numericamente essa equação, considerando os valores $g = 10$ [m/s^2], $r = 0{,}05$ [m], $\theta = 60^o$ e a altura inicial $y_0 = 0{,}5$ [m]. Na Figura 3.3, apresentamos os resultados obtidos. A linha contínua representa a solução numérica da equação diferencial (3.7) com a condição inicial (3.8). Como $f(y) > 0$, para todo $y > 0$, então a solução $y(t)$ é uma função decrescente. Assim sendo, existe um valor máximo t_{max} a partir do qual o modelo em questão perde sua validade, isto é, a partir desse momento o funil encontra-se completamente vazio. Numericamente, determinamos $t_{max} \approx 22{,}9$ [s] como mostra o gráfico. A linha tracejada representa a função linear

$$y(t) = -\sqrt{\frac{gr}{2\text{tg}(\theta)}}(t - t_{max})$$

que nada mais é que a solução da mesma equação, porém adotando-se a aproximação linear

$$\left(1 + y\frac{\text{tg}(\theta)}{r}\right)^4 \approx 1 + 4y\frac{\text{tg}(\theta)}{r}$$

válida para $y \ll r$ e a condição de contorno, em $t = t_{max}$ dada por $y(t_{max}) = 0$. Observe que, nessas condições, a aproximação linear adotada é obviamente válida e, consequentemente, fornece um resultado com boa precisão, como também está ilustrado na mesma figura. □

A seguir, vamos introduzir os mais variados tópicos, que constituem a base matemática requerida para o estudo de sistemas dinâmicos a tempo contínuo. Antes, porém, o leitor deve estar muito bem familiarizado com o material contido nos Apêndices A e B, que têm por objetivo revisar as mais importantes propriedades de vetores e matrizes, bem como de funções de variáveis complexas.

3.2 Equações Diferenciais

Como vimos em vários exemplos anteriores, os modelos matemáticos dos sistemas físicos tratados foram descritos por equações diferenciais de diversos tipos. De maneira geral, podemos dizer que uma equação diferencial definida no intervalo $t \in [0, T]$ é uma relação do tipo

$$f\left(\frac{d^n}{dt^n}y(t), \cdots, \frac{d}{dt}y(t), y(t)\right) = g(t) \tag{3.9}$$

onde $g(t)$ é uma função conhecida, definida no mesmo intervalo. A função $y(t)$ é sua incógnita e, portanto, deve ser determinada de tal forma que $y(t)$ satisfaça (3.9) para todo $t \in [0, T]$. Uma equação diferencial desse tipo normalmente admite um grande número de soluções. Por exemplo, a equação

$$\dot{y}(t) - e^{-y(t)} = 0$$

definida no intervalo real $t \in [0, \infty)$, admite a família de soluções

$$y(t) = \ln(a + t)$$

parametrizadas em $a > 0$. Isto é, para cada valor de $a > 0$ escolhido, a função acima, satisfaz a equação diferencial dada no intervalo considerado. É claro que podemos particularizar uma determinada solução, desde que uma informação adicional seja conhecida. De fato, a condição adicional $y(0) = 0$ determina unicamente o parâmetro $a = 1$, levando à solução $y(t) = \ln(1 + t)$.

Esse exemplo parece mostrar que uma equação diferencial como (3.9) com $n = 1$, isto é, envolvendo somente a função incógnita, sua primeira derivada e uma condição de contorno, admite uma única solução. Infelizmente, essa conclusão, por demais rápida, não é verdadeira. A equação diferencial

$$\begin{aligned} y(t)\dot{y}(t) - 1 &= 0 \\ y(0) &= 0 \end{aligned}$$

admite, no intervalo $t \in [0, \infty)$, as soluções

$$y(t) = \sqrt{2t}\ , \quad y(t) = -\sqrt{2t}$$

sendo que, como requerido, ambas satisfazem a condição de contorno imposta. Essa discussão permite colocar claramente que só podemos obter resultados gerais a respeito da existência e unicidade de solução da equação diferencial (3.9) desde que consideremos apenas algumas classes especiais, caracterizadas pelas propriedades apresentadas pela função $f(\cdot)$. Uma das mais importantes é aquela em que $f(\cdot)$ é uma função *linear*, que será o objeto de nosso estudo nesta seção.

Mais precisamente, estamos interessados em resolver a seguinte equação diferencial ordinária de ordem n e com coeficientes constantes, isto é, desejamos determinar a função $y(t)$, definida no intervalo $[0, T]$, tal que

$$a_n \frac{d^n}{dt^n} y(t) + a_{n-1} \frac{d^{n-1}}{dt^{n-1}} y(t) + \cdots + a_1 \frac{d}{dt} y(t) + a_0 y(t) = g(t) \tag{3.10}$$

onde $g(t)$ é uma função dada. Os coeficientes $a_i \in \mathbb{R}, i = 0, 1, \cdots, n$ são arbitrários, porém conhecidos, e $a_n \neq 0$, de tal forma a garantir que a equação em questão envolva derivadas até ordem n da função incógnita. Neste caso, sem perda de generalidade, podemos supor $a_n = 1$. Por definição, a ordem de uma equação diferencial é exatamente a maior ordem da derivada da incógnita nela presente. Neste ponto, é apropriado introduzirmos o *operador*

$$D[\cdot] = a_n \frac{d^n}{dt^n}[\cdot] + a_{n-1} \frac{d^{n-1}}{dt^{n-1}}[\cdot] + \cdots + a_1 \frac{d}{dt}[\cdot] + a_0[\cdot] \tag{3.11}$$

de tal forma que a equação diferencial (3.10) possa ser reescrita na forma compacta

$$D[y(t)] = g(t) \tag{3.12}$$

Esse operador apresenta algumas propriedades importantes. Em particular, tratase de um operador linear, pois como pode ser facilmente verificado, dadas duas funções $y_1(t)$ e $y_2(t)$ e dois escalares α_1 e α_2, então

$$D[\alpha_1 y_1(t) + \alpha_2 y_2(t)] = \alpha_1 D[y_1(t)] + \alpha_2 D[y_2(t)]$$

O polinômio $\Delta_D(\lambda)$ de grau n e coeficientes reais,

$$\Delta_D(\lambda) = a_n \lambda^n + a_{n-1} \lambda^{n-1} + \cdots + a_1 \lambda + a_0$$

é o *polinômio característico* do operador $D[\cdot]$. A equação algébrica $\Delta_D(\lambda) = 0$ é chamada *equação característica* e, sendo todos os seus coeficientes reais, admite exatamente n raízes no campo dos números complexos, contadas as eventuais multiplicidades. Ademais, se uma determinada raiz é complexa, então necessariamente, o seu complexo conjugado também é uma raiz da mesma equação. A importância da equação característica associada ao operador em estudo é evidenciada pelo lema a seguir.

Lema 3.1 *Considere o operador linear definido em (3.11) com* $a_n = 1$. *Sendo* λ_j, $j = 1, 2, \cdots, n$ *as raízes de sua equação característica* $\Delta_D(\lambda) = 0$, *então vale a seguinte relação:*

$$D[\cdot] = D_1[D_2[\cdots D_n[\cdot]\cdots]] \tag{3.13}$$

onde $D_j[\cdot]$, $j = 1, 2, \cdots, n$ *são os operadores lineares de primeira ordem*

$$D_j[\cdot] = \frac{d}{dt}[\cdot] - \lambda_j[\cdot]$$

Prova: Lembrando que $a_n = 1$, para o caso particular de um operador de ordem $n = 2$, sabemos que as raízes de sua equação característica são tais que $\lambda_1 + \lambda_2 = -a_1$ e $\lambda_1\lambda_2 = a_0$. Consequentemente,

$$\begin{aligned} D_1[D_2[y(t)]] &= \frac{d}{dt}\left[\frac{d}{dt}y(t) - \lambda_2 y(t)\right] - \lambda_1\left[\frac{d}{dt}y(t) - \lambda_2 y(t)\right] \\ &= \frac{d^2}{dt^2}y(t) - (\lambda_1 + \lambda_2)\frac{d}{dt}y(t) + \lambda_1\lambda_2 y(t) \\ &= \frac{d^2}{dt^2}y(t) + a_1\frac{d}{dt}y(t) + a_0 y(t) \\ &= D[y(t)] \end{aligned}$$

que é exatamente (3.13). O caso geral, para um operador de ordem n, decorre da aplicação sucessiva desse resultado. □

Esse lema, como veremos mais adiante, é muito importante pois permite decompor a solução de uma equação diferencial linear de ordem n em um conjunto de n equações diferenciais lineares de primeira ordem, o qual pode ser resolvido por simples substituição direta. No presente momento note, simplesmente, que a definição do operador $D[\cdot]$ é suficientemente clara e envolve operações de tal ordem elementares que a determinação de $D[y(t)]$ para a função $y(t)$ dada não apresenta maiores dificuldades. O resultado a seguir é de fundamental importância no presente estudo.

Teorema 3.1 (Existência e unicidade) *Seja* $g(t)$ *uma função contínua no intervalo* $(0, T)$. *A equação diferencial* $D[y(t)] = g(t)$, *com as condições iniciais*

$$y(0)\ ,\quad \frac{d}{dt}y(0)\ ,\quad \cdots\ ,\quad \frac{d^{n-1}}{dt^{n-1}}y(0) \tag{3.14}$$

especificadas, admite uma única solução $y(t)$, *para todo* $t \in [0, T]$.

Esse teorema fornece duas conclusões importantes. A primeira diz respeito ao fato de que as condições iniciais em $t = 0$ permitem calcular a solução para todo $t \in [0, T]$. Desta maneira, toda a informação necessária para calcular a solução, no futuro, está concentrada nas condições iniciais especificadas. Devido ao fato de os coeficientes do operador $D[\cdot]$ serem constantes em relação ao tempo, as condições iniciais (3.14) podem ser especificadas em qualquer instante $t_0 \in [0, T]$. A segunda, consequência da primeira, é que a hipótese de continuidade de $g(t)$ pode ser eliminada se o número de pontos de descontinuidade for finito. De fato, considere que $g(t)$ seja descontínua em $t_d \in (0, T)$. Inicialmente, com as condições iniciais dadas, podemos obter sua solução $y(t)$ válida no subintervalo $[0, t_d]$. Esta função e suas derivadas sucessivas, calculadas em $t = t_d$, definem novas condições iniciais para que a solução $y(t)$, válida no subintervalo $[t_d, T]$, seja então obtida. Tendo sido caracterizada a existência e unicidade de solução, nosso objetivo agora é desenvolver alguns procedimentos para calculá-la. Antes porém, necessitamos introduzir alguns conceitos que serão muito usados para esse propósito.

Definição 3.1 (Independência linear) *As funções $f_j(t) \in \mathbb{R}$, $j = 1, 2, \cdots, m$ são linearmente independentes (*LI*) no intervalo $(0, T)$ se para $\alpha_1 \in \mathbb{R}, \cdots, \alpha_m \in \mathbb{R}$,*

$$\epsilon(t) = \sum_{j=1}^{m} \alpha_j f_j(t) = 0 \ , \quad \forall \ t \in [0, T] \implies \alpha_1 = \alpha_2 = \cdots = \alpha_m = 0 \tag{3.15}$$

*Caso contrário, as funções são ditas linearmente dependentes (*LD*).*

É preciso ter em mente que, nesta definição, os escalares α_j, $j = 1, 2, \cdots, m$ obviamente não dependem de $t \in [0, T]$. No caso particular de apenas duas funções, é fácil verificar, diretamente pela definição, que elas são LD se e apenas se uma for proporcional à outra. Caso contrário, serão LI. No caso geral de m funções, aplicar diretamente essa definição pode não ser uma tarefa fácil. Devemos, então, obter um teste mais operacional. Para isto, vamos nos restringir ao caso em que o conjunto de funções seja formado exclusivamente por funções contínuas no intervalo $(0, T)$.

O *produto escalar* de duas funções desta classe pode ser definido por

$$\langle f, g \rangle = \int_0^T f(t) g(t) dt \tag{3.16}$$

de tal forma que a raiz quadrada positiva do produto escalar de uma das funções por ela mesma resulta em sua *norma*, isto é:

$$\|f\| = \sqrt{\langle f, f \rangle} = \sqrt{\int_0^T f(t)^2 dt} \tag{3.17}$$

Assim sendo, podemos afirmar que uma função contínua é identicamente nula em um intervalo dado se e apenas se sua norma é zero. A aplicação desse fato no estudo de dependência linear, de um conjunto de funções contínuas, é imediata. Considere o seguinte problema de otimização

$$\min ||\epsilon||^2 \tag{3.18}$$

onde a minimização é feita em relação à escolha das constantes $\alpha_j \in \mathbb{R}$, $j = 1, 2, \cdots, m$. Observe que, para cada escolha dessas constantes, a quantidade $||\epsilon||$ pode ser imediatamente calculada. Se escolhermos todas as constantes iguais a zero, é claro que resulta em $||\epsilon|| = 0$. A questão que se coloca é de calcular, se existir, um conjunto de constantes, não todas nulas, que produza o mesmo resultado. A solução do problema acima é caracterizada por

$$\frac{\partial}{\partial \alpha_i} ||\epsilon||^2 = 0 \ , \quad i = 1, 2, \cdots, m$$

ou seja,

$$\begin{aligned} 0 &= \frac{\partial}{\partial \alpha_i} \langle \epsilon, \epsilon \rangle \\ &= 2 \langle \epsilon, \frac{\partial}{\partial \alpha_i} \epsilon \rangle \\ &= 2 \langle \epsilon, f_i \rangle \ , \quad i = 1, 2, \cdots, m \end{aligned}$$

Essa relação pode ser interpretada de uma maneira que está sempre presente nos problemas de mínimos quadrados como (3.18), ou seja, na solução ótima, as constantes a determinar devem produzir uma função $\epsilon(t)$ que seja ortogonal (vide Apêndice A) a todas as funções $f_i(t)$, $i = 1, 2, \cdots, m$ consideradas. Substituindo acima a função $\epsilon(t)$, dada em (3.15), obtemos

$$V\alpha = 0 \tag{3.19}$$

onde $V \in \mathbb{R}^{m \times m}$ é a matriz simétrica com m linhas e m colunas e $\alpha \in \mathbb{R}^m$ é o vetor coluna com m elementos dados por

$$V = \begin{bmatrix} \langle f_1, f_1 \rangle & \langle f_1, f_2 \rangle & \cdots & \langle f_1, f_m \rangle \\ \langle f_2, f_1 \rangle & \langle f_2, f_2 \rangle & \cdots & \langle f_2, f_m \rangle \\ \vdots & \vdots & \vdots & \vdots \\ \langle f_m, f_1 \rangle & \langle f_m, f_2 \rangle & \cdots & \langle f_m, f_m \rangle \end{bmatrix} , \quad \alpha = \begin{bmatrix} \alpha_1 \\ \alpha_2 \\ \vdots \\ \alpha_m \end{bmatrix} \tag{3.20}$$

Se a matriz V for não singular, isto é, $\det[V] \neq 0$, então a equação linear matricial (3.19) admite uma única solução $\alpha = 0$, indicando que o conjunto de funções é

LI. Se, ao contrário, a matriz V for singular, isto é, $\det[V] = 0$, então a mesma equação admite, além da solução nula, outra solução $\alpha \neq 0$, indicando então que o conjunto de funções é LD. Esse resultado está formalmente enunciado no lema a seguir.

Lema 3.2 *As funções contínuas $f_j(t)$, $j = 1, 2, \cdots, m$ são linearmente dependentes (*LD*) no intervalo $(0, T)$ se e apenas se a matriz $V \in \mathbb{R}^{m\times m}$, definida em (3.20), for singular, isto é:*

$$\det[V] = 0$$

Prova: Pela definição de norma, usando (3.15) podemos escrever

$$\|\epsilon\|^2 = \sum_{i=1}^{m} \alpha_i \langle \epsilon, f_i \rangle = \alpha' V \alpha$$

implicando em que $\|\epsilon\| = 0$ se e apenas se a equação (3.19) for satisfeita. Por outro lado, como já discutimos acima, esta equação matricial linear admite uma solução não nula se e apenas se V for uma matriz singular. □

É preciso enfatizar que, para um dado conjunto de funções, a construção da matriz V é, em geral, bastante trabalhosa, entretanto sua determinação computacional é muito simples, pois requer apenas o uso de uma boa rotina de integração numérica.

Exemplo 3.3 As funções $f_1(t) = 1$ e $f_2(t) = t$ são LI em qualquer intervalo tal que $T > 0$. De fato, a matriz V é dada por

$$V = \begin{bmatrix} T & T^2/2 \\ T^2/2 & T^3/3 \end{bmatrix} \Longrightarrow \det[V] = T^4/12 \neq 0$$

As funções $f_1(t) = e^t$ e $f_2(t) = e^{-t}$ também são LI em qualquer intervalo tal que $T > 0$, pois, como pode ser verificado com algum trabalho,

$$\det[V] = \det \begin{bmatrix} (e^{2T} - 1)/2 & T \\ T & -(e^{-2T} - 1)/2 \end{bmatrix} \neq 0$$

para todo $T > 0$. As funções $f_1(t) = \cos(t)$ e $f_2(t) = \text{sen}(t)$ são LI no intervalo $[0, \pi]$, pois

$$V = \begin{bmatrix} \pi/2 & 0 \\ 0 & \pi/2 \end{bmatrix} \Longrightarrow \det[V] = \pi^2/4$$

Como a matriz V acima é diagonal concluímos, pela sua definição, que estas duas funções são ortogonais, isto é:

$$\langle f_1, f_2 \rangle = \int_0^{\pi} \cos(t)\text{sen}(t)dt = 0$$

entretanto, note que estas duas funções não são ortonormais, pois, embora sejam ortogonais, suas normas não são unitárias, mas sim $\sqrt{\pi/2}$, como indicam os elementos da diagonal principal de V. □

Existem outras maneiras equivalentes para testar se um dado conjunto de funções é LI. Dois outros testes são introduzidos como exercícios no final deste capítulo.

Estamos, agora, em condições de apresentar a solução geral da equação diferencial (3.12) sujeita às condições iniciais (3.14) introduzidas no Teorema 3.1. Como o operador $D[\cdot]$ é linear, a solução geral da equação em questão pode, em princípio, ser decomposta na soma de duas parcelas, a saber:

$$y(t) = y_h(t) + y_p(t) \tag{3.21}$$

definidas em seguida.

Definição 3.2 *A equação diferencial linear $D[y(t)] = 0$ é chamada equação homogênea. Sua solução genérica denotada por $y_h(t)$ é denominada solução homogênea. A equação diferencial linear $D[y(t)] = g(t)$ é chamada equação não homogênea. Uma solução $y_p(t)$ é chamada solução particular.*

Com essa definição, $y(t)$ dada em (3.21) é tal que

$$D[y(t)] = D[y_h(t)] + D[y_p(t)] = g(t)$$

mostrando que a decomposição sugerida é, de fato, válida. Obviamente, resta saber se as n condições iniciais (3.14) podem ser efetivamente impostas.

Lema 3.3 *Considere a equação diferencial homogênea $D[y(t)] = 0$ e $\Delta_D(\lambda) = 0$ sua equação característica. Se as n raízes da equação característica $\lambda_1, \cdots, \lambda_n$ são diferentes entre si, então*

$$y(t) = y_h(t) = c_1 e^{\lambda_1 t} + c_2 e^{\lambda_2 t} + \cdots + c_n e^{\lambda_n t} \tag{3.22}$$

resolve a equação homogênea para qualquer conjunto de escalares c_j, $j = 1, \cdots, n$ especificados.

Prova: Com a definição do operador $D[\cdot]$, podemos imediatamente verificar que para qualquer λ_j, $j = 1, 2, \cdots, n$

$$\begin{aligned} D[e^{\lambda_j t}] &= \Delta_D(\lambda_j) e^{\lambda_j t} \\ &= 0 \end{aligned}$$

e, portanto, a prova decorre pelo simples fato de que o operador $D[\cdot]$ é, como sabemos, linear. □

Sob a hipótese do lema anterior, podemos verificar que o conjunto de funções

$$\mathcal{I} = \left\{ e^{\lambda_1 t}, e^{\lambda_2 t}, \cdots, e^{\lambda_n t} \right\}$$

é um conjunto LI. Este teste pode ser feito, por exemplo, usando a condição introduzida no Exercício 3.2. Calculando as derivadas indicadas, concluímos que

$$W(t) = W_0 \begin{bmatrix} e^{\lambda_1 t} & 0 & \cdots & 0 \\ 0 & e^{\lambda_2 t} & \cdots & 0 \\ \vdots & \vdots & \vdots & \vdots \\ 0 & 0 & \cdots & e^{\lambda_n t} \end{bmatrix} \tag{3.23}$$

onde

$$W_0 = \begin{bmatrix} 1 & 1 & \cdots & 1 \\ \lambda_1 & \lambda_2 & \cdots & \lambda_n \\ \vdots & \vdots & \vdots & \vdots \\ \lambda_1^{n-1} & \lambda_2^{n-1} & \cdots & \lambda_n^{n-1} \end{bmatrix} \tag{3.24}$$

é uma matriz com estrutura especial, chamada *matriz de Vandermonde* e cujo determinante é não nulo devido à hipótese adotada de que todas as raízes da equação característica são distintas entre si. Assim sendo, por (3.23), temos que $\det[W(t)] \neq 0$ para todo t, implicando na independência linear de $\mathcal{I}$. Por outro lado, se alguma raiz de $\Delta_D(\lambda) = 0$ for múltipla, isto é, se sua multiplicidade for estritamente maior do que um, então o conjunto $\mathcal{I}$ será LD. Mesmo assim, não é difícil obter uma outra função, também solução da equação homogênea, de tal forma que o novo conjunto $\mathcal{I}$ seja LI. Inicialmente, considere a função

$$te^{\lambda t} = \frac{d}{d\lambda} e^{\lambda t}$$

e novamente, levando em conta a linearidade do operador $D[\cdot]$, bem como a prova do lema anterior, temos

$$\begin{aligned} D[te^{\lambda t}] &= \frac{d}{d\lambda} D[e^{\lambda t}] \\ &= \frac{d}{d\lambda} \Delta_D(\lambda) e^{\lambda t} \\ &= \left[\frac{d}{d\lambda} \Delta_D(\lambda) + t\Delta_D(\lambda) \right] e^{\lambda t} \end{aligned} \tag{3.25}$$

Supondo que λ_i, para algum $1 \leq i \leq n$, seja uma raiz de multiplicidade dois da equação característica, é claro que podemos fatorá-la na forma

$$\Delta_D(\lambda) = (\lambda - \lambda_i)^2 d(\lambda)$$

onde $d(\lambda)$ é um polinômio de grau $n-2$ tal que $d(\lambda_i) \neq 0$. Consequentemente, não só $\Delta_D(\lambda_i) = 0$, mas também

$$\frac{d}{d\lambda}\Delta_D(\lambda_i) = 0$$

implicando por (3.25) que, neste caso, a função $te^{\lambda_i t}$ é também uma solução da equação homogênea em estudo e sua solução genérica (3.22) é dada pela combinação linear das funções do conjunto

$$\mathcal{I} = \left\{e^{\lambda_1 t}, e^{\lambda_2 t}, \cdots, e^{\lambda_i t}, te^{\lambda_i t}, \cdots, e^{\lambda_n t}\right\}$$

que é um conjunto linearmente independente. Devemos ressaltar que esse mesmo raciocínio pode ser generalizado para o caso em que a multiplicidade de uma determinada raiz da equação característica seja qualquer (ver os exercícios propostos no final deste capítulo) e, também, para o caso em que várias raízes tenham multiplicidade maior do que um.

Nosso objetivo agora é estudar como obter a solução particular da equação diferencial (3.12). Inicialmente, vamos considerar um caso importante caracterizado pela classe de funções $g(t)$ com $t \in (0, T)$ tais que elas próprias e as suas derivadas sucessivas, até ordem m, formem um conjunto LD. Para simplificar os cálculos envolvidos, devemos nos preocupar em considerar, para cada função dada, o menor valor possível para m. Pela Definição 3.1, existem escalares não todos nulos tais que

$$b_m \frac{d^m}{dt^m} g(t) + b_{m-1} \frac{d^{m-1}}{dt^{m-1}} g(t) + \cdots + b_1 \frac{d}{dt} g(t) + b_0 g(t) = 0$$

ou seja, definindo de maneira similar ao que foi feito com (3.10) e (3.11), o operador linear $N[\cdot]$ de ordem m, notamos imediatamente que a classe de funções que acabamos de definir é constituída pelas soluções da equação diferencial homogênea

$$N[g(t)] = 0 \tag{3.26}$$

Para considerarmos uma determinada função $g(t)$, é claro que devemos impor m condições iniciais. Sem elas, todas as funções da classe sob consideração são obtidas. Aplicando o operador $N[\cdot]$ em (3.12), vem

$$D[y(t)] = g(t) \Longleftrightarrow N[D[y(t)]] = 0 \tag{3.27}$$

tornando claro que a solução particular da equação diferencial do lado esquerdo de (3.27) pode ser obtida através da solução da equação homogênea do seu lado direito. Esse procedimento é formalmente estabelecido no próximo lema.

Lema 3.4 *Considere a equação diferencial* $D[y(t)] = g(t)$ *tal que* $N[g(t)] = 0$. *Se as* m *raízes da equação característica* $\Delta_N(\lambda) = 0$, *denotadas* $\mu_1, \mu_2, \cdots, \mu_m$, *são diferentes entre si e não são raízes de* $\Delta_D(\lambda) = 0$, *então sempre é possível determinar* m *constantes* $d_1, d_2, \cdots, d_m$, *de tal forma que*

$$y(t) = y_p(t) = d_1 e^{\mu_1 t} + d_2 e^{\mu_2 t} + \cdots + d_m e^{\mu_m t} \tag{3.28}$$

seja a solução particular de $D[y(t)] = g(t)$.

Prova: Como $g(t)$ é uma função solução de (3.26), então já sabemos que ela pode ser escrita na forma

$$g(t) = g_1 e^{\mu_1 t} + g_2 e^{\mu_2 t} + \cdots + g_m e^{\mu_m t} \tag{3.29}$$

onde os coeficientes acima são escolhidos adequadamente. Lembrando que

$$D[e^{\mu_j t}] = \Delta_D(\mu_j) e^{\mu_j t} \ , \quad \forall\, j = 1, 2, \cdots, m$$

as hipóteses consideradas fazem com que $\Delta_D(\mu_j) \neq 0$, para todo $1 \leq j \leq m$. Substituindo (3.28) na equação que desejamos resolver e levando em conta as duas últimas relações obtidas acima, vem

$$\sum_{j=1}^{m} \left[d_j \Delta_D(\mu_j) - g_j \right] e^{\mu_j t} = 0$$

permitindo, portanto, determinar os coeficientes procurados como sendo

$$d_j = \frac{g_j}{\Delta_D(\mu_j)} \ , \quad \forall\, j = 1, 2, \cdots, m \tag{3.30}$$

o que prova o lema proposto. □

Esse lema indica que todas as raízes de $\Delta_N(\lambda) = 0$, que também são raízes da equação característica do operador composto, presente no lado direito de (3.27),

$$\Delta_N(\lambda) \Delta_D(\lambda) = 0$$

devem ter multiplicidade um. Caso isto não ocorra, devemos introduzir em (3.28) novas soluções como as preconizadas anteriormente (ver o Exemplo 3.5), de tal modo a termos sempre uma solução gerada pela combinação linear de um conjunto LI de funções.

O lema anterior permite analisar rigorosamente a validade do chamado *Método dos Coeficientes a Determinar*, muito usado para calcular a solução particular de equações diferenciais lineares com $g(t)$ pertencente à classe anteriormente definida. Sob as hipóteses do Lema 3.4, considerando que $g(t)$ e suas derivadas sucessivas até a de ordem $m-1$ formam um conjunto LI, derivando sucessivamente ambos os membros de (3.29), vem

$$\begin{bmatrix} g(t) \\ g^{(1)}(t) \\ \vdots \\ g^{(m-1)}(t) \end{bmatrix} = M \begin{bmatrix} e^{\mu_1 t} \\ e^{\mu_2 t} \\ \vdots \\ e^{\mu_m t} \end{bmatrix}$$

onde a matriz $M \in \mathbb{R}^{m\times m}$, dada por

$$M = \begin{bmatrix} g_1 & g_2 & \cdots & g_m \\ g_1\mu_1 & g_2\mu_2 & \cdots & g_m\mu_m \\ \vdots & \vdots & \vdots & \vdots \\ g_1\mu_1^{m-1} & g_2\mu_2^{m-1} & \cdots & g_m\mu_m^{m-1} \end{bmatrix} \tag{3.31}$$

pode ser fatorada pelo produto de uma matriz de Vandermonde por uma matriz diagonal com os coeficientes g_i , $i = 1, 2, \cdots, m$ dispostos na sua diagonal principal. Assim sendo, M torna-se singular apenas se algum g_i , $i = 1, 2, \cdots, m$ for nulo. A partir de (3.29), notamos então que M singular indica que m é excessivamente grande e deve ser diminuído. Com M não singular, podemos reescrever (3.28) na forma equivalente

$$y(t) = y_p(t) = \tilde{d}_1 g(t) + \tilde{d}_2 g^{(1)}(t) + \cdots + \tilde{d}_m g^{(m-1)}(t) \tag{3.32}$$

onde $\tilde{d}' = M^{-1}d'$. Isso mostra que a solução particular da equação em estudo também pode ser expressa na forma acima, onde as constantes indicadas são determinadas como anteriormente, isto é, impondo-se $D[y_p(t)] = g(t)$.

Finalmente, utilizando os resultados obtidos, a solução geral da equação diferencial (3.12) é dada por

$$y(t) = \sum_{i=1}^{n} c_i y_{hi}(t) + y_p(t)$$

com $y_{hi}(t) \in \mathcal{I}$. A independência linear do conjunto $\mathcal{I}$ composto por n soluções homogêneas assegura que sempre podemos determinar as constantes $c_1, c_2, \cdots, c_n$ de tal forma a impor as condições iniciais (3.14).

Exemplo 3.4 A equação diferencial de primeira ordem

$$\dot{y}(t) + y(t) = e^{-2t} \ , \quad y(0) = 1 \tag{3.33}$$

pode ser facilmente resolvida como indicamos anteriormente. Temos

$$\Delta_D(\lambda) = \lambda + 1 \ , \quad \Delta_N(\lambda) = \lambda + 2$$

pois $\Delta_D(\lambda)$ é o polinômio característico do operador linear

$$D[y(t)] = \frac{d}{dt}y(t) + y(t)$$

e $\Delta_N(\lambda)$ é o polinômio característico do operador $N[\cdot]$, que é tal que

$$N[e^{-2t}] = \frac{d}{dt}e^{-2t} + 2e^{-2t} = 0$$

Como as raízes das respectivas equações características são distintas entre si, então a solução particular procurada é

$$y_p(t) = d_1 e^{-2t}$$

onde a constante d_1 é imediatamente determinada a partir da equação diferencial dada, isto é, substituindo-se $y_p(t)$ em (3.33). Temos então

$$(-2d_1 + d_1)e^{-2t} = e^{-2t} \Longrightarrow d_1 = -1$$

Consequentemente, a sua solução geral pode ser escrita na forma final

$$y(t) = c_1 e^{-t} - e^{-2t} \tag{3.34}$$

onde a constante indicada deve ser determinada impondo-se a condição inicial dada. Obtemos então $c_1 = 2$ e, portanto, a solução procurada é

$$y(t) = 2e^{-t} - e^{-2t}$$

É preciso ficar claro que a solução particular só depende da função $g(t)$, presente no lado direito da equação diferencial que se deseja resolver. Assim, ao mudarmos a condição inicial, (3.34) permanece válida. De fato, para $y(0)$ especificada, porém arbitrária, podemos imediatamente obter $c_1 = 1 + y(0)$, que é sua solução geral parametrizada em relação a qualquer condição inicial. □

Exemplo 3.5 Considere a equação diferencial

$$\dot{y}(t) + y(t) = e^{-t} \ , \quad y(0) = 1 \tag{3.35}$$

para a qual já calculamos, no exemplo anterior, o polinômio característico $\Delta_D(\lambda)$. Adotando o mesmo procedimento, obtemos $\Delta_N(\lambda) = \Delta_D(\lambda) = \lambda + 1$ e, portanto, notamos que $\lambda_1 = -1$ é raiz de ambas as equações características. Neste caso, a solução particular é da forma

$$y_p(t) = d_1 t e^{-t}$$

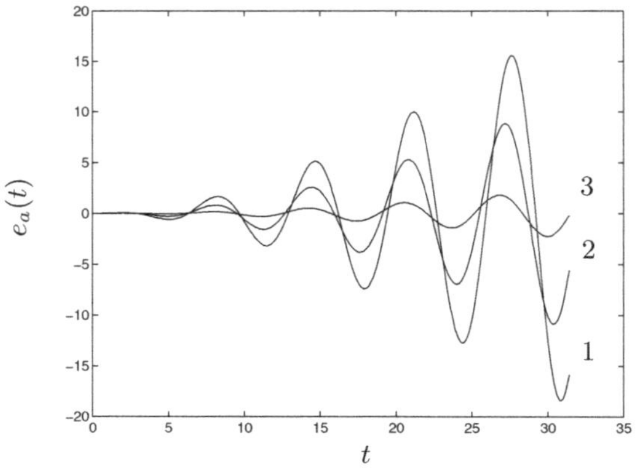

Figura 3.4: Evolução temporal do erro

onde, por simples substituição, obtemos $d_1 = 1$. A solução geral é dada por

$$y(t) = c_1 e^{-t} + te^{-t}$$

onde a constante indicada é calculada impondo-se a condição inicial, isto é, $c_1 = 1$. Isso mostra que o caso de raízes múltiplas pode ser manipulado sem grandes dificuldades. □

Exemplo 3.6 Considere agora a equação diferencial de segunda ordem

$$\ddot{y}(t) + y(t) = \text{sen}(at) \ , \quad y(0) = \dot{y}(0) = 0 \tag{3.36}$$

onde $a \in \mathbb{R}$ é um escalar positivo. Podemos imediatamente verificar que

$$\Delta_D(\lambda) = \lambda^2 + 1 \ , \quad \Delta_N(\lambda) = \lambda^2 + a^2$$

Considerando inicialmente $a \neq 1$, então as raízes das respectivas equações características são distintas entre si. Definindo $j = \sqrt{-1}$, temos

$$y_p(t) = d_1 e^{jat} + d_2 e^{-jat}$$

que, substituída na equação dada, permite determinar os coeficientes indicados, ou seja:

$$d_1 = -d_2 = 1/2j(1 - a^2) \implies y_p(t) = \frac{\text{sen}(at)}{1 - a^2}$$

A solução geral fica então na forma

$$y(t) = c_1 e^{jt} + c_2 e^{-jt} + \frac{\text{sen}(at)}{1 - a^2}$$

sendo que as duas constantes indicadas são obtidas impondo-se as condições iniciais dadas. Todas as contas feitas, pode-se explicitar a solução procurada, isto é:

$$y(t) = y_a(t) = \frac{1}{1-a^2}\left[\text{sen}(at) - a\ \text{sen}(t)\right]\ ,\ a \neq 1 \tag{3.37}$$

Considerando agora $a = 1$, temos a solução particular da forma

$$y_p(t) = d_1 t e^{jt} + d_2 t e^{-jt}$$

e, novamente, por simples substituição, vem

$$d_1 = d_2 = -1/4 \implies y_p(t) = -\frac{t\ \cos(t)}{2}$$

Finalmente, escrevendo a solução geral e impondo as condições iniciais, obtemos

$$y(t) = y_1(t) = \frac{\text{sen}(t) - t\ \cos(t)}{2} \tag{3.38}$$

Neste ponto, cabe uma discussão importante, no que diz respeito à eventual obtenção da função $y_1(t)$ a partir do limite de $y_a(t)$ para $a \to 1$. Tomando $t \in \mathbb{R}$ como parâmetro, verifica-se que, de fato,

$$\lim_{a\to 1} y_a(t) = y_1(t)\ ,\ \ \forall\, t \in \mathbb{R}$$

mas isso não nos permite afirmar que o erro $e_a(t) = y_a(t) - y_1(t)$, para $a \approx 1$, fixo seja arbitrariamente pequeno para todo $t \in \mathbb{R}$. O comportamento do erro é ilustrado na Figura 3.4, onde as curvas 1, 2 e 3 correspondem aos valores $a = 0{,}90$; $a = 0{,}95$ e $a = 0{,}99$. Nota-se que o erro torna-se arbitrariamente grande para valores arbitrariamente elevados de t. Em outras palavras, do ponto de vista numérico, não podemos utilizar $y_a(t)$ como sendo uma boa aproximação de $y_1(t)$, a menos que o intervalo de tempo de interesse seja devidamente limitado. Ademais, podemos observar que, em relação ao tempo, para $a \in \mathbb{R}$ fixo, os comportamentos das funções $y_a(t)$ e $y_1(t)$ são muito diferentes: enquanto a primeira função é limitada, a segunda é ilimitada em relação ao tempo. □

3.3 Transformada de Laplace

Ao tentarmos resolver um determinado problema, muitas vezes é conveniente convertê-lo em outro equivalente a partir de uma determinada transformação. O novo problema é resolvido e a transformação inversa permite determinar a solução procurada do problema original. A transformada de Laplace tem exatamente esse propósito, quando se trata de determinar a solução de uma equação diferencial linear com coeficientes constantes em relação à variável independente. Ademais, como veremos em seguida, a transformada de Laplace tem a vantagem de converter uma equação diferencial em uma equação algébrica. Vamos agora introduzir a definição da transformada de Laplace para, em seguida, explicitar suas propriedades mais importantes e, finalmente, aplicá-la à solução de equações diferenciais lineares.

De maneira geral, estamos interessados em trabalhar com funções de variável real com imagem no conjunto dos números complexos $\mathbb{C}$, isto é:

$$f(t) \; : \; \mathbb{R} \to \mathbb{C} \tag{3.39}$$

A transformada de Laplace de $f(\cdot)$, denotada $\hat{f}(s)$ ou $\mathcal{L}(f)$, é uma função de variável complexa assim definida:

$$\hat{f}(s) \; : \; \mathcal{D}(\hat{f}) \to \mathbb{C} \tag{3.40}$$

onde $\mathcal{D}(\hat{f}) \subset \mathbb{C}$ é o seu domínio, $\mathbb{C}$ é o seu conjunto imagem e

$$\hat{f}(s) = \int_{-\infty}^{\infty} f(t)e^{-st}dt \tag{3.41}$$

$$\mathcal{D}(\hat{f}) = \Big\{ s \in \mathbb{C} \; : \; \hat{f}(s) \text{ existe} \Big\} \tag{3.42}$$

É preciso ficar muito bem entendido que a condição "$\hat{f}(s)$ existe" significa que a integral no lado direito de (3.41) converge e é finita. Geralmente, o conjunto $\mathcal{D}(\hat{f})$ não coincide completamente com o conjunto dos números complexos. Assim sendo, nos pontos $s \in \mathbb{C}$, que não pertencem ao seu domínio, não faz sentido algum determinar $\hat{f}(s)$. Para tornar mais clara a definição acima, vamos analisar alguns exemplos simples.

Exemplo 3.7 A função $f(t) = e^{-t}$ para $t \in \mathbb{R}$ não admite transformada de Laplace, pois

$$\hat{f}(s) = \int_{-\infty}^{\infty} f(t)e^{-st}dt = \int_{-\infty}^{\infty} e^{-(s+1)t}dt$$

diverge para $s = -1$. Ademais, para todo $s = \sigma + j\omega \neq -1$, simples cálculos indicam que

$$\hat{f}(s) = \frac{1}{s+1}\left[\lim_{t \to -\infty} h(t) - \lim_{t \to \infty} h(t) \right]$$

onde

$$h(t) = e^{-(s+1)t} = e^{-(\sigma+1)t}[\cos(\omega t) - j\text{sen}(\omega t)]$$

Portanto, o primeiro limite acima indicado existe e é finito desde que $\sigma < -1$, enquanto que o mesmo ocorre para o segundo limite se $\sigma > -1$. Ou seja, neste caso, temos $\mathcal{D}(\hat{f}) = \emptyset$. □

Exemplo 3.8 A função descontínua em $t = 0$,

$$f(t) = \begin{cases} 0 & , \quad t \in (-\infty, 0) \\ e^{-t} & , \quad t \in [0, \infty) \end{cases}$$

admite transformada de Laplace. De fato, pela definição, temos

$$\begin{aligned} \hat{f}(s) &= \int_{-\infty}^{\infty} f(t)e^{-st}dt \\ &= \int_{0}^{\infty} e^{-(s+1)t}dt \\ &= \frac{1}{s+1}\left[\lim_{t\to 0} e^{-(s+1)t} - \lim_{t\to\infty} e^{-(s+1)t}\right] \end{aligned}$$

Para $s = -1$ a integral diverge. Por outro lado, o primeiro limite é evidente e vale um, mesmo que a função $f(t)$ fosse definida com qualquer valor finito em $t = 0$. O segundo limite, para $s = \sigma + j\omega \neq -1$, existe e é nulo desde que $\sigma > -1$; ademais fora desse conjunto, o limite não existe. Consequentemente,

$$\hat{f}(s) = \frac{1}{s+1} \ , \quad \mathcal{D}(\hat{f}) = \{s \in \mathbb{C} \ : \ \text{Re}(s) > -1\}$$

Observe que $\hat{f}(0) = 1$, pois $s = 0$ pertence ao seu domínio. Entretanto, mesmo sendo possível determinar $1/(s+1) = -1$ para $s = -2$, o valor de $\hat{f}(-2)$ não é uma quantidade definida, pois, como fica evidente, o ponto $s = -2$ não pertence ao domínio de $\hat{f}(s)$. □

Exemplo 3.9 A função $f(t) = e^{-|t|}$ para $t \in (-\infty, \infty)$ também admite transformada de Laplace, pois

$$\hat{f}(s) = \int_{-\infty}^{\infty} f(t)e^{-st}dt = \int_{-\infty}^{0} e^{-(s-1)t}dt + \int_{0}^{\infty} e^{-(s+1)t}dt$$

a primeira integral converge e é finita para $\text{Re}(s) < 1$, enquanto que o mesmo ocorre com a segunda para $\text{Re}(s) > -1$. Determinando-as, obtemos

$$\hat{f}(s) = \frac{-2}{s^2-1} \ , \quad \mathcal{D}(\hat{f}) = \{s \in \mathbb{C} \ : \ -1 < \text{Re}(s) < 1\}$$

Comparando os dois últimos exemplos, nota-se que o efeito correspondente a permitir que a função assuma valores não nulos para $t < 0$ é uma drástica redução no domínio da sua transformada. □

Exemplo 3.10 A função descontínua em $t = 0$,

$$f(t) = \begin{cases} 0 & , \quad t \in (-\infty, 0) \\ e^{-at} & , \quad t \in [0, \infty) \end{cases}$$

onde a é um número complexo qualquer, admite a transformada de Laplace

$$\hat{f}(s) = \frac{1}{s+a} \ , \quad \mathcal{D}(\hat{f}) = \{s \in \mathbb{C} \ : \ \mathrm{Re}(s) > -\mathrm{Re}(a)\}$$

que é muito útil, pois permite determinar as transformadas de outras funções importantes. Por exemplo, a transformada da função

$$f(t) = \begin{cases} 0 & , \quad t \in (-\infty, 0) \\ \cos(\omega_0 t) & , \quad t \in [0, \infty) \end{cases}$$

com $\omega_0 \in \mathbb{R}$, pode ser imediatamente calculada. De fato, usando a identidade

$$\cos(\omega_0 t) = \frac{e^{j\omega_0 t} + e^{-j\omega_0 t}}{2}$$

e o resultado do exemplo anterior, vem

$$\begin{aligned} \hat{f}(s) &= \int_{-\infty}^{\infty} f(t) e^{-st} dt \\ &= \int_{0}^{\infty} \cos(\omega_0 t) e^{-st} dt \\ &= \frac{1}{2} \int_{0}^{\infty} e^{j\omega_0 t} e^{-st} dt + \frac{1}{2} \int_{0}^{\infty} e^{-j\omega_0 t} e^{-st} dt \end{aligned}$$

e, consequentemente,

$$\hat{f}(s) = \frac{s}{s^2 + \omega_0^2} \ , \quad \mathcal{D}(\hat{f}) = \{s \in \mathbb{C} \ : \ \mathrm{Re}(s) > 0\}$$

onde deve ser observado que o domínio foi determinado a partir do resultado do exemplo anterior, aplicado ao caso particular em que $\mathrm{Re}(a) = \mathrm{Re}(j\omega_0) = \mathrm{Re}(-j\omega_0) = 0$. □

Esses exemplos permitem algumas interpretações interessantes. Em primeiro lugar, eles parecem indicar que, quando a transformada existe, ela é uma função racional de $s \in \mathbb{C}$. Como veremos com detalhes mais adiante, essa situação ocorre frequentemente, mas não é o caso geral. Existem funções importantes que admitem transformadas de Laplace, porém que não são racionais na variável complexa s. Em segundo lugar, de fundamental importância no estudo de equações diferenciais é o fato de que a função assim definida

$$f(t) = e^{-t} \ , \quad t \in (-\infty, \infty)$$

não admite transformada de Laplace (veja o Exemplo 3.7). Isso implica que a solução geral da equação diferencial linear elementar

$$\dot{y}(t) + y(t) = 2 \ , \quad y(0) = 1 \tag{3.43}$$

para $t \in (-\infty, \infty)$ não pode ser representada via transformada de Laplace, pois, como já sabemos, sua solução é exatamente $y(t) = 2 - e^{-t}$ para todo $t \in (-\infty, \infty)$. Felizmente, uma maneira bem simples de contornar essa dificuldade é reduzir o domínio onde se procura resolver uma equação diferencial dada. De fato, o Exemplo 3.8 deixa claro que a mesma função $f(t)$, porém nula para valores de t negativos, admite a transformada de Laplace. Assim, se ao especificarmos a condição *inicial* em $t = 0$ estivermos interessados em somente obter a sua solução para todo $t \geq 0$, podemos adotar o seguinte procedimento. Modificando (3.43) para

$$\dot{y}(t) + y(t) = g(t) \ , \quad y(0) = 1 \tag{3.44}$$

onde

$$g(t) = \begin{cases} 0 & , \quad t \in (-\infty, 0) \\ 2 & , \quad t \in [0, \infty) \end{cases}$$

sua solução para $t < 0$ é $y(t) = 0$, enquanto que a sua solução para $t \geq 0$ é igual à solução de (3.43). Consequentemente, podemos determinar inicialmente a transformada de Laplace de $g(t)$ e, em seguida, a transformada da solução procurada. Veremos mais adiante como manipular equações diferenciais a partir deste procedimento, que é possível de ser adotado sem perda de generalidade.

Neste sentido, vamos assumir, deste ponto em diante, que *todas* as funções aqui consideradas são definidas no intervalo $t \in \mathbb{R}_+$, fazendo com que sua transformada de Laplace seja dada por

$$\hat{f}(s) = \int_0^\infty f(t) e^{-st} dt \tag{3.45}$$

com o domínio (3.42). Cabe, desde logo, ressaltar que até o presente momento não estamos incluindo nenhuma hipótese sobre as funções consideradas, que, inclusive, podem ser descontínuas em pontos isolados de $t > 0$. Assim, o cálculo da integral (3.45) deve ser feito com a devida atenção. Por outro lado, como as funções não são definidas para $t < 0$, algumas operações que exigem o seu conhecimento em uma determinada vizinhança de um ponto devem ser analisadas com cautela quando se trata da origem $t = 0$. Um desses casos é precisamente o de derivada em relação ao tempo, que será visto com detalhes oportunamente.

Uma questão central no estudo de transformada de Laplace diz respeito à determinação do seu domínio $\mathcal{D}(\hat{f})$. Os exemplos anteriores permitem simplificar sua determinação se notarmos que os domínios então calculados apresentam a forma genérica

$$\mathcal{D}(\hat{f}) = \{s \in \mathbb{C} \ : \ \text{Re}(s) > \alpha\} \tag{3.46}$$

onde α é um número real. O conjunto acima degenera para $\mathcal{D}(\hat{f}) = \emptyset$ se $\alpha = \infty$ e para $\mathcal{D}(\hat{f}) = \mathbb{C}$ quando $\alpha = -\infty$. Essa observação, colhida através de alguns exemplos simples, é, na verdade, válida no caso geral. A prova desse resultado vai além do escopo deste livro. Por esse motivo, vamos nos restringir à classe, já suficientemente ampla, de funções para as quais existe $s_f \in \mathbb{C}$, tal que

$$\lim_{\tau \to \infty} \int_0^\tau |f(t)e^{-s_f t}|dt \tag{3.47}$$

existe e é finito. É claro que o parâmetro s_f, se existir, pode não ser único e depende da função $f(t)$ considerada. Adicionalmente, a existência do limite (3.47) assegura a existência de

$$\hat{f}(s) = \lim_{\tau \to \infty} \int_0^\tau f(t)e^{-st}dt$$

ou seja, $s = s_f \in \mathcal{D}(\hat{f}) \neq \emptyset$. O lema seguinte é de fundamental importância para determinação do domínio da transformada de Laplace.

Lema 3.5 *Considere $f(t)$ uma função para a qual o limite (3.47) existe e é finito. Todos os pontos do semiplano complexo $\mathrm{Re}(s) \geq \mathrm{Re}(s_f)$ pertencem a $\mathcal{D}(\hat{f})$.*

Prova: Considerando s arbitrário, satisfazendo a restrição $\mathrm{Re}(s) \geq \mathrm{Re}(s_f)$ e $\tau > 0$, temos

$$\begin{aligned}
\int_0^\tau |f(t)e^{-st}|dt &= \int_0^\tau |f(t)e^{-s_f t}e^{-(s-s_f)t}|dt \\
&= \int_0^\tau |e^{-(s-s_f)t}||f(t)e^{-s_f t}|dt \\
&= \int_0^\tau e^{-\mathrm{Re}[(s-s_f)]t}|f(t)e^{-s_f t}|dt \\
&\leq \int_0^\tau |f(t)e^{-s_f t}|dt \\
&\leq \lim_{\tau \to \infty} \int_0^\tau |f(t)e^{-s_f t}|dt < \infty
\end{aligned}$$

e, portanto, o limite para $\tau \to \infty$ existe e é finito. Isso prova o lema proposto. □

Com o resultado desse lema, podemos determinar o domínio da transformada de Laplace para qualquer função pertencente à classe em estudo. Determina-se $\alpha \in \mathbb{R}$ o menor possível, de tal forma que

$$\lim_{\tau \to \infty} \int_0^\tau |f(t)e^{-\alpha t}|dt < \infty$$

Assim procedendo, o lema anterior estabelece que o domínio da transformada de Laplace de $f(\cdot)$ é dado por (3.46). Observe que o domínio obtido será sempre aberto. Isso quer dizer que, para todo $\epsilon > 0$, qualquer número complexo tal que $\text{Re}(s_f) = \alpha + \epsilon$ assegura que o limite (3.47) é finito.

Em muitos casos, ocorre a situação inversa. Isto é, temos em mãos uma determinada função $\hat{f}(s)$ e desejamos determinar seu domínio. Logo mais estaremos multiplicando, adicionando, dividindo etc. diversas funções transformadas com domínios conhecidos e desejaremos saber qual é o domínio da função que resultou das operacões realizadas. Para essas situações, o resultado seguinte é importante.

Lema 3.6 *Considere $\hat{f}(s)$ uma função com domínio dado por (3.46). Existe $M \in \mathbb{R}$ finito tal que*

$$|\hat{f}(s)| \leq M \ , \quad \forall \ s \in \mathcal{D}(\hat{f}) \tag{3.48}$$

Isto é, $\hat{f}(s)$ é limitada em todos os pontos do seu domínio.

Prova: A prova é feita por construção, isto é, pela determinação do valor de $M \in \mathbb{R}$ de tal forma que a desigualdade (3.48) seja satisfeita. Considerando $s \in \mathcal{D}(\hat{f})$ arbitrário, então $\text{Re}(s) \geq \alpha + \epsilon$ para algum $\epsilon > 0$ não nulo. Adotando o mesmo procedimento da prova anterior, vem

$$\begin{aligned} |\hat{f}(s)| &= \left| \int_0^\infty f(t)e^{-st}dt \right| \\ &\leq \int_0^\infty |f(t)e^{-st}|dt \\ &\leq \int_0^\infty |f(t)e^{-(\alpha+\epsilon)t}|dt = M \end{aligned}$$

Como, para a classe de funções em estudo, o parâmetro M acima definido é finito, o lema está demonstrado. □

Esse resultado permite identificar, com certa facilidade, os domínios das transformadas de Laplace de funções da classe anteriormente definida. Neste sentido, basta determinar o "maior" semiplano direito aberto do plano complexo onde a função $\hat{f}(s)$ é limitada. Incidentalmente, em todos estes pontos a função $\hat{f}(s)$ será analítica (ver Apêndice B). Nos exemplos resolvidos anteriormente, podemos verificar que, quando a transformada de Laplace existia, ela era uma função racional. Como dissemos, existem transformadas de Laplace que não são racionais. Entretanto, essa classe de funções de variáveis complexas é tão importante no estudo de sistemas dinâmicos lineares que a seguinte definição é pertinente.

Definição 3.3 *Uma função $\hat{f}(s)$ é racional se for expressa na forma*

$$\hat{f}(s) = \frac{N(s)}{D(s)} = \frac{b_m s^m + b_{m-1}s^{m-1} + \cdots + b_1 s + b_0}{a_n s^n + a_{n-1}s^{n-1} + \cdots + a_1 s + a_0}$$

com $b_i \in \mathbb{R}, i = 0, \cdots, m$, $a_i \in \mathbb{R}, i = 0, \cdots, n$, $a_n \neq 0$, $b_m \neq 0$ e $n \geq m$. Se $n = m$, a função é chamada própria e, se $n > m$, a função é chamada estritamente própria.

Definição 3.4 *Seja $\hat{f}(s)$ uma função racional. As m raízes de $N(s) = 0$ são chamadas zeros de $\hat{f}(s)$, enquanto que as n raízes de $D(s) = 0$ são os seus polos.*

Sendo $\hat{f}(s)$ uma função racional, que não apresenta cancelamento de polos e zeros, seu domínio é dado por (3.46), onde

$$\alpha = \max\{\text{Re}(p_i) \; : \; i = 1, \cdots, n\} \tag{3.49}$$

em que $p_i \in \mathbb{C}$ são os seus polos. Vale a pena, mais uma vez, deixar claro que os seus polos são as n e, consequentemente, todas as raízes de $D(s) = 0$. Esse resultado, bem conhecido, decorre do fato de que todos os coeficientes do polinômio denominador $D(s)$ são reais e seu grau é exatamente n. Nesses pontos, a função $\hat{f}(s)$ é ilimitada e, consequentemente, não é analítica. Assim, fica evidente que uma função racional não é analítica em um conjunto isolado de pontos do plano complexo. O domínio da transformada é, por conseguinte, o maior semiplano aberto que não contém nenhum desses pontos, também chamados *pontos singulares.*

Em muitas situações, podemos obter uma determinada função racional a partir de outras funções racionais. A questão que se coloca é como relacionar seus domínios. Sendo $\hat{f}_1(s)$ e $\hat{f}_2(s)$ duas funções racionais com domínios respectivos $\mathcal{D}(\hat{f}_1)$ e $\mathcal{D}(\hat{f}_2)$, então tanto a função produto

$$\hat{f}(s) = \hat{f}_1(s)\hat{f}_2(s)$$

como também a função soma

$$\hat{f}(s) = \hat{f}_1(s) + \hat{f}_2(s)$$

são funções racionais. Se não houver cancelamento de polos e zeros, os resultados já obtidos permitem concluir que, para as duas funções, valem as relações

$$\mathcal{D}(\hat{f}_1\hat{f}_2) = \mathcal{D}(\hat{f}_1) \cap \mathcal{D}(\hat{f}_2)$$

$$\mathcal{D}(\hat{f}_1 + \hat{f}_2) = \mathcal{D}(\hat{f}_1) \cap \mathcal{D}(\hat{f}_2)$$

pois, em ambos os casos, os polos de $\hat{f}(s)$ são os polos de $\hat{f}_1(s)$ e de $\hat{f}_2(s)$. Essa propriedade, entretanto, pode ser perdida quando ocorre algum cancelamento de polos e zeros. Essas considerações são ilustradas nos exemplos resolvidos em seguida.

Exemplo 3.11 Considere duas funções e seus respectivos domínios. Vamos ilustrar, através deste exemplo, que a existência de algum cancelamento entre polos e zeros faz com que as relações acima, entre os domínios das transformadas, sejam perdidas.

$$\hat{f}_1(s) = \frac{1}{s+1} \ , \quad \mathcal{D}(\hat{f}_1) = \{s \in \mathbb{C} \ : \ \text{Re}(s) > -1\}$$

$$\hat{f}_2(s) = \frac{s+1}{s+2} \ , \quad \mathcal{D}(\hat{f}_2) = \{s \in \mathbb{C} \ : \ \text{Re}(s) > -2\}$$

Devido ao cancelamento do polo $s = -1$ da primeira função com o mesmo zero da segunda vem

$$\mathcal{D}(\hat{f}_1\hat{f}_2) = \{s \in \mathbb{C} \ : \ \text{Re}(s) > -2\} \neq \mathcal{D}(\hat{f}_1) \cap \mathcal{D}(\hat{f}_2)$$

Neste exemplo, o domínio da função produto é igual à união dos domínios das duas parcelas. □

Exemplo 3.12 Quando se deseja aplicar o Lema 3.6 para determinar o domínio de uma função genérica, isso deve ser feito com certo cuidado. De fato, temos

$$\hat{f}(s) = \frac{e^{-s}}{s} \Longrightarrow \mathcal{D}(\hat{f}) = \{s \in \mathbb{C} \ : \ \text{Re}(s) > 0\}$$

pois é ilimitada, ou seja, não é analítica no ponto singular isolado $s = 0$ e o seu numerador é uma função limitada e analítica para todo $s \in \mathbb{C}$ tal que $\text{Re}(s) > -\infty$. Entretanto, temos

$$\hat{f}(s) = \frac{1 - e^{-s}}{s} \Longrightarrow \mathcal{D}(\hat{f}) = \{s \in \mathbb{C} \ : \ \text{Re}(s) > -\infty\}$$

pois seu numerador é limitado neste conjunto e agora a função é analítica em $s = 0$. De fato, desenvolvendo o numerador em série de Taylor verifica-se, sem dificuldades, que a singularidade é removida. Essa função pode ser desenvolvida, em $s = 0$, em série de Taylor, e não em série de Laurent. □

Estamos agora em condições de analisar duas funções muito importantes no estudo de sistemas dinâmicos lineares. A primeira delas é a chamada *função degrau unitário*, assim definida:

$$\upsilon(t) = 1 \ , \ t \in \mathbb{R}_+ \tag{3.50}$$

para a qual tem-se $\upsilon(0) = 1$. Para bem ilustrar algumas particularidades no que diz respeito à transformada de Laplace, podemos entendê-la como sendo o limite de uma sequência de funções contínuas em $t > 0$, como, por exemplo:

$$\upsilon(t) = \lim_{n \to \infty} \upsilon_n(t)$$

onde

$$v_n(t) = 1 - (1 + t/\tau_n)e^{-t/\tau_n} \ , \ t \in \mathbb{R}_+ \tag{3.51}$$

sendo τ_n um real positivo que tende a zero quando n tende a infinito. Essa sequência tende à função (3.50) para todo $t \in \mathbb{R}_+$ com exceção de $t = 0$, pois $v_n(0) = 0$. Para verificar que essa afirmação é verdadeira, determinamos o valor da norma

$$\begin{aligned} \int_0^\infty (v_n(t) - v(t))^2 dt &= \tau_n \int_0^\infty (1 + \xi)^2 e^{-2\xi} d\xi \\ &= \left(\frac{5}{4}\right) \tau_n \end{aligned}$$

que tende a zero quando τ_n tende a zero. Por outro lado, pela definição da transformada de Laplace, o cálculo de $v_n(t)$ não apresenta grande dificuldade. Todas as contas feitas, vem

$$\hat{v}_n(s) = \frac{1}{s(\tau_n s + 1)^2} \ , \ \ \mathcal{D}(\hat{v}_n) = \{s \in \mathbb{C} \ : \ \text{Re}(s) > 0\}$$

e, consequentemente, $\hat{v}(s) = \lim_{n\to\infty} \hat{v}_n(s)$ fornece

$$\hat{v}(s) = \frac{1}{s} \ , \ \ \mathcal{D}(\hat{v}) = \{s \in \mathbb{C} \ : \ \text{Re}(s) > 0\} \tag{3.52}$$

que coincide com o resultado que seria obtido pelo cálculo direto da transformada de Laplace da função definida em (3.50). Isso mostra que, neste caso, vale a relação

$$\lim_{n\to\infty} \mathcal{L}(v_n) = \mathcal{L}\left(\lim_{n\to\infty} v_n\right)$$

Esses cálculos foram realizados com o propósito de mostrar, em primeiro lugar, que, se duas funções diferem em um ponto isolado de uma quantidade finita, elas admitem a mesma transformada de Laplace e, em segundo lugar, que nem sempre podemos trocar a ordem entre as operações limite e transformada de Laplace. De fato, a função

$$\delta_n(t) = \tau_n^{-1}(t/\tau_n)e^{-t/\tau_n} \ , \ t \in \mathbb{R}_+ \tag{3.53}$$

obtida através de $\delta_n(t) = \dot{v}_n(t)$ para todo $t > 0$, que é uma operação perfeitamente definida, e, para $t = 0$, $\delta_n(0) = \lim_{t\to 0^+} \dot{v}_n(t)$, permite calcular sem dificuldades a sua transformada de Laplace na forma

$$\hat{\delta}_n(s) = \frac{1}{(\tau_n s + 1)^2} \ , \ \ \mathcal{D}(\hat{\delta}_n) = \left\{s \in \mathbb{C} \ : \ \text{Re}(s) > -\tau_n^{-1}\right\}$$

e, portanto, $\hat{\delta}(s) = \lim_{n\to\infty} \hat{\delta}_n(s)$ é dada por

$$\hat{\delta}(s) = 1 \ , \quad \mathcal{D}(\hat{\delta}) = \{s \in \mathbb{C} \ : \ \text{Re}(s) > -\infty\} \tag{3.54}$$

Entretanto, o limite $\lim_{n\to\infty} \delta_n(t)$ não existe em $t = 0$. Embora tenhamos tido grande rigor ao definirmos a função $\delta_n(t)$ para todo $t \in \mathbb{R}_+$ e, em particular para $t = 0$, o seu valor neste ponto não tem grande relevância no âmbito da transformada de Laplace. O importante é o seu comportamento em uma vizinhança à direita da origem. Assim sendo, o símbolo $\delta(t)$ indica, na verdade, uma *distribuição* que é um ente matemático que só pode ser bem compreendido com resultados que vão além do escopo deste livro. Porém, é preciso ficar muito claro que sua representação, como uma função da variável s é muito simples e é rigorosamente dada por (3.54). O símbolo $\delta(t)$ será usado para definir o chamado *impulso unitário*, isto é, um ente matemático que admite (3.54) como sendo sua transformada de Laplace.

3.3.1 Propriedades da Transformada de Laplace

A transformada de Laplace apresenta um grande número de propriedades que, como veremos, facilitam enormemente sua aplicação em determinados problemas específicos, tais como resolver equações diferenciais lineares ou representar o comportamento de sistemas dinâmicos sujeitos a excitações externas conhecidas. Vale a pena solicitar ao leitor especial cuidado no que diz respeito à determinação e à manipulação dos respectivos domínios de validade de cada função transformada. A maioria dos resultados que apresentamos em seguida dependem fortemente dos respectivos domínios das funções consideradas. Ademais, voltamos a enfatizar que todas as funções que serão manipuladas são definidas apenas para $t \in \mathbb{R}_+ = [0, \infty)$.

Teorema 3.2 (Linearidade) *Sejam $f_1(t)$ e $f_2(t)$ funções que admitem transformadas $\hat{f}_1(s)$ e $\hat{f}_2(s)$ com respectivos domínios $\mathcal{D}(\hat{f}_1)$ e $\mathcal{D}(\hat{f}_2)$. Sejam ainda c_1 e c_2 dois escalares quaisquer. A função $f(t)$, obtida pela combinação linear das duas funções dadas, isto é,*

$$f(t) = c_1 f_1(t) + c_2 f_2(t)$$

é tal que

$$\hat{f}(s) = c_1 \hat{f}_1(s) + c_2 \hat{f}_2(s) \tag{3.55}$$

$$\mathcal{D}(\hat{f}) \supset \mathcal{D}(\hat{f}_1) \cap \mathcal{D}(\hat{f}_2) \tag{3.56}$$

Prova: Pela definição de transformada de Laplace, temos

$$\begin{aligned}\hat{f}(s) &= \int_0^\infty f(t)e^{-st}dt \\ &= \int_0^\infty \left(c_1 f_1(t) + c_2 f_2(t)\right) e^{-st}dt \\ &= c_1\hat{f}_1(s) + c_2\hat{f}_2(s)\end{aligned}$$

o que prova (3.56). A igualdade acima também torna aparente que $\hat{f}(s)$ pode ser calculada em todos os pontos pertencentes à intersecção dos domínios $\mathcal{D}(\hat{f}_1)$ e $\mathcal{D}(\hat{f}_2)$. Ademais, outros pontos, além desses, podem pertencer a $\mathcal{D}(\hat{f})$, se alguma singularidade for removida pela escolha conveniente dos parâmetros c_1 e c_2. Isso prova o teorema proposto. □

Esse teorema mostra que, independentemente da escolha de c_1 e c_2, só podemos afirmar que o domínio resultante $\mathcal{D}(\hat{f})$ contém a intersecção dos domínios das parcelas. Sua determinação exata depende do conhecimento dos coeficientes que geram a combinação linear anteriormente definida. Por exemplo,

$$\hat{f}_1(s) = \frac{s+2}{s+1} \Longrightarrow \mathcal{D}(\hat{f}_1) = \{s \in \mathbb{C} \ : \ \mathrm{Re}(s) > -1\}$$

$$\hat{f}_2(s) = \frac{2}{s+1} \Longrightarrow \mathcal{D}(\hat{f}_2) = \{s \in \mathbb{C} \ : \ \mathrm{Re}(s) > -1\}$$

permitem determinar

$$\hat{f}(s) = c_1 + \frac{c_1 + 2c_2}{s+1}$$

e, portanto, para todo $c_1 \neq -2c_2$, o domínio desta função coincide exatamente com a intersecção dos domínios de cada uma das parcelas. Porém, para qualquer escolha tal que $c_1 = -2c_2$, o seu domínio torna-se todo o conjunto dos números complexos $\mathbb{C}$. Em ambos os casos, (3.56) é verificada. No importante caso de funções racionais, o Exercício 3.18, pede para provar as condições em que existam escalares, de tal forma que $\mathcal{D}(\hat{f})$ contenha estritamente a intersecção dos domínios $\mathcal{D}(\hat{f}_1)$ e $\mathcal{D}(\hat{f}_2)$.

Teorema 3.3 (Escalamento) *Seja $f(t)$ uma função com transformada de Laplace $\hat{f}(s)$ e domínio $\mathcal{D}(\hat{f})$ dado por (3.46) e $\omega > 0$. A função*

$$h(t) = f(\omega t)$$

é tal que

$$\hat{h}(s) = \left(\frac{1}{\omega}\right)\hat{f}\left(\frac{s}{\omega}\right) \tag{3.57}$$

$$\mathcal{D}(\hat{h}) = \{s \in \mathbb{C} \ : \ \mathrm{Re}(s) > \alpha\omega\} \tag{3.58}$$

Prova: Definida a variável $\xi = \omega t$, a partir da definição temos

$$\begin{aligned}
\hat{h}(s) &= \int_0^\infty h(t)e^{-st}dt \\
&= \int_0^\infty f(\omega t)e^{-st}dt \\
&= \frac{1}{\omega}\int_0^\infty f(\xi)e^{-(s/\omega)\xi}d\xi \\
&= \left(\frac{1}{\omega}\right)\hat{f}\left(\frac{s}{\omega}\right)
\end{aligned}$$

O domínio de $\hat{h}(s)$ é determinado notando-se, através das igualdades acima, que $s \in \mathcal{D}(\hat{h})$ se e apenas se $s/\omega \in \mathcal{D}(\hat{f})$, o que prova o teorema proposto. □

Teorema 3.4 (Deslocamento em t) *Seja $f(t)$ uma função com transformada de Laplace $\hat{f}(s)$ e domínio $\mathcal{D}(\hat{f})$ e $\tau \geq 0$. A função*

$$h(t) = \begin{cases} 0 & , \quad t \in [0, \tau) \\ f(t-\tau) & , \quad t \in [\tau, \infty) \end{cases}$$

é tal que

$$\hat{h}(s) = e^{-s\tau}\hat{f}(s) \tag{3.59}$$

$$\mathcal{D}(\hat{h}) = \mathcal{D}(\hat{f}) \tag{3.60}$$

Prova: Definida a nova variável $\xi = t - \tau$, a partir da definição, temos

$$\begin{aligned}
\hat{h}(s) &= \int_0^\infty h(t)e^{-st}dt \\
&= \int_\tau^\infty f(t-\tau)e^{-st}dt \\
&= \int_0^\infty f(\xi)e^{-s(\xi+\tau)}d\xi \\
&= e^{-s\tau}\int_0^\infty f(\xi)e^{-s\xi}d\xi \\
&= e^{-s\tau}\hat{f}(s)
\end{aligned}$$

Essas manipulações indicam que $\hat{h}(s)$ pode ser determinada para todo $s \in \mathcal{D}(\hat{f})$. Além disso, como a função $e^{-s\tau}$ é analítica e limitada para todo $s \in \mathbb{C}$ tal que $\text{Re}(s) > -\infty$, a relação (3.60) se verifica. □

Esses dois teoremas merecem alguns comentários. No Teorema 3.3 é necessário considerar $\omega > 0$, pois, para $\omega < 0$, o valor de $f(\omega t)$ não pode ser calculado, tendo em vista que ωt não pertence ao intervalo $\mathbb{R}_+$. Seguindo a prova do Teorema 3.4, verificamos que não podemos calcular a transformada de $h(t) = f(t+\tau)$ com $\tau \geq 0$ e definida para $t \in \mathbb{R}_+$ meramente multiplicando a transformada de $f(t)$ por $e^{s\tau}$. Isso ocorre pois em $t \in \mathbb{R}_+$ a função $h(t)$ não retém todas as informações de $f(t)$.

Teorema 3.5 (Deslocamento em s) *Seja $f(t)$ uma função com transformada de Laplace $\hat{f}(s)$ e domínio $\mathcal{D}(\hat{f})$ dado por (3.46). A função*

$$h(t) = e^{-at} f(t) \ , \quad a \in \mathbb{C}$$

é tal que

$$\hat{h}(s) = \hat{f}(s+a) \tag{3.61}$$

$$\mathcal{D}(\hat{h}) = \{s \in \mathbb{C} \ : \ \mathrm{Re}(s) > \alpha - \mathrm{Re}(a)\} \tag{3.62}$$

Prova: A partir da definição, temos imediatamente que

$$\begin{aligned} \hat{h}(s) &= \int_0^\infty h(t)e^{-st}dt \\ &= \int_0^\infty e^{-at}f(t)e^{-st}dt \\ &= \int_0^\infty f(t)e^{-(s+a)t}dt \\ &= \hat{f}(s+a) \end{aligned}$$

Por outro lado, $s + a \in \mathcal{D}(\hat{f})$ define todos os pontos do plano complexo que pertencem ao domínio de $\hat{h}(s)$, o qual, portanto, é dado por (3.62). □

Para determinar a transformada de Laplace de uma certa função dada, podemos aplicar os resultados anteriores em cascata. Assim procedendo, não é necessário determinar os domínios das respectivas parcelas obtidas. Ao contrário, basta determinar o domínio do resultado final, investigando o maior semiplano direito do plano complexo onde ela permanece limitada e, consequentemente, analítica. Esse procedimento é ilustrado no próximo exemplo.

Exemplo 3.13 Vamos usar os resultados já vistos para determinar a transformada de Laplace da função

$$h(t) = \begin{cases} 0 & , \quad t \in [0, 1/2) \\ e^{-2t}\cos(2t-1) & , \quad t \in [1/2, \infty) \end{cases}$$

Definindo a função auxiliar

$$f(t) = \begin{cases} 0 & , \quad t \in [0,1) \\ \cos(t-1) & , \quad t \in [1,\infty) \end{cases}$$

podemos imediatamente verificar que a função dada pode ser escrita na forma

$$h(t) = e^{-2t} f(2t)$$

Aplicando os resultados estabelecidos nos últimos três teoremas, obtemos

$$\begin{aligned} \hat{h}(s) &= \mathcal{L}[h(t)] \\ &= \mathcal{L}[f(2t)]\big|_{s+2} \\ &= \frac{1}{2}\mathcal{L}[f(t)]\bigg|_{\frac{s+2}{2}} \\ &= \frac{e^{-s}}{2}\mathcal{L}[\cos(t)]\bigg|_{\frac{s+2}{2}} \end{aligned}$$

Entretanto, como a transformada de Laplace da função $\cos(t)$, $t \in \mathbb{R}_+$ já é conhecida (veja o Exemplo 3.10) e é dada por $\mathcal{L}[\cos(t)] = s/(s^2+1)$, vem o resultado final desejado:

$$\hat{h}(s) = e^{-(s+2)/2}\frac{s+2}{s^2+4s+8}$$

Resta agora determinar o seu domínio. Simples inspeção mostra que $\hat{h}(s)$ deixa de ser analítica, isto é, torna-se ilimitada nos pontos $s = -2 \pm j2$. Portanto,

$$\mathcal{D}(\hat{h}) = \{s \in \mathbb{C} \ : \ \text{Re}(s) > -2\}$$

é obtido sem que os domínios das transformações intermediárias sejam explicitados. □

Teorema 3.6 (Funções periódicas) *Seja $T > 0$ e $f_T(t)$ uma função definida no intervalo $t \in [0,T)$ com*

$$\int_0^T |f_T(t)|dt$$

limitada. Seja $f(t)$ uma função periódica com período T definida para todo $t \in \mathbb{R}_+$ na forma

$$f(t) = f_T(t-kT) \ , \quad \forall \ t \in [kT,(k+1)T) \ , \ k = 0,1,2,\cdots$$

Sua transformada de Laplace $\hat{f}(s)$ e seu respectivo domínio são dados por

$$\hat{f}(s) = \frac{1}{1-e^{-sT}}\int_0^T f_T(\xi)e^{-s\xi}d\xi \tag{3.63}$$

$$\mathcal{D}(\hat{f}) = \{s \in \mathbb{C} \ : \ \text{Re}(s) > 0\} \tag{3.64}$$

Prova: A transformada de Laplace de $f(t)$ pode ser escrita na forma

$$\begin{aligned}\hat{f}(s) &= \int_0^\infty f(t)e^{-st}dt \\ &= \sum_{k=0}^{\infty} \int_{kT}^{(k+1)T} f(t)e^{-st}dt\end{aligned}$$

Definindo a nova variável $\xi = t - kT$ e lembrando que a função em pauta é periódica, vem

$$\begin{aligned}\hat{f}(s) &= \sum_{k=0}^{\infty} \int_0^T f(\xi + kT)e^{-s(\xi+kT)}d\xi \\ &= \left(\sum_{k=0}^{\infty} e^{-ksT}\right) \int_0^T f_T(\xi)e^{-s\xi}d\xi\end{aligned}$$

O somatório acima indicado converge desde que $|e^{-sT}| < 1$, ou seja, para todos $s \in \mathbb{C}$ tais que $\text{Re}(s) > 0$, temos

$$\sum_{k=0}^{\infty} e^{-ksT} = \frac{1}{1 - e^{-sT}}$$

que fornece exatamente (3.63). Ademais, para esses mesmos valores de s, a hipótese a respeito de $f_T(\cdot)$ faz com que

$$\begin{aligned}\int_0^T f_T(\xi)e^{-s\xi}d\xi &\leq \int_0^T |f_T(\xi)e^{-s\xi}|d\xi \\ &\leq \int_0^T |f_T(\xi)|d\xi < \infty\end{aligned}$$

e, portanto, o domínio da transformada é aquele dado em (3.64). Isso prova o teorema proposto. □

O teorema anterior carece de cuidado para a sua adequada utilização. Os pontos onde $\hat{f}(s)$, definida em (3.63), deixa de ser limitada são todas as raízes da equação

$$e^{-sT} = 1 \Longrightarrow s = \pm j\frac{2k\pi}{T} \ , \ k = 0, 1, \cdots$$

o que torna aparente que o seu domínio deve ser dado por (3.64). Entretanto, observe o que ocorre no seguinte caso específico, em que $f_T(t) = e^t$ e $T = 1$. Com o teorema anterior, obtemos imediatamente

$$\hat{f}(s) = \frac{1}{1 - e^{-s}} \left(\frac{1 - e^{-(s-1)}}{s - 1} \right)$$

De imediato, somos tentados a concluir que o domínio de validade dessa função são todos os complexos tais que $\text{Re}(s) > 1$. Essa conclusão, por demais apressada, não é verdadeira. A função entre parênteses é analítica no ponto $s = 1$ (veja a discussão feita no Exemplo 3.12). Esse ponto é, na verdade, uma singularidade que pode ser removida a partir do desenvolvimento do numerador em série de Taylor. A conclusão correta, portanto, é que seu domínio é de fato dado por (3.64), visto que todos os pontos singulares da função $\hat{f}(s)$ estão, como mostrado acima, localizados no eixo imaginário do plano complexo.

Estamos agora em condições de estudar como algumas operações importantes, tais como integração, diferenciação e limites, realizadas em uma função $f(t)$, podem ser realizadas, de maneira equivalente, na função transformada $\hat{f}(s)$. É importante ressaltar, mais uma vez, ao leitor que os resultados apresentados em seguida constituem a base para o estudo de equações diferenciais através da transformada de Laplace.

Teorema 3.7 (Integração no tempo) *Seja $f(t)$ uma função com transformada de Laplace $\hat{f}(s)$ e domínio $\mathcal{D}(\hat{f})$. A função integral*

$$h(t) = \int_0^t f(\xi) d\xi$$

é tal que

$$\hat{h}(s) = \hat{f}(s)/s \tag{3.65}$$

$$\mathcal{D}(\hat{h}) \supset \mathcal{D}(\hat{f}) \cap \{s \in \mathbb{C} \ : \ \text{Re}(s) > 0\} \tag{3.66}$$

Prova: A prova é feita por integração por partes. A partir da definição, temos que

$$\hat{h}(s) = \int_0^\infty \left(\int_0^t f(\xi) d\xi \right) e^{-st} dt$$

a qual, após a definição adequada dos diferenciais e levando em conta que $h(0) = 0$, permite obter

$$\begin{aligned} \hat{h}(s) &= h(t) \left(\frac{e^{-st}}{s} \right) \Big|_\infty^0 + \left(\frac{1}{s} \right) \int_0^\infty f(t) e^{-st} dt \\ &= \frac{1}{s} \left(\hat{f}(s) - \lim_{t \to \infty} h(t) e^{-st} \right) \end{aligned}$$

restando então determinar o limite indicado. Para isto, devemos inicialmente observar que, sendo o domínio da transformada de Laplace de $f(t)$ definido por todos $s \in \mathbb{C}$ tais que $\text{Re}(s) > \alpha$, então qualquer número real $\beta > \max\{0, \alpha\}$ é tal que $s = \beta \in \mathcal{D}(\hat{f})$, consequentemente

$$\begin{aligned}
|h(t)e^{-st}| &= \left| \int_0^t f(\xi)d\xi e^{-st} \right| \\
&\leq \int_0^t |f(\xi)e^{-\beta\xi}| e^{\beta\xi} d\xi e^{-\text{Re}(s)t} \\
&\leq \int_0^t |f(\xi)e^{-\beta\xi}| e^{\beta t} d\xi e^{-\text{Re}(s)t} \\
&\leq \int_0^t |f(\xi)e^{-\beta\xi}| d\xi e^{-[\text{Re}(s)-\beta]t}
\end{aligned}$$

onde utilizamos o fato de que $e^{\beta\xi} \leq e^{\beta t}$ para todo $t \geq \xi$, pois β é um escalar positivo. Passando ao limite os dois lados da desigualdade acima, verificamos imediatamente que o seu lado direito vai a zero para todo $s \in \mathbb{C}$ tais que $\text{Re}(s) > \beta$, pois a integral, presente neste mesmo lado, é limitada devido a $s = \beta \in \mathcal{D}(\hat{f})$. Portanto, para esses valores de s, temos

$$\lim_{t \to \infty} h(t)e^{-st} = 0$$

e assim obtemos (3.65). Por outro lado, lembrando que $s \in \mathbb{C}$ tais que $\text{Re}(s) > \beta$ é exatamente o domínio explicitado no lado direito de (3.66), o teorema proposto está provado. □

Cabe aqui uma observação importante. O teorema anterior não fornece o domínio exato da transformada da função integral. Na verdade, ele fornece apenas um subconjunto de $\mathcal{D}(\hat{h})$. Como já comentamos anteriormente, o domínio exato pode ser calculado investigando-se em que região do plano complexo a função transformada $\hat{h}(s)$ é analítica, isto é,

$$\mathcal{D}(\hat{h}) = \mathcal{D}(\hat{f}/s) \tag{3.67}$$

o qual coincide com o lado direito de (3.66) quando não ocorre cancelamento do polo $s = 0$ de $\hat{h}(s)$ com algum zero $s = 0$ de $\hat{f}(s)$. Por exemplo, considere uma função $f_1(t)$ com transformada dada por

$$\hat{f}_1(s) = \frac{1}{(s+1)^2} \Longrightarrow \mathcal{D}(\hat{f}_1) = \{s \in \mathbb{C} \; : \; \text{Re}(s) > -1\}$$

Segundo o teorema anterior, a transformada de sua integral é

$$\hat{h}_1(s) = \frac{1}{s(s+1)^2} \Longrightarrow \mathcal{D}(\hat{h}_1) = \{s \in \mathbb{C} \ : \ \text{Re}(s) > 0\}$$

e, neste caso, obviamente (3.67) coincide com o lado direito de (3.66). Porém para a função $f_2(t)$ cuja transformada é

$$\hat{f}_2(s) = \frac{s}{(s+1)^2} \Longrightarrow \mathcal{D}(\hat{f}_2) = \{s \in \mathbb{C} \ : \ \text{Re}(s) > -1\}$$

pelo mesmo teorema, a transformada de Laplace de sua integral é dada por

$$\hat{h}_2(s) = \frac{1}{(s+1)^2} \Longrightarrow \mathcal{D}(\hat{h}_2) = \{s \in \mathbb{C} \ : \ \text{Re}(s) > -1\}$$

e, neste caso, (3.67) é novamente verificada, mas não mais coincide com (3.66), pois ocorreu o cancelamento de um polo e um zero existentes em $s = 0$. Em conclusão, para se determinar a transformada de Laplace da integral no tempo de uma função dada, basta determinar a transformada da função e dividir o resultado por s. Em seguida, seu domínio é determinado por inspeção, isto é, através de (3.67).

Teorema 3.8 (Diferenciação em relação ao tempo) *Seja $f(t)$ uma função definida para todo $t \geq 0$ e diferenciável para todo $t > 0$, com transformada de Laplace $\hat{f}(s)$ e domínio $\mathcal{D}(\hat{f})$. A função derivada*

$$h(t) = \frac{df}{dt}(t) \ , \quad t \in (0, \infty)$$

com $h(0)$ arbitrário, porém finito, é tal que

$$\hat{h}(s) = s\hat{f}(s) - f(0) \tag{3.68}$$

$$\mathcal{D}(\hat{h}) = \mathcal{D}(s\hat{f}) \tag{3.69}$$

Prova: A partir da função $h(t)$ podemos determinar a função $f(t)$ por integração. Temos, assim,

$$f(t) = f(0) + \int_0^t h(\xi) d\xi$$

a qual, após aplicarmos a transformada de Laplace a ambos os membros, fornece

$$\hat{f}(s) = \frac{f(0)}{s} + \frac{\hat{h}(s)}{s}$$

que é exatamente a equação (3.68). Seu domínio é aquele dado em (3.69) na medida em que o valor constante $f(0)$ não altera os pontos do plano complexo onde $\hat{h}(s)$ deixa de ser analítica. □

Cabe aqui uma discussão muito importante que deve merecer a devida atenção do leitor. Rigorosamente, não podemos incluir na definição de $h(t) = \dot{f}(t)$ o instante inicial $t = 0$, pois, como $f(t)$ é definida apenas para $t \geq 0$, ela pode nem mesmo existir para $t < 0$, fazendo com que sua derivada em $t = 0$ também não exista. Felizmente, como podemos notar pela prova do teorema anterior, o valor de $h(0)$ é irrelevante e pode ser arbitrado igual a um valor finito. Quando atender essa exigência, uma escolha natural é

$$h(0) = \lim_{t \to 0^+} \frac{df}{dt}(t) = \dot{f}(0^+)$$

Para ilustrar essa situação, considere a seguinte função:

$$f(t) = e^t \ , \ t \in \mathbb{R}_+ \tag{3.70}$$

e a função derivada, como acima definida:

$$h(t) = e^t \ , \ t \in \mathbb{R}_+$$

Sendo $h(t) = f(t)$ para todo $t \in \mathbb{R}_+$, então é claro que devemos ter $\hat{h}(s) = \hat{f}(s)$. Pela definição de transformada de Laplace, determinamos imediatamente

$$\hat{f}(s) = \frac{1}{(s-1)} \Longrightarrow \mathcal{D}(\hat{f}) = \{s \in \mathbb{C} \ : \ \mathrm{Re}(s) > 1\}$$

e, com o resultado do Teorema 3.8, vem

$$\begin{aligned} \hat{h}(s) &= s\frac{1}{(s-1)} - 1 \\ &= \frac{1}{(s-1)} = \hat{f}(s) \end{aligned}$$

onde usamos o fato de que $f(0) = 1$. O Teorema 3.8 permite ainda uma discussão muito interessante a respeito de um conceito apenas mencionado anteriormente, as *distribuições*. Como já foi dito trata-se de um tema que vai muito além do escopo deste livro, mas que vale a pena ser tratado agora, embora de maneira algo superficial.

É importante inicialmente observar que a operação de limite, em muitos casos, não é uma operação fechada. Isso quer dizer, por exemplo, que podemos gerar

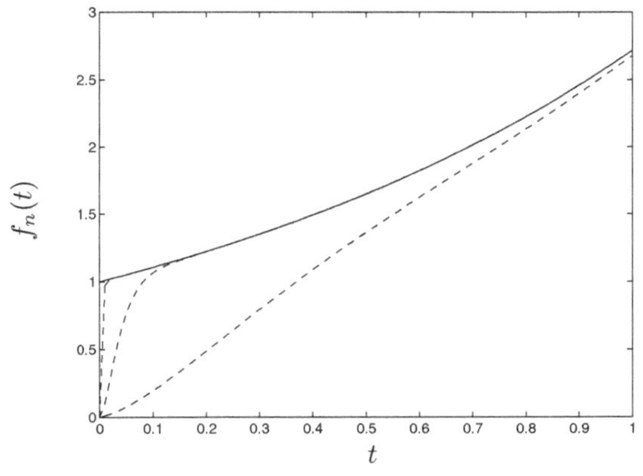

Figura 3.5: Aproximações para $f(t)$

uma sequência de funções contínuas, em um determinado intervalo, que tende para uma função descontínua em algum ponto deste intervalo. Para ilustrar uma situação semelhante a essa, considere a seguinte sequência de números inteiros não negativos, chamada sequência de Fibonacci:

$$\{0, 1, 1, 2, 3, 5, 8, 13, 21, \cdots\}$$

onde qualquer elemento é obtido pela soma dos dois elementos imediatamente anteriores. Denotando por x_n o $n-$ésimo elemento desta sequência, então é claro que a divisão de x_{n+1} por x_n sempre resulta em um número racional. Entretanto,

$$\lim_{n\to\infty} \frac{x_{n+1}}{x_n} = \frac{1+\sqrt{5}}{2} \approx 1{,}6180$$

isto é, no limite, a razão entre dois elementos inteiros positivos tende para um número irracional. O número acima é chamado *número de ouro* e tinha um significado importante para os antigos gregos, qual seja, era a relação entre as medidas dos lados do retângulo considerada a mais *estética*.

No presente contexto, associada à função $f(t)$ definida em (3.70) vamos construir a seguinte sequência de funções, onde τ_n é um escalar positivo que tende para zero quando n tende para infinito, sendo seu termo genérico dado por

$$f_n(t) = e^t - (1 + t/\tau_n)e^{-t/\tau_n} \ , \ t \in \mathbb{R}_+$$

Nota-se que para todo $\tau_n > 0$ a função acima é contínua para todo $t > 0$ e $f_n(0) = 0$. Ademais, como é ilustrado na Figura 3.5, verificamos que

$$\lim_{n\to\infty} f_n(t) = f(t) \ , \ \forall\, t > 0$$

sendo que as linhas tracejadas mostram as funções $f_n(t)$ correspondentes aos valores $\tau_n = 0{,}2$; $0{,}02$ e $0{,}002$ respectivamente. Quanto menor o valor de τ_n, tanto melhor a aproximação obtida, pois na Figura 3.5 a linha cheia corresponde exatamente à função $f(t)$. A diferença marcante entre $f_n(t)$ e $f(t)$ reside em $t = 0$, pois $f_n(0) = 0$, enquanto que $f(0) = 1$. Usando a definição de transformada de Laplace, obtemos

$$\hat{f}_n(s) = \frac{1}{s-1} - \tau_n \frac{\tau_n s + 2}{(\tau_n s + 1)^2}$$

e, portanto, passando ao limite, vem

$$\lim_{n\to\infty} \hat{f}_n(s) = \hat{f}(s) \ , \ \forall \ s \in \mathcal{D}(\hat{f})$$

ficando evidenciado que no limite para $\tau_n \to 0$ não existe diferença alguma entre as transformadas de Laplace de $f(t)$ e de $f_n(t)$. Entretanto, o mesmo não ocorre com sua derivada temporal. De fato, aplicando o Teorema 3.8 na função

$$h_n(t) = \frac{df_n}{dt}(t) \ , \ t > 0$$

com $h_n(0) = \dot{f}_n(0^+) = 1$ e passando o resultado ao limite para $n \to \infty$, lembrando que $f_n(0) = 0$, obtemos

$$\begin{aligned} \lim_{n\to\infty} \hat{h}_n(s) &= \frac{s}{s-1} \\ &= \frac{1}{s-1} + 1 \\ &= \hat{h}(s) + \hat{\delta}(s) \end{aligned}$$

onde usamos o fato, já conhecido, de que o número 1 é a transformada de Laplace do impulso unitário. Lembrando que a transformada de Laplace é linear, a relação acima permite escrever

$$\lim_{n\to\infty} h_n(t) = h(t) + \delta(t)$$

e, assim, o limite da sequência de funções que acabamos de construir difere de $h(t)$ por uma quantidade que não é uma função. Como já foi comentado, o símbolo $\delta(t)$ denota um ente matemático cuja transformada de Laplace é a unidade. A igualdade acima faz uso desse ente matemático para poder generalizar o conceito de derivada para funções, que podem nem mesmo ser contínuas em alguns pontos de seu domínio. O lado direito dessa mesma igualdade é, assim, por definição, a *derivada generalizada* de $f(t)$. Seguindo o mesmo raciocínio, para uma função qualquer, sua derivada generalizada é dada por

$$\lim_{n\to\infty} h_n(t) = h(t) + f(0)\delta(t) \tag{3.71}$$

Como $\delta(t)$ é diferente de zero apenas em $t = 0$, a derivada generalizada coincide com a derivada ordinária para todo $t > 0$. Deve ficar muito claro ao leitor que, aplicando o Teorema 3.8 para calcular a transformada da derivada de uma função, sempre vamos obter um resultado diferente da transformada da derivada generalizada da mesma função quando $f(0) \neq 0$. Mesmo assim, não é preciso introduzir nenhum símbolo especial para denotar a derivada generalizada de uma função, pois como veremos no estudo de equações diferenciais, podemos utilizar indistintamente os dois conceitos desde que as condições iniciais da referida equação sejam conveniente e corretamente estabelecidas em cada caso. Da equação anterior e do resultado do Teorema 3.8, podemos obter

$$\begin{aligned}\lim_{n\to\infty} \hat{h}_n(s) &= \hat{h}(s) + f(0) \\ &= \left(s\hat{f}(s) - f(0)\right) + f(0) \\ &= s\hat{f}(s)\end{aligned}$$

ou seja, a transformada de Laplace da derivada generalizada de uma função pode ser obtida pela simples multiplicação da transformada da função por s. Os respectivos domínios continuam sendo relacionados por (3.69).

Exemplo 3.14 Para tornar mais aparente a diferença entre os dois conceitos de derivada introduzidos anteriormente, vamos considerar a função $f(t)$ como sendo a função degrau unitário $\upsilon(t)$ definida em (3.50). Aplicando o resultado do Teorema 3.8, vem

$$\hat{h}(s) = s\frac{1}{s} - 1 = 0$$

De fato, como $\upsilon(t) = 1$ para todo $t > 0$, então, neste mesmo domínio, sua derivada é zero, o que implica no resultado acima obtido. Por outro lado, sua derivada generalizada pode ser calculada através de (3.71), quando, então, obtemos

$$\lim_{n\to\infty} h_n(t) = 0 + 1\delta(t) = \delta(t)$$

cuja transformada é igual à transformada de Laplace do impulso unitário, isto é, 1. □

Finalmente, deve ser enfatizado que o resultado do Teorema 3.8 pode ser reescrito na forma

$$\mathcal{L}\left(\frac{df}{dt}(t)\right) = s\mathcal{L}(f(t)) - f(0)$$

quando então estaremos implicitamente assumindo que a derivada da função em questão existe para todo $t > 0$. Assim sendo, podemos aplicar essa fórmula em cascata para determinar a transformada de Laplace de derivadas temporais de qualquer ordem. Para a derivada segunda, temos

$$\begin{aligned}\mathcal{L}\left(\frac{d^2 f}{dt^2}(t)\right) &= s\mathcal{L}\left(\frac{df}{dt}(t)\right) - f^{(1)}(0)\\ &= s\left(s\mathcal{L}(f(t)) - f(0)\right) - f^{(1)}(0)\\ &= s^2\hat{f}(s) - sf(0) - f^{(1)}(0)\end{aligned}$$

e para a derivada de ordem qualquer $r \geq 1$ o mesmo procedimento leva a

$$\mathcal{L}\left(\frac{d^r f}{dt^r}(t)\right) = s^r\hat{f}(s) - \sum_{i=1}^{r} s^{i-1} f^{(r-i)}(0) \tag{3.72}$$

sendo que seu domínio pode ser facilmente determinado por inspeção, isto é, verificando a região do plano complexo onde a função transformada é analítica.

Teorema 3.9 (Valor final) *Seja $f(t)$ uma função com transformada de Laplace $\hat{f}(s)$. Se $0 \in \mathcal{D}(s\hat{f})$, então vale a igualdade*

$$\lim_{t\to\infty} f(t) = \lim_{s\to 0} s\hat{f}(s) \tag{3.73}$$

Prova: Com a função derivada $h(t)$ introduzida no Teorema 3.8 e com a hipótese $0 \in \mathcal{D}(s\hat{f})$, temos que $0 \in \mathcal{D}(\hat{h})$, o que permite calcular

$$\begin{aligned}\hat{h}(0) &= \int_0^\infty \frac{df}{dt}(t)dt\\ &= \lim_{t\to\infty} f(t) - f(0)\end{aligned}$$

Por outro lado, com o resultado do Teorema 3.8, temos também

$$\hat{h}(0) = \lim_{s\to 0} s\hat{f}(s) - f(0)$$

e, assim, a igualdade (3.73) decorre das duas equações anteriores. □

A hipótese $0 \in \mathcal{D}(s\hat{f})$ é essencial para que a igualdade (3.73) seja verdadeira. Por exemplo, considere $f(t) = \upsilon(t)$, para a qual sabemos que

$$\hat{f}(s) = \frac{1}{s} \Longrightarrow \mathcal{D}(\hat{f}) = \{s \in \mathbb{C} \ : \ \text{Re}(s) > 0\}$$

e, portanto, $0 \notin \mathcal{D}(\hat{f})$. Entretanto $0 \in \mathcal{D}(s\hat{f}) = \mathbb{C}$. Consequentemente a fórmula (3.73) fornece o resultado correto

$$\lim_{s\to 0} s\frac{1}{s} = \lim_{t\to\infty} \upsilon(t) = 1$$

Considere a função cosseno como definida no Exemplo 3.10 e $\omega_0 > 0$. Sua transformada de Laplace é dada por

$$\hat{f}(s) = \frac{s}{s^2 + \omega_0^2} \Longrightarrow \mathcal{D}(\hat{f}) = \{s \in \mathbb{C} \ : \ \mathrm{Re}(s) > 0\}$$

e, portanto, $0 \notin \mathcal{D}(s\hat{f}) = \mathcal{D}(\hat{f})$. Assim, neste caso, a fórmula (3.73) não é mais válida. Sem essa preocupação, a aplicação de (3.73) fornece o resultado absurdo

$$0 = \lim_{t \to \infty} \cos(\omega_0 t)$$

pois o limite indicado acima manifestamente não existe. Podemos concluir que (3.73) é verificada para todas as funções que são analíticas em todo o semiplano direito do plano complexo, incluindo o eixo imaginário. No máximo é permitido que $\hat{f}(s)$ tenha um polo com multiplicidade um na origem.

Definição 3.5 *Sejam $f(t)$ e $g(t)$ duas funções quaisquer. A função $h(t)$ definida por*

$$h(t) = f(t) * g(t) = \int_{-\infty}^{\infty} f(t - \xi) g(\xi) d\xi \tag{3.74}$$

é chamada convolução de f por g.

O símbolo "$*$" denota a operação de convolução entre duas funções dadas e, como veremos, é uma operação de capital importância no estudo de sistemas dinâmicos através da transformada de Laplace. Neste ponto, é importante notar que, se as duas funções em consideração são nulas para todo $t < 0$, então a função $h(t)$ obtida pela convolução dessas duas funções também será nula para todo $t < 0$. Ademais, nesse caso, a integral (3.74) se reduz a

$$h(t) = f(t) * g(t) = \int_0^t f(t - \xi) g(\xi) d\xi$$

Note ainda que a convolução é uma operação comutativa, isto é, $f * g = g * f$. O teorema a seguir permite calcular a convolução de duas funções dadas através de suas respectivas transformadas de Laplace.

Teorema 3.10 (Convolução) *Sejam $f(t)$ e $g(t)$ duas funções com transformadas de Laplace $\hat{f}(s)$ e $\hat{g}(s)$, respectivamente. A transformada de Laplace da função $h = f * g$ é dada por*

$$\hat{h}(s) = \hat{f}(s)\hat{g}(s) \tag{3.75}$$

$$\mathcal{D}(\hat{h}) = \mathcal{D}(\hat{f}\hat{g}) \tag{3.76}$$

Prova: Pela Definição 3.5, temos

$$
\begin{aligned}
\hat{h}(s) &= \int_0^\infty h(t)e^{-st}dt \\
&= \int_0^\infty \int_0^t f(t-\xi)g(\xi)d\xi e^{-st}dt \\
&= \int_0^\infty \int_0^\infty f(t-\xi)e^{-st}dtg(\xi)d\xi
\end{aligned}
$$

e, usando o Teorema 3.4, determinamos

$$
\int_0^\infty f(t-\xi)e^{-st}dt = e^{-s\xi}\hat{f}(s)
$$

que, substituída na integral anterior, permite escrever

$$
\begin{aligned}
\hat{h}(s) &= \int_0^\infty e^{-s\xi}\hat{f}(s)g(\xi)d\xi \\
&= \hat{f}(s)\int_0^\infty g(\xi)e^{-s\xi}d\xi \\
&= \hat{f}(s)\hat{g}(s)
\end{aligned}
$$

que é a igualdade desejada. □

Note que a prova desse resultado tem como base o Teorema 3.4. Assim sendo, fica claro que as funções $f(t)$ e $g(t)$ não precisam ser definidas como nulas para todo $t < 0$. De fato, basta que elas sejam definidas em $\mathbb{R}_+$ e calcular corretamente os deslocamentos no tempo. Como já sabemos que $\hat{\delta}(s) = 1$, então o teorema anterior permite concluir que

$$
\hat{f}(s) = \hat{f}(s)\hat{\delta}(s) \Longleftrightarrow f(t) = f(t) * \delta(t)
$$

ou, de maneira equivalente, o impulso unitário é tal que

$$
f(t) = \int_0^\infty f(t-\xi)\delta(\xi)d\xi
$$

para toda função (ou distribuição) $f(t)$ que admite transformada de Laplace. Em particular com $f(t) = \delta(t)$, temos

$$
\delta(t) = \int_0^\infty \delta(t-\xi)\delta(\xi)d\xi
$$

e, também com $f(t) = \upsilon(t)$, vem

$$\int_0^\infty \delta(\xi)d\xi = \int_0^t \delta(\xi)d\xi = 1 \ , \ \forall \ t > 0$$

que são relações muito úteis em muitas manipulações matemáticas envolvendo equações diferenciais. Isso coloca em evidência que o impulso unitário é o elemento neutro da operação de convolução. Novamente, a determinação do domínio $\mathcal{D}(\hat{h})$ deve ser feita com a devida precaução, pois pode haver a ocorrência de cancelamentos de polos e zeros.

Podemos usar o conceito de convolução para resolver problemas que consistem em determinar, se possível, uma função $f(t)$ tal que

$$f(t) * f(t) = \upsilon(t)$$

No domínio do tempo, essa equação é realmente complicada de ser resolvida. Aplicando a transformada de Laplace, em conjunto com o teorema anterior, verificamos que uma possível solução é dada por $f(t)$, de tal forma que

$$\hat{f}(s) = \frac{1}{\sqrt{s}}$$

esta é uma função irracional na variável s. Para determinarmos $f(t)$, necessitamos definir uma importante função chamada *função* Γ, que tem como domínio todos os números reais $r > 0$ e é definida por

$$\Gamma(r) = \int_0^\infty \xi^{r-1} e^{-\xi} d\xi \tag{3.77}$$

Simples observação mostra que $\Gamma(1) = 1$ e, por integração por partes, vem

$$\begin{aligned} \Gamma(r+1) &= \xi^r e^{-\xi}\Big|_\infty^0 + r\int_0^\infty \xi^{r-1} e^{-\xi} d\xi \\ &= r\Gamma(r) \end{aligned}$$

e, portanto, para $r > 0$ inteiro, temos $\Gamma(r+1) = r!$. Por outro lado, como essa função é definida para todo $r > 0$, a integral (3.77) converge para qualquer valor de r positivo. Geralmente, para valores de $r > 0$ não inteiros, o valor correspondente de $\Gamma(r)$ só pode ser determinado numericamente. Um valor particular de muita importância é $\Gamma(1/2) = \sqrt{\pi}$. Vamos usar essa função para determinar a transformada de Laplace de

$$g(t) = t^r \ , \ t > 0$$

onde r é um número real a ser especificado mais adiante. A possibilidade de considerar $r < 0$ nos levou, sem perda de generalidade, a não definir o valor dessa função na origem. Pela definição e adotando a mudança de variáveis $\xi = st$, temos

$$\begin{aligned}\hat{g}(s) &= \int_0^{\infty} t^r e^{-st} dt \\ &= \frac{1}{s^{r+1}} \int_0^{\infty} \xi^r e^{-\xi} d\xi \\ &= \frac{\Gamma(r+1)}{s^{r+1}}\end{aligned}$$

e, consequentemente, para todo real $r > -1$, a função $g(t)$ acima definida admite a transformada de Laplace

$$\hat{g}(s) = \frac{\Gamma(r+1)}{s^{r+1}} \Longrightarrow \mathcal{D}(\hat{g}) = \{s \in \mathbb{C} \ : \ \text{Re}(s) > 0\}$$

Invocando a linearidade da transformada de Laplace e considerando $r = -1/2$, podemos afirmar que a função procurada, que admite a transformada

$$\hat{f}(s) = \frac{1}{\sqrt{s}} \Longrightarrow \mathcal{D}(\hat{f}) = \{s \in \mathbb{C} \ : \ \text{Re}(s) > 0\}$$

é dada por

$$f(t) = \frac{1}{\sqrt{\pi t}} \ , \ t > 0$$

note que essa função tende a infinito quando $t \to 0^+$, mas mesmo assim a transformada existe para todo $\text{Re}(s) > 0$. Esse fato está em concordância com a existência de um polo de $\hat{f}(s)$ em $s = 0$.

Um outro exemplo interessante nasce de um resultado bem conhecido da teoria de funções de varáveis complexas, a respeito do qual o leitor é convidado a consultar o Apêndice B. Trata-se da seguinte igualdade:

$$\frac{1}{\sqrt{1+z^2}} = \sum_{r=0}^{\infty} (-1)^r \frac{(2r)!}{(r!)^2 2^{2r}} z^{2r} \tag{3.78}$$

válida para todo $z \in \mathbb{C}$ tais que $|z| < 1$. Com esse resultado, podemos calcular a transformada de Laplace de uma importante função chamada *função de Bessel* de primeira classe e de ordem zero, que está ilustrada na Figura 3.6 e é definida para todo $t \geq 0$ na forma

$$J_0(t) = \sum_{r=0}^{\infty} \frac{(-1)^r}{(r!)^2} \left(\frac{t}{2}\right)^{2r} \tag{3.79}$$

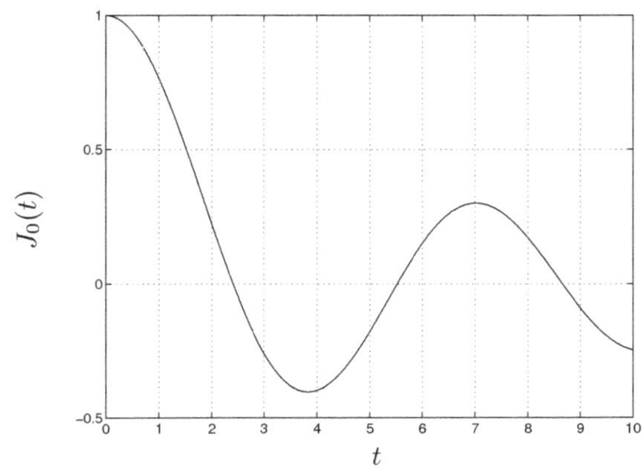

Figura 3.6: A função de Bessel

Aplicando as propriedades anteriormente discutidas, temos

$$\begin{aligned}\hat{J}_0(s) &= \sum_{r=0}^{\infty} \frac{(-1)^r}{(r!)^2 2^{2r}} \mathcal{L}\left(t^{2r}\right) \\ &= \sum_{r=0}^{\infty} \frac{(-1)^r}{(r!)^2 2^{2r}} \frac{(2r)!}{s^{2r+1}} \\ &= \frac{1}{s} \sum_{r=0}^{\infty} (-1)^r \frac{(2r)!}{(r!)^2 2^{2r}} \left(\frac{1}{s}\right)^{2r} \\ &= \frac{1}{s} \frac{1}{\sqrt{1+s^{-2}}}\end{aligned}$$

onde, para obter a última igualdade, usamos (3.78) com $z = 1/s$. Podemos, então, afirmar que todas as igualdades acima permanecem válidas para todo $s \in \mathbb{C}$, tais que $\mathrm{Re}(s) > 1$, que é o maior semiplano do plano complexo que satisfaz a condição de convergência $|s| > 1$. Esse é um resultado conservativo que pode ser bastante melhorado determinando-se o maior semiplano do plano complexo, onde a transformada de Laplace é uma função analítica, ou seja,

$$\hat{J}_0(s) = \frac{1}{\sqrt{s^2+1}} \Longrightarrow \mathcal{D}(\hat{J}_0) = \{s \in \mathbb{C} \ : \ \mathrm{Re}(s) > 0\}$$

Essas manipulações algébricas mostram uma maneira simples porém que requer cuidado para calcular a transformada de funções expressas através de séries.

Primeiro a função dada é desenvolvida em série de potências que deve convergir no tempo, para todos os pontos do seu domínio. Em seguida, usando a propriedade de linearidade, a transformada de Laplace de cada parcela é calculada. O resultado é uma nova série na variável s, cujo domínio da forma (3.46) deve ser determinado, fazendo com que em todos os seus pontos interiores a função transformada seja analítica.

Finalmente, lembrando que a função $\text{sen}(t)$ definida para $t \geq 0$ tem transformada

$$\mathcal{L}(\text{sen}(t)) = \frac{1}{s^2+1}$$

com o Teorema 3.10, obtemos

$$J_0(t) * J_0(t) = \text{sen}(t)$$

pois, como determinamos anteriormente, a transformada de Laplace da função de Bessel é a raiz quadrada da transformada da função seno. Neste ponto, encerramos o estudo das propriedades mais importantes da transformada de Laplace. Os exercícios propostos permitem ao leitor ganhar boa desenvoltura com o seu uso e colocar em evidência outras propriedades e detalhes de sua aplicação em casos específicos.

3.3.2 Inversa da Transformada de Laplace

Nesta seção, nosso objetivo é determinar a inversa da transformada de Laplace. Isto é, dada uma função $\hat{f}(s)$ com domínio $\mathcal{D}(\hat{f})$, determinar uma função $f(t)$ definida para todo $t \in \mathbb{R}_+$ de tal forma que

$$\mathcal{L}(f(t)) = \hat{f}(s) \Longrightarrow f(t) = \mathcal{L}^{-1}(\hat{f}(s)) \tag{3.80}$$

Antes de mais nada, é preciso esclarecer em que condições a inversa acima indicada existe. Para isso, necessitamos introduzir o conceito de *função nula* para a transformada de Laplace, ou seja, trata-se de um ente matemático $\eta(t)$ tal que

$$\hat{\eta}(s) = 0 \Longrightarrow \mathcal{D}(\hat{\eta}) = \mathbb{C}$$

Através do Teorema 3.10 podemos caracterizá-la pela equação $0 = \hat{v}(s)\hat{\eta}(s)$, o que é equivalente a

$$\int_0^\infty \eta(\xi)d\xi = \int_0^t \eta(\xi)d\xi = 0 \ , \ \forall \ t > 0$$

assim sendo, $\eta(t)$ pode assumir valores não nulos e finitos somente em pontos isolados do intervalo $t \geq 0$. Como $\hat{f}(s) = \hat{f}(s) + \hat{\eta}(s)$, é aparente que a operação inversa (3.80) pode ser efetuada, porém sem ser possível a distinção entre $f(t)$ e $f(t) + \eta(t)$. Isso torna possível arbitrar, sem perda de generalidade, qualquer quantidade finita para $f(0)$, por exemplo, $f(0) = \lim_{t \to 0^+} f(t) = f(0^+)$ quando finito. No conjunto das funções contínuas para todo $t > 0$, essa ambiguidade desaparece.

Tendo presente esse fato que acabamos de discutir, a inversa da transformada de Laplace pode ser calculada pela seguinte integral:

$$f(t) = \frac{1}{2\pi j} \int_{\gamma} \hat{f}(s) e^{st} ds \ , \ t > 0 \tag{3.81}$$

onde γ é qualquer linha vertical inteiramente contida no domínio de $\hat{f}(s)$. Mais precisamente, todo ponto de γ pode ser escrito na forma $s = \sigma + j\omega$, onde $\omega \in (-\infty, +\infty)$ e σ é tal que $s \in \mathcal{D}(\hat{f})$. Trata-se de uma integral de linha aberta de uma função de variável complexa que, no caso geral, pode ser muito difícil de ser calculada. É importante, desde já, ressaltar que, tomando σ constante e $ds = jd\omega$, podemos reescrever a integral (3.81) na forma alternativa

$$f(t) = \frac{1}{2\pi} \int_{-\infty}^{\infty} \hat{f}(\sigma + j\omega) e^{(\sigma + j\omega)t} d\omega \ , \ t > 0$$

Assim sendo, vamos introduzir uma hipótese adicional de tal forma que a integral de linha (3.81) possa ser calculada em um percurso fechado, aplicando-se então o método dos resíduos. A situação é ilustrada na Figura 3.7, onde o caminho fechado $\mathcal{Q}$ é formado pelo segmento γ e por uma semicircunferência de raio ρ arbitrariamente grande. O lema seguinte estabelece em que condições a igualdade abaixo é verdadeira.

$$\frac{1}{2\pi j} \oint_{\mathcal{Q}} \hat{f}(s) e^{st} ds = \frac{1}{2\pi j} \int_{\gamma} \hat{f}(s) e^{st} ds \ , \ \forall \ t > 0 \tag{3.82}$$

Como a linha γ está inteiramente contida em $\mathcal{D}(\hat{f})$, então todas as singularidades de $\hat{f}(s)$ estão localizadas no interior de $\mathcal{Q}$. Note ainda o sentido do percurso de integração adotado, bem como a necessidade de que os pontos singulares de $\hat{f}(s)$ sejam isolados, para ser possível o cálculo pelo método dos resíduos. Na Figura 3.7 ilustramos o caso em que a função $\hat{f}(s)$ apresenta dois pontos singulares isolados.

Lema 3.7 *Seja s_ρ um ponto genérico do semicírculo de raio ρ e centro $(\sigma, 0)$ indicado na Figura 3.7. Se*

$$\lim_{\rho \to \infty} |\hat{f}(s_\rho)| = 0 \tag{3.83}$$

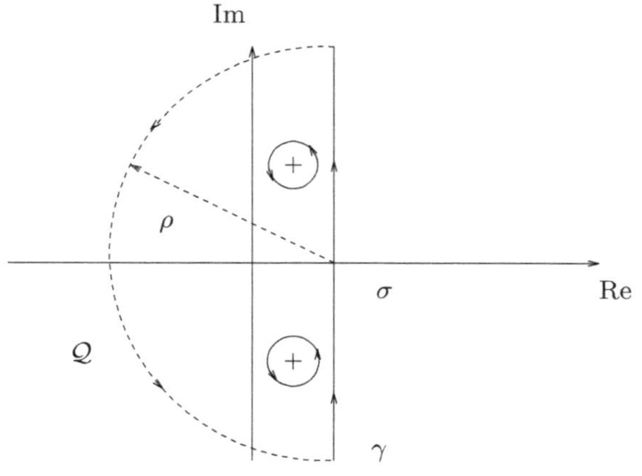

Figura 3.7: Caminho de integração

então a igualdade (3.82) se verifica.

Prova: É claro que a igualdade (3.82) se verifica, desde que

$$\lim_{\rho \to \infty} \int \hat{f}(s_\rho) e^{s_\rho t} ds_\rho = 0$$

isto é, a integral da mesma função sobre o semicírculo de raio ρ e centro $(\sigma, 0)$ deve ser nula. Indicando por M_ρ o máximo valor de $|\hat{f}(s_\rho)|$ e notando que

$$s_\rho = \sigma + \rho e^{j(\theta + \pi/2)} \ , \quad 0 \leq \theta \leq \pi$$

podemos determinar o limitante superior da integral

$$\left| \int \hat{f}(s_\rho) e^{s_\rho t} ds_\rho \right| \leq M_\rho \rho \int e^{\mathrm{Re}(s_\rho) t} |ds_\rho|$$

Em seguida, levando em conta que $t > 0$ e que no intervalo $0 \leq \theta \leq \pi/2$ a função $\mathrm{sen}(\theta)$ é limitada inferiormente por $2\theta/\pi$, vem

$$\begin{aligned} \left| \int \hat{f}(s_\rho) e^{s_\rho t} ds_\rho \right| &\leq M_\rho \rho \int_0^\pi e^{(\sigma - \rho \mathrm{sen}(\theta))t} d\theta \\ &\leq 2 M_\rho \rho \int_0^{\pi/2} e^{(\sigma - \rho \mathrm{sen}(\theta))t} d\theta \\ &\leq 2 M_\rho \rho e^{\sigma t} \int_0^{\pi/2} e^{-(2/\pi)\rho t \theta} d\theta \end{aligned}$$

Finalmente, resolvendo a integral indicada no lado direito da desigualdade acima, obtemos

$$\begin{aligned}\left|\int \hat{f}(s_\rho)e^{s_\rho t}ds_\rho\right| &\leq \pi M_\rho e^{\sigma t}\left(\frac{1-e^{-\rho t}}{t}\right) \\ &\leq \frac{\pi e^{\sigma t}}{t}M_\rho\end{aligned}$$

Para todo $0 < t < \infty$, passando essa desigualdade ao limite para $\rho \to \infty$ e levando em conta que, devido a (3.83), $M_\rho \to 0$, obtemos o resultado desejado. Isso prova o lema proposto. □

É preciso ficar claro que (3.83) é uma condição apenas suficiente para que a igualdade (3.82) ocorra. Mesmo assim, como veremos logo adiante, não se trata de uma condição excessivamente exigente, pois todas as funções importantes dentro do escopo deste livro a satisfazem. Assumindo que a propriedade (3.83) se verifica, vamos calcular a integral de linha (3.82) pelo método dos resíduos, considerando o caso geral em que $\hat{f}(s)$ apresenta infinitos pontos singulares isolados.

Pelo teorema dos resíduos, podemos escrever

$$\frac{1}{2\pi j}\oint_{\mathcal{Q}} \hat{f}(s)e^{st}ds = \sum_{k=1}^{\infty} r_k(t) \ , \ \forall\, t > 0 \tag{3.84}$$

onde $r_k(t)$ indica o resíduo de $\hat{f}(s)e^{st}$ do polo $s = p_k$. Considerando que a multiplicidade de p_k é $m_k \geq 1$, a função $\hat{f}(s)$ pode ser desenvolvida em série de Laurent, válida em uma vizinhança de p_k, ou seja,

$$\hat{f}(s) = \sum_{i=1}^{m_k} \frac{f_{ki}}{(s-p_k)^i} + E_k(s)$$

onde $E_k(s)$ é uma função polinomial que contém somente termos com as potências não negativas da série. Assim, $E_k(s)$ é uma função analítica em todo o plano complexo. O mesmo ocorre com a função e^{st}, que pode ser desenvolvida, portanto, em série de Taylor, isto é,

$$e^{st} = \sum_{i=0}^{\infty} \frac{t^i}{i!}(s-p_k)^i e^{p_k t}$$

e, assim, o resíduo no polo em questão é dado por

$$r_k(t) = \sum_{i=1}^{m_k} \frac{f_{ki}t^{i-1}}{(i-1)!}e^{p_k t}$$

Consequentemente, obtemos a função transformada inversa (veja 3.81)

$$f(t) = \sum_{k=1}^{\infty} \sum_{i=1}^{m_k} \frac{f_{ki} t^{i-1}}{(i-1)!} e^{p_k t} \ , \ \ \forall \ t > 0 \tag{3.85}$$

A aplicação do método dos resíduos, quando possível, leva-nos a concluir que a inversa da transformada de Laplace é uma função composta por exponenciais, reais ou complexas, ponderadas por funções polinomiais na variável t. Trata-se, portanto, de uma classe enorme de funções para as quais podemos adotar esse procedimento. É claro que a determinação da transformada inversa, segundo (3.85), depende da determinação correta dos coeficientes f_{ki} para cada função particular que estamos manipulando. Normalmente, as dificuldades envolvidas nesta operação não são proibitivas, tornando assim muito atraente, do ponto de vista prático, o método apresentado.

Exemplo 3.15 Vamos adotar este procedimento para calcular a transformada inversa da função

$$\hat{f}(s) = \frac{1 - e^{-s}}{s} \Longrightarrow \mathcal{D}(\hat{f}) = \mathbb{C}$$

Como acima indicado (veja a discussão colocada no Exemplo 3.12), o seu domínio é todo o plano complexo. Em concordância, o resíduo em qualquer ponto do plano complexo é nulo e seríamos tentados a concluir que $f(t) = 0$. Obviamente, essa conclusão não é correta, pois aplicando os teoremas anteriores, vem

$$\begin{aligned} f(t) &= \mathcal{L}^{-1}(\hat{f}(s)) \\ &= \mathcal{L}^{-1}\left(\frac{1}{s}\right) - \mathcal{L}^{-1}\left(\frac{e^{-s}}{s}\right) \\ &= \upsilon(t) - \upsilon(t-1) \ , \ \ \forall \ t > 0 \end{aligned}$$

O erro cometido é que o procedimento anterior de cálculo da função inversa não pode, neste caso, ser adotado. De fato, a hipótese (3.83) não é verificada, como se pode concluir adotando $s_\rho = \sigma - \rho \in \mathbb{R}$, pois

$$\lim_{\rho \to \infty} \hat{f}(\sigma - \rho) = e^{-\sigma} \lim_{\rho \to \infty} \frac{e^{\rho}}{\rho} = \infty$$

Para funções deste tipo, as suas inversas devem ser calculadas através dos teoremas anteriores ou, quando possível, pela integração direta de (3.81). □

Exemplo 3.16 Considere a função

$$\hat{f}(s) = \frac{1}{s} \Longrightarrow \mathcal{D}(\hat{f}) = \{s \in \mathbb{C} \ : \ \mathrm{Re}(s) > 0\}$$

que admite um único ponto singular isolado $s = 0$. A própria função já está dada na forma de uma série de Laurent, desenvolvida nesse mesmo ponto. Em $s = 0$, temos também

$$e^{st} = \sum_{i=0}^{\infty} \frac{t^i}{i!} s^i$$

e, portanto,

$$\frac{e^{st}}{s} = \frac{1}{s} + t + \frac{t^2}{2} s + \cdots$$

permite a conclusão de que o resíduo em $s = 0$ é igual a 1, ou seja,

$$f(t) = 1 \ , \ \forall \ t > 0 \Longrightarrow f(t) = \upsilon(t)$$

Como sabemos, trata-se da função degrau unitário. Note que, neste caso, a função $1/s$ satisfaz a hipótese do Lema 3.7. O mesmo raciocínio pode ser aplicado para a determinação da transformada inversa de

$$\hat{f}(s) = \frac{1}{s^2} \Longrightarrow \mathcal{D}(\hat{f}) = \{s \in \mathbb{C} \ : \ \text{Re}(s) > 0\}$$

para a qual vale o desenvolvimento

$$\frac{e^{st}}{s^2} = \frac{1}{s^2} + \frac{t}{s} + \frac{t^2}{2} + \frac{t^3}{6} s + \cdots$$

que permite determinar o resíduo do polo $s = 0$ como sendo t e, assim, obtermos a transformada inversa como sendo $f(t) = t \ , \ \forall \ t > 0$. Em ambos os casos foi possível impor $f(0) = f(0^+)$, sem perda de generalidade. □

Uma classe muito importante de funções, para as quais devemos saber calcular suas respectivas transformadas inversas, é a classe de funções racionais, introduzidas na Definição 3.3. A forma geral de qualquer função dessa classe é

$$\hat{f}(s) = \frac{N(s)}{D(s)} \tag{3.86}$$

onde $N(s)$ e $D(s)$ são dois polinômios com coeficientes reais e com graus m e n, respectivamente, de tal forma que $0 \leq m \leq n < \infty$. Ou seja, a função racional (3.86) sempre tem um número n, finito, de pontos singulares isolados. O ponto crucial para o cálculo da inversa da transformada de uma função racional é a verificação da validade ou não de (3.83). Sabemos da teoria de funções de variáveis complexas que

$$\lim_{|s| \to \infty} \frac{N(s)}{D(s)} = \begin{cases} 0 & \text{se} \quad n > m \\ b_n/a_n & \text{se} \quad n = m \end{cases}$$

Portanto, estamos seguros quanto à validade de (3.83), no caso em que $\hat{f}(s)$ seja uma função racional estritamente própria ($n > m$). Inicialmente vamos considerar esse caso e determinar a transformada inversa pelo método dos resíduos anteriormente apresentado. Para tanto, seria necessário desenvolver $\hat{f}(s)$ em série de Laurent, válida em uma vizinhança de cada um de seus polos, e então somar as contribuições de todos os resíduos. Entretanto, existe uma outra possibilidade, válida apenas para funções racionais, que consiste em decompor $\hat{f}(s)$ em *frações parciais*. A ideia central é verificar que qualquer função racional estritamente própria pode ser escrita na forma

$$\hat{f}(s) = \sum_{k=1}^{n_d} \sum_{i=1}^{m_k} \frac{f_{ki}}{(s - p_k)^i} \tag{3.87}$$

onde p_k é o k-ésimo polo com multiplicidade m_k de $\hat{f}(s)$ e n_d denota o número de polos distintos, ou seja,

$$\sum_{k=1}^{n_d} m_k = n$$

Note que, ao contrário do que foi feito no caso geral, a relação (3.87) é exata, ou seja, é válida em todos os pontos do plano complexo, e não tão somente em vizinhanças de cada polo p_k. Para que (3.87) seja válida, devemos ser capazes de determinar os coeficientes f_{ki} para $k = 1, 2, \cdots, n_d$ e $i = 1, 2, \cdots, m_k$. Multiplicando-se ambos os membros de (3.87) por $(s - p_k)^{m_k}$, vem

$$\lim_{s \to p_k} (s - p_k)^{m_k} \hat{f}(s) = f_{km_k}$$

e

$$\lim_{s \to p_k} \frac{d}{ds} (s - p_k)^{m_k} \hat{f}(s) = f_{km_k - 1}$$

e assim sucessivamente, de tal forma que todos os coeficientes procurados sejam dados por

$$f_{ki} = \frac{1}{(m_k - i)!} \lim_{s \to p_k} \frac{d^{m_k - i}}{ds^{m_k - i}} (s - p_k)^{m_k} \hat{f}(s) \tag{3.88}$$

Utilizando o mesmo procedimento de cálculo dos resíduos, associados a todos os polos, obtemos a transformada inversa na forma

$$f(t) = \sum_{k=1}^{n_d} \sum_{i=1}^{m_k} \frac{f_{ki} t^{i-1}}{(i-1)!} e^{p_k t} \ , \quad \forall \, t > 0 \tag{3.89}$$

Felizmente, o cálculo da transformada inversa de funções racionais próprias também pode ser feito sem grandes dificuldades adicionais. De fato, basta perceber que, no caso $n = m$, podemos escrever

$$\frac{N(s)}{D(s)} = \frac{b_n}{a_n} + \frac{\tilde{N}(s)}{D(s)}$$

onde $\tilde{N}(s)$ é um polinômio de ordem, no máximo, $n-1$. Ou seja, qualquer função racional própria pode ser decomposta na soma de uma constante com uma função racional estritamente própria. Consequentemente,

$$\mathcal{L}^{-1}\left(\frac{N(s)}{D(s)}\right) = \frac{b_n}{a_n}\delta(t) + \mathcal{L}^{-1}\left(\frac{\tilde{N}(s)}{D(s)}\right)$$

onde a inversa indicada no segundo membro pode agora ser determinada pelo procedimento padrão que acabamos de definir. A transformada inversa de uma função racional própria sempre conterá uma função impulso unitário multiplicada por uma constante.

Exemplo 3.17 Considere a função

$$\hat{f}(s) = \frac{s^2+1}{s^2-1} \Longrightarrow \mathcal{D}(\hat{f}) = \{s \in \mathbb{C} \ : \ \text{Re}(s) > 1\}$$

que admite dois pontos singulares isolados $p_1 = -1$ e $p_2 = 1$. Primeiramente, devemos decompor essa função na forma

$$\frac{s^2+1}{s^2-1} = 1 + \frac{2}{s^2-1}$$

e, em seguida, decompor a segunda parcela do segundo membro em frações parciais

$$\frac{s^2+1}{s^2-1} = 1 + \frac{1}{s-1} - \frac{1}{s+1}$$

Portanto, a função transformada inversa é dada na forma

$$f(t) = \delta(t) + e^t - e^{-t}$$

e, como já tínhamos comentado, um impulso unitário aparece em $f(t)$, que vem a alterar seu valor somente em $t = 0$. Assim sendo, a transformada inversa obtida é válida para todo $t \geq 0$. □

Neste ponto, é pertinente fazermos um comentário a respeito de uma aproximação, de certa forma natural, para funções transformadas que não sejam racionais. Uma função genérica $\hat{f}(s)$, que tem somente polos isolados e satisfaz a hipótese do Lema 3.7, admite como transformada inversa a função $f(t)$ dada por (3.85), na qual é importante ressaltar a soma das contribuições dos seus infinitos polos. Calculando a transformada de Laplace de $f(t)$ dada por (3.85), obtemos

$$\hat{f}(s) = \sum_{k=1}^{\infty} \sum_{i=1}^{m_k} \frac{f_{ki}}{(s - p_k)^i}$$

que tem a mesma forma de (3.87). A única diferença reside na soma das contribuições dos seu infinitos polos. Comparando-se essa função com a $\hat{f}(s)$ original, notamos que a primeira é formada somente com as partes principais, que são os termos com potências negativas das séries de Laurent associadas a cada polo. A interpretação desse resultado é que as partes dessas mesmas séries, com potências não negativas, não contribuem para os respectivos resíduos e, consequentemente, não influem em $f(t)$, para as quais a hipótese do Lema 3.7 é verificada. Nos casos em que $\hat{f}(s)$ não é uma função racional, podemos, em consonância com a equação acima, adotar a aproximação racional

$$\hat{f}_{ap}(s) = \sum_{k=1}^{n_d} \sum_{i=1}^{m_k} \frac{f_{ki}}{(s - p_k)^i}$$

onde n_d é o número de polos distintos retidos na aproximação. A definição do valor de n_d, é claro, deve seguir algum critério, sendo o mais importante deles

$$\mathcal{D}(\hat{f}_{ap}) = \mathcal{D}(\hat{f})$$

Isso pode ser conseguido da seguinte forma: se todos os polos p_k, $k = 1, 2, \cdots, \infty$ estiverem localizados no semiplano esquerdo complexo, isto é, todos são tais que $\text{Re}(p_k) < 0$, então podemos reter na função aproximada os n_d polos mais próximos do eixo imaginário. Tendo em vista (3.89), isso ainda faz com que, após um curto espaço de tempo, $f(t)$ e $f_{ap}(t)$ sejam muito parecidas.

3.3.3 Solução de Equações Diferenciais

A transformada de Laplace é uma ferramenta poderosa quando empregada para a solução de equações diferenciais de diversos tipos. Em particular, podemos citar as equações diferenciais ordinárias com coeficientes constantes, algumas classes de equações diferenciais ordinárias com coeficientes variantes no tempo e equações diferenciais a derivadas parciais. Inicialmente vamos considerar a seguinte equação diferencial ordinária, linear com coeficientes constantes, um pouco mais geral que aquela expressa em (3.12), isto é,

$$D[y(t)] = E[g(t)] \tag{3.90}$$

onde os operadores lineares indicados são dados por

$$D[\cdot] = a_n \frac{d^n}{dt^n}[\cdot] + a_{n-1}\frac{d^{n-1}}{dt^{n-1}}[\cdot] + \cdots + a_1 \frac{d}{dt}[\cdot] + a_0[\cdot] \tag{3.91}$$

e

$$E[\cdot] = e_m \frac{d^m}{dt^m}[\cdot] + e_{m-1}\frac{d^{m-1}}{dt^{m-1}}[\cdot] + \cdots + e_1 \frac{d}{dt}[\cdot] + e_0[\cdot] \tag{3.92}$$

em que $g(t)$ é uma função dada, os coeficientes $a_i, i = 0, 1, \cdots, n$ e $e_j, j = 0, 1, \cdots, m$ são reais com $a_n \neq 0$, $e_m \neq 0$ e $n \geq m$. Nosso objetivo é encontrar uma solução para (3.90) no intervalo de tempo $t \geq 0$. Observe que, sendo $g(t)$ uma função conhecida no intervalo de tempo de interesse, em princípio podemos reduzir (3.90) à forma (3.12), calculando inicialmente a quantidade $E[g(t)]$. Entretanto, esse procedimento não deve ser adotado, pois o cálculo das derivadas sucessivas de uma função, a menos que seja exatamente conhecida, introduz imprecisões bastante consideráveis. Como desejamos resolver (3.90) através da aplicação da transformada de Laplace, devemos, de pronto, fazer a hipótese de que tanto a função incógnita $y(t)$ quanto a função de *excitação* ou de *entrada* $g(t)$ devem ser definidas apenas no intervalo $t \in \mathbb{R}_+$. Esse fato também requer um certo cuidado ao definirmos as condições iniciais como em (3.14), em termos do valor de $y(t)$ e de suas derivadas sucessivas, até a ordem $n-1$ para $t = 0$, ou seja,

$$y(0) \ , \quad \frac{d}{dt}y(0) \ , \quad \cdots \ , \quad \frac{d^{n-1}}{dt^{n-1}}y(0) \tag{3.93}$$

Deve ser enfatizado que os valores acima impostos para a função e suas derivadas sucessivas para $t = 0$ não necessariamente serão coincidentes com os seus respectivos limites à direita. A solução $y(t)$ obtida através da transformada inversa de Laplace será válida para todo $t > 0$ e pode ocorrer, por exemplo, que $y(0) \neq \lim_{t\to 0^+} y(t) = y(0^+)$. Esse será um ponto importante a ser discutido em seguida. Para ilustrar com algum detalhe as facilidades e as dificuldades teóricas a serem enfrentadas, vamos considerar os seguintes exemplos.

Exemplo 3.18 Considere a equação diferencial de primeira ordem

$$\dot{y}(t) + 2y(t) = g(t) \ , \quad y(0) = 1 \tag{3.94}$$

Desejamos determinar sua solução com $g(t) = \upsilon(t)$, isto é, a função degrau unitário. Como a equação dada deve ser verificada para todo $t \geq 0$, então, aplicando a transformada de Laplace, obtemos a igualdade

$$s\hat{y}(s) - y(0) + 2\hat{y}(s) = \frac{1}{s}$$

a qual, impondo-se a condição inicial $y(0) = 1$, permite determinar a transformada de Laplace da solução, ou seja,

$$\hat{y}(s) = \frac{s+1}{s(s+2)}$$

cuja antitransformada fornece a função procurada

$$y(t) = \frac{1}{2}(1 + e^{-2t}) \ , \ t > 0$$

Deve ser observado que para essa função vale a igualdade $y(0) = y(0^+) = 1$. Como veremos a seguir, em certos casos, esta igualdade pode não ocorrer. □

Exemplo 3.19 Considere a equação diferencial de primeira ordem

$$\dot{y}(t) + 2y(t) = g(t) \ , \quad y(0) = 1 \tag{3.95}$$

da qual desejamos determinar a solução com $g(t) = \delta(t)$, sendo $\delta(t)$ o impulso unitário já definido anteriormente. Aplicando-se novamente a transformada de Laplace em ambos os membros da igualdade, obtemos

$$s\hat{y}(s) - y(0) + 2\hat{y}(s) = 1$$

A qual, impondo $y(0) = 1$, permite determinar imediatamente a transformada de Laplace da solução, isto é,

$$\hat{y}(s) = \frac{2}{(s+2)}$$

cuja antitransformada fornece a função procurada

$$y(t) = 2e^{-2t} \ , \ t > 0$$

Observe que, neste caso, $y(0) \neq y(0^+) = 2$, indicando que o limite à direita da solução é diferente da condição inicial imposta. O responsável por esta ocorrência é o impulso que fez o limite à direita da função solução variar instantaneamente. Esse aspecto será mais bem ilustrado no próximo exemplo. □

Exemplo 3.20 Considere a equação diferencial de primeira ordem

$$\dot{y}(t) + 2y(t) = \dot{g}(t) \ , \quad y(0) = 1 \tag{3.96}$$

para a qual desejamos determinar a solução com $g(t)$ sendo a função degrau unitário. Aqui reside uma dificuldade, a saber, a função $g(t)$ não é diferenciável em $t = 0$, pois não é nem mesmo definida para $t < 0$. Vamos evidenciar duas interpretações possíveis.

Para a primeira, com $\dot{g}(t)$ em (3.96), queremos denotar a função

$$\dot{g}(t) = \frac{d}{dt}\upsilon(t) \ , \ t > 0$$

com um valor arbitrário porém finito para $t = 0$. Neste caso, aplicando a transformada de Laplace a ambos os membros de (3.96) e adotando o resultado do teorema da diferenciação em relação ao tempo, obtemos

$$s\hat{y}(s) - y(0) + 2\hat{y}(s) = s\hat{v}(s) - v(0)$$

que fornece com $y(0) = 1$ e $v(0) = 1$ a transformada de Laplace da solução, isto é,

$$\hat{y}(s) = \frac{1}{(s+2)}$$

cuja antitransformada fica na forma

$$y(t) = e^{-2t} \ , \ t > 0$$

onde verificamos que de fato a igualdade $y(0) = y(0^+) = 1$ se mantém. Por outro lado, a função de entrada, como definida acima, reduziu-se à função nula, visto que $\dot{v}(t) = 0 \ \forall t > 0$.

Para a segunda, com $g(t)$ em (3.96) queremos denotar a derivada generalizada da função indicada. Assim sendo, aplicando a transformada de Laplace em ambos os membros de (3.96), obtemos

$$s\hat{y}(s) - y(0) + 2\hat{y}(s) = s\hat{v}(s)$$

que, se considerarmos $y(0) = 1$, fornece

$$\hat{y}(s) = \frac{2}{(s+2)}$$

que é exatamente o resultado já obtido no Exemplo 3.19. Nota-se que, devido à existência do impulso unitário na entrada, o valor da condição inicial de $y(t)$ variou bruscamente de $y(0) = 1$ para $y(0^+) = 2$. É importante observar que ambos os casos fornecem resultados rigorosamente corretos. Por outro lado, é também interessante observar que ambos podem fornecer o mesmo resultado, desde que as respectivas condições iniciais sejam devidamente ajustadas. Para o exemplo em consideração, adotando-se no primeiro caso a condição inicial modificada $y_{mod}(0) = y(0) + v(0)$, onde $y(0)$ é a condição inicial do segundo caso, então o resultado final em ambos os casos seria o mesmo e igual àquele do segundo caso. Como veremos mais adiante, esse resultado é válido para qualquer equação diferencial do tipo (3.90). Devido à simplificação de procedimentos, por não termos que nos preocupar em determinar as condições iniciais adequadas, vamos interpretar as derivadas do lado direito de (3.90) como generalizadas, ou seja, contendo impulsos. Assim sendo, a solução encontrada terá levado em conta, por construção, as devidas e corretas descontinuidades na origem. □

Após as considerações expressas nos exemplos anteriores, podemos retornar à solução de (3.90) com o auxílio da transformada de Laplace. Aplicando-a a cada um dos membros daquela equação e levando em conta (3.72), obtemos

$$\mathcal{L}\left(D[y(t)]\right) = \left(\sum_{r=0}^{n} a_r s^r\right)\hat{y}(s) - \sum_{r=0}^{n} a_r \sum_{i=1}^{r} s^{i-1} y^{(r-i)}(0) \tag{3.97}$$

a qual, com um pouco de manipulação algébrica, pode ser escrita na forma mais compacta

$$\mathcal{L}\left(D[y(t)]\right) = \Delta_D(s)\hat{y}(s) - \Theta_0(s) \tag{3.98}$$

onde $\Delta_D(s)$, como sabemos, é o polinômio característico do operador $D[\cdot]$ e $\Theta_0(s)$ é um polinômio de ordem, no máximo, $n-1$, que depende exclusivamente das condições iniciais e que, levando em conta (3.93), é dado na forma

$$\Theta_0(s) = \sum_{r=0}^{n-1} \theta_r s^r \quad , \; \theta_r = \sum_{j=1}^{n-r} a_{j+r} y^{(j-1)}(0) \tag{3.99}$$

Da mesma forma, levando em conta a discussão feita na resolução do Exemplo 3.20 quanto à estratégia de interpretar as derivadas contidas no operador $E[\cdot]$ como sendo derivadas generalizadas, isto é, que incluem a possibilidade de manipular descontinuidades na origem, temos

$$\mathcal{L}\left(E[y(t)]\right) = \Delta_E(s)\hat{g}(s) \tag{3.100}$$

onde $\Delta_E(s)$ é o polinômio característico do operador $E[\cdot]$. Igualando os resultados expressos nas equações (3.98) e (3.100), obtemos a transformada de Laplace da função procurada, ou seja,

$$\hat{y}(s) = \frac{\Theta_0(s)}{\Delta_D(s)} + \frac{\Delta_E(s)}{\Delta_D(s)}\hat{g}(s) \tag{3.101}$$

que pode ser reescrita na forma

$$\hat{y}(s) = H_0(s) + H(s)\hat{g}(s) \tag{3.102}$$

com

$$H_0(s) = \frac{\Theta_0(s)}{\Delta_D(s)} \quad , \; H(s) = \frac{\Delta_E(s)}{\Delta_D(s)} \tag{3.103}$$

ficando evidenciado que as duas funções definidas em (3.103) são funções *racionais*. Ambas com os mesmos n polos que são as raízes do polinômio característico $\Delta_D(s)$ e a primeira com, no máximo, $n-1$ zeros que são as raízes de $\Theta_0(s)$ e a segunda com m zeros que são as raízes do polinômio característico $\Delta_E(s)$. Assim sendo, sabemos determinar as transformadas inversas

$$h_0(t) = \mathcal{L}^{-1}(H_0(s)) \quad , \; h(t) = \mathcal{L}^{-1}(H(s)) \tag{3.104}$$

com as quais, e a partir do teorema da convolução, obtemos a solução procurada

$$y(t) = h_0(t) + \int_0^t h(t-\xi)g(\xi)d\xi \tag{3.105}$$

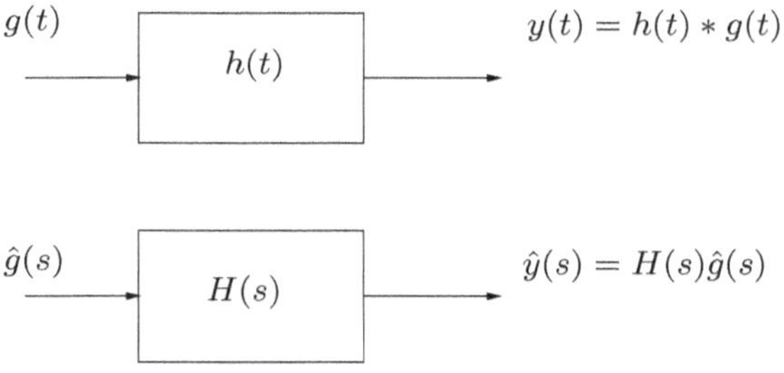

Figura 3.8: Diagramas de blocos

Neste ponto, algumas observações são importantes. Em primeiro lugar, observe que $y(t)$ dada por (3.105) é válida para $\forall t > 0$. Por outro lado, no caso em que $g(t)$ é nula para todo $t \geq 0$ a solução só depende das condições iniciais, ou seja, $y(t) = h_0(t)$. Por este motivo, $h_0(t)$ é chamada *resposta a entrada nula* e é uma possível solução homogênea. Da mesma forma, se todas as condições iniciais forem nulas, então a solução só depende da entrada, ou seja, $y(t) = h(t) * g(t)$. Essa é uma possível solução particular que é chamada *resposta a condições iniciais nulas*.

Definição 3.6 *A função racional $H(s)$ é chamada função de transferência e sua transformada de Laplace inversa $h(t)$ é chamada resposta ao impulso unitário.*

A definição acima é bastante pertinente. De fato, assumindo todas as condições iniciais nulas e sendo a entrada um impulso unitário, então, com $\hat{g}(s) = 1$, a relação (3.102) fornece imediatamente $\hat{y}(s) = H(s)$, ou seja, a solução geral da equação diferencial em estudo é dada por $y(t) = h(t)$. A resposta ao impulso unitário é uma característica inerente e própria da equação diferencial (3.90). Tendo em mãos a função $h(t)$, uma das suas soluções particulares pode ser imediatamente obtida pela simples convolução de $h(t)$ com a função de entrada considerada $g(t)$.

A Figura 3.8 representa a solução geral da equação (3.90) quando submetida a condições iniciais nulas. O diagrama de blocos, expresso em t, tem como saída a convolução da entrada com a resposta ao impulso, enquanto que o diagrama de blocos, expresso em s, tem como saída o produto da função de transferência pela transformada de Laplace da entrada.

Exemplo 3.21 Considere a equação diferencial de segunda ordem

$$\ddot{y}(t) + 3\dot{y}(t) + 2y(t) = \dot{g}(t) - 3g(t) \ , \quad y(0) = 1 \ , \quad \dot{y}(0) = 0 \tag{3.106}$$

para a qual vamos determinar a solução sem inicialmente especificar a função de entrada $g(t)$. Por inspeção, verificamos que

$$\Delta_D(s) = (s+2)(s+1) \ , \quad \Delta_E(s) = (s-3)$$

e, com o auxílio de (3.99) e das condições iniciais dadas, obtemos $\Theta_0(s) = s+3$. Portanto,

$$H_0(s) = \frac{(s+3)}{(s+2)(s+1)} \ , \quad H(s) = \frac{(s-3)}{(s+2)(s+1)}$$

sendo que a solução procurada é dada por (3.102). Considerando, por exemplo, que a função de entrada seja o degrau unitário e aplicando a decomposição em frações parciais, temos

$$\begin{aligned}\hat{y}(s) &= H_0(s) + H(s)\left(\frac{1}{s}\right) \\ &= \frac{s^2+4s-3}{s(s+2)(s+1)} \\ &= -\frac{3/2}{s} + \frac{6}{(s+1)} - \frac{7/2}{(s+2)}\end{aligned}$$

cuja transformada inversa de Laplace é dada por

$$y(t) = 6e^{-t} - (7/2)e^{-2t} - (3/2) \ , \ t > 0$$

É interessante observar que o lado direito da equação (3.106) contém um impulso devido à derivada generalizada da função de entrada, a qual, no presente caso, é um degrau unitário. Calculando os limites à direita da função acima, obtemos $y(0^+) = 1$ e $\dot{y}(0^+) = 1$. Ou seja, devido ao impulso na entrada, a derivada da solução sofreu uma brusca variação em uma vizinhança a direita da origem. □

Exemplo 3.22 Considere a equação diferencial (3.90), sendo que, neste caso, as derivadas presentes no operador $E[\cdot]$ são calculadas apenas para $t > 0$ e, por conseguinte, não contêm possíveis impulsos na origem. Então, a transformada de Laplace (3.100) passa a ser

$$\mathcal{L}(E[g(t)]) = \Delta_E(s)\hat{g}(s) - \sum_{r=0}^{m} e_r \sum_{i=1}^{r} s^{i-1} g^{(r-i)}(0)$$

Consequentemente, se adotarmos, nesta formulação, as condições iniciais modificadas para

$$y_{mod}(0) \ , \ y_{mod}^{(1)}(0) \ , \ \cdots \ , \ y_{mod}^{(n-1)}(0)$$

de tal forma que a seguinte igualdade polinomial seja satisfeita:

$$\sum_{r=0}^{n} a_r \sum_{i=1}^{r} s^{i-1}\left(y_{mod}^{(r-i)}(0) - y^{(r-i)}(0)\right) = \sum_{r=0}^{m} e_r \sum_{i=1}^{r} s^{i-1} g^{(r-i)}(0)$$

devemos, igualando os coeficientes de mesma potência, impor que

$$\mathcal{A}[Y_{mod}(0) - Y(0)] = \mathcal{E}G(0)$$

onde

$$Y_{mod}(0) = \left[\begin{array}{cccc} y_{mod}(0) & y_{mod}^{(1)}(0) & \cdots & y_{mod}^{(n-1)}(0) \end{array} \right]'$$

$$Y(0) = \left[\begin{array}{cccc} y(0) & y^{(1)}(0) & \cdots & y^{(n-1)}(0) \end{array} \right]'$$

$$G(0) = \left[\begin{array}{cccc} g(0) & g^{(1)}(0) & \cdots & g^{(m-1)}(0) \end{array} \right]'$$

e as matrizes $\mathcal{A} \in \mathbb{R}^{n\times n}$ e $\mathcal{E} \in \mathbb{R}^{n\times m}$ acima indicadas são dadas por

$$\mathcal{A} = \begin{bmatrix} a_1 & a_2 & \cdots & a_n \\ a_2 & a_3 & \cdots & 0 \\ \vdots & \vdots & \vdots & \vdots \\ a_n & 0 & \cdots & 0 \end{bmatrix}, \quad \mathcal{E} = \begin{bmatrix} e_1 & e_2 & \cdots & e_m \\ e_2 & e_3 & \cdots & 0 \\ \vdots & \vdots & \vdots & \vdots \\ 0 & 0 & \cdots & 0 \end{bmatrix}$$

Como, por hipótese, $a_n \neq 0$, então o determinante de $\mathcal{A}$ é não nulo e sua inversa existe. Portanto, determinamos

$$Y_{mod}(0) = Y(0) + \mathcal{A}^{-1}\mathcal{E}G(0)$$

Como afirmamos anteriormente, esse é um resultado geral válido para qualquer equação diferencial do tipo (3.90). Devemos enfatizar mais uma vez que adotar uma ou outra interpretação para as derivadas contidas no operador $E[\cdot]$ é uma mera questão de conveniência, pois as condições iniciais podem *sempre* ser ajustadas para que o mesmo resultado correto seja obtido. Pelos cálculos aqui apresentados, também fica evidente que é mais fácil adotar o procedimento usado para obtermos (3.102), pois as condições iniciais serão automática e corretamente ajustadas. □

Como já foi mencionado, uma equação diferencial do tipo (3.90) de ordem n pode ser convertida em um sistema de equações diferenciais composto por n equações diferenciais, todas de ordem um. Esse conjunto de equações diferenciais, geralmente acoplado, denomina-se *representação de estado* da equação original. A representação de estado da equação (3.90) é expressa na forma matricial

$$\dot{x}(t) = Ax(t) + Bg(t) \ , \quad x(0) = x_0 \tag{3.107}$$

$$y(t) = Cx(t) + Dg(t) \tag{3.108}$$

onde $x(t) \in \mathbb{R}^n$, $A \in \mathbb{R}^{n\times n}$, $B \in \mathbb{R}^{n\times 1}$, $C \in \mathbb{R}^{1\times n}$ e $D \in \mathbb{R}$. Essas matrizes e a condição inicial $x_0 \in \mathbb{R}^n$ devem ser determinadas de tal forma que, para uma mesma função $g(t)$ dada, as equações (3.107) e (3.108) reproduzam a solução $y(t), \forall t > 0$ de (3.90). Um procedimento para a determinação da representação de estado será visto em seguida. No momento, vamos supor que ele seja conhecido. Antes de continuar, necessitamos da seguinte definição.

Definição 3.7 (Exponencial de matriz) *Para qualquer matriz $A \in \mathbb{R}^{n\times n}$ e $t \in \mathbb{R}$ dados, a função exponencial de matriz é definida na forma*

$$e^{At} = \sum_{i=0}^{\infty} \frac{(At)^i}{i!} \tag{3.109}$$

sendo que o lado direito da igualdade acima sempre converge.

Ademais, derivando (3.109) em relação ao tempo, concluímos que a seguinte relação é válida:

$$\frac{d}{dt}e^{At} = Ae^{At} = e^{At}A \tag{3.110}$$

A exponencial de matriz definida acima pode ser calculada numericamente pela série (3.109) ou através de métodos mais sofisticados. Deve ser enfatizado que essa função é de fundamental importância para o cálculo da solução geral da equação de estado, como é explicitado no teorema dado a seguir.

Teorema 3.11 *A solução geral da equação (3.107) é dada por*

$$x(t) = e^{At}x_0 + \int_0^t e^{A(t-\tau)}Bg(\tau)d\tau \tag{3.111}$$

Prova: De fato, derivando ambos os membros da igualdade acima em relação a $t > 0$, obtemos

$$\begin{aligned}
\dot{x}(t) &= Ae^{At}x_0 + A\int_0^t e^{A(t-\tau)}Bg(\tau)d\tau + Bg(t) \\
&= A\left\{e^{At}x_0 + \int_0^t e^{A(t-\tau)}Bg(\tau)d\tau\right\} + Bg(t) \\
&= Ax(t) + Bg(t)
\end{aligned}$$

Por outro lado, como pela definição a exponencial da matriz nula é igual à matriz identidade, calculando (3.111) para $t = 0$, obtemos $x(0) = x_0$, o que prova o teorema proposto. □

Observe que, em conformidade com os resultados anteriores, se $g(t)$ não contém impulso na origem, então $x(0^+) = x_0$, caso contrário ocorre uma descontinuidade na condição inicial. De fato, considerando $g(t) = \delta(t)$, teremos $x(0^+) = x_0 + B$. Além disso, com (3.111) podemos calcular imediatamente a solução expressa em termos da incógnita $y(t), \forall t > 0$ através de (3.108).

Vamos agora calcular a mesma solução com a transformada de Laplace. Para tanto, necessitamos do seguinte resultado preliminar, que, para ser perfeitamente entendido, pode requerer do leitor uma consulta ao Apêndice A.

Lema 3.8 *Considere, para uma matriz $A \in \mathbb{R}^{n \times n}$ dada, a função exponencial de matriz $F(t) \in \mathbb{R}^{n \times n}$ assim definida:*

$$F(t) = e^{At} \ , \ t \geq 0 \tag{3.112}$$

Sua transformada de Laplace é

$$\hat{F}(s) = (sI - A)^{-1} \Longrightarrow \mathcal{D}(\hat{F}) = \{s \in \mathbb{C} \ : \ \text{Re}(s) > \max_{i=1,2,\cdots,n} \text{Re}(\lambda_i)\} \tag{3.113}$$

onde $\lambda_i, i = 1, 2, \cdots, n$ denotam os autovalores A.

Prova: Considere a equação diferencial (3.107) com a função de entrada $g(t)$ nula e condição inicial $x(0) = x_0$. Pelo teorema anterior, sua solução é dada por

$$x(t) = e^{At} x_0 = F(t) x_0 \ , \ t > 0$$

Consequentemente, aplicando a transformada de Laplace a essa relação, temos $\hat{x}(s) = \hat{F}(s) x_0$. Por outro lado, aplicando a transformada de Laplace a ambos os membros de (3.107) com $g(t) = 0$, obtemos

$$\hat{x}(s) = (sI - A)^{-1} x_0 \tag{3.114}$$

de tal forma que $\hat{F}(s) x_0 = (sI - A)^{-1} x_0$, válida para todo $x_0 \in \mathbb{R}^n$, implica na igualdade expressa em (3.113). Utilizando, neste momento, a fórmula de inversão de matrizes, temos

$$(sI - A)^{-1} = \frac{\text{adj}(sI - A)}{\det(sI - A)}$$

o que torna aparente que o domínio de $\hat{F}(s)$ é de fato dado por (3.113), pois para $s = \lambda_i, i = 1, 2, \cdots, n$ sendo λ_i um autovalor de A, o denominador de $\hat{F}(s)$ se anula, fazendo com que essa função, neste ponto, deixe de ser analítica. □

Aplicando a transformada de Laplace em (3.107), vem

$$s\hat{x}(s) - x(0) = A\hat{x}(s) + B\hat{g}(s)$$

que, substituída na transformada de Laplace de (3.108), fornece

$$\hat{y}(s) = C(sI - A)^{-1} x(0) + \big(C(sI - A)^{-1} B + D\big) \hat{g}(s) \tag{3.115}$$

ou seja, a transformada de Laplace da solução pode ser escrita na forma (3.102) com

$$H_0(s) = C(sI - A)^{-1} x(0) \ , \ \ H(s) = C(sI - A)^{-1} B + D \tag{3.116}$$

Desta maneira, fica aparente qual o critério que devemos utilizar para obter a representação de estado de uma equação diferencial dada. As matrizes A, B, C e D e o vetor de condições iniciais devem ser calculados de tal forma que as seguintes igualdades:

$$\frac{\Theta_0(s)}{\Delta_D(s)} = C(sI - A)^{-1}x(0) \ , \quad \frac{\Delta_E(s)}{\Delta_D(s)} = C(sI - A)^{-1}B + D \tag{3.117}$$

sejam satisfeitas. Assim como colocado, o problema de formulação da representação de estado a partir de uma equação diferencial, obviamente, admite uma infinidade de soluções. Portanto, é imperativo estabelecer um procedimento sistemático que permita obter a representação de estado da forma mais simples possível.

Exemplo 3.23 Considere a equação diferencial (3.90), onde $a_n = 1$, $m = 0$ e $e_0 = 1$, isto é, $D[y(t)] = g(t)$. Definindo o vetor de estado como sendo

$$x(t) = \begin{bmatrix} x_1(t) \\ x_2(t) \\ \vdots \\ x_n(t) \end{bmatrix} \ , \quad x_i(t) = y^{(i-1)}(t) \ , \ i = 1, 2, \cdots, n \tag{3.118}$$

e derivando, temos a representação

$$\begin{aligned} \dot{x}_1(t) &= x_2(t) \\ \dot{x}_2(t) &= x_3(t) \\ \vdots \ &\ \ \vdots \\ \dot{x}_{n-1}(t) &= x_n(t) \\ \dot{x}_n(t) &= -a_0x_1(t) - a_1x_2(t) - \cdots a_{n-1}x_n(t) + g(t) \end{aligned}$$

que pode ser imediatamente escrita na forma (3.107)-(3.108) com

$$A = \begin{bmatrix} 0 & 1 & 0 & \cdots & 0 \\ 0 & 0 & 1 & \cdots & 0 \\ \vdots & \vdots & \vdots & \vdots & \\ 0 & 0 & 0 & \cdots & 1 \\ -a_0 & -a_1 & -a_2 & \cdots & -a_{n-1} \end{bmatrix} \ , \quad B = \begin{bmatrix} 0 \\ 0 \\ \vdots \\ 0 \\ 1 \end{bmatrix} \tag{3.119}$$

e

$$C = \begin{bmatrix} 1 & 0 & 0 & \cdots & 0 \end{bmatrix} \ , \quad D = \begin{bmatrix} 0 \end{bmatrix} \tag{3.120}$$

onde deve ser notado que as matrizes C e D foram determinadas de tal forma a expressar a solução procurada, em termos das variáveis de estado, que foram previamente definidas, ou seja, $y(t) = x_1(t)$. Observe finalmente que, por definição, as condições iniciais (3.93) definem exatamente o vetor de estado inicial na forma

$$x(0) = \left[\begin{array}{ccccc} y(0) & y^{(1)}(0) & y^{(2)}(0) & \cdots & y^{(n-1)}(0) \end{array} \right]' \tag{3.121}$$

e a representação de estado satisfazendo as condições (3.117) está completamente determinada. □

Exemplo 3.24 Neste exemplo, consideramos o caso geral de equações diferenciais com derivadas na entrada. Considere a equação diferencial (3.90), onde $a_n = 1$, $m \leq n-1$, isto é, $E[g(t)]$ é um operador linear de ordem estritamente menor que aquela do operador $D[\cdot]$. Primeiramente vamos reescrever a equação diferencial dada na forma equivalente

$$D[\xi(t)] = g(t) \ , \ \ y(t) = E[\xi(t)]$$

De fato, sob condições iniciais nulas, é imediato verificar que as equações acima preservam a função de transferência $H(s)$ associada à equação diferencial original, ou seja, $\hat{y}(s) = H(s)\hat{g}(s)$. A vantagem desse procedimento é que a equação diferencial acima, que define a variável auxiliar $\xi(t)$, é do tipo da equação diferencial tratada no exemplo anterior. Portanto, definindo o vetor de estado como sendo

$$x(t) = \left[\begin{array}{c} x_1(t) \\ x_2(t) \\ \vdots \\ x_n(t) \end{array} \right] \ , \ \ x_i(t) = \xi^{(i-1)}(t) \ , \ i = 1, 2, \cdots, n$$

verificamos que as matrizes A e B não se alteram e são dadas novamente por (3.119). Ademais, lembrando que

$$y(t) = E[\xi(t)] = \sum_{j=0}^{m} e_j \xi^{(j)}(t) = \sum_{j=0}^{m} e_j x_{j+1}(t)$$

as matrizes C e D são dadas por

$$C = \left[\begin{array}{ccccc} e_0 & e_1 & e_2 & \cdots & 0 \end{array} \right] \ , \ \ D = \left[\begin{array}{c} 0 \end{array} \right] \tag{3.122}$$

a qual torna aparente que a matriz $C \in \mathbb{R}^{1 \times n}$ só pode conter, no máximo, n elementos que correspondem a dizer $m \leq n-1$. Neste ponto, resta determinarmos o vetor de condições iniciais. Para tanto, observamos que, por construção, a parte da solução que depende das condições iniciais é dada por

$$\begin{aligned} y(t) &= h_0(t) \\ &= C\mathcal{L}^{-1}\left((sI - A)^{-1}\right) x(0) \\ &= Ce^{At}x(0) \ , \ \ t \geq 0 \end{aligned}$$

cujas derivadas sucessivas em relação ao tempo calculadas em $t = 0$ fornecem

$$\begin{bmatrix} y(0) \\ y^{(1)}(0) \\ \vdots \\ y^{(n-1)}(0) \end{bmatrix} = \mathcal{O}x(0) \ , \quad \mathcal{O} = \begin{bmatrix} C \\ CA \\ \vdots \\ CA^{n-1} \end{bmatrix} \tag{3.123}$$

A matriz $\mathcal{O} \in \mathbb{R}^{n\times n}$ é chamada *matriz de observabilidade* e será sempre não singular desde que a função de transferência $H(s)$ não apresente cancelamentos de polos e de zeros, ou seja, se for de ordem mínima. Sendo $\mathcal{O} \in \mathbb{R}^{n\times n}$ não singular, o estado inicial pode ser determinado.

Para a equação (3.106), temos $n = 2$, $m = 1$ e $a_2 = 1$, portanto sua representação de estado é definida pelas matrizes

$$A = \begin{bmatrix} 0 & 1 \\ -2 & -3 \end{bmatrix} , \quad B = \begin{bmatrix} 0 \\ 1 \end{bmatrix} , \quad C = \begin{bmatrix} -3 & 1 \end{bmatrix} , \quad D = \begin{bmatrix} 0 \end{bmatrix}$$

e pelo vetor de condições iniciais dado por (3.123)

$$x(0) = \begin{bmatrix} -3 & 1 \\ -2 & -6 \end{bmatrix}^{-1} \begin{bmatrix} 1 \\ 0 \end{bmatrix} = \frac{1}{10} \begin{bmatrix} -3 \\ 1 \end{bmatrix}$$

Finalmente, o caso $n = m$ com $a_n = 1$ também pode ser tratado de forma similar. Basta adotar a decomposição de $H(s)$, como foi feito no cálculo de transformadas inversas. A diferença é que teremos $D = [\ e_m\ ] \neq 0$. Note que, no caso geral, a resposta ao impulso é obtida na forma

$$\begin{aligned} h(t) &= \mathcal{L}^{-1}\left(C(sI - A)^{-1}B + D\right) \\ &= Ce^{At}B + D\delta(t) \ , \quad t \geq 0 \end{aligned}$$

mostrando o aparecimento de um impulso quando $D \neq 0$. □

Neste ponto, terminamos o estudo de equações diferenciais lineares com coeficientes constantes no tempo. Mostramos como empregar a transformada de Laplace para obter sua solução geral seja na sua formulação original ou na sua representação de estado. Entretanto, existem outras importantes classes de equações diferenciais que também podem ser resolvidas com o auxílio da transformada de Laplace, por exemplo, a classe das equações diferenciais lineares com coeficientes sendo funções polinomiais da variável independente $t > 0$. Como ilustração, consideramos a seguinte equação homogênea cujos coeficientes são funções lineares do tempo, sem especificar as suas condições iniciais, ou seja,

$$\sum_{i=0}^{n} a_i(t)y^{(i)}(t) = 0 \tag{3.124}$$

onde $a_i(t) = \alpha_i t + \beta_i$ com $\alpha_i \in \mathbb{R}$, $\beta_i \in \mathbb{R}$ para todo $i = 0, 1, \cdots, n$ e $\alpha_n \neq 0$. Nosso objetivo é determinar, caso exista, uma função não nula que resolva a equação diferencial proposta. Todo o desenvolvimento que será feito em seguida depende da derivação em relação a $s \in \mathcal{D}(\hat{f})$ da transformada de Laplace de uma função dada $f(t)$, isto é,

$$\frac{d}{ds}\hat{f}(s) = -\int_0^\infty tf(t)e^{-st}dt \tag{3.125}$$

que leva à igualdade

$$\mathcal{L}(tf(t)) = -\frac{d}{ds}\hat{f}(s) \tag{3.126}$$

Aplicando a transformada de Laplace em ambos os termos de (3.124) e considerando todas as condições iniciais nulas, obtemos o resultado

$$\sum_{i=0}^{n} \beta_i s^i \hat{y}(s) - \sum_{i=0}^{n} \alpha_i \frac{d}{ds}\left(s^i \hat{y}(s)\right) = 0 \tag{3.127}$$

que pode ser reescrito na forma compacta

$$Q(s)\hat{y}(s) - P(s)\frac{d}{ds}\hat{y}(s) = 0 \tag{3.128}$$

onde $P(s)$ e $Q(s)$ são polinômios dados por

$$P(s) = \sum_{i=0}^{n} \alpha_i s^i \ , \quad Q(s) = \sum_{i=0}^{n} \beta_i s^i - \sum_{i=1}^{n} i\alpha_i s^{i-1}$$

sendo que o primeiro tem grau n e o segundo tem grau no máximo n, a depender se β_n é ou não nulo. É interessante observar que a equação (3.128) pode ser resolvida no caso em que passamos a supor que todas as raízes $p_1, p_2, \cdots, p_n$ de $P(s) = 0$ são distintas. De fato, com essa hipótese, podemos decompor a função racional $Q(s)/P(s)$ em frações parciais, ou seja,

$$\frac{Q(s)}{P(s)} = d_0 + \sum_{j=1}^{n} \frac{d_j}{(s - p_j)}$$

levando (3.128) a assumir a forma final

$$\frac{1}{\hat{y}(s)}\frac{d}{ds}\hat{y}(s) = d_0 + \sum_{j=1}^{n} \frac{d_j}{(s - p_j)} \tag{3.129}$$

que pode ser facilmente integrada, fornecendo a menos de uma constante

$$\ln(\hat{y}(s)) = d_0 s + \sum_{j=1}^{n} d_j \ln(s - p_j)$$

e, finalmente,

$$\hat{y}(s) = e^{d_0 s} \prod_{j=1}^{n} (s - p_j)^{d_j} \tag{3.130}$$

Nossa capacidade em resolver a equação dada depende de nossa capacidade de determinar a transformada de Laplace inversa de (3.130). Essa pode não ser uma tarefa fácil e pode requerer o seu desenvolvimento em série. Porém, nos casos em que $d_1, d_2, \cdots, d_n$ são números inteiros tais que $d_1+d_2+\cdots+d_n \leq 0$, o produtório indicado é uma função racional e, supondo ainda que $d_0 \leq 0$, a inversa de $\hat{y}(s)$ torna-se imediata. Vale a pena também salientar um aspecto teórico inesperado que essa classe de equações geralmente apresenta. Trata-se do fato de que (3.127) pode continuar válida sem que todas as condições iniciais sejam nulas, como foi inicialmente assumido. O leitor pode verificar que isso sempre ocorrerá nos casos em que $\beta_n = 0$.

Exemplo 3.25 Considere a equação diferencial (3.124) de segunda ordem com

$$a_0(t) = t \ , \quad a_1(t) = 1 \ , \quad a_2(t) = t$$

Podemos imediatamente determinar os polinômios $P(s)$ e $Q(s)$ bem como a respectiva decomposição parcial

$$\frac{Q(s)}{P(s)} = \frac{-s}{s^2+1} = \frac{-1/2}{(s+j)} + \frac{-1/2}{(s-j)}$$

fazendo com que (3.130) nos forneça

$$\hat{y}(s) = (s+j)^{-1/2}(s-j)^{-1/2} = \frac{1}{\sqrt{s^2+1}}$$

a qual nos permite identificar $y(t) = J_0(t), \forall t > 0$ como sendo a função de Bessel. Note, portanto, que $J_0(t)$ satisfaz a equação diferencial $t\ddot{y}(t) + \dot{y}(t) + ty(t) = 0$, conhecida como equação de Bessel, com as condições iniciais $y(0) = 1$ e $\dot{y}(0) = 0$. Como já foi mencionado, embora essas condições não sejam todas nulas, o leitor pode verificar que elas não influenciam a transformada de Laplace da referida equação, a qual continua obedecendo (3.127). □

Várias equações diferenciais a derivadas parciais também podem ser resolvidas com o emprego da transformada de Laplace. O ponto central reside na aplicação da transformada em funções de mais de uma variável. Por exemplo, considere $f(t,x)$ definida para $t \geq 0$ e $x \in \mathbb{R}$ restrita a um determinado domínio. Consideramos

$$\hat{f}(s,x) = \mathcal{L}(f(\cdot,x)) = \int_0^\infty f(t,x)e^{-st}dt \tag{3.131}$$

que nada mais é que a definição da transformada de Laplace aplicada parcialmente em relação apenas à variável real $t \in \mathbb{R}_+$. Em outras palavras, a transformada de Laplace, como anteriormente definida, atua unicamente sobre uma das variáveis, mantendo a outra invariante. Com base nesse fato, podemos estabelecer um procedimento que é particularmente bem adaptado para resolver, com certa facilidade, algumas equações diferenciais a derivadas parciais. Para efeito de ilustração, vamos considerar a seguinte equação:

$$\frac{\partial^2}{\partial t^2}y(t,x) = c^2\frac{\partial^2}{\partial x^2}y(t,x) \tag{3.132}$$

sujeita às seguintes condições iniciais e de contorno:

$$y(t,0) = g(t)\ ,\quad y(t,l) = 0\ ,\quad y(0,x) = 0\ ,\quad \frac{\partial}{\partial t}y(0,x) = 0$$

onde $g(t)$ é uma função dada, $t \in \mathbb{R}_+$ e $0 \leq x \leq l$. Esse é um tipo especial da equação que descreve o comportamento da tensão elétrica em uma linha de transmissão e que será objeto de estudo detalhado mais adiante. Definindo $\hat{y}(s,x)$ como sendo a transformada de Laplace em relação à variável $t \geq 0$, temos

$$\mathcal{L}\left(\frac{\partial^2}{\partial t^2}y(t,x)\right) = s^2\hat{y}(s,x) - sy(0,x) - \frac{\partial}{\partial t}y(0,x) = s^2\hat{y}(s,x)$$

e também

$$\mathcal{L}\left(\frac{\partial^2}{\partial x^2}y(t,x)\right) = \frac{\partial^2}{\partial x^2}\mathcal{L}(y(t,x)) = \frac{\partial^2}{\partial x^2}\hat{y}(s,x)$$

Substituindo essas duas relações na equação original (3.132), resulta em uma outra equação diferencial na incógnita $\hat{y}(s,x)$, mas que envolve derivadas parciais apenas em relação a uma única variável $x \in \mathbb{R}$. Podemos então, sem perda de generalidade, trocar as derivadas parciais por derivadas ordinárias. Ademais, com

$$\mathcal{L}(y(t,0)) = \hat{y}(s,0) = \hat{g}(s)\ ,\quad \mathcal{L}(y(t,l)) = \hat{y}(s,l) = 0$$

obtemos, finalmente,

$$c^2\frac{d^2}{dx^2}\hat{y}(s,x) - s^2\hat{y}(s,x) = 0\ ,\quad \hat{y}(s,0) = \hat{g}(s)\ ,\quad \hat{y}(s,l) = 0 \tag{3.133}$$

que é uma equação de segunda ordem ordinária com coeficientes constantes. De fato, em (3.133) devemos entender $s \in \mathcal{D}(\hat{y})$ como um mero parâmetro fixo, independente de $0 \leq x \leq l$. Como sabemos, a solução geral de (3.133) é dada na forma

$$\hat{y}(s,x) = c_1 e^{-sx/c} + c_2 e^{sx/c}$$

onde as constantes c_1 e c_2, que podem depender de s, são calculadas pela imposição das duas condições iniciais dadas. Realizando esse cálculo, obtemos

$$\hat{y}(s,x) = \hat{g}(s)\frac{\operatorname{senh}(s(l-x)/c)}{\operatorname{senh}(sl/c)} \tag{3.134}$$

e, consequentemente, a solução procurada é dada por

$$y(t,x) = g(t) * h(t,x) \tag{3.135}$$

onde

$$h(t,x) = \mathcal{L}^{-1}\left(\frac{\operatorname{senh}(s(l-x)/c)}{\operatorname{senh}(sl/c)}\right) \tag{3.136}$$

É imperativo, portanto, determinarmos a transformada de Laplace inversa indicada em (3.136). Sua determinação de forma exata não é uma tarefa simples. Porém, ao tentarmos obtê-la, temos a oportunidade de colocar em evidência um procedimento que é usado com bastante frequência. A sua origem está na igualdade

$$\frac{1}{1-z} = \sum_{k=0}^{\infty} z^k \tag{3.137}$$

que é válida para todo $z \in \mathbb{C}$ tais que $|z| < 1$. Temos, então,

$$\begin{aligned}
\hat{h}(s,x) &= \frac{e^{-sx/c} - e^{-s(2l-x)/c}}{1 - e^{-2sl/c}} \\
&= \left(e^{-sx/c} - e^{-s(2l-x)/c}\right)\sum_{k=0}^{\infty} e^{-2slk/c} \\
&= \sum_{k=0}^{\infty}\left\{e^{-s[x+2lk]/c} - e^{-s[2l(k+1)-x]/c}\right\}
\end{aligned}$$

que ainda nos permite afirmar que o domínio de $\hat{h}(s,x)$ é dado por $s \in \mathbb{C}$ tais que $\operatorname{Re}(s) > 0$. Obtemos, finalmente,

$$y(t,x) = \sum_{k=0}^{\infty}\left\{g\left(t - \frac{x+2lk}{c}\right) - g\left(t + \frac{x-2l(k+1)}{c}\right)\right\} \tag{3.138}$$

que é a solução procurada. Deve ser notado que a função acima só é válida no domínio definido por $t \geq 0$ e $0 \leq x \leq l$. Por outro lado, em (3.138) a função $g(t)$ deve ser considerada nula para $t < 0$, para que o teorema do deslocamento no tempo possa ser aplicado de forma correta. Não é demais enfatizar que esse procedimento pode ser caracterizado por dois passos. No primeiro devemos calcular a solução de uma equação diferencial ordinária tendo a variável de Laplace como parâmetro. Esse passo não deve trazer nenhum inconveniente ou dificuldade maior. No segundo passo, devemos obter a solução $y(t, x)$ através da inversão da transformada de Laplace de $\hat{y}(s, x)$. É nessa operação que reside a maior dificuldade a ser enfrentada, dependendo da complexidade da função obtida no passo anterior.

3.4 Resposta em Frequência

Como vimos anteriormente, uma equação diferencial como (3.90) tem uma solução composta por duas partes. Uma delas depende das condições iniciais e a outra depende da função de entrada. Sob certas condições que já tornaremos explícitas, a componente que depende das condições iniciais torna-se nula no decorrer do tempo e, portanto, para $t > 0$ suficientemente grande, sua resposta tende para uma função que depende exclusivamente da função de entrada. Essa solução denomina-se *solução de regime permanente*. Deste modo, como as contribuições devidas às condições iniciais desaparecem na solução de regime permanente, podemos, sem perda de generalidade, considerá-las nulas, fazendo com que a equação diferencial em estudo seja completamente definida por meio de sua função de transferência $H(s)$, que fornece

$$\hat{y}(s) = H(s)\hat{g}(s) \tag{3.139}$$

Definição 3.8 (Estabilidade) *Uma função de transferência $H(s)$ é dita assintoticamente estável se ela for analítica em todos os pontos $s \in \mathbb{C}$ tais que* $\text{Re}(s) \geq 0$.

Essa definição implica que, para uma função de transferência ser estável, é imperativo que todos os seus polos onde ela deixa de ser analítica estejam localizados no semiplano aberto esquerdo complexo, ou seja, se $s = p \in \mathbb{C}$ é qualquer um de seus polos, então $\text{Re}(p) < 0$. Em decorrência da Definição 3.8, podemos também afirmar que, se $H(s)$ for assintoticamente estável, então o eixo imaginário pertence inteiramente ao seu domínio, isto é,

$$s = j\omega \in \mathcal{D}(H) \ , \quad \forall \, \omega \in \mathbb{R} \tag{3.140}$$

A resposta em frequência de uma equação diferencial ou da função de transferência que a representa é obtida quando a função de entrada é do tipo senoide ou cossenoide ou, de forma genérica,

$$g(t) = e^{j\omega t} \ , \quad t \geq 0 \ , \quad \omega \in \mathbb{R} \tag{3.141}$$

Obtendo a transformada de Laplace de $g(t)$, substituindo o resultado em (3.139) e decompondo em frações parciais, temos

$$\hat{y}(s) = H(s)\frac{1}{(s - j\omega)} = R(s) + \frac{c}{(s - j\omega)} \tag{3.142}$$

onde $R(s)$ é uma função que contém todos os demais termos da decomposição e, portanto, seus polos são exatamente aqueles de $H(s)$. Podemos então determinar a constante $c \in \mathbb{C}$ satisfazendo (3.142), fazendo $s = j\omega$ em

$$c = H(s) - R(s)(s - j\omega)$$

que fornece $c = H(j\omega)$, tendo em vista que nenhum polo de $R(s)$ tem parte real nula. Temos, então,

$$\hat{y}(s) = R(s) + \frac{H(j\omega)}{(s - j\omega)} \tag{3.143}$$

para a qual devemos calcular a transformada de Laplace inversa. Neste sentido, note que, sendo $R(s)$ uma função com os mesmo polos de $H(s)$, e sendo esta última uma função assintoticamente estável, então $\mathcal{D}(R) = \mathcal{D}(H)$ e $s = 0 \in \mathcal{D}(sR)$ e, consequentemente

$$\lim_{s \to 0} sR(s) = 0$$

mostra que $r(t) = \mathcal{L}^{-1}(R(s))$ tende para zero quando $t > 0$ tende para infinito. Portanto, para $t > 0$ suficientemente grande, a transformada inversa de Laplace de (3.143) satisfaz

$$y(t) \approx H(j\omega)e^{j\omega t} = y_{perm}(t) \tag{3.144}$$

indicando que para este tipo de entrada a saída em regime permanente é inteiramente definida por $H(j\omega)$, onde $\omega \in \mathbb{R}$ é a frequência da função de entrada, também denominada *frequência de excitação*. Escrevendo $H(j\omega)$ na forma polar

$$H(j\omega) = A(\omega)e^{j\phi(\omega)} \ , \quad A(\omega) = |H(j\omega)| \ , \quad \phi(\omega) = \text{tg}^{-1}\left\{\frac{\text{Im}(H(j\omega))}{\text{Re}(H(j\omega))}\right\}$$

e substituindo em (3.144), obtemos

$$y_{perm}(t) = A(\omega)e^{j(\omega t + \phi(\omega))} \tag{3.145}$$

a qual permite interpretar que se a função de entrada for $g(t) = \text{sen}(\omega t)$, então a saída em regime permanente será

$$y_{perm}(t) = A(\omega)\text{sen}(\omega t + \phi(\omega))$$

que é uma senoide com mesma frequência, amplitude $A(\omega)$ e defasagem $\phi(\omega)$. Da mesma forma, podemos também escrever

$$y_{perm}(t) = A(\omega)\text{sen}(\omega(t - \tau(\omega))) \ , \quad \tau(\omega) = -\frac{\phi(\omega)}{\omega}$$

evidenciando que $\tau(\omega) \in \mathbb{R}$, quando positivo, corresponde a um atraso medido em unidades de tempo em relação à função de entrada.

Variando $\omega \in \mathbb{R}$ e medindo a amplitude e a defasagem, ou o atraso, de $y_{perm}(t)$ em relação ao sinal de entrada $g(t)$, podemos determinar completamente os valores que a função de transferência assume sobre o eixo imaginário. Por outro lado, se soubermos o valor da função de transferência sobre o eixo imaginário, a resposta em regime permanente para qualquer entrada senoidal é determinada sem dificuldades.

Exemplo 3.26 Considere a seguinte função de transferência, correspondente a uma equação diferencial de segunda ordem assintoticamente estável:

$$H(s) = \frac{8}{s^2 + s + 4}$$

Para $\omega = 2$ [rad/s], obtemos, imediatamente,

$$A(\omega) = 4 \ , \quad \phi(\omega) = -1{,}5708 \text{ [rad]} \ , \quad \tau(\omega) = 0{,}7854 \text{ [s]}$$

e, assim, a função

$$y_{perm}(t) = 4 \text{ sen}\,(2(t - 0{,}7854))$$

é a resposta em regime permanente correspondente à entrada $\text{sen}(2t)$. Por outro lado, para $\omega = 4$ [rad/s], obtemos

$$A(\omega) = 0{,}6324 \ , \quad \phi(\omega) = -2{,}8198 \text{ [rad]} \ , \quad \tau(\omega) = 0{,}7049 \text{ [s]}$$

e, para a entrada $\text{sen}(4t)$, a resposta em regime permanente será

$$y_{perm}(t) = 0{,}6324 \text{ sen}\,(4(t - 0{,}7049))$$

Deve ser observado que, embora no segundo caso a defasagem seja maior que no primeiro, o atraso é ligeiramente menor. □

O resultado expresso em (3.144) é uma ferramenta poderosa para a determinação numérica da resposta, em regime permanente, de uma equação diferencial linear sujeita a uma entrada genérica. Note, como já foi dito, que a resposta em regime permanente não é sensível ao transitório e às condições iniciais que são assumidas, sem perda de generalidade, nulas. Para que possamos prosseguir nessa direção, é necessário saber decompor uma dada função em série de Fourier, como será feito em seguida.

Inicialmente, vamos considerar o caso em se deseja aproximar uma função real definida no intervalo $[0, T]$, isto é, $g(t) : t \in [0, T] \to \mathbb{R}$, por uma combinação linear de um conjunto de funções reais $f_j(t), j = 1, 2, \cdots, m$ definidas no mesmo intervalo. O objetivo é determinar os coeficientes $\alpha_j \in \mathbb{R}$, $j = 1, 2, \cdots, m$ tais que

$$\epsilon(t) = g(t) - \sum_{j=1}^{m} \alpha_j f_j(t) \approx 0 \ , \quad \forall t \in [0, T] \tag{3.146}$$

onde $T > 0$ é um valor conhecido. Considerando o produto escalar (3.16) e a norma por ele induzida (3.17), podemos determinar os coeficientes procurados a partir da solução do problema de otimização (3.18). Como foi visto durante o estudo de dependência linear de funções, a sua solução ótima é caracterizada exigindo-se que o erro seja ortogonal, segundo o produto escalar adotado, a todas as funções do conjunto, isto é, $\langle \epsilon, f_i \rangle = 0$, $i = 1, 2, \cdots, m$. Essas equações podem ser desenvolvidas e são expressas na forma matricial

$$V\alpha = v \tag{3.147}$$

onde a matriz $V \in \mathbb{R}^{m \times m}$ e o vetor de parâmetros $\alpha \in \mathbb{R}^m$ são dados em (3.20) e o vetor $v \in \mathbb{R}^m$ é dado por

$$v = \begin{bmatrix} \langle g, f_1 \rangle \\ \langle g, f_2 \rangle \\ \vdots \\ \langle g, f_m \rangle \end{bmatrix} \tag{3.148}$$

A obtenção da solução ótima $\alpha = V^{-1}v$ está restrita à existência da inversa da matriz V e, portanto, ao fato de o conjunto de funções $f_j(t), j = 1, 2, \cdots, m$ ser linearmente independente no intervalo $t \in [0, T]$. Escolhendo-as de forma tal que $V = I$

$$\langle f_i, f_j \rangle = \begin{cases} 1 & , \quad i = j \\ 0 & , \quad i \neq j \end{cases}$$

indicando que o conjunto de funções considerado é *ortonormal*, então temos imediatamente a solução ótima, que é dada por $\alpha = v$, isto é,

$$\alpha_j = \langle g, f_j \rangle = \int_0^T g(t) f_j(t) dt \ , \ j = 1, 2, \cdots, m \tag{3.149}$$

É interessante calcular qual é o erro que cometemos ao adotarmos a aproximação (3.146). Neste sentido, calculando a norma mínima do erro, expressa pela solução (3.149), vem

$$\begin{aligned} \|\epsilon\|^2 &= \langle g - \sum_{i=1}^m \alpha_i f_i, \ g - \sum_{j=1}^m \alpha_j f_j \rangle \\ &= \langle g, g \rangle - 2 \sum_{j=1}^m \alpha_j \langle g, f_j \rangle + \sum_{i=1}^m \sum_{j=1}^m \alpha_i \alpha_j \langle f_i, f_j \rangle \\ &= \|g\|^2 - \sum_{j=1}^m \alpha_j^2 \end{aligned}$$

a qual, tendo em vista que $\|\epsilon\|^2 \geq 0$, leva a uma importante conclusão a respeito dos coeficientes obtidos, isto é,

$$\sum_{j=1}^m \alpha_j^2 \leq \|g\|^2 = \int_0^T g(t)^2 dt \tag{3.150}$$

que é conhecida como *desigualdade de Bessel*. Essa desigualdade implica em dois fatos importantes. A norma do erro da aproximação $\|\epsilon\|$ decresce uniformemente com o aumento de m e, necessariamente, converge. Além disso, sob condições bastante fracas, o limite do lado esquerdo de (3.150) tende para o valor do lado direito, quando m tende para infinito, fazendo com que $\|\epsilon\| = 0$. Infelizmente, essa norma ser nula não implica que $\epsilon(t) = 0$ em todo o intervalo de interesse $t \in [0, T]$, a menos que as funções envolvidas sejam contínuas.

Tendo como base os resultados anteriores, é apropriado, neste ponto, fazermos uma generalização, que consiste em considerar as funções $f_j(t), j = 1, 2, \cdots, m$ definidas em $t \in [0, T]$, mas com imagem complexa, e não apenas real. A função $g(t)$ continua sendo uma função real. Para tratar esse caso, é necessário redefinir o produto escalar de duas funções dessa classe, substituindo (3.16) por

$$\langle h, f \rangle = \int_0^T h(t) f(t)^* dt \tag{3.151}$$

onde $(\cdot)^*$ denota o complexo conjugado de $(\cdot)$. A norma por ele induzida é dada por

$$\|f\| = \sqrt{\langle f, f\rangle} = \sqrt{\int_0^T |f(t)|^2 dt} \tag{3.152}$$

Definindo $\epsilon(t)$ como em (3.146), a minimização de sua norma quadrática é feita ao impormos que ϵ seja ortogonal a todas as funções do conjunto considerado, ou seja, $\langle \epsilon, f_i\rangle = 0, i = 1, 2, \cdots, m$. Adotando a produto escalar (3.151), obtemos novamente a equação (3.147), que leva à solução ótima (3.149). Porém, vamos ser mais específicos diante de nossa atual necessidade. Escolhendo

$$f_k(t) = e^{j\omega_k t}\ ,\quad \omega_k = \frac{2\pi}{T}k\ ,\ k = -\infty, \cdots, 0, \cdots, \infty \tag{3.153}$$

temos

$$\langle f_i, f_k\rangle = \int_0^T e^{j(\omega_i - \omega_k)t} dt = \begin{cases} T & , \quad i = k \\ 0 & , \quad i \neq k \end{cases}$$

o que indica que o conjunto escolhido é composto por infinitas funções ortogonais e não ortonormais, tendo em vista que as respectivas normas são iguais a $\sqrt{T}$. Assim sendo, os parâmetros procurados são dados por

$$\alpha_k = \frac{\langle g, f_k\rangle}{\langle f_k, f_k\rangle} = \frac{1}{T}\int_0^T g(t) e^{-j\omega_k t} dt\ ,\quad k = -\infty, \cdots, 0, \cdots, \infty \tag{3.154}$$

e a aproximação se escreve na forma final

$$g(t) = \sum_{k=-\infty}^{\infty} \alpha_k e^{j\omega_k t} \tag{3.155}$$

que é conhecida como a série de Fourier da função $g(t)$. É importante salientar que a aproximação em série de Fourier foi obtida considerando-se apenas o intervalo $t \in [0, T]$. Porém, deve ficar claro que as propriedades da aproximação da função pela série se mantêm inalteradas para todo $t \in \mathbb{R}$, desde que $g(t)$ seja periódica, com período igual a T. Por outro lado, sendo $g(t)$ uma função real, então os coeficientes $\alpha_k \in \mathbb{C}$ são números complexos que devem guardar uma relação entre si, de tal forma que o lado direito de (3.155) produza um resultado real. De fato, para que isto ocorra, devemos ter $\alpha_{-k} = \alpha_k^*$ e, como sabemos, a série resulta em uma soma infinita de senoides e de cossenoides.

Exemplo 3.27 Considere a função $g(t)$, com $T = 2$ dada por

$$g(t) = \begin{cases} 1 & , \quad t \in [0,\ 1/2) \\ 0 & , \quad t \in [1/2,\ 2] \end{cases}$$

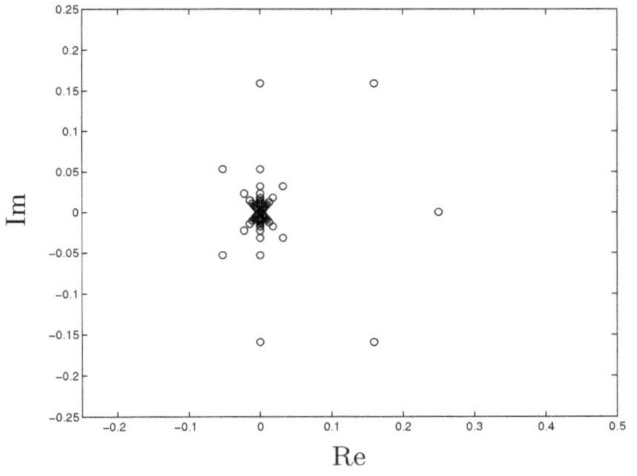

Figura 3.9: Coeficientes α_k no plano complexo

e o seu desenvolvimento em série de Fourier na forma em que foram considerados apenas os seus $2m + 1$ primeiros termos

$$g(t) = \sum_{k=-m}^{m} \alpha_k e^{jk\pi t}$$

com

$$\alpha_k = \begin{cases} 1/4 & , \quad k = 0 \\ \frac{1-e^{-j\pi k/2}}{j2\pi k} & , \quad k \neq 0 \end{cases}$$

A Figura 3.9 mostra os coeficientes $\alpha_k, k = -m, \cdots, m$ para $m = 50$. É interessante notar que essa figura é simétrica em relação ao eixo real e que os coeficientes tendem para a origem. Esses dois aspectos ilustram os pontos anteriormente comentados.

A Figura 3.10 mostra as aproximações obtidas com a série de Fourier. Como era de se esperar, a aproximação de $g(t)$ no intervalo $t \in [0,\ 2]$ melhora sensivelmente conforme m aumenta de $m = 1$, $m = 5$ até $m = 50$. A aproximação torna-se melhor com o aumento de m, no sentido de que $\|\epsilon\|$ diminui. Porém, em alguns pontos, o erro da aproximação pode se significativo. De fato, em $t = 0{,}5$ onde $g(t)$ perde a continuidade, o erro permanece constante e grande em magnitude independentemente do valor de m considerado. □

A importância da série de Fourier no contexto de resposta em frequência é marcante. De fato, suponha que uma determinada equação diferencial caracterizada por sua função de transferência $H(s)$, suposta assintoticamente estável, tenha como entrada uma função $g(t)$ periódica, com período T conhecido. Sob condições iniciais nulas, sua solução é dada pela transformada de Laplace inversa de (3.139), ou seja, $y(t) = h(t) * g(t)$, que pode ser difícil de ser calculada, a

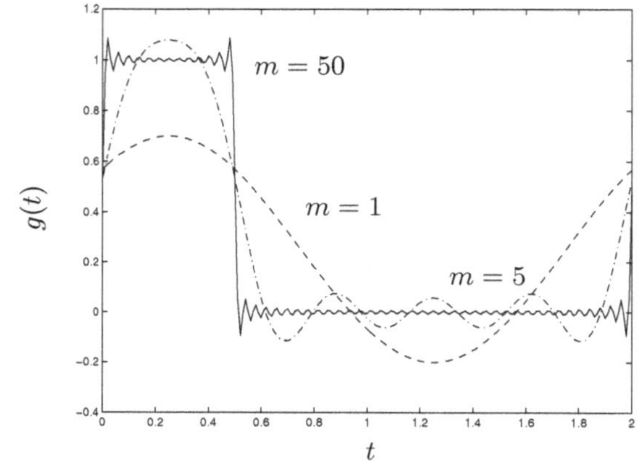

Figura 3.10: Aproximações dadas pela série de Fourier

depender da complexidade envolvida no cálculo de $g(t)$. Entretanto, se o nosso objetivo for apenas calcular a solução em regime permanente, isto é, para t suficientemente grande, considerando a aproximação

$$g(t) = \sum_{k=-\infty}^{\infty} \alpha_k e^{j\omega_k t}$$

a solução correspondente em regime permanente (3.144) fornece diretamente

$$y_{perm}(t) = \sum_{k=-\infty}^{\infty} \beta_k e^{j\omega_k t} \ , \ \ \beta_k = H(j\omega_k)\alpha_k \tag{3.156}$$

expressa através de sua correspondente série de Fourier. A determinação dos coeficientes da série é feita pela simples multiplicação dos coeficientes da série da função de entrada, pela função de transferência calculada na respectiva frequência.

Exemplo 3.28 Considere uma equação diferencial com a seguinte função de transferência assintoticamente estável:

$$H(s) = \frac{2{,}125}{s^3 + 15s^2 + 475s + 2{,}125}$$

cujos polos são -5, $-5 + j20$ e $-5 - j20$. A Figura 3.11 mostra a função de entrada $g(t)$ periódica, com período $T = 2$, sendo igual a 1 até a metade do período e 0 na metade seguinte, bem como a resposta em regime permanente a esta entrada, ambas

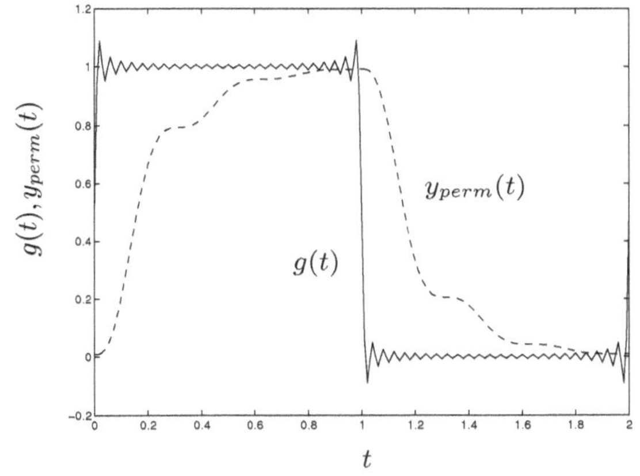

Figura 3.11: Aproximações da entrada e da saída pela série de Fourier

obtidas através das respectivas séries de Fourier. Note que, embora a série da função de entrada tenha erros de aproximação visíveis, a série da solução produz uma função bastante suave, indicando uma melhor precisão.

É importante observar que também é possível usar os resultados obtidos até agora para calcular a solução de uma equação diferencial, com condições iniciais nulas e entrada $g(t) = f(t)$, definida em um intervalo de tempo finito, digamos, $t \in [0, \tau]$, e nula para $t > \tau$. A estratégia passa por adotar como entrada a seguinte função periódica com período T:

$$g(t) = \begin{cases} f(t) & , \quad t \in [0, \tau) \\ 0 & , \quad t \in [\tau, T) \end{cases}$$

e determinar T de tal forma que o intervalo de tempo $T - \tau$ seja suficientemente grande para que a solução volte a zero, o que é sempre possível tendo em vista que a função de transferência em questão é, por hipótese, assintoticamente estável. Uma estimativa possível do valor mínimo T_{min} deve satisfazer $T_{min} - \tau = 5\lambda_{min}^{-1}$ com

$$\lambda_{min} = \min\{|\text{Re}(p_i)| \ , \quad i = 1, 2, \cdots, n\}$$

onde p_i, $i = 1, 2, \cdots, n$ denotam os polos de $H(s)$. A Figura 3.12 mostra a resposta correspondente a um pulso de amplitude unitária e largura $\tau = 0{,}5$ unidades de tempo. Sendo $T_{min} = 1{,}5$ escolhemos como período $T = 2{,}0$ e verifica-se que, com essa escolha, a solução volta para zero em $t = T$. Portanto, em regime permanente, a periodicidade de $g(t)$ nada afeta a não ser o fato de que a solução também será periódica. Entretanto, sob condições iniciais nulas, o pulso tracejado é a resposta correspondente ao pulso de entrada. □

Certamente, ficou evidenciado a importância de conhecermos a função $H(j\omega)$ para $\omega \in \mathbb{R}$ ou, em outras palavras, conhecermos as quantidades $A(\omega)$ e $\phi(\omega)$ em

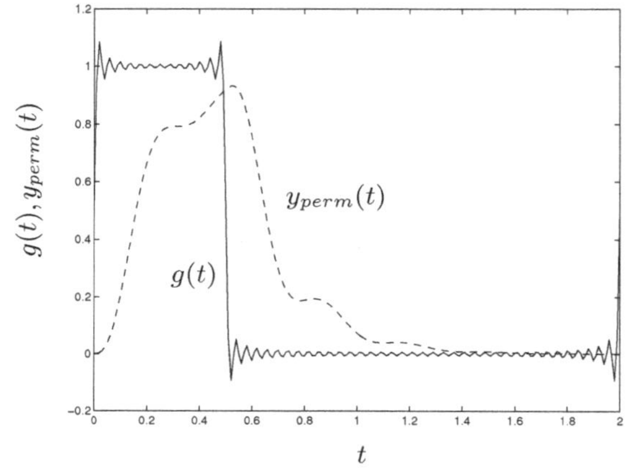

Figura 3.12: Aproximações da entrada e da saída pela série de Fourier

função de $\omega \in \mathbb{R}$. O primeiro fato importante diz respeito a uma propriedade singular de $H(s)$ sendo ou não racional, porém necessariamente associada a uma equação diferencial linear. Como uma entrada $g(t)$ real deve fazer com que a respectiva solução seja real, levando em conta (3.156), concluímos que $\alpha_{-k} = \alpha_k^*$ deve implicar em que $\beta_{-k} = \beta_k^*$, ou seja,

$$\begin{aligned} H(j\omega_k)^*\alpha_k^* &= \beta_k^* \\ &= \beta_{-k} \\ &= H(j\omega_{-k})\alpha_{-k} \\ &= H(-j\omega_k)\alpha_k^* \end{aligned}$$

implicando em $H(j\omega_k)^* = H(-j\omega_k)$ ou, de maneira genérica,

$$H(j\omega)^* = H(-j\omega) \ , \quad \forall \ \omega \in \mathbb{R} \tag{3.157}$$

indicando que é importante apenas conhecermos $H(j\omega)$ para $\omega \geq 0$, pois os valores correspondentes a $\omega < 0$, quando necessários, são obtidos como sendo os complexos conjugados daqueles já calculados.

Para cada $\omega \geq 0$ dado, não há dificuldade alguma em obtermos numericamente as funções $A(\omega)$ e $\phi(\omega)$ e representá-las em um gráfico. Entretanto, para uma análise rápida de uma determinada função de transferência, é conveniente adotarmos o procedimento dado a seguir, que se baseia na determinação de aproximações ditas *assíntotas de baixa e de alta frequência* para o seu módulo e fase. Antes, porém, necessitamos introduzir as seguintes unidades:

Definição 3.9 (Decibel) *O módulo de uma função de transferência* $A(\omega)$ *expresso em decibéis é dado por* $A_{dB}(\omega) = 20\log(A(\omega))$, *onde* $\log(\cdot)$ *denota o logaritmo na base dez de* $(\cdot)$.

Definição 3.10 (Oitavas e décadas) *O intervalo de frequência* $[a, b]$ *é chamado de uma oitava quando* $b = 2a$ *e é chamado de uma década quando* $b = 10a$.

Essas unidades são de particular importância para as manipulações que serão aplicadas em $H(j\omega)$, visando a determinação das respectivas assíntotas de baixa e de alta frequência. Tendo em vista o que já foi comentado, a resposta em frequência de $H(j\omega)$ será determinada para $s = j\omega$, $\forall\ \omega \geq 0$. Ademais, inicialmente vamos restringir nosso estudo à importante classe de funções de variáveis complexas a seguir.

Definição 3.11 (Fase mínima) *Uma função* $H(s)$ *é de fase mínima quando* $H(s)$ *e* $H(s)^{-1}$ *forem analíticas para todo* $s \in \mathbb{C}$ *tais que* $\text{Re}(s) \geq 0$.

A classe das funções de fase mínima é composta exclusivamente por funções que são assintoticamente estáveis. Além de todos os seus polos, também todos os seus zeros devem estar localizados no semiplano complexo esquerdo definido por $\text{Re}(s) < 0$. Para funções racionais dadas por

$$H(s) = \frac{b_m s^m + \cdots + b_1 s + b_0}{a_n s^n + \cdots + a_1 s + a_0} \tag{3.158}$$

ser de fase mínima implica que todos os coeficientes reais $b_0, b_1, \cdots, b_m$ que definem o polinômio numerador e, portanto, seus zeros e todos os coeficientes reais $a_0, a_1, \cdots, a_n$ que definem o polinômio denominador e, portanto, seus polos são positivos. A seguir passamos a construir os chamados *diagramas de Bode de módulo e de fase*, que nada mais são que as representações gráficas do módulo e da fase de $H(j\omega)$ em função de $\omega > 0$, adotando-se escalas convenientes. Os diagramas exatos são feitos com o auxílio de alguma rotina numérica e, assim sendo, para uma análise mais simples introduzimos diagramas aproximados calculados em termos das assíntotas de baixa e de alta frequência.

- **Diagrama de Módulo:** Dada $H(s)$ na forma (3.158) e considerando $\omega > 0$ suficientemente grande, temos

  $$H(j\omega) \approx K_a (j\omega)^{m-n} \ , \quad K_a = \frac{b_m}{a_n} > 0$$

  que nos permite determinar seu módulo medido em decibel

  $$A_{dB}(\omega) \approx 20\ \log(K_a) + 20(m-n)\ \log(\omega)$$

Notamos, então, que no gráfico em que $A_{dB}(\omega)$ é colocado na ordenada em escala linear e $\omega > 0$ é colocada na abscissa em escala logarítmica de base dez, a assíntota de alta frequência definida pelo lado direito da equação acima é uma reta. Essa reta implica dizer que o módulo varia $20(m-n)$ dB por década ou aproximadamente $6(m-n)$ dB por oitava. Considerando $\omega > 0$ suficientemente pequeno, temos

$$H(j\omega) \approx K_b \ , \quad K_b = \frac{b_0}{a_0} > 0$$

e, assim,

$$A_{dB}(\omega) \approx 20 \log(K_b)$$

que nos permite concluir que a assíntota de baixa frequência definida pelo lado direito da última equação também é uma reta de inclinação nula representada pelo valor constante. Deixando de lado o caso em que $n = m$, nos demais existe um ponto $\omega = \omega_c$ no qual as duas assíntotas se cruzam, ou seja,

$$\omega_c = \left(\frac{K_a}{K_b} \right)^{1/(n-m)}$$

que nos permite propor a seguinte aproximação para todo o intervalo de frequências em estudo:

$$A_{dB}(\omega) \approx \begin{cases} 20 \log(K_b) & , \quad 0 < \omega \leq \omega_c \\ 20 \log(K_a) + 20(m-n) \log(\omega) & , \quad \omega \geq \omega_c \end{cases}$$

Deve ser bastante enfatizado que essa aproximação é, por construção, muito boa para frequências baixas e altas, porém, para frequências intermediárias, próximas de ω_c, ela pode ser muito pobre e pouco precisa. Este aspecto será devidamente ilustrado através de exemplos. Assim sendo, desde já, é imperativo reconhecer que a aproximação proposta deve ser devidamente validada caso a caso.

- **Diagrama de Fase:** Adotando-se as mesmas aproximações para $H(j\omega)$ consideradas no diagrama de módulo, temos imediatamente que

$$\phi(\omega) \approx (m-n)\frac{\pi}{2}$$

e

$$\phi(\omega) \approx 0$$

definem respectivamente as assíntotas de alta e de baixa frequência. Assim sendo, podemos propor a seguinte aproximação descontínua:

$$\phi(\omega) \approx \begin{cases} 0 & , \quad 0 < \omega < \omega_c \\ \phi(\omega_c) & , \quad \omega = \omega_c \\ (m-n)\pi/2 & , \quad \omega > \omega_c \end{cases}$$

que geralmente produz resultados com baixa precisão. Para tentarmos melhorar este aspecto e deixando novamente de lado o caso em que $n = m$, no qual as duas assíntotas não se interceptam, devemos adotar um critério suplementar que possa nos levar a uma melhor aproximação na faixa intermediária de frequências. O critério escolhido é que a aproximação linear deve coincidir com $\phi(\omega)$ para $\omega = \omega_c$ e, neste ponto, a sua declividade deve ser igual à derivada de $\phi(\omega)$ em relação a ω. Utilizando a representação polar de $H(j\omega)$, temos

$$\begin{aligned} \frac{d}{d\omega}H(j\omega) &= e^{j\phi(\omega)}\frac{d}{d\omega}A(\omega) + jA(\omega)e^{j\phi(\omega)}\frac{d}{d\omega}\phi(\omega) \\ &= \left(\frac{1}{A(\omega)}\frac{d}{d\omega}A(\omega) + j\frac{d}{d\omega}\phi(\omega)\right)H(j\omega) \end{aligned}$$

que permite obter

$$\frac{d}{d\omega}\phi(\omega) = \text{Im}\left(\frac{1}{H(j\omega)}\frac{d}{d\omega}H(j\omega)\right)$$

Lembrando que para $s = j\omega$ temos $ds = jd\omega$ e a diferencial do logaritmo na base dez se expressa na forma $d\log(\omega) = d\omega/(\omega\ln(10))$, temos, finalmente,

$$\begin{aligned} \frac{d\phi(\omega)}{d\log(\omega)} &= \ln(10)\ \omega\frac{d}{d\omega}\phi(\omega) \\ &= \ln(10)\ \text{Im}\left(\frac{\omega}{H(j\omega)}\frac{d}{d\omega}H(j\omega)\right) \\ &= \ln(10)\ \text{Im}\left(\frac{s}{H(s)}\frac{d}{ds}H(s)\right)\bigg|_{s=j\omega} \end{aligned}$$

A depender do fato de a fase da assíntota de alta frequência ser maior ou menor que a fase da assíntota de baixa frequência, é imperativo exigir que

$$d_c = \ln(10)\ \text{Im}\left(\frac{s}{H(s)}\frac{d}{ds}H(s)\right)\bigg|_{s=j\omega_c}$$

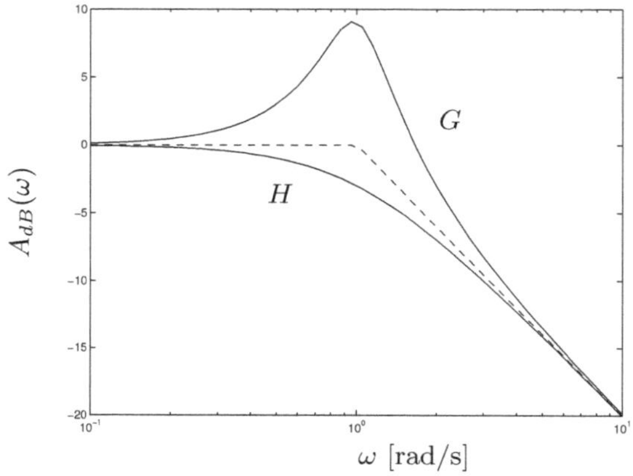

Figura 3.13: Diagrama de módulo para as funções $H(s)$ e $G(s)$

tenha um sinal conveniente para que a aproximação linear adotada para as frequências intermediárias

$$\phi(\omega) \approx \phi(\omega_c) + d_c(\log(\omega) - \log(\omega_c))$$

intercepte adequadamente as assíntotas mencionadas. Com essa hipótese suplementar, podemos facilmente determinar os valores ω_b e ω_a em que a aproximação linear proposta intercepta as assíntotas de baixa e de alta frequência fornecendo então a seguinte aproximação para todas as frequências em estudo:

$$\phi(\omega) \approx \begin{cases} 0 & , \quad 0 < \omega \leq \omega_b \\ \phi(\omega_c) + d_c(\log(\omega) - \log(\omega_c)) & , \quad \omega_b \leq \omega \leq \omega_a \\ (m-n)\pi/2 & , \quad \omega \geq \omega_a \end{cases}$$

É preciso novamente solicitar cautela para a aproximação proposta, pois erros com magnitudes importantes podem ser observados em frequências intermediárias. Geralmente a aproximação da fase produz melhores resultados que a aproximação de módulo.

Em conclusão, deve ser enfatizado que as aproximações propostas para os diagramas de módulo e de fase se restringem à classe de funções racionais de fase mínima com $n \neq m$, porém sem exigir que $n \geq m$, como é o caso das funções de transferência, que são aquelas associadas a equações diferenciais lineares com coeficientes constantes. Entretanto, deve ficar claro que os diagramas de módulo e

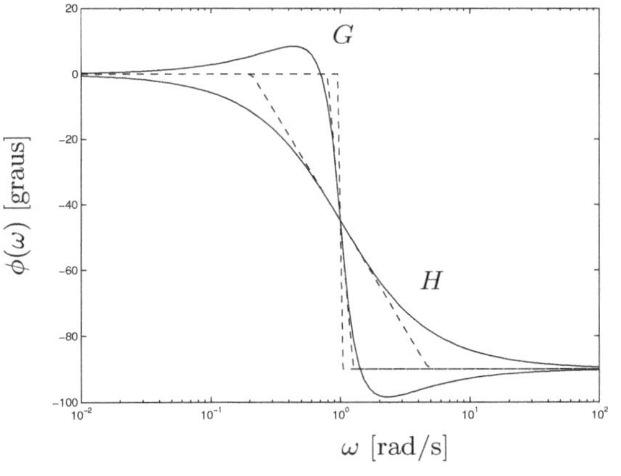

Figura 3.14: Diagrama de fase para as funções $H(s)$ e $G(s)$

de fase podem ser obtidos numericamente em qualquer caso, mesmo quando $H(s)$ não seja estável. Nesta última situação, é obvio que não podemos determinar a resposta em regime permanente, pois as hipóteses usadas não se verificam. Vale a pena também lembrar que se uma dada função $H(s)$ for decomposta na forma de um produto de N parcelas

$$H(s) = H_1(s)H_2(s)\cdots H_N(s) \tag{3.159}$$

então

$$A_{dB}(\omega) = \sum_{i=1}^{N} A_{idB}(\omega)\ , \quad \phi(\omega) = \sum_{i=1}^{N} \phi_i(\omega) \tag{3.160}$$

ou seja, os diagramas de módulo e de fase da função dada podem ser obtidos por simples soma dos respectivos diagramas das parcelas, e este fato vale também para as aproximações adotadas. Escolhendo de maneira conveniente as N parcelas, podemos simplificar os cálculos e obter resultados com maior precisão.

Exemplo 3.29 Considere as seguintes funções racionais de fase mínima:

$$H(s) = \frac{1}{s+1}\ , \quad G(s) = \frac{s+1}{s^2+0{,}5s+1}$$

sendo que para ambas temos $n - m = 1$, $K_a = K_b = 1$ e $\omega_c = 1$ rad/s. Em consequência, ambas admitem a mesma aproximação do seus respectivos diagramas de módulo, que é dada por

$$A_{dB}(\omega) \approx \begin{cases} 0 & , \quad 0 < \omega \leq 1 \\ -20\log(\omega) & , \quad \omega \geq 1 \end{cases}$$

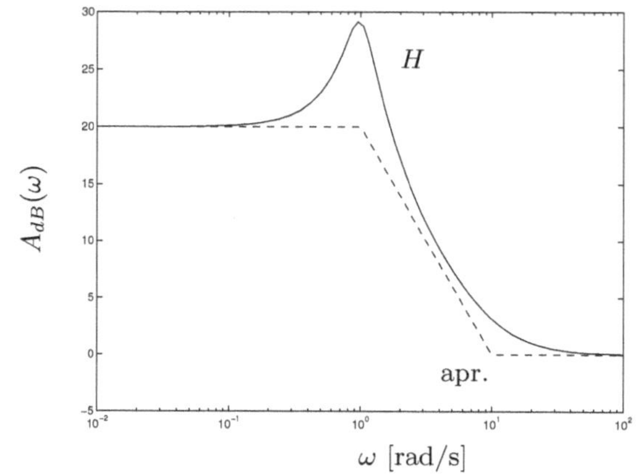

Figura 3.15: Diagrama de módulo para a função $H(s)$

A Figura 3.13 mostra os diagramas de módulo para as duas funções em linhas contínuas e o diagrama aproximado em linha tracejada. Como era de se esperar para baixas e altas frequências, todos coincidem, porém na região intermediária, próxima de $\omega = 1$, a precisão é pobre, sobretudo para a função $G(s)$. Isso também era de se esperar, pois seu diagrama exato depende fortemente do valor de $a_1 = 0{,}5$ enquanto que o diagrama aproximado não depende deste parâmetro.

Com respeito ao diagrama de fase, temos para as duas funções $\phi(\omega_c) = -45^o$ e $d_c = -0{,}5 \ln(10) \approx -1{,}15$ para $H(s)$ e $d_c = -3{,}5 \ln(10) \approx -8{,}06$ para $G(s)$. A Figura 3.14 mostra os diagramas de cada função em linhas contínuas e as aproximações em linhas tracejadas. Ao contrário do ocorrido com o diagrama de módulo, ambas as aproximações são sensivelmente melhores para $G(s)$. □

Exemplo 3.30 Considere a função $H_1(s) = s - 10$, que não é uma função de fase mínima, e a função $H_2(s) = s + 10$, que é de fase mínima. Simples inspeção mostra que

$$A_1(\omega) = A_2(\omega) \;,\quad \phi_1(\omega) = \pi - \phi_2(\omega) \;\forall\; \omega \geq 0$$

o que nos permite afirmar que o diagrama de módulo de $H_1(s)$ e de $H_2(s)$ são idênticos, fazendo com que as suas aproximações de baixa e de alta frequência sejam também idênticas. Com $K_a = 1$, $K_b = 10$ e $\omega_c = 10$, temos

$$A_{1dB}(\omega) = A_{2dB}(\omega) \approx \begin{cases} 20 & ,\quad 0 < \omega \leq 10 \\ 20\,\log(\omega) & ,\quad \omega \geq 10 \end{cases}$$

Os diagramas de fase não são os mesmos, mas diferem apenas em sinal e em um valor fixo válido para todas as frequências. Se tivermos em mãos as aproximações assintóticas de $H_2(s)$, invertendo seu respectivo sinal e adicionando π radianos para todo $\omega \geq 0$,

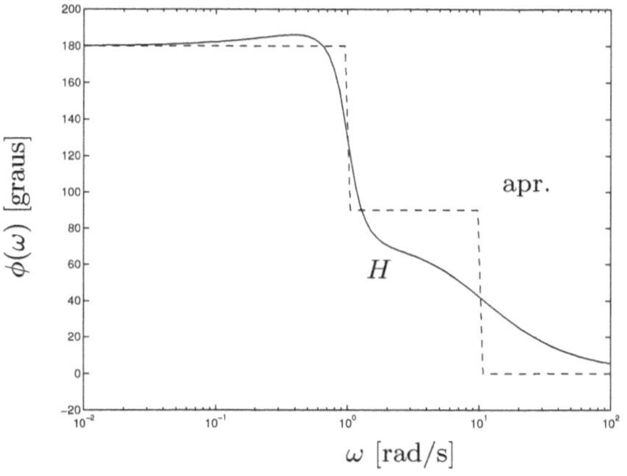

Figura 3.16: Diagrama de fase para as função $H(s)$

obtemos a aproximação assintótica de $H_1(s)$ e, consequentemente,

$$\phi_2(\omega) \approx \begin{cases} 0 & , \quad 0 < \omega \leq 10 \\ 45^o & , \quad \omega = 10 \\ 90^o & , \quad \omega \geq 10 \end{cases}$$

a qual também fornece a aproximação

$$\phi_1(\omega) \approx \begin{cases} 180^o & , \quad 0 < \omega \leq 10 \\ 135^o & , \quad \omega = 10 \\ 90^o & , \quad \omega \geq 10 \end{cases}$$

Essa é uma situação típica encontrada em funções de fase não mínima. Geralmente, não há dificuldade para manipular o diagrama de módulo, enquanto que o de fase sempre pode ser manipulado através da associação com um de fase mínima e adicionando de forma compensatória um valor constante de fase em todas as frequências do intervalo de interesse. □

Exemplo 3.31 Considere a função de transferência assintoticamente estável de fase não mínima

$$H(s) = \frac{(s+1)(s-10)}{s^2 + 0{,}5s + 1}$$

Como $n = m = 2$, não podemos aplicar diretamente os procedimentos apresentados anteriormente. Para vencermos essa dificuldade, decompomos $H(s) = H_1(s)H_2(s)$ na forma (3.159) com

$$H_1(s) = s - 10 \ , \quad H_2(s) = \frac{s+1}{s^2 + 0{,}5s + 1}$$

que são duas funções que já estudamos nos exemplos anteriores. O módulo e a fase de $H(s)$, bem como as respectivas aproximações, são obtidos através de simples soma, como indicado em (3.160). As Figuras 3.15 e 3.16 mostram os resultados obtidos. □

Terminamos esta seção introduzindo um importante resultado conhecido como Teorema de Parseval, que é normalmente enunciado e provado em um contexto ligeiramente menos abrangente.

Teorema 3.12 (Teorema de Parseval) *Seja $f(t)$ uma função tal que sua transformada de Laplace $\hat{f}(s)$ tenha um domínio $\mathcal{D}(\hat{f})$ que satisfaz*

$$\mathcal{V} = \{s \in \mathcal{D}(\hat{f})\} \cap \{-s \in \mathcal{D}(\hat{f})\} \neq \emptyset$$

Sendo γ uma linha vertical qualquer inteiramente contida em $\mathcal{V}$, a seguinte igualdade é verdadeira

$$\int_0^\infty f(t)^2 dt = \frac{1}{2\pi j}\int_\gamma \hat{f}(s)\hat{f}(-s)ds \tag{3.161}$$

Prova: A prova baseia-se no fato de que, por definição, todo $s \in \gamma$ também pertence ao domínio da transformada o que permite escrever com a fórmula da transformação inversa

$$f(t) = \frac{1}{2\pi j}\int_\gamma \hat{f}(s)e^{st}ds \ , \ t > 0$$

Por outro lado, como todo $s \in \gamma$ faz com que $-s$ também pertença ao domínio da transformada, temos

$$\hat{f}(-s) = \int_0^\infty f(t)e^{st}dt$$

que nos permite estabelecer

$$\begin{aligned}\int_0^\infty f(t)^2 dt &= \frac{1}{2\pi j}\int_0^\infty f(t)\int_\gamma \hat{f}(s)e^{st}dsdt \\ &= \frac{1}{2\pi j}\int_\gamma \hat{f}(s)\int_0^\infty f(t)e^{st}dtds \\ &= \frac{1}{2\pi j}\int_\gamma \hat{f}(s)\hat{f}(-s)ds\end{aligned}$$

que era o resultado a ser demonstrado. □

É interessante observar que a hipótese imposta no Teorema 3.12 sobre o domínio da transformada é equivalente a exigir que $\hat{f}(s)$ seja uma função assintoticamente estável. Portanto, uma escolha natural para γ é a linha vertical coincidente com o eixo imaginário, isto é, $s = j\omega$ para todo $\omega \in \mathbb{R}$. Neste caso, lembrando mais uma vez que $ds = jd\omega$, a equação (3.161) se reduz a

$$\int_0^\infty f(t)^2 dt = \frac{1}{2\pi}\int_{-\infty}^\infty \hat{f}(j\omega)\hat{f}(-j\omega)d\omega = \frac{1}{\pi}\int_0^\infty |\hat{f}(j\omega)|^2 d\omega \qquad (3.162)$$

que é a forma clássica de apresentação do teorema de Parseval. Uma outra consideração interessante e útil que deriva da prova do teorema de Parseval, como acabamos de fazer, é

$$\int_0^\infty f(t)h(t)dt = \frac{1}{2\pi j}\int_\gamma \hat{f}(s)\hat{h}(-s)ds \qquad (3.163)$$

sendo válida desde que os seus domínios sejam adequados de tal forma que seja possível escolher uma linha vertical γ tal que para todo $s \in \gamma$ tenhamos $s \in \mathcal{D}(\hat{f})$ e $-s \in \mathcal{D}(\hat{h})$. Se o domínio de $\hat{f}(s)$ for definido para todo $\text{Re}(s) > \alpha$ e o domínio de $\hat{h}(s)$ for definido para todo $\text{Re}(s) > \beta$, então a condição anterior exige que $\alpha + \beta < 0$. Em vários casos, isso implica que não podemos escolher γ como sendo o eixo imaginário, a menos que α e β sejam simultaneamente negativos. Finalmente, devemos deixar claro que as integrais que aparecem à direita nas equações (3.161) e (3.163) podem ser calculadas pelo método dos resíduos, desde que a hipótese de aplicação do Lema 3.7 seja satisfeita.

Exemplo 3.32 Seja $f(t) = 2e^{-2t}$, $t \geq 0$, cuja transformada de Laplace permite calcular

$$\begin{aligned}\hat{f}(s)\hat{f}(-s) &= \frac{4}{(s+2)(-s+2)}\\ &= \frac{1}{s+2} - \frac{1}{s-2}\end{aligned}$$

Como $\hat{f}(s)$ é uma função assintoticamente estável, podemos escolher γ como sendo o eixo imaginário e fecharmos o percurso com um semicírculo de raio infinito, contendo o semiplano esquerdo complexo. Como essa região contém apenas o ponto singular $s = -2$, cujo resíduo é 1, obtemos, pelo teorema de Parseval, o resultado esperado

$$\int_0^\infty f(t)^2 dt = 1$$

É importante alertar o leitor que, se γ tivesse sido escolhida como sendo uma linha vertical fora da região $\mathcal{V} = -2 < \text{Re}(s) < 2$, a integral calculada com auxílio do Teorema de Parseval daria sempre o resultado (errado) zero. Isso indica a necessidade de muita cautela na escolha de γ, levando em conta a hipótese explicitada no enunciado do referido teorema. □

3.5 Notas e Referências

A parte deste capítulo que trata de equações diferenciais é padrão e pode ser encontrada, embora com outro enfoque, em [19], [21] e [12], sendo esta última referência bem direcionada para diversas aplicações práticas. Há aqui uma novidade no que diz respeito à identificação de uma classe de equações com entradas não nulas que podem ser convertidas em meras equações homogêneas. No âmbito da transformada de Laplace, o livro [10] é primoroso e completo. Vários de seus resultados e manipulações matemáticas são aqui utilizados com impacto importante, em particular, no cálculo de domínios e na solução de equações diferenciais com coeficientes variantes no tempo e equações diferenciais a derivadas parciais. A determinação de transformadas inversas para funções irracionais é também tratada em [8], embora circunscrita ao contexto de modelagem e análise de linhas de transmissão. O texto [5] é uma excelente referência complementar, sendo que, ademais, apresenta uma coleção bastante vasta de exercícios propostos que representam um real desafio mesmo para aqueles já iniciados no tema. Se o leitor desejar ir além, em maior profundidade, inclusive entrando na área de projeto de sistemas de controle, as referências [7], [9] e [11] são bem apropriadas.

3.6 Exercícios

Exercício 3.1 *Prove que a matriz V definida em (3.20) pode ser escrita na forma alternativa*

$$V = \int_0^T f(t)f(t)'dt$$

onde $f(t)$ é o vetor de funções $f(t) = [f_1(t)\ f_2(t)\ \cdots\ f_m(t)]'$. Usando esse resultado, demonstre também que esse conjunto de funções é LI *se e apenas se para todo vetor não nulo $\alpha \in \mathbb{R}^m$ tivermos $\alpha' V \alpha > 0$.*

Exercício 3.2 *Considere um conjunto de m funções $f_j(t)$, $j = 1, 2, \cdots, m$ continuamente diferenciáveis no intervalo $(0, T)$. Defina a matriz quadrada, não necessariamente simétrica,*

$$W(t) = \begin{bmatrix} f_1(t) & f_2(t) & \cdots & f_m(t) \\ f_1^{(1)}(t) & f_2^{(1)}(t) & \cdots & f_m^{(1)}(t) \\ \vdots & \vdots & \vdots & \vdots \\ f_1^{(m-1)}(t) & f_2^{(m-1)}(t) & \cdots & f_m^{(m-1)}(t) \end{bmatrix}$$

onde $f_j^{(k)}(t)$ indica a derivada de ordem k da função $f_j(t)$. Prove que esse conjunto é LI *se $\det[W(t)] \neq 0$ para algum $t \in (0, T)$ e é* LD *se $\det[W(t)] = 0$ para todo $t \in (0, T)$.*

Exercício 3.3 *Considere um conjunto de m funções contínuas* $f_j(t)$, $j = 1, 2, \cdots, m$ *no intervalo* $(0, T)$. *Deseja-se, se possível, determinar um outro conjunto de funções* $g_k(t)$, $k = 1, 2, \cdots, m$ *que sejam ortogonais entre si. Defina*

$$g_1(t) = f_1(t)$$
$$g_k(t) = f_k(t) - \sum_{j=1}^{k-1} \frac{\langle f_k, g_j \rangle}{\langle g_j, g_j \rangle} g_j(t) \ , \quad k = 2, 3, \cdots, m$$

chamado procedimento de ortogonalização de Gram-Schmidt.

a) Prove que, se o conjunto de funções dado for LI, *então as funções obtidas pelo procedimento são ortogonais entre si.*

b) Prove que, se o conjunto de funções dado for LD, *então, para algum* k, $g_k(t) = 0$ *em todo o intervalo considerado.*

Dica: *Suponha que as funções* $g_j(t)$, $j = 1, 2, \cdots, k-1$ *são ortogonais entre si. Defina*

$$g_k(t) = f_k(t) + \sum_{j=1}^{k-1} \alpha_{kj} g_j(t)$$

e determine as constantes indicadas resolvendo o problema $\min \|g_k\|^2$. *Note ainda que as condições que caracterizam a solução deste problema fazem com que a ortogonalidade requerida necessariamente ocorra.*

Exercício 3.4 *Considere um conjunto linearmente independente de m funções contínuas* $f_j(t)$, $j = 1, 2, \cdots, m$ *no intervalo* $(0, T)$. *Deseja-se obter um outro conjunto de funções* $g_k(t)$, $k = 1, 2, \cdots, m$ *que sejam ortonormais. Com* $f(t) = [f_1(t)\ f_2(t)\ \cdots\ f_m(t)]'$, $g(t) = [g_1(t)\ g_2(t)\ \cdots\ g_m(t)]'$ *e* V *a matriz definida no Exercício 3.1, mostre que:*

a) $g(t) = V^{-1/2} f(t)$.

b) O método de Gram-Schmidt, para ortonormalização é recuperado se tomarmos $g(t) = L^{-1} f(t)$, *onde* L *tal que* $V = LL'$, *é obtida pela fatoração de* Cholesky *da matriz* V.

Exercício 3.5 *Para o conjunto de funções* $\mathcal{I} = \{e^t, te^t, e^{2t}\}$, *determine a matriz* $W(t)$ *definida no Exercício 3.2 e mostre que seu determinante é diferente de zero para todo* $t \in \mathbb{R}$. *Refaça o mesmo cálculo para o conjunto de funções* $\mathcal{I} = \{e^t, te^t, t^2 e^t\}$.

Exercício 3.6 *Verifique se os conjuntos de funções dados abaixo são* LI *no intervalo* $(0, T)$ *utilizando, para tanto, os três métodos introduzidos nos exercícios anteriores. Compare o esforço necessário para aplicar cada um deles.*

a) $\{1, t\}$ *para* $T = 1$.

b) $\{\cos(t), \cos(t - \pi/4)\}$ *para* $T = \pi$.

c) $\{e^t, e^{2t}, e^{-t}\}$ *para* $T = 1$.

d) $\{e^t, te^t, e^{-t}\}$ *para* $T = 1$.

e) $\{\text{sen}(t), \text{sen}(2t), \text{sen}(3t)\}$ *para* $T > 0$ *arbitrário.*

Implemente os procedimentos utilizados e discuta as dificuldades numéricas encontradas.

Exercício 3.7 *Considere a equação diferencial homogênea* $D[y(t)] = 0$. *Mostre que, se* λ_i *é uma raiz de multiplicidade* $2 \leq k \leq n$ *da equação característica* $\Delta_D(\lambda) = 0$, *então sua solução geral é dada pela combinação linear das funções do conjunto*

$$\mathcal{I} = \left\{e^{\lambda_1 t}, \cdots, e^{\lambda_i t}, \cdots, t^{k-1}e^{\lambda_i t}, \cdots, e^{\lambda_n t}\right\}$$

Exercício 3.8 *Considere a equação diferencial homogênea* $D[y(t)] = 0$, *com as suas condições iniciais colocadas no vetor*

$$w_0 = \left[\begin{array}{cccc} y(0) & y^{(1)}(0) & \cdots & y^{(n-1)}(0) \end{array} \right]' \in \mathbb{R}^n$$

Considere ainda que todas as raízes da equação característica $\Delta_D(\lambda) = 0$ *são distintas entre si. Mostre que a sua solução é dada por (3.22), onde as constantes* c_i, $i = 1, 2, \cdots, n$ *colocadas como os elementos do vetor* $c \in \mathbb{R}^n$, *são unicamente determinadas pela solução do sistema linear* $W_0 c = w_0$, *onde* W_0 *é a matriz definida em (3.24).*

Exercício 3.9 *Resolva a equação diferencial linear homogênea*

$$\ddot{y}(t) + 3\dot{y}(t) + 2y(t) = 0$$

considerando as seguintes condições iniciais:

a) $y(0) = 1$ *e* $\dot{y}(0) = 0$.

b) $y(0) = 0$ *e* $\dot{y}(0) = 1$.

Exercício 3.10 *Refaça o exercício anterior para* $\ddot{y}(t) + 2\dot{y}(t) + y(t) = 0$.

Exercício 3.11 *Seja a função*

$$g(t) = g_1 e^{\mu_1 t} + g_2 e^{\mu_2 t} + \cdots + g_m e^{\mu_m t}$$

onde os escalares μ_j, $j = 1, 2, \cdots, m$ *são diferentes entre si. Mostre que, se* $g(t)$ *e todas as suas derivadas sucessivas até a de ordem* $m - 1$ *formam um conjunto* LI, *então* M *definida em (3.31) é uma matriz não singular.*

Exercício 3.12 *Resolva, analítica e numericamente, as equações diferenciais lineares indicadas em seguida:*

a) $\ddot{y}(t) - y(t) = 2$, $y(0) = 0$ *e* $\dot{y}(0) = 2$.

b) $\dot{y}(t) + y(t) = \text{sen}(t)$, $y(0) = 3$.

c) $\ddot{y}(t) + 2\dot{y}(t) + 2y(t) = 5$, $y(0) = 2$ *e* $\dot{y}(0) = 4$.

Exercício 3.13 *Resolva a equação diferencial* $D[y(t)] = g(t)$ *considerando os casos:*

a) $\Delta_D(\lambda) = \lambda^2 - 4\lambda + 4$, $g(t) = 5t$, $y(0) = 1$ *e* $\dot{y}(0) = 6$.

b) $\Delta_D(\lambda) = (\lambda + 1)(\lambda^2 + 2\lambda + 1)$, $g(t) = e^{-t}$, *com condições iniciais nulas.*

c) $\Delta_D(\lambda) = \lambda^2 + 5\lambda + 4$, $g(t) = t^2 + e^{-t}$, *com condições iniciais nulas.*

Exercício 3.14 *Considere a equação diferencial de segunda ordem*

$$\ddot{y}(t) + 2\xi\omega_n\dot{y}(t) + \omega_n^2 y(t) = 0 \ , \quad y(0) = 0 \ , \ \dot{y}(0) = v_0$$

onde $0 < \xi < 1$. *Definido* $\omega_d = \omega_n\sqrt{1 - \xi^2}$, *mostre que:*

a) Sua solução é dada por

$$y(t) = \frac{v_0}{\omega_d} e^{-\xi\omega_n t}\text{sen}(\omega_d t)$$

b) O primeiro máximo de $y(t)$ *ocorre para* $t = t_M$, *caracterizado por*

$$\omega_d t_M = \phi \ , \quad \text{tg}(\phi) = \frac{\sqrt{1 - \xi^2}}{\xi}$$

c) O primeiro mínimo de $y(t)$ *ocorre para* $t = t_m$, *caracterizado por* $\omega_d t_m = \phi + \pi$.

d) Vale a seguinte relação:

$$\ln\left(\frac{|y(t_M)|}{|y(t_m)|}\right) = \frac{\pi}{\text{tg}(\phi)}$$

Exercício 3.15 *Um dispositivo de frenagem de uma estrada de ferro é constituído por uma massa acoplada a um sistema mola-amortecedor. Um vagão engata nesse dispositivo com uma velocidade* v_0. *Após um determinado engate, registrou-se o deslocamento do conjunto vagão-freio em relação à posição de repouso, conforme mostrado na Figura 3.17.*

a) Verifique que a equação diferencial que descreve o comportamento do deslocamento, após o choque, é do mesmo tipo daquela do exercício anterior.

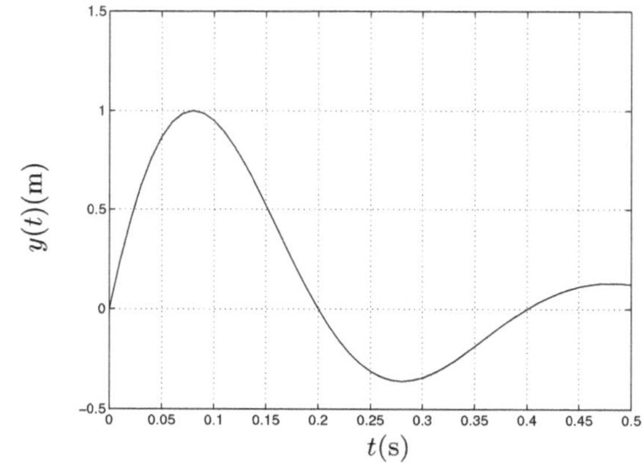

Figura 3.17: Deslocamento após o engate

b) Determine os parâmetros ξ, ω_n, ω_d e a velocidade do vagão no momento do engate.

c) Supondo que, 0,5 segundo após o engate, o amortecedor quebra, determine o deslocamento $y(t)$.

Exercício 3.16 *Determine a transformada de Laplace e o seu respectivo domínio para as seguintes funções, sabendo-se que $f(t) = 0$ para todo $t < 0$.*

a) $f(t) = \text{sen}(t)$.

b) $f(t) = \text{senh}(t)$.

c) $f(t) = e^t + e^{-t}\cos(t)$.

d) $f(t) = e^{-t} + e^t\cos(t)$.

Exercício 3.17 *Considere $h(t)$ uma função tal que $h(t) = 0$ para todo $t < 0$. Defina em todo o intervalo real $t \in (-\infty, \infty)$ a função $f(t) = h(t) + h(-t)$. Expresse $\hat{f}(s)$ e $\mathcal{D}(\hat{f})$ em termos de $\hat{h}(s)$ e $\mathcal{D}(\hat{h})$.*

Exercício 3.18 *Com relação ao Teorema 3.2, prove que, sendo $\hat{f}_1(s)$ e $\hat{f}_2(s)$ funções racionais, então existem escalares c_1 e c_2 tais que*

$$\mathcal{D}(\hat{f}) \neq \mathcal{D}(\hat{f}_1) \cap \mathcal{D}(\hat{f}_2)$$

se e apenas se os polos que definem seus respectivos domínios são coincidentes e apresentam a mesma multiplicidade.

Exercício 3.19 *Determine a solução geral da seguinte equação diferencial de segunda ordem, sujeita a condições iniciais nulas:*

$$\ddot{y}(t) + \omega_n^2 y(t) = f(t) \ , \quad f(t) = \begin{cases} 1 & , \quad 0 \leq t \leq 2\pi/\omega_n \\ 0 & , \quad t > 2\pi/\omega_n \end{cases}$$

Exercício 3.20 *Usando a transformada de Laplace, determine a solução geral da equação íntegro-diferencial*

$$\dot{y}(t) + 3y(t) + 2\int_0^t y(\tau)d\tau = 7$$

com a condição inicial $y(0) = 5$.

Exercício 3.21 *Para o circuito elétrico da Figura 3.18 adote, em um sistema coerente de unidades, os seguintes valores numéricos para os dispositivos nele indicados:* $R_g = 10$, $R_k = 2$, $R_p = 1$, $R_L = 5$, $C_p = 1$ *e* $\mu = 0{,}5$.

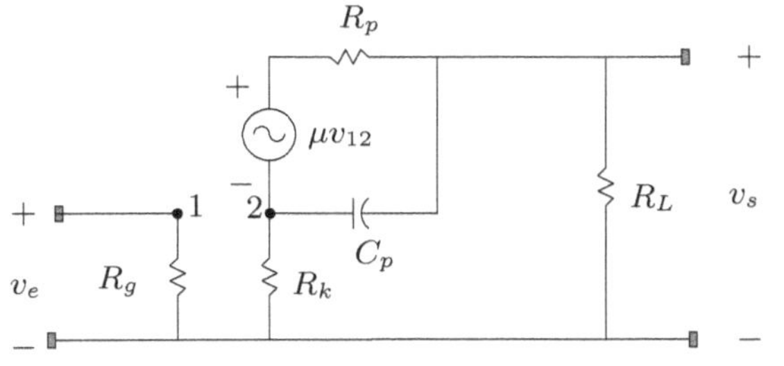

Figura 3.18: Circuito elétrico com fonte controlada

a) Determine analiticamente a função de transferência $H(s) = \hat{v}_s(s)/\hat{v}_e(s)$, *entre as tensões de entrada e de saída.*

b) Adotando o procedimento introduzido anteriormente, determine a sua resposta ao impulso unitário.

c) Adotando o procedimento introduzido anteriormente, determine a sua resposta ao degrau unitário.

Exercício 3.22 *Determine, para as funções dadas abaixo, os seus domínios e suas respectivas transformadas de Laplace inversas:*

$$\hat{f}(s) = \frac{1 - e^{-4s}}{s+3} \ , \quad \hat{f}(s) = \ln\left(\frac{s}{s^2+9}\right)$$

Generalize este exercício e determine o domínio e a transformada de Laplace inversa de $\hat{f}(s) = \ln(H(s))$ em que

$$H(s) = \kappa \frac{\prod_{i=1}^{m}(s - z_i)}{\prod_{i=1}^{n}(s - p_i)}$$

com $\kappa > 0$.

Exercício 3.23 *Considere $\hat{h}(s)$ uma função cujo domínio é tal que $s = 0 \in \mathcal{D}(\hat{h})$. Mostre que as seguintes igualdades são verdadeiras:*

$$\left.\frac{d}{d\omega}\phi(\omega)\right|_{\omega=0} = \left.\frac{d}{ds}\ln(\hat{h}(s))\right|_{s=0} = -\frac{\int_0^\infty th(t)dt}{\int_0^\infty h(t)dt}$$

Interprete este resultado aplicando-o às seguintes funções:

$$\hat{h}(s) = \frac{1}{\tau s + 1} \ , \quad h(t) = \begin{cases} 1 & , \quad t \in [10, \ 12] \\ 0 & , \quad t \notin [10, \ 12] \end{cases}$$

Exercício 3.24 *O diagrama de Bode assintótico de módulo de um sistema dinâmico de fase mínima é dado na Figura 3.19.*

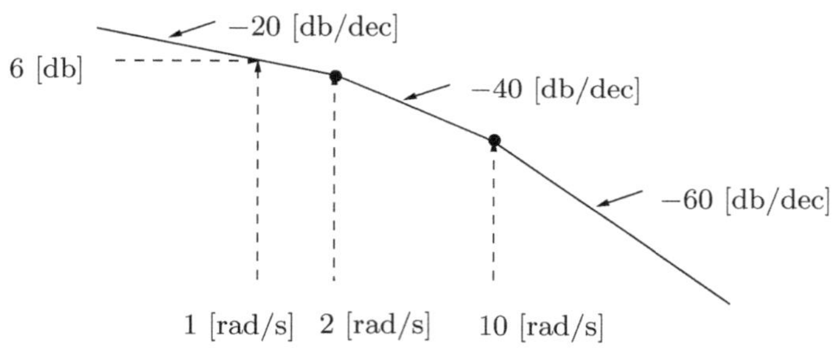

Figura 3.19: Diagrama assintótico de módulo

a) Determine sua função de transferência $H(s)$ e sua resposta ao impulso unitário $h(t)$.

b) Esboce seu diagrama de Bode de fase.

c) Determine sua resposta em regime permanente correspondente à seguinte entrada: $g(t) = 5\text{sen}(5t) + \text{sen}(20t)$, para todo $t \geq 0$.

Exercício 3.25 *Determine, com auxílio da transformada de Laplace, a solução geral do sistema de equações diferenciais $\dot{y}(t) = x(t) - 1$ e $\dot{x}(t) = y(t) + 1$, sujeito às condições iniciais $y(0) = 0$ e $x(0) = 1$.*

Capítulo 4

Fundamentos de Dinâmica Discreta

4.1 Introdução

O objetivo deste capítulo é estudar sistemas dinâmicos discretos. Por serem dinâmicos, são primeiramente caracterizados pelo fato de que o seu comportamento em um determinado instante de tempo depende de eventos ocorridos naquele instante e em instantes de tempo passados. O fato marcante a ser desde logo enfatizado é que sua evolução não é caracterizada continuamente, mas sim em instantes isolados ou discretos de tempo. Assim sendo, seu modelo matemático não é descrito através de equações diferenciais, as quais, como já sabemos, envolvem derivadas sucessivas de uma determinada variável de interesse, mas sim através de equações a diferenças que relacionam os valores da grandeza em estudo em intervalos finitos de tempo.

Diversos sistemas dinâmicos são naturalmente representados de forma discreta. Por exemplo, suponha que um bem qualquer foi adquirido em um determinado ano, no passado, por V_0 unidades monetárias e deseja-se determinar seu valor presente em um ambiente sujeito a uma inflação anual de i %. Considerando $k = 0$ o ano da compra e $k = L$ o ano atual, então o seu valor em cada ano é dado por

$$V(k) = (1 + i/100)^k V_0 \ , \ \ k = 0, 1, \cdots, L \tag{4.1}$$

De fato, no ano inicial $k = 0$ o seu valor é dado por $V(0) = V_0$, no ano $k = 1$ o seu valor já deflacionado, expresso nas mesmas unidades monetárias, é dado por $V(1) = rV_0$ com $r = 1 + i/100$, e assim sucessivamente para $k = 2, \cdots, L$. A função $V(k) : \mathbb{N} \rightarrow \mathbb{R}$ define, na verdade, uma sequência cujo elemento genérico é

$V(k)$ e que satisfaz, como pode ser facilmente verificado, a equação a diferenças

$$V(k+1) - rV(k) = 0 \ , \ V(0) = V_0 \tag{4.2}$$

para todo $k \in \mathbb{N}$. O valor atual do bem em questão é dado simplesmente por $V(L) = r^L V_0$. Neste caso em que a taxa de inflação é considerada constante, a sequência obtida é uma progressão geométrica com razão igual a $r > 0$. Porém, se a taxa de inflação variar no decorrer do tempo, em (4.2) a constante r torna-se uma função $r(k)$ e o valor presente não mais é expresso na forma de uma progressão geométrica.

Como foi ilustrado, de maneira genérica, uma equação a diferenças tem como solução uma função com domínio no conjunto dos números naturais $k \in \mathbb{N}$. Assim sendo, calculando o valor da referida função para $k = 0, 1, \cdots, \infty$ estaremos gerando os elementos de uma sequência. Por exemplo, a famosa sequência de Fibonacci

$$0, 1, 1, 2, 3, 5, 8, 13, 21, \cdots$$

é formada ao se definir um dos seus elementos genéricos como sendo igual à soma dos seus dois predecessores imediatos. Denotando seu elemento genérico por $f(k)$, devemos ter

$$f(k+2) - f(k+1) - f(k) = 0 \tag{4.3}$$

que deve ser satisfeita para todo $k \in \mathbb{N}$ e sujeita às condições iniciais $f(0) = 0$ e $f(1) = 1$. Note que, fazendo $k = 0$ em (4.3), obtemos imediatamente $f(2)$ e, em seguida, fazendo $k = 1$, obtemos $f(3)$, e assim sucessivamente podemos gerar todos os elementos da sequência. O ponto importante a ser ressaltado é que o termo genérico da sequência de Fibonacci é dado por

$$f(k) = \frac{1}{\sqrt{5}} \left[\left(\frac{1+\sqrt{5}}{2} \right)^k - \left(\frac{1-\sqrt{5}}{2} \right)^k \right] \ , \quad k \in \mathbb{N}$$

e, como o leitor pode observar, não é uma tarefa fácil obtê-lo analisando apenas a lei de formação dos seus elementos. A maneira de calcular o termo genérico é resolver a equação a diferenças (4.3), que é o objeto de estudo do presente capítulo.

Exemplo 4.1 Uma pessoa faz um empréstimo de e_0 Reais em um banco que cobra uma taxa de juros mensal igual a i %. O tomador do empréstimo deseja saldar sua dívida em L meses, pagando uma prestação mensal constante igual a p. O objetivo é determinar o valor da prestação mensal p.

Definindo $e(k), k = 0, 1, \cdots$ como sendo o valor da dívida no mês k correspondente, a sua evolução no tempo segue o modelo matemático

$$\begin{aligned} e(k+1) &= (1 + i/100)e(k) - p \\ e(0) &= e_0 \end{aligned}$$

que expressa, simplesmente, que a dívida em um mês subsequente é igual à dívida no mês corrente mais o montante relativo aos juros e menos o valor da prestação paga. Essa é uma equação a diferenças finitas que será objeto de estudo detalhado dado a seguir. No presente momento, vamos determinar sua solução, lembrando que a quantidade p é constante em relação a k. Calculando sucessivamente os valores de $e(1), e(2), \cdots$, notamos que, em um mês genérico k, a dívida é dada por

$$e(k) = r^k e_0 - \left[1 + r + r^2 + \cdots + r^{k-1}\right] p$$

onde $r = 1 + i/100$. A relação acima pode ser reescrita de forma mais compacta, notando que no seu segundo membro aparece a soma dos k primeiros termos de uma progressão geométrica de razão $r > 1$, ou seja,

$$e(k) = r^k e_0 - \frac{r^k - 1}{r - 1}\, p$$

Como o tomador do empréstimo deseja saldar a dívida em L meses, impondo-se $e(L) = 0$, resulta

$$p = \frac{r-1}{1 - r^{-L}} e_0$$

que é o valor da parcela a ser paga. Para se ter uma ideia do custo do dinheiro envolvido nessa operação, considere uma taxa de juros mensal de 5% e $L = 12$. Neste caso, $p = 0{,}1128e_0$ e portanto, o montante total pago ao banco será $Lp = 1{,}3539e_0$. Isto é, o custo do dinheiro corresponde a aproximadamente 35% do montante inicialmente emprestado. Note que, se a mesma pessoa tomasse a decisão de não pagar nenhuma prestação mensal e, portanto, saldasse a dívida toda no final do período, deveria pagar $p = e(L) = 1{,}7959e_0$. □

Exemplo 4.2 Um modelo discreto para a evolução de duas populações isoladas que atuam de forma competitiva entre si é dado a seguir. Considere $x(k)$ e $y(k)$ as populações, no ano $k \in \mathbb{N}$, de lobos e de cordeiros, respectivamente, que se encontram confinadas em um determinado ambiente isolado. Inicialmente, no ano $k = 0$, temos $x(0) = x_0$ lobos e $y(0) = y_0$ cordeiros. Os lobos, para se manterem vivos, devem se alimentar de cordeiros, os quais têm comida suficiente qualquer que seja sua população. O modelo matemático pode ser escrito na forma

$$\begin{aligned} x(k+1) &= \alpha x(k) + \gamma x(k)y(k) \\ y(k+1) &= \beta y(k) - \gamma x(k)y(k) \end{aligned}$$

com $\alpha = 0{,}8 < 1$, $\beta = 1{,}1 > 1$ e $\gamma = 0{,}001$. Note que esta escolha traduz que a população de lobos diminui 20% ao ano se nenhum cordeiro estiver disponível para sua alimentação.

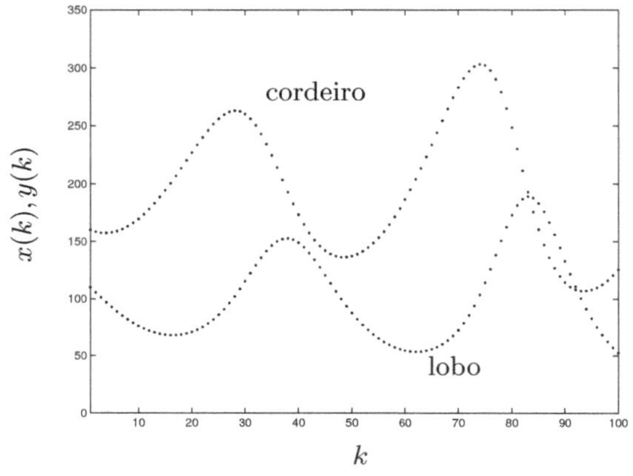

Figura 4.1: Evolução no tempo das populações

Por outro lado, sem lobos a população de cordeiros cresce a uma taxa de 10% ao ano. O modelo ainda considera que, como o número de encontros entre lobos e cordeiros depende do produto do número de elementos de cada população, o aumento do número de lobos e a diminuição do número de cordeiros são proporcionais ao produto $x(k)y(k)$. Por simplicidade, consideramos nas duas equações o mesmo fator de proporcionalidade γ.

É interessante observar que as equações anteriores admitem dois pontos de equilíbrio $(\bar{x}, \bar{y})$ de tal forma que, se $x(0) = \bar{x}$ e $y(0) = \bar{y}$, então $x(k) = \bar{x}$ e $y(k) = \bar{y}$ para todo $k \in \mathbb{N}$. Obviamente, um deles é $(\bar{x}, \bar{y}) = (0, 0)$, enquanto que o outro é dado por

$$\bar{x} = \frac{\beta - 1}{\gamma} = 100 \text{ lobos}$$

$$\bar{y} = \frac{1 - \alpha}{\gamma} = 200 \text{ cordeiros}$$

A Figura 4.1 mostra a evolução de cada população, a partir de condições iniciais um pouco distantes dos valores que caracterizam o segundo ponto de equilíbrio, isto é, $x_0 = 110$ e $y_0 = 160$. Observe que as sequências $x(k)$ e $y(k)$ são bastante oscilatórias, indicando a importância relativa dos termos de acoplamento não lineares, presentes nas duas equações a diferenças que definem o comportamento dinâmico das duas populações. Além disso, como pode ser verificado via simulação numérica, essas sequências são divergentes devido à hipótese de existência de uma quantidade inesgotável de alimentos disponível para a população de cordeiros. □

A seguir vamos estudar os mais variados e importantes aspectos dos sistemas dinâmicos discretos no tempo. Tentaremos, ao máximo, seguir os mesmos tópicos, técnicas e manipulações algébricas já sedimentados no decorrer do capítulo anterior. A dificuldade maior reside em termos que manipular sequências ou funções de variáveis discretas, e não funções de variáveis contínuas, como ocorreu no estudo de sistemas contínuos no tempo.

4.2 Equações a Diferenças

Como ilustramos através dos exemplos anteriores, uma equação a diferenças, na sua forma mais abrangente, é uma relação genérica que envolve o valor da incógnita em diversos instantes discretos do tempo. De forma geral, ela pode ser expressa como

$$f\left(y(k+n), \cdots, y(k+1), y(k)\right) = g(k) \tag{4.4}$$

que deve ser satisfeita para todo $k = 0, 1, \cdots, L$. A função $g(k)$ é devidamente conhecida para todo $k \in \mathbb{N}$ no intervalo considerado. A função $y(k)$ é a incógnita e deve ser determinada para todo $k = 0, 1, \cdots, L$. O escalar $n \in \mathbb{N}$ é dado e define a ordem da equação em questão. Adotando-se um raciocínio bastante simples, é fácil verificar, por substituição, que se $f(\cdot)$ permitir explicitar $y(k+n)$ em função de $y(k+n-1), \cdots, y(k)$, então (4.4) admite sempre uma única solução desde que os valores de $y(0), y(1), \cdots, y(n-1)$ sejam especificados. Essa propriedade, como sabemos, não se verifica para uma equação diferencial genérica. Por exemplo, a equação a diferenças não linear de primeira ordem

$$y(k+1)y(k) = 1$$

definida para todo $k \in \mathbb{N}$ admite a família de soluções

$$y(k) = a^{(-1)^k}$$

parametrizadas em $a \in \mathbb{R}$ não nulo. A escolha de uma determinada solução dentro dessa família é feita através da fixação de uma condição inicial. Com $y(0) = 1$, temos $a = 1$ que fornece a solução trivial $y(k) = 1$. A equação a diferenças não linear de primeira ordem

$$y(k+1) - \frac{y(k)}{1 + y(k)} = 0$$

definida para todo $k \in \mathbb{N}$ é satisfeita pela família de soluções

$$y(k) = \frac{a}{ak + 1}$$

com $a \in \mathbb{R}$ arbitrário, porém diferente de -1, que corresponde a $y(0) = -1$. De fato, essa igualdade, se ocorresse, faria com que $y(1)$ fosse ilimitado, tornando-se impossível a determinação dos elementos subsequentes da solução. Esses exemplos tornam aparente que, se desejarmos explicitar propriedades gerais para a solução de equações a diferenças, é imperativo escolher uma classe particular. A mais importante delas é aquela caracterizada por $f(\cdot)$ em (4.4) ser uma função *linear*, que é o objeto principal de estudo desta seção.

Neste caso, desejamos determinar a função $y(k)$ para todo $k \in \mathbb{N}$ que satisfaça a equação a diferenças

$$a_n y(k+n) + a_{n-1} y(k+n-1) + \cdots + a_1 y(k+1) + a_0 y(k) = g(k) \tag{4.5}$$

onde $g(k)$ é uma função conhecida em todo o intervalo de interesse, os coeficientes $a_i \in \mathbb{R}$ para todo $i = 0, 1, \cdots, n$ são constantes e $a_n \neq 0$. Sem perda de generalidade, supomos que $a_n = 1$. A fim de simplificar a notação, definimos o operador

$$D[y(k)] = \sum_{i=0}^{n} a_i y(k+i) \tag{4.6}$$

para toda e qualquer função $y(k)$ definida para $k \in \mathbb{N}$. Desta maneira, a equação a diferenças linear (4.5) pode ser reescrita na forma compacta

$$D[y(k)] = g(k) \ , \ k \in \mathbb{N} \tag{4.7}$$

Como se pode facilmente verificar, esse operador é *linear*. De fato, dadas duas funções $y_1(k)$ e $y_2(k)$ e dois escalares α_1 e α_2 quaisquer, temos

$$D[\alpha_1 y_1(k) + \alpha_2 y_2(k)] = \alpha_1 D[y_1(k)] + \alpha_2 D[y_2(k)]$$

O polinômio $\Delta_D(\mu)$ de grau n e coeficientes reais

$$\Delta_D(\mu) = a_n \mu^n + a_{n-1} \mu^{n-1} + \cdots + a_1 \mu + a_0$$

é o *polinômio característico* do operador $D[\cdot]$. A equação algébrica $\Delta_D(\mu) = 0$ é chamada *equação característica* e admite, no campo dos números complexos, contando as eventuais multiplicidades existentes, n raízes, como decorrência do fato de que todos os seus coeficientes são reais. O resultado expresso a seguir é importante para a decomposição desse operador linear.

Lema 4.1 *Seja $D[y(k)]$ o operador linear definido em (4.6). Seja ainda $\mu_i, i = 1, 2, \cdots, n$ as raízes de sua equação característica $\Delta_D(\mu) = 0$. A seguinte decomposição é válida:*

$$D[\cdot] = D_1[D_2[\cdots D_n[\cdot] \cdots]] \tag{4.8}$$

onde $D_i[\cdot]$, $i = 1, 2, \cdots, n$ *são os operadores lineares de primeira ordem*

$$D_i[y(k)] = y(k+1) - \mu_i y(k)$$

Prova: Considerando inicialmente o caso $n = 2$, obtemos imediatamente

$$\begin{aligned} D_1[D_2[y(k)]] &= D_1[y(k+1) - \mu_2 y(k)] \\ &= (y(k+2) - \mu_2 y(k+1)) - \mu_1(y(k+1) - \mu_2 y(k)) \\ &= y(k+2) - (\mu_1 + \mu_2)y(k+1) + \mu_1\mu_2 y(k) \\ &= D[y(k)] \end{aligned}$$

onde a última igualdade decorre do fato de que $a_n = a_2 = 1$ e que, neste caso, $\mu_1 + \mu_2 = -a_1$ e $\mu_1\mu_2 = a_0$. O caso geral em que $n \geq 3$ é provado utilizando a relação acima de forma recursiva. □

Esse resultado tem uma implicação importante. Em princípio, ele permite decompor uma equação a diferenças de ordem n em n equações a diferenças, todas de ordem um. Esse tipo de decomposição está na base da chamada representação de estado de equações a diferenças, tópico que será visto com detalhes mais adiante.

Teorema 4.1 (Existência e unicidade) *Seja* $g(k)$ *uma função definida para todo* $k \in \mathbb{N}$. *A equação a diferenças* $D[y(k)] = g(k)$, *com as condições iniciais*

$$y(0)\ ,\quad y(1)\ ,\quad \cdots\ ,\quad y(n-1) \tag{4.9}$$

especificadas, admite uma única solução $y(k)$, *para todo* $k \in \mathbb{N}$.

O resultado desse teorema decorre da hipótese $a_n = 1$ e das condições iniciais (4.9). De fato, com o auxílio de (4.5), podemos explicitar

$$y(k+n) = g(k) - \sum_{i=0}^{n-1} a_i y(k+i)$$

que permite calcular $y(n), y(n+1), \cdots$ a partir do conhecimento de $g(k)$ e das condições iniciais (4.9), fazendo sucessivamente $k = 0, 1, \cdots$ e calculando o elemento correspondente. Observe, portanto, que não há dificuldade alguma para calcular numericamente a solução de uma equação a diferenças de qualquer ordem. A real dificuldade está em sermos capazes de expressar analiticamente sua solução na forma de uma função $y(k)$ válida em todo $k \in \mathbb{N}$. Com esse objetivo em mente, vamos analisar alguns resultados preliminares importantes.

Definição 4.1 (Independência linear) *As funções $f_i(k) \in \mathbb{R}$, $i = 1, 2, \cdots, m$ são linearmente independentes (LI) em $k \in \mathbb{N}$ se para $\alpha_1 \in \mathbb{R}, \cdots, \alpha_m \in \mathbb{R}$,*

$$\epsilon(k) = \sum_{i=1}^{m} \alpha_i f_i(k) = 0 \ , \quad \forall \ k \in \mathbb{N} \implies \alpha_1 = \alpha_2 = \cdots = \alpha_m = 0 \tag{4.10}$$

Caso contrário, as funções são ditas linearmente dependentes (LD).

A partir dessa definição, verificamos que duas funções são LD apenas se elas forem proporcionais entre si. No caso geral, a própria definição permite a elaboração de um teste simples para verificar se m funções dadas são LI. De fato, impondo que $\epsilon(k)$ seja nulo apenas para $k = 0, 1, \cdots, m-1$ em (4.10), obtemos

$$W_0 \alpha = 0 \tag{4.11}$$

onde a matriz $W_0 \in \mathbb{R}^{m \times m}$ e o vetor $\alpha \in \mathbb{R}^m$ são dados por

$$W_0 = \begin{bmatrix} f_1(0) & f_2(0) & \cdots & f_m(0) \\ f_1(1) & f_2(1) & \cdots & f_m(1) \\ \vdots & \vdots & \vdots & \vdots \\ f_1(m-1) & f_2(m-1) & \cdots & f_m(m-1) \end{bmatrix} , \quad \alpha = \begin{bmatrix} \alpha_1 \\ \alpha_2 \\ \vdots \\ \alpha_m \end{bmatrix} \tag{4.12}$$

Se W_0 for uma matriz não singular, ou seja, se $\det[W_0] \neq 0$, então $\alpha = 0$ é a única solução possível para (4.11). Isso naturalmente implica que $\epsilon(k)$ seja nulo para todo $k \in \mathbb{N}$ apenas se $\alpha = 0$. O que leva à conclusão de que as funções em consideração sejam LI. Por ser muito simples e de fácil verificação, a condição de que W_0 seja uma matriz não singular é apenas suficiente, e não necessária e suficiente, para independência linear. A consequência é que, se W_0 for singular, nenhuma conclusão é possível, isto é, não é possível concluir que as funções consideradas sejam, de fato, LD.

Exemplo 4.3 As funções $f_1(k) = 1$ e $f_2(k) = k$ para $k \in \mathbb{N}$ são LI, pois não são proporcionais entre si. A matriz $W_0 \in \mathbb{R}^{2 \times 2}$ é dada por

$$W_0 = \begin{bmatrix} 1 & 0 \\ 1 & 1 \end{bmatrix} \implies \det[W_0] = 1 \neq 0$$

As funções $f_1(k) = 2^k$ e $f_2(k) = 3^k$, que definem os termos genéricos de duas sequências geométricas, também são LI, pois

$$W_0 = \begin{bmatrix} 1 & 1 \\ 2 & 3 \end{bmatrix} \implies \det[W_0] = 1 \neq 0$$

As funções trigonométricas $f_1(k) = \cos(\theta k)$ e $f_2(k) = \text{sen}(\theta k)$ são tais que

$$W_0 = \begin{bmatrix} 1 & 0 \\ \cos(\theta) & \text{sen}(\theta) \end{bmatrix} \Longrightarrow \det[W_0] = \text{sen}(\theta)$$

e a conclusão é que, se $\theta \in \mathbb{R}$ for tal que $\text{sen}(\theta) \neq 0$, então elas são LI. No caso contrário, embora $\det[W_0] = 0$ não permita nenhuma conclusão, elas são LD, pois $f_2(k) = 0$ para todo $k \in \mathbb{N}$. As funções $f_1(k) = 1$ para todo $k \in \mathbb{N}$ e

$$f_2(k) = \begin{cases} 0 & , \quad 0 \leq k \leq 1 \\ 1 & , \quad k \geq 2 \end{cases}$$

são claramente linearmente independentes, como pode ser verificado aplicando-se diretamente a Definição 4.1, entretanto

$$W_0 = \begin{bmatrix} 1 & 0 \\ 1 & 0 \end{bmatrix} \Longrightarrow \det[W_0] = 0$$

o que coloca em evidência a suficiência do teste apresentado. □

Exemplo 4.4 Uma condição necessária e suficiente para independência linear pode ser elaborada a partir do conceito de produto escalar, seguindo os mesmos passos adotados no capítulo anterior, quando estudamos esse mesmo conceito para funções definidas em tempo contínuo. Primeiramente devemos enfatizar que na Definição 4.1 também é perfeitamente possível considerar $k \in [0, L-1]$, e não todo o conjunto dos número naturais $\mathbb{N}$. Devemos impor $L \geq m$, pois, caso contrário, sempre o conjunto de funções será LD.

O produto escalar de duas funções $f(k)$ e $g(k)$ desta classe é definido por

$$\langle f, g \rangle = \sum_{k=0}^{L-1} f(k)g(k)$$

sendo a norma correspondente

$$\|f\| = \sqrt{\langle f, f \rangle} = \sqrt{\sum_{k=0}^{L-1} f(k)^2}$$

Podemos então afirmar que $\epsilon(k) = 0$ para todo $k \in [0, L-1]$ se e somente se $\|\epsilon\| = 0$. Minimizando essa quantidade em relação aos parâmetros $\alpha_i \in \mathbb{R}, i = 1, 2, \cdots, m$ verificamos que a solução deste problema requer $V\alpha = 0$, onde $\alpha \in \mathbb{R}^m$ é o vetor de parâmetros definido em (4.12) e $V \in \mathbb{R}^{m \times m}$ é uma matriz simétrica dada na forma

$$V = \begin{bmatrix} \langle f_1, f_1 \rangle & \langle f_1, f_2 \rangle & \cdots & \langle f_1, f_m \rangle \\ \langle f_2, f_1 \rangle & \langle f_2, f_2 \rangle & \cdots & \langle f_2, f_m \rangle \\ \vdots & \vdots & \vdots & \vdots \\ \langle f_m, f_1 \rangle & \langle f_m, f_2 \rangle & \cdots & \langle f_m, f_m \rangle \end{bmatrix}$$

A conclusão é que, se V for não singular, isto é, se $\det[V] \neq 0$, as funções consideradas são LI e, inversamente, se $\det[V] = 0$, as funções são LD. Finalmente, é importante ressaltar que existe uma maneira bastante simples de calcular a matriz V notando que $W \in \mathbb{R}^{L\times m}$

$$W = \begin{bmatrix} f_1(0) & f_2(0) & \cdots & f_m(0) \\ f_1(1) & f_2(1) & \cdots & f_m(1) \\ \vdots & \vdots & \vdots & \vdots \\ f_1(L-1) & f_2(L-1) & \cdots & f_m(L-1) \end{bmatrix}$$

fornece diretamente $V = W'W$, ou seja, todos os elementos de V que são definidos a partir do produto escalar acima são simultaneamente calculados. Note ainda que W_0 é a submatriz $m \times m$ formada pelas primeiras m linhas de W. □

Estamos agora em condições de calcular a solução geral da equação a diferenças (4.7) sujeita às condições iniciais (4.9). Pelo Teorema 4.1 sabemos que a referida solução existe e é única. Porém, levando em conta que o operador $D[\cdot]$ é linear, podemos escrevê-la como a soma de duas parcelas

$$y(k) = y_h(k) + y_p(k) \tag{4.13}$$

que são definidas em seguida e que guardam direta similaridade com a solução de equações diferenciais.

Definição 4.2 *A equação a diferenças linear $D[y(k)] = 0$ é chamada equação homogênea. Sua solução genérica denotada por $y_h(k)$ é denominada solução homogênea. A equação a diferenças linear $D[y(k)] = g(k)$ é chamada equação não homogênea. Uma solução $y_p(k)$ é chamada solução particular.*

A decomposição da solução como sugerida em (4.13) de fato pode ser adotada, visto que

$$D[y(k)] = D[y_h(k)] + D[y_p(k)] = g(k)$$

entretanto, resta saber como calcular essas parcelas de tal forma que as condições iniciais possam ser impostas.

Lema 4.2 *Considere a equação a diferenças homogênea $D[y(k)] = 0$ e $\Delta_D(\mu) = 0$ sua equação característica. Se as n raízes da equação característica $\mu_1, \cdots, \mu_n$ são diferentes entre si, então*

$$y(k) = y_h(k) = c_1\mu_1^k + c_2\mu_2^k + \cdots + c_n\mu_n^k \tag{4.14}$$

resolve a equação homogênea para qualquer conjunto de escalares c_j, $j = 1, \cdots, n$ especificados.

Prova: A partir da definição do operador $D[\cdot]$ em (4.6), para qualquer raiz de sua equação característica $\mu_j, j = 1, 2, \cdots, n$, temos

$$\begin{aligned} D[\mu_j^k] &= \sum_{i=0}^{n} a_i \mu_j^{k+i} \\ &= \Delta_D(\mu_j)\mu_j^k \\ &= 0 \end{aligned}$$

que, conjuntamente com o fato de $D[\cdot]$ ser linear, prova o lema proposto. □

Sob a hipótese de que as raízes da equação característica são diferentes entre si, podemos facilmente verificar que o conjunto de funções

$$\mathcal{I} = \left\{ \mu_1^k, \mu_2^k, \cdots, \mu_n^k \right\}$$

é linearmente independente. Calculando a matriz W_0 definida em (4.12), obtemos

$$W_0 = \begin{bmatrix} 1 & 1 & \cdots & 1 \\ \mu_1 & \mu_2 & \cdots & \mu_n \\ \vdots & \vdots & \vdots & \vdots \\ \mu_1^{n-1} & \mu_2^{n-1} & \cdots & \mu_n^{n-1} \end{bmatrix} \tag{4.15}$$

que é uma *matriz de Vandermonde* com determinante não nulo, o que implica que o conjunto de funções $\mathcal{I}$ é LI. Ademais, se pelo menos uma raiz da equação característica for múltipla, o conjunto $\mathcal{I}$ certamente será LD, pois duas ou mais funções nele contidas serão idênticas. Para contornar esta dificuldade, note que a igualdade

$$k\mu^k = \mu \frac{d}{d\mu} \mu^k$$

e o fato de o operador $D[\cdot]$ ser linear permitem calcular

$$\begin{aligned} D[k\mu^k] &= \mu \frac{d}{d\mu} D[\mu^k] \\ &= \mu \frac{d}{d\mu} \Delta_D(\mu)\mu^k \\ &= \left[\mu \frac{d}{d\mu} \Delta_D(\mu) + k\Delta_D(\mu) \right] \mu^k \end{aligned} \tag{4.16}$$

Supondo que μ_i, para algum $1 \leq i \leq n$, seja uma raiz, de multiplicidade dois, da equação característica sabemos que, simultaneamente, $\Delta_D(\mu)$ e sua derivada calculadas para $\mu = \mu_i$ se anulam. Isso nos permite concluir com (4.16) que, neste caso, as funções μ_i^k e $k\mu_i^k$ definidas para todo $k \in \mathbb{N}$ são soluções homogêneas. Um caso singular ocorre se $\mu_i = 0$, pois considerando

$$0^k = \begin{cases} 1 & , \quad k = 0 \\ 0 & , \quad k \geq 1 \end{cases}$$

temos $k0^k = 0, \forall\ k \in \mathbb{N}$. Essa solução trivial deve ser descartada, pois, se for incluída no conjunto de soluções $\mathcal{I}$, este será sempre LD. Felizmente este caso, bastante particular, permite um tratamento alternativo que será ilustrado em seguida. Para $\mu_i \neq 0$ podemos verificar pelo teste de dependência linear que o conjunto de soluções

$$\mathcal{I} = \left\{\mu_1^k, \mu_2^k, \cdots, \mu_i^k, k\mu_i^k, \cdots, \mu_n^k\right\}$$

é um conjunto linearmente independente. O mesmo ocorre se várias raízes forem múltiplas com qualquer multiplicidade. Estes aspectos são investigados com vários exercícios propostos no final deste capítulo.

Passamos agora ao cálculo de uma solução particular. Para tanto, consideramos que a função $g(k)$, definida para todo $k \in \mathbb{N}$, pertence a uma classe especial bastante ampla que é caracterizada por todas as funções tais que $g(k), g(k+1), \cdots, g(k+m)$ formam um conjunto LD. Pela Definição 4.1 podemos afirmar que existem escalares não todos nulos que satisfazem

$$b_m g(k+m) + b_{m-1} g(k+m-1) + \cdots + b_1 g(k+1) + b_0 g(k) = 0$$

o que indica que as funções da classe que acabamos de definir são todas aquelas que resolvem uma equação a diferenças, que pode ser escrita na forma homogênea

$$N[g(k)] = 0 \tag{4.17}$$

onde $N[\cdot]$ é um operador linear de ordem m com coeficientes iguais a $b_m, \cdots, b_1, b_0$. Para cada $g(k)$ em consideração, as condições iniciais de (4.17) devem ser precisamente especificadas. Sem essa preocupação, todas as funções da classe são automaticamente consideradas. Para essa classe de funções, que é, como já dissemos, bastante ampla, verificamos que

$$D[y(k)] = g(k) \iff N[D[y(k)]] = 0 \tag{4.18}$$

de tal forma que uma solução particular da equação original pode ser calculada pela solução da equação homogênea que aparece no lado direito de (4.18). Esse fato é precisamente estabelecido no próximo lema.

Lema 4.3 *Considere a equação* $D[y(k)] = g(k)$ *tal que* $N[g(k)] = 0$. *Se as* m *raízes da equação característica* $\Delta_N(\mu) = 0$, *denotadas* $\lambda_1, \lambda_2, \cdots, \lambda_m$, *são diferentes entre si e não são raízes de* $\Delta_D(\mu) = 0$, *então sempre é possível determinar* m *constantes* $d_1, d_2, \cdots, d_m$ *de tal forma que*

$$y(k) = y_p(k) = d_1\lambda_1^k + d_2\lambda_2^k + \cdots + d_m\lambda_m^k \tag{4.19}$$

seja a solução particular de $D[y(k)] = g(k)$.

Prova: A prova é feita por construção, notando inicialmente que, por satisfazer $N[g(k)] = 0$, existem escalares $g_1, g_2, \cdots, g_m$ tais que

$$g(k) = g_1\lambda_1^k + g_2\lambda_2^k + \cdots + g_m\lambda_m^k \tag{4.20}$$

Usando (4.19) e (4.20), temos

$$\begin{aligned} D[y_p(k)] - g(k) &= \sum_{i=1}^{m} \left(d_i D[\lambda_i^k] - g_i\lambda_i^k\right) \\ &= \sum_{i=1}^{m} \left(d_i \Delta_D(\lambda_i) - g_i\right)\lambda_i^k \end{aligned}$$

a qual permite afirmar que impondo

$$d_i = \frac{g_i}{\Delta_D(\lambda_i)} \;, \; \forall\, i = 1, 2, \cdots, m \tag{4.21}$$

a função $y_p(k)$ definida em (4.19) resolve a equação particular, que é o resultado que se desejava provar. □

Esse lema requer que todas as raízes de $\Delta_N(\mu) = 0$, que também são raízes da equação característica do operador composto (4.18),

$$\Delta_N(\mu)\Delta_D(\mu) = 0$$

tenham multiplicidade um. Se isso não ocorrer, devemos alterar as funções que participam da combinação linear (4.19), de tal forma a termos um conjunto LI, assegurando a validade de (4.20). Esse lema traduz um procedimento conhecido como *Método dos Coeficientes a Determinar*.

Finalmente, utilizando os resultados anteriores, escrevemos a solução geral da equação (4.7) na forma

$$y(k) = \sum_{i=1}^{n} c_i y_{hi}(k) + y_p(k)$$

com $y_{hi}(k) \in \mathcal{I}$. Sendo $\mathcal{I}$ um conjunto linearmente independente, formado por n soluções homogêneas, sempre é possível determinar as constantes $c_1, c_2, \cdots, c_n$, de tal forma que as condições iniciais (4.9) se verifiquem.

Exemplo 4.5 O termo genérico $a(k)$ de uma progressão aritmética com razão $r \in \mathbb{R}$ pode ser definido pela equação a diferenças

$$a(k+1) - a(k) = r \ , \ a(0) = a_0$$

cuja equação característica é $\Delta_D(\mu) = \mu - 1 = 0$. A função de entrada $g(k) = r$ satisfaz $g(k+1) - g(k) = 0$, que nos leva ao polinômio característico da entrada, $\Delta_N(\mu) = \mu - 1$. Como a equação característica do operador composto $N[D[\cdot]]$ tem $\mu = 1$ como raiz com multiplicidade dois, então $\mathcal{I} = \{1^k, k1^k\} = \{1, k\}$. Portanto, uma solução particular é da forma $a_p(k) = dk$, que, substituída na equação original, permite determinar $d = r$. A solução homogênea sendo $a_h(k) = c1^k = c$ nos permite escrever a solução geral como $a(k) = c + rk$, a qual, com a condição inicial, resulta em

$$a(k) = a_0 + rk$$

que é o resultado esperado. Como pode ser facilmente verificado, essa função deve satisfazer uma equação a diferenças homogênea com equação característica $\Delta_D(\mu)\Delta_N(\mu) = (\mu - 1)^2 = 0$, ou seja, $a(k+2) - 2a(k+1) + a(k) = 0$.

Considere agora que desejamos calcular o termo genérico $s(k)$ da soma dos k primeiros termos da progressão acima definida. Temos então

$$s(k+1) - s(k) = a(k) \ , \quad s(0) = 0$$

Novamente, sua equação característica é $\Delta_D(\mu) = \mu - 1 = 0$. Por outro lado, pelo que foi visto acima, temos que $\Delta_N(\mu) = (\mu - 1)^2$, o que nos leva a $\mathcal{I} = \{1, k, k^2\}$. Como solução particular, temos agora $s_p(k) = d_1 k + d_2 k^2$, que, substituída na equação original, permite determinar $d_1 = a_0 - r/2$ e $d_2 = r/2$. Como a solução da homogênea é $s_h(k) = c1^k = c$, então, impondo-se a condição inicial na solução geral, obtemos $c = 0$ e, finalmente,

$$s(k) = (a_0 - r/2)k + (r/2)k^2$$

É interessante observar, desse resultado, que a soma dos k primeiros números ímpares, obtida com $a_0 = 1$ e $r = 2$, é igual a k^2. □

Exemplo 4.6 O termo genérico $p(k)$ de uma progressão geométrica com razão $r \in \mathbb{R}$ pode ser definido pela equação a diferenças

$$p(k+1) - rp(k) = 0 \ , \ p(0) = p_0$$

cuja equação característica é $\Delta_D(\mu) = \mu - r = 0$. Sua solução geral é dada por $p(k) = cr^k$, a qual, impondo-se a condição inicial, fornece imediatamente

$$p(k) = p_0 r^k$$

Considere agora que desejamos calcular o termo genérico $s(k)$ da soma dos k primeiros termos da referida progressão, ou seja,

$$s(k+1) - s(k) = p(k) \ , \quad s(0) = 0$$

cuja equação característica é $\Delta_D(\mu) = \mu - 1 = 0$. Por outro lado, com o resultado anterior temos que $\Delta_N(\mu) = \mu - r$, o que nos leva a considerar duas situações distintas. Na primeira supomos $r \neq 1$ e então $\mathcal{I} = \{1, r^k\}$. Como solução particular, temos $s_p(k) = dr^k$ que, substituída na equação original, permite determinar $d = p_0/(r-1)$. Como a solução da homogênea é $s_h(k) = c1^k = c$, então, impondo-se a condição inicial na solução geral, obtemos $c = -p_0/(r-1)$ e, finalmente,

$$s(k) = \frac{1 - r^k}{1 - r} p_0$$

É interessante observar que a igualdade

$$\lim_{k \to \infty} s(k) = \left(\frac{1}{1 - r} \right) p_0$$

ocorre se e apenas se $|r| < 1$. Esse resultado é muito importante, sobretudo pelo fato de que pode ser generalizado para $r \in \mathbb{C}$. Considerando a outra situação caracterizada por $r = 1$, temos que $\mathcal{I} = \{1, k\}$, fazendo com que a solução particular seja da forma $s_p(k) = dk$, que, substituída na equação original resulta em $d = p_0$. Sendo a solução da homogênea dada uma vez mais por $s_h(k) = c1^k = c$, impondo-se a condição inicial, obtemos a solução geral

$$s(k) = p_0 k$$

que é justamente o resultado esperado, tendo em vista que, sob a condição $r = 1$, a sequência geométrica tem elementos constantes e iguais a p_0. □

Exemplo 4.7 A sequência de Fibonacci pode ser definida através da equação a diferenças

$$f(k+2) - f(k+1) - f(k) = 0 \ , \quad f(0) = 0 \ , \ f(1) = 1$$

sua equação característica $\Delta_D(\mu) = \mu^2 - \mu - 1 = 0$ admite as raízes

$$p = \frac{1 + \sqrt{5}}{2} \approx 1{,}62 \ , \quad q = \frac{1 - \sqrt{5}}{2} \approx -0{,}62$$

Como $p \neq q$, sua solução geral é da forma $f(k) = c_1 p^k + c_2 q^k$, à qual devemos impor as condições iniciais dadas, ou seja,

$$\left\{ \begin{array}{rcl} c_1 + c_2 & = & 0 \\ c_1 p + c_2 q & = & 1 \end{array} \right. \Longrightarrow c_1 = -c_2 = \frac{1}{p - q} = \frac{1}{\sqrt{5}}$$

que permite estabelecer o resultado já conhecido

$$f(k) = \frac{1}{\sqrt{5}} \left[\left(\frac{1 + \sqrt{5}}{2} \right)^k - \left(\frac{1 - \sqrt{5}}{2} \right)^k \right] \ , \quad k \in \mathbb{N}$$

Como, por construção, qualquer elemento da sequência de Fibonacci é um número natural, então a relação $f(k+1)/f(k)$ resulta em um número racional para todo $k \geq 1$. Entretanto, usando o fato de que $|q| < 1$, obtemos

$$\lim_{k\to\infty} \frac{f(k+1)}{f(k)} = p = \frac{1+\sqrt{5}}{2}$$

ou seja, a relação entre os números naturais consecutivos, gerados pela sequência de Fibonacci, tende para um número irracional chamado *número de ouro*, que tem papel central no estudo de métodos numéricos de otimização unidimensional. □

Exemplo 4.8 Considere a equação a diferenças de segunda ordem

$$y(k+2) - y(k) = 3 \cdot 2^k \ , \quad y(0) = 0 \ , \ y(1) = 1 \tag{4.22}$$

Devemos imediatamente reconhecer os dois polinômios característicos

$$\Delta_D(\mu) = (\mu - 1)(\mu + 1) \ , \quad \Delta_N(\mu) = \mu - 2$$

O primeiro deles é o polinômio característico da equação dada, enquanto que o segundo é o polinômio característico da equação

$$g(k+1) - 2g(k) = 0$$

claramente satisfeita para $g(k) = 3 \cdot 2^k$, que é a função de entrada da equação que se deseja resolver. Não havendo raízes múltiplas, uma solução particular é da forma $y_p(k) = d\ 2^k$ que, substituída em (4.22), permite determinar $d = 1$. Consequentemente, a solução geral expressa como

$$y(k) = c_1 1^k + c_2(-1)^k + 2^k \tag{4.23}$$

deve satisfazer as condições iniciais dadas em (4.22), ou seja,

$$\left\{ \begin{array}{rcl} c_1 + c_2 + 1 & = & 0 \\ c_1 - c_2 + 2 & = & 1 \end{array} \right. \Longrightarrow c_1 = -1 \ , \ c_2 = 0$$

que, finalmente, fornece a solução $y(k) = 2^k - 1$, válida para todo $k \in \mathbb{N}$. Observe que, se as condições iniciais forem modificadas, a expressão (4.23), que parametriza todas as soluções, não se altera. É claro que as condições iniciais são responsáveis pela fixação, de forma única, das constantes c_1 e c_2. □

Exemplo 4.9 Considere a equação a diferenças de segunda ordem

$$y(k+2) - y(k+1) - 2y(k) = 12 \cdot 2^k \ , \quad y(0) = 2 \ , \ y(1) = 2 \tag{4.24}$$

que admite os polinômios característicos

$$\Delta_D(\mu) = (\mu - 2)(\mu + 1) \ , \quad \Delta_N(\mu) = \mu - 2$$

O primeiro deles é o polinômio característico da equação homogênea, enquanto que o segundo é o polinômio característico correspondente à entrada escolhida e que já foi objeto de consideração no exemplo anterior. Como há coincidência entre a raiz de $\Delta_N(\mu) = 0$ e uma das raízes de $\Delta_D(\mu) = 0$, concluímos que a solução particular é da forma $y_p(k) = d\ k2^k$, que, substituída em (4.24), permite determinar $d = 2$. Consequentemente, a solução geral pode ser expressa na forma

$$y(k) = c_1 2^k + c_2(-1)^k + 2k2^k \tag{4.25}$$

que deve satisfazer as condições iniciais dadas em (4.24), ou seja,

$$\begin{cases} c_1 + c_2 & = & 2 \\ 2c_1 - c_2 + 4 & = & 2 \end{cases} \Longrightarrow c_1 = 0 \ , \ c_2 = 2$$

levando a $y(k) = 2k2^k + 2(-1)^k$, válida para todo $k \in \mathbb{N}$. Note que o procedimento para resolver a equação (4.24) foi o mesmo adotado no exemplo anterior, tomando-se apenas um cuidado adicional para a determinação de uma solução particular, em vista de uma multiplicidade de raízes no polinômio característico composto $\Delta_D(\mu)\Delta_N(\mu)$. □

Exemplo 4.10 Considere a equação a diferenças de segunda ordem

$$y(k+2) - 4y(k+1) + 4y(k) = \cos(\theta k) \ , \ \ y(0) = y_0 \ , \ y(1) = y_1 \tag{4.26}$$

cuja equação característica é $\Delta_D(\mu) = (\mu - 2)^2 = 0$. Para determinarmos $\Delta_N(\mu)$, devemos primeiramente observar que

$$\cos(\theta k) = \frac{e^{j\theta k} + e^{-j\theta k}}{2} = \left(\frac{1}{2}\right)\mu_1^k + \left(\frac{1}{2}\right)\mu_2^k$$

com $\mu_1 = e^{j\theta}$ e $\mu_2 = e^{-j\theta}$. Em outras palavras, a função $g(k) = \cos(\theta k)$ é a combinação linear de duas sequências do tipo μ_1^k e μ_2^k com $\mu_1 \neq \mu_2$ e, portanto, que deve ser solução de uma equação a diferenças homogênea com o seguinte polinômio característico:

$$\Delta_N(\mu) = (\mu - \mu_1)(\mu - \mu_2) = \mu^2 - 2\cos(\theta)\mu + 1$$

De fato, pode ser verificado que $g(k+2) - 2\cos(\theta)g(k+1) + g(k) = 0$ para todo $k \in \mathbb{N}$. Como não existe coincidência entre as raízes de $\Delta_D(\mu) = 0$ e $\Delta_N(\mu) = 0$, concluímos que uma solução particular é da forma

$$y_p(k) = d_1 e^{j\theta k} + d_2 e^{-j\theta k}$$

que, substituída na equação original, fornece

$$d_1 = \frac{1/2}{\Delta_D(e^{j\theta})} \ , \ \ d_2 = \frac{1/2}{\Delta_D(e^{-j\theta})}$$

duas constantes complexas conjugadas e que, portanto, podem ser reescritas como

$$d_1 = \frac{1/2}{m} e^{-j\psi} \ , \ \ d_2 = \frac{1/2}{m} e^{j\psi}$$

sendo m e ψ, respectivamente, o módulo e a fase de $\Delta_D(e^{j\theta})$. Assim sendo, a solução particular é dada por $y_p(k) = (1/m)\cos(\theta k - \psi)$. Lembrando que $\mu = 2$ é uma raiz de multiplicidade dois da equação característica $\Delta_D(\mu) = 0$, então a solução geral é da forma

$$y(k) = c_1 2^k + c_2 k 2^k + m^{-1}\cos(\theta k - \psi)$$

sendo as duas constantes indicadas calculadas a partir da imposição das condições iniciais, isto é,

$$\begin{cases} c_1 + m^{-1}\cos(-\psi) & = & y_0 \\ 2c_1 + 2c_2 + m^{-1}\cos(\theta - \psi) & = & y_1 \end{cases}$$

Este sistema de equações deixa claro que os coeficientes c_1 e c_2 sempre podem ser determinados para quaisquer condições iniciais dadas. □

Exemplo 4.11 Este exemplo coloca em evidência a situação em que a equação característica $\Delta_D(\mu) = 0$ tem $\mu = 0$ como raiz de multiplicidade $m \geq 2$. Neste caso, a equação a diferenças correspondente tem a forma

$$a_n y(k+n) + a_{n-1} y(k+n-1) + \cdots + a_m y(k+m) = g(k) \tag{4.27}$$

com $k \in \mathbb{N}$ e as condições iniciais $y(0), \cdots, y(n-1)$ dadas. Definindo $l = n - m$, os coeficientes $b_i = a_{i+m}$, $i = 0, 1, \cdots, l$ e a variável auxiliar

$$x(k) = y(k+m) \ , \ \forall \ k \in \mathbb{N}$$

podemos reescrever (4.27) na forma equivalente

$$b_l x(k+l) + b_{l-1} x(k+l-1) + \cdots + b_0 x(k) = g(k) \tag{4.28}$$

com $k \in \mathbb{N}$ e sujeita às condições iniciais $x(i) = y(i+m)$, $i = 0, 1, \cdots, l-1$. Isso mostra que a equação original (4.27) de ordem n foi convertida em outra equação (4.28), que é de ordem $l = n - m$, sendo que no seu polinômio característico todas as m raízes nulas foram removidas. Resolvendo-se (4.28), a solução geral de (4.27) é calculada através da relação $y(k+m) = x(k)$ para todo $k \in \mathbb{N}$. □

4.3 Transformada $\mathcal{Z}$

A exemplo do que fizemos para funções definidas em tempo contínuo, que foram devidamente representadas por suas respectivas transformadas de Laplace, para funções ou sequências definidas em tempo discreto, um procedimento similar pode ser adotado. Trata-se de representá-las através da chamada transformada $\mathcal{Z}$. Esse procedimento é importante no estudo de sistemas dinâmicos discretos cujo modelo matemático é descrito por equações a diferenças.

Inicialmente vamos considerar funções definidas para todo $k \in \mathbb{Z}$, onde $\mathbb{Z}$ denota o conjunto de todos os números inteiros, com imagem no conjunto dos números complexos $\mathbb{C}$, isto é,

$$f(k) \; : \; \mathbb{Z} \to \mathbb{C} \tag{4.29}$$

Para essa classe de funções, a sua transformada $\mathcal{Z}$, denotada $\hat{f}(z)$ ou $\mathcal{Z}(f)$, é uma função de variável complexa definida por

$$\hat{f}(z) \; : \; \mathcal{D}(\hat{f}) \to \mathbb{C} \tag{4.30}$$

sendo $\mathcal{D}(\hat{f}) \subset \mathbb{C}$ o seu domínio, $\mathbb{C}$ o seu conjunto imagem e

$$\hat{f}(z) = \sum_{k=-\infty}^{\infty} f(k) z^{-k} \tag{4.31}$$

$$\mathcal{D}(\hat{f}) = \left\{ z \in \mathbb{C} \; : \; \hat{f}(z) \text{ existe} \right\} \tag{4.32}$$

Na definição do domínio deve ser entendido que "$\hat{f}(z)$ existe" indica que a soma em (4.31) converge e é finita. Assim sendo, fica claro que para $z \in \mathbb{C}$, mas não pertencente a $\mathcal{D}(\hat{f})$, o valor de $\hat{f}(z)$, mesmo que possa ser algebricamente calculado, não tem significado algum no âmbito da transformada $\mathcal{Z}$. O lema seguinte é de capital importância para o estudo de transformada $\mathcal{Z}$.

Lema 4.4 *Considere $z \in \mathbb{C}$. A igualdade*

$$\sum_{k=0}^{\infty} z^k = \frac{1}{1-z} \tag{4.33}$$

se verifica e é finita se e somente se $|z| < 1$.

Prova: Verificamos imediatamente que a soma indicada no lado esquerdo de (4.33) não é finita para $z = 1$. Assumindo que $z \neq 1$, definimos a função

$$s(i) = \frac{1}{1-z} \left(1 - z^i\right) \tag{4.34}$$

que, calculada em instantes subsequentes para todo $i \in \mathbb{N}$, satisfaz

$$\begin{aligned} s(i+1) - s(i) &= \frac{1}{1-z} \left(z^i - z^{(i+1)} \right) \\ &= z^i \end{aligned}$$

e $s(0) = 0$. Sendo $s(i)$ igual à soma dos i primeiros termos da sequência $\{1, z, z^2, \cdots\}$, estabelece-se a igualdade

$$\sum_{k=0}^{i-1} z^k = \frac{1}{1-z}\left(1 - z^i\right) \tag{4.35}$$

que permite concluirmos pela veracidade de (4.33), pois para $i \to \infty$ o valor de z^i converge se e apenas se $|z| < 1$. De fato, passando ambos os membros de (4.35) ao limite, quando $i \to \infty$, obtemos (4.33), que é o resultado que desejávamos provar. $\square$

Os exemplos seguintes ilustram a aplicação do resultado desse lema, o qual permite obter a transformada $\mathcal{Z}$ bem como seu respectivo domínio, para diversas funções da classe considerada. O procedimento básico será o de colocar em evidência uma ou várias somas que permitam utilizar a igualdade (4.33).

Exemplo 4.12 A função $f(k) = (1/2)^k$ com $k \in \mathbb{Z}$ não admite transformada $\mathcal{Z}$. De fato, por definição, temos

$$\begin{aligned}
\hat{f}(z) &= \sum_{k=-\infty}^{\infty} (1/2)^k z^{-k} \\
&= \sum_{k=-\infty}^{-1} (1/2z)^k + \sum_{k=0}^{\infty} (1/2z)^k \\
&= \sum_{k=0}^{\infty} (2z)^k - 1 + \sum_{k=0}^{\infty} (1/2z)^k
\end{aligned}$$

e verificamos pelo resultado do lema anterior que a primeira parcela da soma converge para todo $z \in \mathbb{C}$ tais que $|z| < 1/2$, enquanto que a segunda parcela converge para todo $z \in \mathbb{C}$ tais que $|z| > 1/2$. A conclusão é que $\mathcal{D}(\hat{f}) = \emptyset$. $\square$

Exemplo 4.13 A função $f(k)$ definida para todo $k \in \mathbb{Z}$ como sendo

$$f(k) = \begin{cases} 0 & , \quad k \in (-\infty, -1) \\ (1/2)^k & , \quad k \in \mathbb{N} \end{cases}$$

admite transformada $\mathcal{Z}$. De fato, temos imediatamente que

$$\begin{aligned}
\hat{f}(z) &= \sum_{k=-\infty}^{\infty} f(k) z^{-k} \\
&= \sum_{k=0}^{\infty} (1/2z)^k \\
&= \frac{z}{z - 1/2}
\end{aligned}$$

onde a última igualdade é verificada para todo $z \in \mathbb{C}$ tais que $|z| > 1/2$. Portanto,

$$\hat{f}(z) = \frac{z}{z - 1/2}\ ,\ \mathcal{D}(\hat{f}) = \{z \in \mathbb{C}\ :\ |z| > 1/2\}$$

Observe ainda, como já foi alertado, que não faz sentido, por exemplo, calcularmos $\hat{f}(0) = 0$, pois $z = 0$ não é um elemento do domínio de $\hat{f}(z)$. □

Exemplo 4.14 A função $f(k)$ definida para todo $k \in \mathbb{Z}$ como sendo

$$f(k) = \begin{cases} (1/2)^{-k} & ,\ k \in (-\infty, -1) \\ (1/2)^k & ,\ k \in \mathbb{N} \end{cases}$$

admite transformada $\mathcal{Z}$. De fato, temos imediatamente que

$$\begin{aligned} \hat{f}(z) &= \sum_{k=-\infty}^{-1} (1/2)^{-k} z^{-k} + \sum_{k=0}^{\infty} (1/2)^k z^{-k} \\ &= \sum_{k=1}^{\infty} (z/2)^k + \sum_{k=0}^{\infty} (1/2z)^k \\ &= \sum_{k=0}^{\infty} (z/2)^k - 1 + \sum_{k=0}^{\infty} (1/2z)^k \end{aligned}$$

sendo que a primeira parcela converge desde que $|z| < 2$, e a segunda parcela converge desde que $|z| > 1/2$. Aplicando o resultado do Lema 4.4, obtemos então

$$\hat{f}(z) = \frac{-3z}{2(z - 1/2)(z - 2)}\ ,\ \mathcal{D}(\hat{f}) = \{z \in \mathbb{C}\ :\ 1/2 < |z| < 2\}$$

Comparando esse domínio com o domínio da função do exemplo anterior, notamos uma drástica redução pelo fato de que esta última assume valores não nulos para k inteiro e negativo. É importante ressaltar que existem funções definidas para $k \in \mathbb{Z}$ que não admitem transformada $\mathcal{Z}$ pois o seu domínio é um conjunto vazio. Esse é precisamente o caso da função $f(k) = (1/2)^k$ para $k \in \mathbb{Z}$. □

Exemplo 4.15 A função $f(k)$ definida para todo $k \in \mathbb{Z}$ como sendo

$$f(k) = \begin{cases} 0 & ,\ k \in (-\infty, -1) \\ a^k & ,\ k \in \mathbb{N} \end{cases}$$

onde $a \in \mathbb{C}$ é uma constante arbitrária, tem sua transformada $\mathcal{Z}$ dada por

$$\hat{f}(z) = \frac{z}{(z - a)}\ ,\ \mathcal{D}(\hat{f}) = \{z \in \mathbb{C}\ :\ |z| > |a|\}$$

Com esse resultado podemos calcular a transformada $\mathcal{Z}$ de várias funções importantes, em particular, aquelas que dependem de relações trigonométricas. De fato, a transformada $\mathcal{Z}$ da função

$$f(k) = \begin{cases} 0 & ,\ k \in (-\infty, -1) \\ \cos(\theta k) & ,\ k \in \mathbb{N} \end{cases}$$

com $\theta \in \mathbb{R}$ pode ser calculada lembrando-se que

$$\cos(\theta k) = \frac{e^{j\theta k} + e^{-j\theta k}}{2}$$

o que permite escrever

$$\begin{aligned}\hat{f}(z) &= \sum_{k=0}^{\infty} f(k)z^{-k} \\ &= (1/2)\sum_{k=0}^{\infty}(e^{j\theta}/z)^k + (1/2)\sum_{k=0}^{\infty}(e^{-j\theta}/z)^k \\ &= \frac{z/2}{z - e^{j\theta}} + \frac{z/2}{z - e^{-j\theta}}\end{aligned}$$

e, consequentemente,

$$\hat{f}(z) = \frac{z(z - \cos(\theta))}{z^2 - 2\cos(\theta)z + 1}\ ,\ \mathcal{D}(\hat{f}) = \{z \in \mathbb{C}\ :\ |z| > 1\}$$

sendo que o domínio foi determinado verificando que as duas parcelas da soma acima convergem para os valores fornecidos desde que $|z| > |e^{j\theta}| = |e^{-j\theta}| = 1$ para qualquer $\theta \in \mathbb{R}$. □

Neste ponto, deve ser notada a semelhança de procedimento que existe para se chegar ao cálculo da transformada de Laplace de uma função de variável real e a transformada $\mathcal{Z}$ de uma função de variável inteira ou discreta. Enquanto que, para o primeiro, sempre tentamos reduzir o problema de cálculo de uma integral para alguma já conhecida, no segundo, devemos tentar reduzir o cálculo da soma dos elementos de uma sequência qualquer para a soma dos elementos de uma progressão geométrica. Na maioria dos casos, esse procedimento, que tem por base o resultado do Lema 4.4, é suficiente para se obter o resultado desejado. Duas informações importantes podem ser retiradas dos exemplos anteriores. A primeira diz respeito ao fato de que as transformadas obtidas em todos eles são funções racionais, o qual, embora não seja o caso geral, é o mais importante. A segunda é que uma função do tipo

$$f(k) = \mu^k\ ,\ k \in \mathbb{Z} \tag{4.36}$$

não admite transformada $\mathcal{Z}$. Em consequência, não é possível representar via transformada $\mathcal{Z}$ a solução de uma equação a diferenças em todo $k \in \mathbb{Z}$. Felizmente, uma maneira de contornar esta situação é restringirmos o domínio das funções. Neste sentido, deste ponto em diante, assumimos que todas as funções consideradas são definidas no intervalo $k \in \mathbb{N}$ e, portanto, sua transformada $\mathcal{Z}$ é dada por

$$\hat{f}(z) = \sum_{k=0}^{\infty} f(k) z^{-k} \tag{4.37}$$

sendo o seu domínio expresso na forma

$$\mathcal{D}(\hat{f}) = \{z \in \mathbb{C} \ : \ |z| > \beta\} \tag{4.38}$$

para algum $\beta \in \mathbb{R}$. Essa forma particular de considerar o domínio da transformada $\mathcal{Z}$ tem uma vantagem importante no sentido de que, para efetuar o seu cálculo, basta determinar corretamente o valor de um único parâmetro real. Embora a forma geométrica de (4.38) seja bastante particular, essa é a representação exata do domínio para todas as funções de uma classe bem ampla caracterizada pela existência de $z_f \in \mathbb{C}$ tal que

$$\lim_{l \to \infty} \sum_{k=0}^{l} |f(k) z_f^{-k}| \tag{4.39}$$

existe e é finito. Em decorrência direta dessa propriedade, válida para qualquer função pertencente a essa classe, temos o seguinte resultado, importante para o cálculo de domínios da transformada $\mathcal{Z}$.

Lema 4.5 *Seja $f(k)$ uma função qualquer para a qual existe $z_f \in \mathbb{C}$ de tal forma que o limite (4.39) existe e é finito. Todos os pontos do plano complexo satisfazendo $|z| \geq |z_f|$ pertencem a $\mathcal{D}(\hat{f})$.*

Prova: Considerando $z \in \mathbb{C}$ arbitrário, porém satisfazendo $|z| \geq |z_f| > 0$, para todo $l \in \mathbb{N}$ temos

$$\begin{aligned}
\sum_{k=0}^{l} |f(k) z^{-k}| &= \sum_{k=0}^{l} |f(k) z_f^{-k} (z_f/z)^k| \\
&= \sum_{k=0}^{l} (|z_f|/|z|)^k |f(k) z_f^{-k}| \\
&\leq \sum_{k=0}^{l} |f(k) z_f^{-k}| \\
&\leq \lim_{l \to \infty} \sum_{k=0}^{l} |f(k) z_f^{-k}| < \infty
\end{aligned}$$

que nos permite concluir que o limite para $l \to \infty$ existe e é finito, sendo o resultado que se desejava demonstrar. □

Com auxílio dessa propriedade, podemos determinar o domínio da transformada $\mathcal{Z}$ calculando o menor valor possível para $z_f = \beta \in \mathbb{R}$ de tal modo que o limite (4.39) exista e seja finito. Com esse valor o domínio é dado por (4.38). Quando ocorrer a situação inversa, isto é, quando for necessário calcular o domínio de uma função $\hat{f}(z)$ dada, determina-se o menor valor de $\beta \in \mathbb{R}$ em (4.38) de tal forma que $\hat{f}(z)$ mantenha-se limitada em todos os pontos tais que $|z| > \beta$. Esse procedimento tem como base o resultado explicitado através do próximo lema.

Lema 4.6 *Seja $\hat{f}(z)$ uma função com domínio expresso na forma (4.38). Existe $M \in \mathbb{R}$ finito tal que*

$$|\hat{f}(z)| \leq M \ , \quad \forall \ z \in \mathcal{D}(\hat{f}) \tag{4.40}$$

Isto é, $\hat{f}(z)$ é limitada em todos os pontos do seu domínio.

Prova: Podemos determinar diretamente a constante $M \in \mathbb{R}$. De fato, considerando $z \in \mathcal{D}(\hat{f})$ arbitrário, temos que $|z| \geq \beta\epsilon$ para algum $\epsilon > 1$. Portanto,

$$\begin{aligned} |\hat{f}(z)| &= \left| \sum_{k=0}^{\infty} f(k) z^{-k} \right| \\ &\leq \sum_{k=0}^{\infty} |f(k) z^{-k}| \\ &\leq \sum_{k=0}^{\infty} |f(k)(\beta\epsilon)^{-k}| = M \end{aligned}$$

com $M < \infty$. Isso prova o lema proposto. □

Uma aplicação importante deste último resultado reside no cálculo do domínio de uma função racional dada na forma padrão de divisão de dois polinômios, ambos com todos os seus coeficientes reais.

$$\hat{f}(z) = \frac{N(z)}{D(z)} \tag{4.41}$$

Sendo $p_i \ , \ i = 1, 2, \cdots, n$ seus polos, a partir dos resultados anteriores, podemos imediatamente concluir que o seu domínio é dado por (4.38), com

$$\beta = \max\{|p_i| \ , \ i = 1, 2, \cdots, n\} \tag{4.42}$$

tendo em vista que este é o menor valor de β que assegura que $\hat{f}(z)$ seja limitada e, portanto, analítica em todos os pontos de $\mathcal{D}(\hat{f})$. Note que, em decorrência dessa propriedade, nenhum polo de $\hat{f}(z)$ pode pertencer ao seu domínio. De maneira geral, as mesmas manipulações que adotamos no tratamento de funções racionais, obtidas pela transformação de Laplace, podem ser adotadas para manipular funções racionais, obtidas como resultado da transformada $\mathcal{Z}$. A diferença marcante entre ambas é na forma geométrica dos seus respectivos domínios. Enquanto que no primeiro caso eles são semiplanos, no segundo são regiões circulares com centro na origem.

Estamos agora em condições de introduzir duas funções importantes no estudo de sistemas dinâmicos a tempo discreto. A primeira delas é a função *degrau unitário*, assim definida:

$$\upsilon(k) = 1 \ , \ k \in \mathbb{N} \tag{4.43}$$

cuja transformada $\mathcal{Z}$ já podemos calcular sem dificuldades, ou seja,

$$\hat{\upsilon}(z) = \frac{z}{z-1} \ , \ \mathcal{D}(\hat{\upsilon}) = \{z \in \mathbb{C} \ : \ |z| > 1\} \tag{4.44}$$

A segunda é a chamada função *impulso unitário*, assim definida:

$$\delta(k) = 0^k \ , \ k \in \mathbb{N} \tag{4.45}$$

que vale $\delta(0) = 1$ e $\delta(k) = 0$ para todo $k \geq 1$. Sua transformada $\mathcal{Z}$ pode ser calculada diretamente pela definição, sendo dada por

$$\hat{\delta}(z) = 1 \ , \ \mathcal{D}(\hat{\delta}) = \mathbb{C} \tag{4.46}$$

O leitor pode observar que a função impulso unitário, como acabamos de definir, faz o mesmo papel no estudo de sistemas dinâmicos a tempo discreto, que faz a função $\delta(t)$ no estudo de sistemas dinâmicos a tempo contínuo. Embora tenhamos adotado o mesmo símbolo como notação de ambas, o contexto de utilização não permitirá nenhum tipo de confusão.

Exemplo 4.16 A transformada $\mathcal{Z}$ é uma boa ferramenta para calcular somas infinitas de séries. Suponha que o termo genérico de uma série seja dado por $f(k)$ com $k \in \mathbb{N}$ e seja $\hat{f}(z)$ sua transformada $\mathcal{Z}$. Se $z = 1 \in \mathcal{D}(\hat{f})$, a seguinte igualdade se verifica:

$$\sum_{k=0}^{\infty} f(k) = \hat{f}(1)$$

Por exemplo, para $f(k) = a^k$, temos $\hat{f}(z) = z/(z-a)$, cujo domínio é dado por todos $z \in \mathbb{C}$ tais que $|z| > |a|$. Se $|a| < 1$, então $z = 1$ é claramente um dos pontos de seu domínio. Assim sendo, obtemos o resultado já conhecido

$$\sum_{k=0}^{\infty} a^k = \hat{f}(1) = \frac{1}{1-a}$$

por outro lado, se $|a| \geq 1$, então $z = 1$ não mais pertence ao seu domínio e essa igualdade não mais se estabelece. □

Exemplo 4.17 Considere uma vez mais a função $f(k) = a^k, \ k \in \mathbb{N}$. Como a sua transformada $\mathcal{Z}$ é dada por $\hat{f}(z) = z/(z-a)$, então a seguinte igualdade se verifica para todo $z \in \mathcal{D}(\hat{f})$, isto é:

$$\sum_{k=0}^{\infty} a^k z^{-k} = \frac{z}{z-a} \ , \ \forall \ |z| > |a|$$

Em particular, podemos derivar em relação a z seus dois membros, obtendo

$$\sum_{k=0}^{\infty} k a^k z^{-k} = \frac{az}{(z-a)^2} \ , \ \forall \ |z| > |a|$$

o que indica que a transformada $\mathcal{Z}$ da função $g(k) = ka^k, \ k \in \mathbb{N}$ é $\hat{g}(z) = az/(z-a)^2$ com domínio igual ao domínio de $\hat{f}(z)$. Considerando $|a| < 1$, a última igualdade pode ser avaliada em $z = 1$, fornecendo

$$\sum_{k=0}^{\infty} k a^k = \frac{a}{(1-a)^2}$$

Por outro lado, podemos ainda afirmar que a soma dos infinitos termos da série ka^k converge se $|a| < 1$ e diverge se $|a| \geq 1$. □

Até o presente momento introduzimos um procedimento básico para o cálculo da transformada $\mathcal{Z}$ de funções definidas em $k \in \mathbb{N}$. Trata-se de reduzir as somas indicadas na definição de $\hat{f}(z)$ em séries geométricas e calcular o valor da soma de cada parcela. Como subproduto, as condições de convergência das parcelas fornecem o domínio da função transformada. Outros procedimentos podem ser também adotados tendo como base as propriedades da transformada $\mathcal{Z}$, a serem introduzidas a seguir.

4.3.1 Propriedades da Transformada $\mathcal{Z}$

Um aspecto importante da transformada $\mathcal{Z}$ é que, a exemplo da transformada de Laplace, ela apresenta inúmeras propriedades que são valiosas para o seu cálculo. Esta seção é inteiramente voltada à apresentação das propriedades que reputamos mais importantes do ponto de vista teórico e operacional. Desde já, enfatizamos que todas as funções a serem aqui consideradas são definidas apenas para todo $k \in \mathbb{N}$.

Teorema 4.2 (Linearidade) *Sejam $f_1(k)$ e $f_2(k)$ duas funções que admitem transformadas $\hat{f}_1(z)$ e $\hat{f}_2(z)$ com respectivos domínios $\mathcal{D}(\hat{f}_1)$ e $\mathcal{D}(\hat{f}_2)$. Sejam ainda c_1 e c_2 dois escalares quaisquer. A função $f(k)$, obtida pela combinação linear das duas funções dadas,*

$$f(k) = c_1 f_1(k) + c_2 f_2(k)$$

é tal que

$$\hat{f}(z) = c_1 \hat{f}_1(z) + c_2 \hat{f}_2(z) \tag{4.47}$$

$$\mathcal{D}(\hat{f}) \supset \mathcal{D}(\hat{f}_1) \cap \mathcal{D}(\hat{f}_2) \tag{4.48}$$

Prova: Imediata pela simples aplicação da definição de transformada $\mathcal{Z}$. □

Note que esse teorema não fornece o domínio exato da transformada $\mathcal{Z}$ da função que resulta de uma combinação linear. No caso geral é possível apenas saber que o domínio da função resultante contém a intersecção dos domínios das parcelas. O domínio exato só pode ser obtido tendo em mãos os coeficientes da combinação linear que se deseja realizar.

Teorema 4.3 (Deslocamento em k - atraso) *Seja $f(k)$ uma função com transformada $\mathcal{Z}$ dada por $\hat{f}(z)$ e domínio $\mathcal{D}(\hat{f})$ e $l \neq 0 \in \mathbb{N}$. A função*

$$h(k) = \begin{cases} 0 & , \quad k \in [0, l-1] \\ f(k-l) & , \quad k \in [l, \infty) \end{cases}$$

é tal que

$$\hat{h}(z) = z^{-l} \hat{f}(z) \tag{4.49}$$

$$\mathcal{D}(\hat{h}) = \mathcal{D}(\hat{f}) \tag{4.50}$$

Prova: Definindo a nova variável $i = k - l$, a transformada $\mathcal{Z}$ fornece

$$\begin{aligned} \hat{h}(z) &= \sum_{k=0}^{\infty} h(k) z^{-k} \\ &= \sum_{k=l}^{\infty} f(k-l) z^{-k} \\ &= \sum_{i=0}^{\infty} f(i) z^{-(i+l)} \\ &= z^{-l} \hat{f}(z) \end{aligned}$$

e verificamos que os respectivos domínios são iguais devido ao fato de que z^{-l} é uma função analítica em todos os pontos do plano complexo a menos da origem. Isso prova o teorema proposto. □

Notamos pela hipótese adotada, neste teorema, que o parâmetro l tem que ser um inteiro maior do que zero. Para $l = 0$ não haveria atraso algum a ser considerado e as duas funções seriam coincidentes, admitindo assim a mesma transformada. Deve ser observado que para $l \geq 1$ a função atrasada depende de todos os valores da função original $f(k), k \in \mathbb{N}$.

Teorema 4.4 (Deslocamento em k - avanço) *Seja $f(k)$ uma função com transformada $\mathcal{Z}$ dada por $\hat{f}(z)$ e domínio $\mathcal{D}(\hat{f})$ e $n \neq 0 \in \mathbb{N}$. A função*

$$h(k) = f(k+n) \; k \in \mathbb{N}$$

é tal que

$$\hat{h}(z) = z^n \left(\hat{f}(z) - \sum_{i=0}^{n-1} f(i) z^{-i} \right) \tag{4.51}$$

$$\mathcal{D}(\hat{h}) = \mathcal{D}(\hat{f}) \tag{4.52}$$

Prova: Definindo a nova variável $i = k + n$, a transformada $\mathcal{Z}$ fornece

$$\begin{aligned} \hat{h}(z) &= \sum_{k=0}^{\infty} f(k+n) z^{-k} \\ &= \sum_{i=n}^{\infty} f(i) z^{-(i-n)} \\ &= z^n \left(\sum_{i=0}^{\infty} f(i) z^{-i} - \sum_{i=0}^{n-1} f(i) z^{-i} \right) \end{aligned}$$

que é exatamente (4.51). Por outro lado, verifica-se que os respectivos domínios são iguais, tendo em vista que a igualdade acima se estabelece para todo z pertencente ao domínio de $\hat{f}(z)$. Isto prova o teorema proposto. □

Como o leitor deve ter notado, este resultado é de fundamental importância para podermos expressar a solução de uma equação a diferenças através da transformada $\mathcal{Z}$. De fato, a transformada $\mathcal{Z}$ aplicada aos dois membros da equação (4.5) requer o cálculo da transformada da função incógnita, avançada em relação ao tempo. Neste contexto, uma aplicação interessante deste resultado diz respeito à determinação da transformada $\mathcal{Z}$ da função

$$h(k) = \sum_{i=0}^{k} f(i) \tag{4.53}$$

que, para todo $k \in \mathbb{N}$, corresponde à soma dos $k+1$ primeiros termos de $f(i)$, $i \in \mathbb{N}$. Verifica-se imediatamente que $h(\cdot)$ satisfaz a equação a diferenças $h(k+1) - h(k) = f(k+1)$ com $h(0) = f(0)$. Aplicando a transformada $\mathcal{Z}$ aos seus dois membros, obtemos

$$z(\hat{h}(z) - h(0)) - \hat{h}(z) = z(\hat{f}(z) - f(0))$$

que fornece imediatamente

$$\hat{h}(z) = \frac{z}{z-1}\hat{f}(z) \tag{4.54}$$

sendo o seu domínio facilmente determinado a partir do conhecimento do domínio de $\hat{f}(z)$. Genericamente, em todos os casos em que a singularidade em $z = 1$ não é removida, $\mathcal{D}(\hat{h})$ contém todos os pontos situados na interseção de $\mathcal{D}(\hat{f})$ e do conjunto $z \in \mathbb{C}$ tais que $|z| > 1$.

Teorema 4.5 (Escalamento) *Seja $f(k)$ uma função com transformada $\mathcal{Z}$ dada por $\hat{f}(z)$ e domínio $\mathcal{D}(\hat{f})$ satisfazendo (4.38). A função*

$$h(k) = a^{-k} f(k) \ , \quad a \neq 0 \ \in \mathbb{C}$$

é tal que

$$\hat{h}(z) = \hat{f}(az) \tag{4.55}$$

$$\mathcal{D}(\hat{h}) = \{z \in \mathbb{C} \ : \ |z| > \beta/|a|\} \tag{4.56}$$

Prova: A partir da definição de transformada $\mathcal{Z}$, temos

$$\begin{aligned} \hat{h}(z) &= \sum_{k=0}^{\infty} f(k) a^{-k} z^{-k} \\ &= \sum_{k=0}^{\infty} f(k)(az)^{-k} \\ &= \hat{f}(az) \end{aligned}$$

Por outro lado, $az \in \mathcal{D}(\hat{f})$ define todos os pontos do plano complexo que pertencem ao domínio de $\hat{h}(z)$, o qual, portanto, é dado por (4.56). □

Ao contrário dos resultados já apresentados, o do Teorema 4.5 implica na modificação do domínio $\mathcal{D}(\hat{h})$ segundo o valor de $|a|$. Quanto menor essa quantidade, tanto menor será o domínio resultante, pois a função original será multiplicada termo a termo por uma progressão geométrica com razão $1/a$. Devemos ainda observar, uma vez mais, que a forma geométrica do domínio resultante não se modifica e obedece o padrão geral estabelecido anteriormente.

Teorema 4.6 (Valor final) *Seja $f(k)$ uma função com transformada $\mathcal{Z}$ dada por $\hat{f}(z)$. Se $1 \in \mathcal{D}((z-1)\hat{f})$, então vale a igualdade*

$$\lim_{k\to\infty} f(k) = \lim_{z\to 1}(z-1)\hat{f}(z) \tag{4.57}$$

Prova: Definindo a função auxiliar $h(k) = f(k+1) - f(k)$ para todo $k \in \mathbb{N}$, calculando sua transformada $\mathcal{Z}$, obtemos

$$\hat{h}(z) = (z-1)\hat{f}(z) - zf(0)$$

cujo domínio satisfaz $\mathcal{D}(\hat{h}) = \mathcal{D}((z-1)\hat{f})$. Por outro lado, como por hipótese $z = 1 \in \mathcal{D}(\hat{h})$, temos

$$\begin{aligned}\lim_{k\to\infty} f(k) &= \sum_{k=0}^{\infty} h(k) + f(0) \\ &= \hat{h}(1) + f(0) \\ &= \lim_{z\to 1}(z-1)\hat{f}(z)\end{aligned}$$

que é o resultado que se desejava provar. □

Observe que a hipótese deste teorema é essencial para que a igualdade (4.57) seja verdadeira. Sem tomar este cuidado, sua aplicação normalmente resulta em absurdo. Podemos ainda afirmar que, para a classe de funções racionais, o teorema é de aplicação bastante restrita, pois só pode ser aplicado quando $\hat{f}(z)$ tiver todos os seus polos no interior do círculo unitário. O máximo permitido é que $\hat{f}(z)$ tenha apenas um polo em $z = 1$.

Definição 4.3 *Sejam $f(k)$ e $g(k)$ duas funções quaisquer. A função $h(k)$, definida por*

$$h(k) = f(k) * g(k) = \sum_{i=-\infty}^{\infty} f(k-i)g(i) \tag{4.58}$$

é chamada convolução discreta de f por g.

A operação de convolução para funções ou sequências discretas tem, como veremos em seguida, grande importância no estudo de sistemas dinâmicos a tempo discreto. Deve ser realçado que a operação de convolução é comutativa, ou seja, $f * g = g * f$, e que para funções definidas em $k \in \mathbb{N}$ a relação expressa por (4.58) reduz-se a

$$h(k) = f(k) * g(k) = \sum_{i=0}^{k} f(k-i)g(i)$$

Ademais, como provado no próximo teorema, a transformada $\mathcal{Z}$ da convolução de duas funções é calculada pelo produto das transformadas das parcelas.

Teorema 4.7 (Convolução) *Sejam $f(k)$ e $g(k)$ duas funções com transformadas $\hat{f}(z)$ e $\hat{g}(z)$ respectivamente. A transformada $\mathcal{Z}$ da função $h = f * g$ satisfaz*

$$\hat{h}(z) = \hat{f}(z)\hat{g}(z) \tag{4.59}$$

$$\mathcal{D}(\hat{h}) = \mathcal{D}(\hat{f}\hat{g}) \tag{4.60}$$

Prova: A partir da definição de transformada $\mathcal{Z}$, temos

$$\begin{aligned} \hat{h}(z) &= \sum_{k=0}^{\infty} \sum_{i=0}^{k} f(k-i)g(i)z^{-k} \\ &= \sum_{k=0}^{\infty} \sum_{i=0}^{\infty} f(k-i)g(i)z^{-k} \end{aligned}$$

sendo que a última igualdade se verifica tendo em vista que a função atrasada $f(k-i)$ deve ser entendida como nula para todo $i > k$. Neste sentido podemos utilizar o resultado do Teorema 4.3 para estabelecer a igualdade

$$\sum_{k=0}^{\infty} f(k-i)z^{-k} = z^{-i}\hat{f}(z)$$

que fornece com a equação anterior

$$\begin{aligned} \hat{h}(z) &= \sum_{i=0}^{\infty} g(i) \sum_{k=0}^{\infty} f(k-i)z^{-k} \\ &= \hat{f}(z) \sum_{i=0}^{\infty} g(i)z^{-i} \\ &= \hat{f}(z)\hat{g}(z) \end{aligned}$$

o resultado que se desejava provar. □

A operação de convolução permite uma interpretação bastante precisa e importante da função impulso unitário discreto. Como sua transformada $\mathcal{Z}$ é dada por $\hat{\delta}(z) = 1$, então

$$\hat{f}(z) = \hat{f}(z)\hat{\delta}(z) \Longleftrightarrow f(k) = f(k) * \delta(k)$$

ou, de forma equivalente,

$$f(k) = \sum_{i=0}^{k} f(k-i)\delta(i)$$

No caso discreto, a interpretação é imediata, pois a função que define o impulso unitário assume o valor um para $k = 0$ e zero para $k \geq 1$. A operação de convolução permite também introduzir um conceito básico, que é importante para se obter transformadas que sejam funções não racionais de z. De fato, suponha que desejamos obter a função $f(k)$ definida para todo $k \in \mathbb{N}$, de tal forma que a convolução com ela mesma produza a função degrau unitário, isto é,

$$f(k) * f(k) = \upsilon(k)$$

então, uma possível solução para esse problema é dada por $f(k)$, tal que

$$\hat{f}(z) = \left(\frac{z}{z-1}\right)^{1/2} = \frac{1}{\sqrt{1-z^{-1}}}$$

Derivando essa função em relação a z verificamos que $\hat{f}(z)$ e sua derivada devem ser tais que

$$(z^2 - z)\frac{d\hat{f}}{dz} + \frac{1}{2}\hat{f} = 0$$

cujas parcelas são facilmente identificadas a partir dos resultados anteriores, ou seja,

$$\begin{aligned}
-z\frac{d\hat{f}}{dz} &= -z\frac{d}{dz}\sum_{k=0}^{\infty} f(k)z^{-k} \\
&= -z\sum_{k=0}^{\infty} -kf(k)z^{-k-1} \\
&= \mathcal{Z}\{kf(k)\}
\end{aligned}$$

o qual, com auxílio do Teorema 4.4, permite também obter

$$-z^2\frac{d\hat{f}}{dz} = \mathcal{Z}\{(k+1)f(k+1)\}$$

sendo que ambas fornecem a função $f(k)$ procurada na forma da seguinte equação a diferenças:

$$f(k+1) - \left(\frac{k+1/2}{k+1}\right) f(k) = 0 \ , \ f(0) = 1$$

que é uma equação a diferenças com coeficientes variantes no tempo. Infelizmente, essa equação parece não admitir uma solução em forma fechada para $k \in \mathbb{N}$. Entretanto, os seus elementos podem ser numericamente calculados aplicando-a recursivamente para todo $k \geq 0$, a partir da condição inicial fixada. Um estudo mais abrangente de uma classe de equações a diferenças caracterizadas por terem coeficientes que dependem linearmente de $k \in \mathbb{N}$ será feito mais adiante.

4.3.2 Inversa da Transformada $\mathcal{Z}$

Dada uma função $\hat{f}(z)$ com domínio $\mathcal{D}(\hat{f})$, determinar a transformada $\mathcal{Z}$ inversa significa determinar a função $f(k)$, definida para todo $k \in \mathbb{N}$, tal que

$$\mathcal{Z}(f(k)) = \hat{f}(z) \Longrightarrow f(k) = \mathcal{Z}^{-1}(\hat{f}(z)) \tag{4.61}$$

Esse cálculo pode ser realizado através da aplicação do método dos resíduos, levando-se em conta que a igualdade

$$\hat{f}(z) = \sum_{k=0}^{\infty} f(k) z^{-k}$$

é válida para todo $z \in \mathcal{D}(\hat{f})$ e que em todos os pontos do seu domínio $\hat{f}(z)$ é analítica. De fato, essa expressão indica que os valores $f(k)$ para $k \in \mathbb{N}$ são os coeficientes da série de Laurent de $\hat{f}(z)$ desenvolvida na origem $z_0 = 0$, os quais, segundo o Teorema de Laurent, visto com detalhes no Apêndice B, são dados por

$$f(k) = \frac{1}{2\pi j} \oint_{\gamma} \left(\frac{\hat{f}(z)}{z^{-k+1}}\right) dz \ , \ k \in \mathbb{N}$$

onde γ é um percurso fechado inteiramente contido em $\mathcal{D}(\hat{f})$. Escolhendo γ como sendo uma circunferência com centro na origem e raio $r > 0$ arbitrário, verificamos que

$$\oint_{\gamma} z^l dz = \begin{cases} 2\pi j & , \ l = -1 \\ 0 & , \ l \neq -1 \end{cases} \tag{4.62}$$

Por outro lado, com a definição de $\hat{f}(z)$, resulta que

$$\hat{f}(z) z^{k-1} = \sum_{i=0}^{\infty} f(i) z^{k-i-1} \ , \ k \in \mathbb{N} \tag{4.63}$$

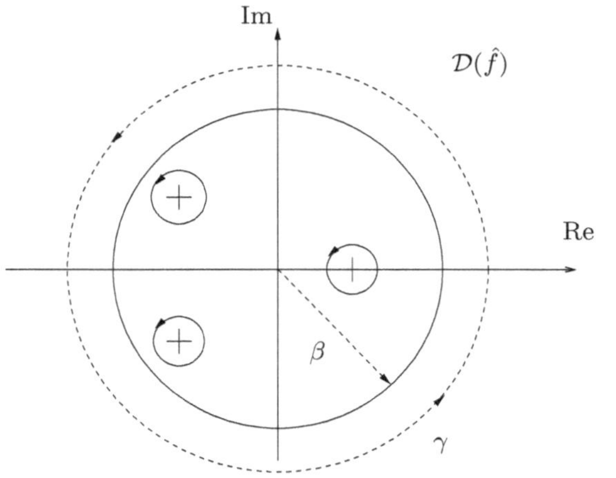

Figura 4.2: Caminho de integração

a qual, integrando sobre o percurso γ, com $r > 0$ escolhido suficientemente grande para garantir que $\gamma \in \mathcal{D}(\hat{f})$, em decorrência de (4.62), obtemos novamente

$$f(k) = \frac{1}{2\pi j} \oint_{\gamma} \left(\frac{\hat{f}(z)}{z} \right) z^k dz \ , \ k \in \mathbb{N} \tag{4.64}$$

Com o domínio de $\hat{f}(z)$ da forma (4.38) para algum $\beta \in \mathbb{R}$ finito, a escolha $r > \beta$ assegura que todo o percurso de integração definido por γ está inteiramente contido em $\mathcal{D}(\hat{f})$. Isso implica que todos os pontos singulares de $\hat{f}(z)/z$ que são os polos de $\hat{f}(z)$ e eventualmente $z = 0$, quando não ocorre cancelamento, estão localizados no interior de γ, como é ilustrado na Figura 4.2. Pelo teorema dos resíduos obtemos então

$$\frac{1}{2\pi j} \oint_{\gamma} \left(\frac{\hat{f}(z)}{z} \right) z^k dz = \sum_{i=0}^{\infty} r_i(k) \ , \ k \in \mathbb{N} \tag{4.65}$$

onde $r_i(k)$ denota o resíduo de $\hat{f}(z)z^{k-1}$ do ponto singular $z = p_i$. Observe que, para $k \geq 0$, esses pontos singulares são identificados como sendo os polos de $\hat{f}(z)$ denotados por $p_i, i = 1, 2, \cdots$ e, eventualmente, $p_0 = 0$. Devemos salientar que estamos considerando que $\hat{f}(z)$ possa ter um número arbitrário de pontos singulares isolados.

Sendo p_i um polo qualquer com multiplicidade m_i, o desenvolvimento em série de Laurent em uma vizinhança de p_i permite escrever

$$\frac{\hat{f}(z)}{z} = \sum_{l=1}^{m_i} \frac{f_{il}}{(z-p_i)^l} + E_i(z)$$

onde $E_i(z)$ é uma função polinomial apenas com potências não negativas da série, sendo assim analítica em todo o plano complexo. O mesmo ocorre com a função $z^k, k \in \mathbb{N}$, que pode ser desenvolvida em série de Taylor, ou seja,

$$z^k = \sum_{l=0}^{\infty} \frac{1}{l!} \left. \frac{d^l}{dz^l} z^k \right|_{z=p_i} (z-p_i)^l$$

onde a soma foi feita até o infinito por simples conveniência de notação, muito embora a derivada indicada torne-se nula para $l > k$. Consequentemente, o resíduo do polo em questão é dado por

$$r_i(k) = \sum_{l=1}^{m_i} \frac{f_{il}}{(l-1)!} \left. \frac{d^{l-1}}{dz^{l-1}} z^k \right|_{z=p_i}$$

e a transformada $\mathcal{Z}$ inversa é determinada somando-se os resíduos de todos os polos da função $\hat{f}(z)/z$, os quais, como já foi alertado, pode incluir um polo na origem quando não ocorrer cancelamento com um zero de $\hat{f}(z)$, localizado no mesmo ponto. Temos assim

$$f(k) = \sum_{i=0}^{\infty} \sum_{l=1}^{m_i} \frac{f_{il}}{(l-1)!} \left. \frac{d^{l-1}}{dz^{l-1}} z^k \right|_{z=p_i} , \quad k \in \mathbb{N} \tag{4.66}$$

Diferentemente do ocorrido com a transformada de Laplace, a única hipótese necessária para o cálculo da inversa da transformada $\mathcal{Z}$ pelo método dos resíduos é que os polos de $\hat{f}(z)/z$ sejam pontos singulares isolados. A dificuldade maior está concentrada na determinação dos coeficientes f_{il}, que resulta em um trabalho simples quando $\hat{f}(z)$ for uma função racional.

Exemplo 4.18 No caso de sistemas contínuos no tempo, a inversa da transformada de Laplace do impulso unitário não podia ser calculada pelo método dos resíduos. No caso discreto isto é perfeitamente possível, pois

$$\frac{\hat{\delta}(z)}{z} = \frac{1}{z}$$

apresenta apenas um polo simples na origem. Portanto,

$$\delta(k) = r_0(k) = \left. z^k \right|_{z=0} = 0^k , \ k \in \mathbb{N}$$

onde a curva γ pode ser escolhida como sendo um circunferência centrada na origem com raio arbitrário, tendo em vista que o domínio de $\hat{\delta}(z)$ é todo o plano complexo. Considere agora a função

$$\hat{f}(z) = \frac{z}{z-2} \Longrightarrow \mathcal{D}(\hat{f}) = \{z \in \mathbb{C} \ : \ |z| > 2\}$$

para a qual ocorre o cancelamento do polo na origem, ou seja,

$$\frac{\hat{f}(z)}{z} = \frac{1}{z-2}$$

e que já se encontra na forma de uma série de Laurent. Como $p_0 = 0$ não é um polo de $\hat{f}(z)/z$, então, com (4.66), obtemos

$$f(k) = r_1(k) = z^k\big|_{z=2} = 2^k \ , \ k \in \mathbb{N}$$

que é o resultado esperado. A transformada inversa da função

$$\hat{g}(z) = \frac{1}{z-2} \Longrightarrow \mathcal{D}(\hat{g}) = \{z \in \mathbb{C} \ : \ |z| > 2\}$$

é calculada lembrando que podemos escrevê-la na forma

$$\frac{\hat{g}(z)}{z} = \frac{1}{z(z-2)} = \frac{1/2}{z-2} - \frac{1/2}{z}$$

permitindo concluir, imediatamente, que

$$g(k) = (1/2)2^k - (1/2)0^k \ , \ k \in \mathbb{N}$$

Este resultado também pode ser obtido pela aplicação do Teorema 4.3 na relação $\hat{g}(z) = z^{-1}\hat{f}(z)$. De fato, deve-se notar que $g(0) = 0$ e $g(k) = 2^{k-1}$ para $k \geq 1$. □

Uma classe importante de funções para a qual devemos saber calcular rapidamente sua transformada $\mathcal{Z}$ inversa é a de funções racionais dadas na forma

$$\hat{f}(z) = \frac{N(z)}{D(z)} \tag{4.67}$$

onde $N(z)$ e $D(z)$ são polinômios com coeficientes reais e com graus n e m, respectivamente, obedecendo a desigualdade $0 \leq m \leq n < \infty$. Essa função apresenta, portanto, n polos que constituem seus pontos singulares isolados. Assim sendo, para esta classe de funções podemos, antes de aplicar o método dos resíduos, estabelecer a seguinte igualdade que é válida para todo $z \in \mathcal{D}(\hat{f})$, ou seja:

$$\frac{\hat{f}(z)}{z} = \sum_{i=0}^{n_d}\sum_{l=1}^{m_i} \frac{f_{il}}{(z-p_i)^l} \tag{4.68}$$

onde p_i denota o i-ésimo polo, sendo $p_0 = 0$ se não ocorrer cancelamento com multiplicidade m_i, e n_d denota o número de polos distintos de $\hat{f}(z)/z$. É importante observar que, ao fazermos a decomposição em frações parciais de $\hat{f}(z)/z$, estaremos manipulando uma função racional com um número de polos estritamente maior que o número de zeros. Os coeficientes f_{il} são, então, dados por

$$f_{il} = \frac{1}{(m_i - l)!} \lim_{z \to p_i} \frac{d^{m_i - l}}{dz^{m_i - l}} (z - p_i)^{m_i} \frac{\hat{f}(z)}{z} \tag{4.69}$$

A relação (4.68) não expressa uma mera aproximação, ao contrário, é uma relação exata que permite calcular os coeficientes da transformada inversa. De fato, aplicando como anteriormente o método dos resíduos em (4.68), vem

$$f(k) = \sum_{i=0}^{n_d} \sum_{l=1}^{m_i} \frac{f_{il}}{(l-1)!} \left. \frac{d^{l-1}}{dz^{l-1}} z^k \right|_{z=p_i} , \quad k \in \mathbb{N} \tag{4.70}$$

que é a transformada inversa procurada. Vale a pena reforçar que as expressões (4.66) e (4.70) são idênticas, pois ambas representam a soma das contribuições de todos os polos da função $\hat{f}(z)/z$, que são essenciais para determinar a transformada inversa de $\hat{f}(z)$.

Exemplo 4.19 Considere a função

$$\hat{f}(z) = \frac{z-1}{(z-2)^2} \Longrightarrow \mathcal{D}(\hat{f}) = \{z \in \mathbb{C} \ : \ |z| > 2\}$$

que, através da decomposição em frações parciais, permite escrever

$$\frac{\hat{f}(z)}{z} = \frac{1/4}{(z-2)} + \frac{1/2}{(z-2)^2} - \frac{1/4}{z}$$

sendo que o polo $p_0 = 0$ tem multiplicidade $m_0 = 1$ e o polo $p_1 = 2$ tem multiplicidade $m_1 = 2$. Ademais, $n_d = 2$ e os coeficientes em (4.69) foram obtidos através da decomposição em frações parciais que acabamos de realizar. Aplicando (4.70), obtemos

$$f(k) = \frac{1}{4}(1+k)2^k - \frac{1}{4}0^k \ , \ k \in \mathbb{N}$$

Uma maneira mais simples para obter o mesmo resultado é identificar as transformadas inversas de cada parcela, ou seja, com a decomposição em frações parciais, temos

$$\hat{f}(z) = \frac{z}{4(z-2)} + \frac{z}{2(z-2)^2} - \frac{1}{4}$$

A transformada inversa da primeira parcela é $(1/4)2^k$, enquanto que a da terceira parcela é $(1/4)\delta(k) = (1/4)0^k$. A transformada inversa da segunda parcela é calculada a partir de uma importante relação que vem da comparação de (4.68) multiplicada por z com (4.70), ou seja,

$$\mathcal{Z}^{-1}\left\{\frac{z}{(z-p_i)^l}\right\} = \frac{1}{(l-1)!}\left.\frac{d^{l-1}}{dz^{l-1}}z^k\right|_{z=p_i} \ , \ l \geq 1$$

onde p_i é um polo genérico de $\hat{f}(z)/z$. Aplicando esse resultado para $p_1 = 2$ e $l = 2$, temos

$$\mathcal{Z}^{-1}\left\{\frac{z}{(z-2)^2}\right\} = k2^{k-1} = (1/2)k2^k \ , \ k \in \mathbb{N}$$

a qual, com as duas parcelas anteriores, permite reencontrar o resultado que acabamos de calcular pelo método dos resíduos. Observe que o não cancelamento do polo existente na origem de $\hat{f}(z)/z$ faz com que apareça, na transformada inversa, um impulso unitário que afeta o valor de $f(k)$ apenas em $k = 0$. □

O desenvolvimento de uma função transformada $\hat{f}(z)$ em série de Laurent permite também adotarmos, via truncamento, uma aproximação racional $\hat{f}_{ap}(z)$ para ela. O critério básico e mais importante consiste em manter invariante o domínio da função inicial, isto é,

$$\mathcal{D}(\hat{f}_{ap}) = \mathcal{D}(\hat{f})$$

Neste caso, se todos os polos estiverem localizados dentro do círculo unitário, deverão ser retidos na aproximação aqueles mais distantes da origem, sendo desprezados os mais próximos. É claro que, assim procedendo, a qualidade da aproximação medida, em termos do erro entre as transformadas inversas $f(k)$ e $f_{ap}(k)$ para $k \in \mathbb{N}$, dependerá fortemente do número e da localização dos polos de $\hat{f}(z)$ que não são retidos em $\hat{f}_{ap}(z)$. Entretanto, para $k \in \mathbb{N}$, suficientemente grande, ambas tendem a se tornar bastante parecidas.

4.3.3 Solução de Equações a Diferenças

Assim como a transformada de Laplace é uma ferramenta importante para resolver equações diferenciais, a transformada $\mathcal{Z}$ tem papel fundamental na determinação de soluções para equações a diferenças. Esse é o objetivo desta seção, que inicialmente tratará de equações a diferenças com coeficientes constantes para, em seguida, tratar uma classe de equações com coeficientes variantes no tempo. De maneira algo surpreendente, as equações a diferenças com coeficientes que variam linearmente com o tempo têm soluções que identificam funções com transformadas $\mathcal{Z}$ irracionais, constituindo assim uma boa ferramenta para obter numericamente suas respectivas transformadas inversas.

Considere a equação a diferenças

$$D[y(k)] = E[g(k)] \ , \ k \in \mathbb{N} \tag{4.71}$$

sendo os operadores lineares dados na forma padrão

$$D[y(k)] = \sum_{i=0}^{n} a_i y(k+i) \ , \ E[g(k)] = \sum_{i=0}^{m} e_i g(k+i) \tag{4.72}$$

exigindo-se, como de costume, que os coeficientes de ambos operadores sejam reais e que $a_n \neq 0$, $e_m \neq 0$ e $n \geq m$. A função $g(k)$, $k \in \mathbb{N}$ assim como as condições iniciais

$$y(0) \ , \ y(1) \ , \ \cdots \ , \ , \ y(n-1) \tag{4.73}$$

são conhecidas. Nosso objetivo é encontrar, através da transformada $\mathcal{Z}$, a função $y(k)$, $k \in \mathbb{N}$ que resolve (4.71). Antes de enfocarmos o caso genérico, vamos imediatamente resolver alguns exemplos específicos que ilustram as manipulações matemáticas que serão adotadas.

Exemplo 4.20 Considere a equação a diferenças de primeira ordem cuja função de entrada é o degrau unitário discreto.

$$y(k+1) + 2y(k) = \upsilon(k) \ , \ y(0) = 1$$

Aplicando a transformada $\mathcal{Z}$ aos seus dois membros, obtemos

$$z\hat{y}(z) - z + 2\hat{y}(z) = \frac{z}{z-1}$$

que permite determinar a transformada $\mathcal{Z}$ da solução procurada, isto é,

$$\hat{y}(z) = \frac{z^2}{(z-1)(z+2)}$$

Resta, então, calcularmos a sua inversa. Para tanto, a estratégia mais simples é decompor $\hat{y}(z)/z$ em frações parciais, a qual, multiplicada por z, permite escrever

$$\hat{y}(z) = \frac{1}{3}\frac{z}{z-1} + \frac{2}{3}\frac{z}{z+2}$$

sendo a transformada inversa de cada parcela obtida, escrevemos a solução da equação dada na forma final

$$y(k) = \frac{1}{3} + \frac{2}{3}(-2)^k \ , \quad k \in \mathbb{N}$$

e é possível verificar, de imediato, que a condição inicial $y(0) = 1$ é observada. □

Exemplo 4.21 Considere a seguinte equação a diferenças de primeira ordem

$$y(k+1) - y(k) = g(k+1)\ ,\ y(0) = 1$$

onde $g(k) = 2^k,\ k \in \mathbb{N}$. Aplicando a transformada $\mathcal{Z}$ aos seus dois membros, obtemos

$$z\hat{y}(z) - z - \hat{y}(z) = z\frac{z}{z-2} - z$$

a qual permite determinar a transformada da solução, isto é,

$$\hat{y}(z) = \frac{z^2}{(z-1)(z-2)} = \frac{2z}{z-2} - \frac{z}{z-1}$$

cuja transformada inversa fornece a solução procurada $y(k) = 2^{k+1} - 1$, válida para todo $k \in \mathbb{N}$. Note que a existência de um deslocamento de tempo na função de entrada não causa maiores dificuldades para se obter a solução, desde que aplicação da transformada $\mathcal{Z}$ seja feita de forma precisa, neste caso, levando-se em conta o resultado do Teorema 4.4. Ademais, como $g(0) = y(0) = 1$, o efeito da condição inicial é cancelado na transformada da solução final. Esse importante aspecto será analisado com mais detalhes a seguir. □

Retomando a equação (4.71), aplicando a transformada $\mathcal{Z}$ aos seus dois membros e levando em conta o resultado do Teorema 4.4, que fornece a transformada para cada parcela dos operadores envolvidos, obtemos para o seu primeiro membro

$$\mathcal{Z}(D[y(k)]) = \left(\sum_{i=0}^{n} a_i z^i\right)\hat{y}(z) - \sum_{i=0}^{n} a_i \sum_{r=0}^{i-1} y(r) z^{i-r} \tag{4.74}$$

a qual pode ser reescrita na forma compacta

$$\mathcal{Z}(D[y(k)]) = \Delta_D(z)\hat{y}(z) - \Theta_0(z) \tag{4.75}$$

onde $\Delta_D(z)$ é o polinômio característico do operador $D[\cdot]$ e $\Theta_0(z)$ é um polinômio que depende apenas dos valores iniciais que se deseja atribuir à solução procurada. Com um pouco de manipulação algébrica simples, mas algo tediosa, podemos escrever

$$\Theta_0(z) = \sum_{i=1}^{n} \theta_i z^i\ ,\ \ \theta_i = \sum_{l=0}^{n-i} a_{l+i} y(l) \tag{4.76}$$

e, de maneira similar, obtemos para o seu segundo membro

$$\mathcal{Z}(E[g(k)]) = \Delta_E(z)\hat{g}(z) - \Phi_0(z) \tag{4.77}$$

onde $\Delta_E(z)$ é o polinômio característico do operador $E[\cdot]$ e $\Phi_0(z)$ é um polinômio de grau m cujos coeficientes dependem exclusivamente dos m primeiros valores da função de entrada $g(k)$, a qual, por hipótese, é conhecida, isto é,

$$\Phi_0(z) = \sum_{i=1}^{m} \phi_i z^i \ , \quad \phi_i = \sum_{l=0}^{m-i} e_{l+i} g(l) \tag{4.78}$$

Finalmente, igualando os resultados das expressões (4.75) e (4.77), determinamos a transformada $\mathcal{Z}$ da solução, que pode então ser expressa na forma

$$\hat{y}(z) = H_0(z) + H(z)\hat{g}(z) \tag{4.79}$$

com

$$H_0(z) = \frac{\Theta_0(z) - \Phi_0(z)}{\Delta_D(z)} \ , \quad H(z) = \frac{\Delta_E(z)}{\Delta_D(z)} \tag{4.80}$$

Neste ponto, algumas considerações são bastante pertinentes. Embora o polinômio do numerador de $H_0(z)$ seja de grau n, igual ao grau do seu denominador, ele sempre apresenta um zero na origem, pois $\Theta_0(0) = \Phi_0(0) = 0$. Em consequência, não há maiores dificuldades para se obter a transformada inversa de $H_0(z)$ a partir de $H_0(z)/z$, que é uma função racional estritamente própria. Da mesma forma, sendo a função $H(z)/z$ estritamente própria, obtemos para todo $k \in \mathbb{N}$

$$h_0(k) = \mathcal{Z}^{-1}(H_0(z)) \ , \quad h(k) = \mathcal{Z}^{-1}(H(z)) \tag{4.81}$$

as quais, com auxílio do teorema da convolução, fornecem a solução procurada

$$y(k) = h_0(k) + \sum_{i=0}^{k} h(k-i)g(i) \ , \quad k \in \mathbb{N} \tag{4.82}$$

Essa solução apresenta a forma padrão de soma de duas parcelas distintas. A primeira $h_0(k)$ é uma solução de uma forma homogênea, mas que não corresponde à entrada nula exceto no caso bastante particular em que $m = 0$. De fato, para $m \geq 1$ ela contém elementos em $\Phi_0(z)$ que dependem dos m primeiros valores de $g(k)$. Entretanto, trata-se de uma solução da homogênea que não satisfaz as condições iniciais dadas em (4.73), mas sim um conjunto de condições iniciais modificadas que levam em conta a existência no numerador de $H_0(z)$ do polinômio $\Phi_0(z)$. Usando (4.76) e (4.78), verifica-se que

$$\begin{bmatrix} y_{mod}(0) \\ y_{mod}(1) \\ \vdots \\ y_{mod}(n-1) \end{bmatrix} = \begin{bmatrix} y(0) \\ y(1) \\ \vdots \\ y(n-1) \end{bmatrix} - \mathcal{A}^{-1}\mathcal{E} \begin{bmatrix} g(0) \\ g(1) \\ \vdots \\ g(m-1) \end{bmatrix}$$

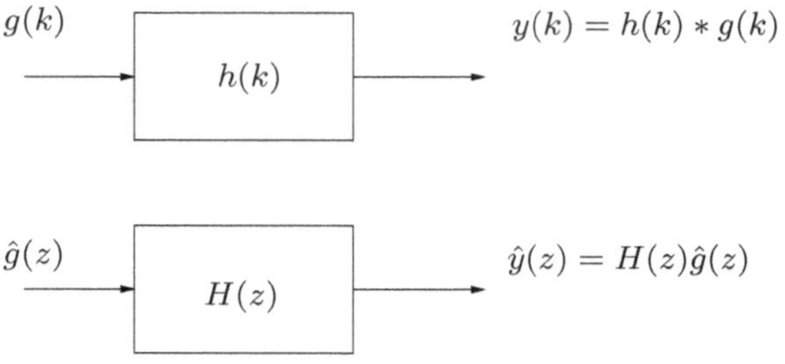

Figura 4.3: Diagramas de blocos

onde as matrizes indicadas são dadas por

$$\mathcal{A} = \begin{bmatrix} a_1 & a_2 & \cdots & a_n \\ a_2 & a_3 & \cdots & 0 \\ \vdots & \vdots & \vdots & \vdots \\ a_n & 0 & \cdots & 0 \end{bmatrix} , \quad \mathcal{E} = \begin{bmatrix} e_1 & e_2 & \cdots & e_m \\ e_2 & e_3 & \cdots & 0 \\ \vdots & \vdots & \vdots & \vdots \\ 0 & 0 & \cdots & 0 \end{bmatrix}$$

que são matrizes similares às já obtidas no estudo de equações diferenciais, sendo $\mathcal{A}$ inversível em decorrência de termos assumido que $a_n \neq 0$ como forma de garantir a ordem da equação a diferenças em estudo. A segunda parcela de (4.82) representa a contribuição da entrada $g(k)$, considerando todas as condições iniciais modificadas nulas, e é dada pela convolução discreta $y(k) = h(k) * g(k)$.

Definição 4.4 *A função racional $H(z)$ é chamada função de transferência discreta e sua transformada $\mathcal{Z}$ inversa $h(k)$ é chamada resposta ao impulso unitário.*

Essa definição salienta o fato de que, sob condições iniciais modificadas nulas, ao adotarmos $g(k) = \delta(k)$, ou seja, $\hat{g}(z) = 1$, então a resposta correspondente será $\hat{y}(z) = H(z)$ ou, o que é equivalente, $y(k) = h(k)$, $k \in \mathbb{N}$. Para uma entrada qualquer, podemos, então, afirmar que $y(k) = h(k)*g(k)$ é uma solução particular da equação a diferenças em estudo.

A Figura 4.3 mostra os diagramas de blocos no tempo, cuja saída é a convolução da entrada pela resposta ao impulso unitário e o correspondente obtido pela transformada $\mathcal{Z}$, cuja saída é o produto da transformada da entrada pela função de transferência. Ambos fornecem a solução geral da equação a diferenças desde que as condições iniciais modificadas sejam nulas.

Exemplo 4.22 Considere a seguinte equação a diferenças de segunda ordem:

$$y(k+2) - 3y(k+1) + 2y(k) = g(k+1) + 2g(k) \ , \ y(0) = 1, \ y(1) = 0$$

onde a entrada $g(k)$ é uma função que será especificada em seguida, mas que satisfaz $g(0) = 1$. Verificamos imediatamente que

$$\Delta_D(z) = (z-1)(z-2) \ , \quad \Delta_E(z) = (z+2)$$

e ainda $\Theta_0(z) = z^2 - 3z$ e $\Phi_0(z) = z$. Temos então

$$H_0(z) = \frac{z(z-4)}{(z-1)(z-2)} \ , \ H(z) = \frac{(z+2)}{(z-1)(z-2)}$$

de tal forma que a solução geral seja dada por (4.82). Considerando a função de entrada $g(k) = (-2)^k$, $k \in \mathbb{N}$, vem

$$\begin{aligned} \hat{y}(z) &= H_0(z) + H(z)\left(\frac{z}{z+2}\right) \\ &= \frac{z(z-3)}{(z-1)(z-2)} \\ &= \frac{2z}{z-1} - \frac{z}{z-2} \end{aligned}$$

cuja transformada inversa fornece a solução

$$y(k) = 2 - 2^k \ , \ k \in \mathbb{N}$$

que é uma solução da homogênea com as condições iniciais $y(0) = 1$ e $y(1) = 0$, pois a função $g(k) = (-2)^k$ satisfaz $g(k+1) + 2g(k) = 0$ para todo $k \in \mathbb{N}$. Vamos agora resolver novamente esta mesma equação, porém considerando as condições iniciais $y(0) = 0$ e $y(1) = 1$, que foram determinadas de tal modo que as condições iniciais modificadas sejam nulas. Neste caso, a solução é dada por $y(k) = h(k) * g(k)$, sendo $h(k)$ a resposta ao impulso unitário que é calculada pela transformada inversa de

$$H(z) = \frac{(z+2)}{(z-1)(z-2)} = 1 - \frac{3z}{z-1} + \frac{2z}{z-2}$$

ou seja, $h(k) = \delta(k) + 2^{k+1} - 3$, válida para todo $k \in \mathbb{N}$. Observe que, através da convolução de $h(k)$ com uma entrada qualquer especificada, obtemos uma solução particular da equação sob consideração. Esta mesma solução torna-se a solução geral quando as condições iniciais modificadas forem nulas, como é o presente caso. □

A exemplo das equações diferenciais, as equações a diferenças também podem ser representadas através de variáveis de estado, de forma a convertê-la em um conjunto de equações de primeira ordem. De fato, como será feito em seguida, a equação (4.71) pode ser escrita na forma

$$x(k+1) = Ax(k) + Bg(k) \ , \quad x(0) = x_0 \tag{4.83}$$

$$y(k) = Cx(k) + Dg(k) \tag{4.84}$$

onde $x(k) \in \mathbb{R}^n$, $A \in \mathbb{R}^{n\times n}$, $B \in \mathbb{R}^{n\times 1}$, $C \in \mathbb{R}^{1\times n}$ e $D \in \mathbb{R}$. Essas matrizes e a condição inicial $x_0 \in \mathbb{R}^n$ devem ser determinadas de tal maneira que, para qualquer $g(k)$ dada, a solução de (4.83) e (4.84) reproduza a solução (4.82). Neste sentido, o próximo teorema é de capital importância.

Teorema 4.8 *A solução geral da equação (4.83) é dada por*

$$x(k) = A^k x_0 + \sum_{i=0}^{k-1} A^{k-1-i} B g(i) \ , \ k \geq 1 \tag{4.85}$$

Prova: A partir da condição inicial $x(0) = x_0$, a expressão dada fornece os demais valores para a sequência da variável de estado $x(k)$ correspondentes a $k \geq 1$. Desta forma, para todo $k \in \mathbb{N}$, temos

$$\begin{aligned} x(k+1) &= A^{k+1} x_0 + \sum_{i=0}^{k} A^{k-i} B g(i) \\ &= A \left\{ A^k x_0 + \sum_{i=0}^{k-1} A^{k-1-i} B g(i) \right\} + B g(k) \\ &= A x(k) + B g(k) \end{aligned}$$

o que mostra que (4.85) é a solução da equação proposta. □

Uma consequência interessante da representação de estado de equações a diferenças é o cálculo de potências de matrizes que pode ser feito com o emprego da transformada $\mathcal{Z}$, como é demonstrado de forma construtiva no próximo lema.

Lema 4.7 *Considere, para uma matriz $A \in \mathbb{R}^{n\times n}$ dada, a função potência de matriz $F(k) \in \mathbb{R}^{n\times n}$ assim definida:*

$$F(k) = A^k \ , \ k \in \mathbb{N} \tag{4.86}$$

Sua transformada $\mathcal{Z}$ é

$$\hat{F}(z) = z(zI - A)^{-1} \Longrightarrow \mathcal{D}(\hat{F}) = \{z \in \mathbb{C} \ : \ |z| > \max_{i=1,2,\cdots,n} |\lambda_i|\} \tag{4.87}$$

onde $\lambda_i, i = 1, 2, \cdots, n$ denotam os autovalores A.

Prova: Aplicando a transformada $\mathcal{Z}$ à função $x(k) = A^k x_0 = F(k)x_0$, obtemos $\hat{x}(z) = \hat{F}(z)x_0$. Entretanto, pelo teorema anterior, sabemos que essa mesma função é a solução geral da equação $x(k+1) = Ax(k)$, $x(0) = x_0$. Aplicando a esta equação a mesma transformada, obtemos $\hat{x}(z) = z(zI-A)^{-1}x_0$. Igualando as duas últimas equações e lembrando que $x_0 \in \mathbb{R}^n$ é um vetor arbitrário, concluímos que a primeira parte de (4.87) se verifica. Seu domínio é determinado pela fórmula de inversão de matrizes que permite escrever

$$z(zI - A)^{-1} = z\frac{\text{adj}(zI - A)}{\det(zI - A)}$$

mostrando que $\hat{F}(z)$ deixa de ser analítica nos pontos em que $\det(zI - A) = 0$, que são justamente os autovalores de A. Isto prova o lema proposto. □

Exemplo 4.23 Determine $F(k) = A^k$ para a matriz

$$A = \begin{bmatrix} 1 & 2 \\ 0 & 2 \end{bmatrix}$$

É claro que o cálculo pode ser feito multiplicando-se a matriz A por ela mesma k vezes, o que pode representar um grande trabalho, a depender do valor de $k \in \mathbb{N}$ e da dimensão da matriz A. Como alternativa viável, podemos utilizar o resultado do lema anterior para obter

$$\hat{F}(z) = z(zI - A)^{-1} = \frac{z}{(z-1)(z-2)} \begin{bmatrix} z-2 & 2 \\ 0 & z-1 \end{bmatrix}$$

cuja transformada inversa, de cada um dos seus quatro elementos, fornece

$$A^k = \begin{bmatrix} 1 & 2^{k+1} - 2 \\ 0 & 2^k \end{bmatrix}, \ k \in \mathbb{N}$$

que é uma fórmula válida inclusive para $k = 0$, quando se obtém a relação $A^0 = I$. □

Aplicando a transformada $\mathcal{Z}$ na equação (4.83), vem

$$z\hat{x}(z) - zx(0) = A\hat{x}(z) + B\hat{g}(z)$$

fornecendo $\hat{x}(z)$, que substituído na transformada de (4.84), permite determinar

$$\hat{y}(z) = C(zI - A)^{-1}zx(0) + \big(C(zI - A)^{-1}B + D\big)\,\hat{g}(z) \tag{4.88}$$

ficando completamente evidenciado que esta mesma expressão pode ser reescrita na forma (4.79), desde que as seguintes relações sejam satisfeitas:

$$H_0(z) = C(zI - A)^{-1}zx(0) \ , \ H(z) = C(zI - A)^{-1}B + D \tag{4.89}$$

Para satisfazer estas duas igualdades devemos determinar de forma conveniente e precisa todos os elementos das matrizes A, B, C e D e o vetor de condições iniciais $x(0) = x_0 \in \mathbb{R}^n$. Esse é o critério básico que deve ser adotado para a construção da representação de estado de uma equação a diferenças. Com esse objetivo, um procedimento construtivo bastante parecido com aquele utilizado para obter a representação de estado de equações diferenciais será introduzido através dos próximos exemplos.

Exemplo 4.24 Considere a equação a diferenças (4.71) com $a_n = 1$, $m = 0$ e $e_0 = 1$, ou seja, $D[y(k)] = g(k)$. Definindo o vetor de estado como sendo

$$x(k) = \begin{bmatrix} x_1(k) \\ x_2(k) \\ \vdots \\ x_n(k) \end{bmatrix} \ , \ x_i(k) = y(k+i-1) \ , \ i = 1, 2, \cdots, n \tag{4.90}$$

temos

$$\begin{aligned} x_1(k+1) &= x_2(k) \\ x_2(k+1) &= x_3(k) \\ \vdots \quad & \quad \vdots \\ x_{n-1}(k+1) &= x_n(k) \\ x_n(k+1) &= -a_0x_1(k) - a_1x_2(k) - \cdots a_{n-1}x_n(k) + g(k) \end{aligned}$$

que pode ser imediatamente escrita na forma (4.83)-(4.84) com

$$A = \begin{bmatrix} 0 & 1 & 0 & \cdots & 0 \\ 0 & 0 & 1 & \cdots & 0 \\ \vdots & \vdots & \vdots & \vdots & \\ 0 & 0 & 0 & \cdots & 1 \\ -a_0 & -a_1 & -a_2 & \cdots & -a_{n-1} \end{bmatrix} \ , \ B = \begin{bmatrix} 0 \\ 0 \\ \vdots \\ 0 \\ 1 \end{bmatrix} \tag{4.91}$$

e

$$C = \begin{bmatrix} 1 & 0 & 0 & \cdots & 0 \end{bmatrix} \ , \ D = \begin{bmatrix} 0 \end{bmatrix} \tag{4.92}$$

sendo que as matrizes C e D foram determinadas de tal forma a expressar a solução procurada $y(k)$, em termos das variáveis de estado que foram previamente definidas, ou seja, $y(k) = x_1(k)$. Para a determinação do vetor de condições iniciais é importante observar que, sob as presentes hipóteses, o polinômio $\Phi_0(z)$ é nulo, fazendo com que as condições iniciais coincidam com as condições iniciais modificadas e (4.73) defina o vetor de estado inicial na forma

$$x(0) = \begin{bmatrix} y(0) & y(1) & y(2) & \cdots & y(n-1) \end{bmatrix}' \tag{4.93}$$

Por construção podemos afirmar que a representação de estado satisfazendo as condições (4.89) está completamente determinada. □

Exemplo 4.25 Considere a equação a diferenças (4.71), onde $a_n = 1$, $m \leq n-1$, isto é, $E[g(k)]$ é um operador linear de ordem estritamente menor que aquela do operador $D[\cdot]$. Primeiramente, vamos reescrevê-la na forma equivalente

$$D[\xi(k)] = g(k) \ , \ \ y(k) = E[\xi(k)]$$

De fato, sob condições iniciais nulas, isto é, $\xi(k) = 0$ para todo $k = 0, 1, \cdots, (n-1)$ é imediato verificar que $\hat{y}(z) = \Delta_E(z)\hat{\xi}(z)$ e $\Delta_D(z)\hat{\xi}(z) = \hat{g}(z)$, fazendo com que a função de transferência $H(z)$ da equação original seja preservada na forma $\hat{y}(z) = H(z)\hat{g}(z)$. A vantagem desse procedimento é que a equação a diferenças acima, que define a variável auxiliar $\xi(k)$, é do mesmo tipo da equação a diferenças tratada no exemplo anterior. Portanto, definindo o vetor de estado como sendo

$$x(k) = \begin{bmatrix} x_1(k) \\ x_2(k) \\ \vdots \\ x_n(k) \end{bmatrix} \; , \quad x_i(k) = \xi(k+i-1) \; , \; i = 1, 2, \cdots, n$$

verificamos que as matrizes A e B não se alteram e são dadas novamente por (4.91). Por outro lado, lembrando que

$$y(k) = E[\xi(k)] = \sum_{i=0}^{m} e_i \xi(k+i) = \sum_{i=0}^{m} e_i x_{i+1}(k)$$

as matrizes C e D são dadas por

$$C = \begin{bmatrix} e_0 & e_1 & e_2 & \cdots & 0 \end{bmatrix} \; , \quad D = \begin{bmatrix} 0 \end{bmatrix} \tag{4.94}$$

a qual torna aparente que a matriz $C \in \mathbb{R}^{1\times n}$ só pode conter, no máximo, n elementos, o que resulta em termos $m \leq n-1$. Prosseguindo, resta determinarmos o vetor de condições iniciais. Para tanto, é imperativo observarmos que, por construção, a parte da solução que depende das condições iniciais modificadas é dada por

$$\begin{aligned} y(k) &= h_0(k) \\ &= C\mathcal{Z}^{-1}\left(z(zI-A)^{-1}\right)x(0) \\ &= CA^k x(0) \; , \quad k \in \mathbb{N} \end{aligned}$$

cujos valores para $k = 0, 1, \cdots, (n-1)$ fornecem

$$\begin{bmatrix} y_{mod}(0) \\ y_{mod}(1) \\ \vdots \\ y_{mod}(n-1) \end{bmatrix} = \mathcal{O}x(0) \; , \quad \mathcal{O} = \begin{bmatrix} C \\ CA \\ \vdots \\ CA^{n-1} \end{bmatrix} \tag{4.95}$$

A matriz $\mathcal{O} \in \mathbb{R}^{n\times n}$ é chamada *Matriz de Observabilidade* e será sempre não singular, desde que a função de transferência $H(s)$ não apresente cancelamentos de polos e de zeros, ou seja, se for de ordem mínima. Sendo $\mathcal{O} \in \mathbb{R}^{n\times n}$ não singular o estado inicial pode ser determinado. O leitor deve observar a grande similaridade existente entre o procedimento adotado e as matrizes que definem as representações de estado para equações diferenciais e equações a diferenças. Esse aspecto é importante no sentido de viabilizar o estudo dessas equações com, virtualmente, o mesmo ferramental matemático. A única diferença digna de nota reside na determinação do estado inicial $x(0)$, que, no caso discreto, depende das condições iniciais modificadas, e não das condições iniciais dadas.

Para a equação do Exemplo 4.22 temos $n = 2$, $m = 1$ e $a_2 = 1$, portanto sua representação de estado é definida pelas matrizes

$$A = \begin{bmatrix} 0 & 1 \\ -2 & 3 \end{bmatrix}, \quad B = \begin{bmatrix} 0 \\ 1 \end{bmatrix}, \quad C = \begin{bmatrix} 2 & 1 \end{bmatrix}, \quad D = \begin{bmatrix} 0 \end{bmatrix}$$

Com suas condições iniciais $y(0) = 1$ e $y(1) = 0$, determinarmos as condições iniciais modificadas $y_{mod}(0) = 1$ e $y_{mod}(1) = -1$ e

$$x(0) = \begin{bmatrix} 2 & 1 \\ -2 & 5 \end{bmatrix}^{-1} \begin{bmatrix} 1 \\ -1 \end{bmatrix} = \frac{1}{2} \begin{bmatrix} 1 \\ 0 \end{bmatrix}$$

Finalmente, o caso $n = m$ com $a_n = 1$ também pode ser tratado de forma similar. Neste caso, é sempre possível decompor $H(z)$ na soma de e_m com uma função estritamente própria. Teremos então $D = [\ e_m\ ] \neq 0$. Note que podemos calcular a resposta ao impulso em termos da representação de estado que acabamos de obter, ou seja,

$$\begin{aligned} h(k) &= \mathcal{Z}^{-1}\left(C(zI - A)^{-1}B + D\right) \\ &= \begin{cases} D & , \ k = 0 \\ CA^{k-1}B & , \ k \geq 1 \end{cases} \end{aligned}$$

mostrando que a influência de $D \neq 0$ ocorre apenas no instante inicial da resposta ao impulso. □

Terminamos aqui o estudo da mais importante classe de equações a diferenças, caracterizada por ter todos os seus coeficientes reais e invariantes no tempo. Para essa classe, manipulamos funções racionais obtidas através da transformada $\mathcal{Z}$. Entretanto, existe pelo menos mais uma classe de equações que é importante, sobretudo porque gera funções cujas transformadas não são racionais. É o caso de equações a diferenças com coeficientes que variam linearmente com o tempo. Como ilustração, considere a seguinte equação homogênea, sujeita a condições iniciais nulas:

$$\sum_{i=0}^{n} a_i(k)y(k+i) = 0 \tag{4.96}$$

onde $a_i(k) = \alpha_i k + \beta_i$ com $\alpha_i \in \mathbb{R}$, $\beta_i \in \mathbb{R}$ para todo $i = 0, 1, \cdots, n$ e $\alpha_n \neq 0$. Desejamos determinar, se existir, uma função não nula $y(k)$ que satisfaça (4.96). Para aplicar a transformada $\mathcal{Z}$ necessitamos do seguinte resultado preliminar:

$$\mathcal{Z}(kf(k)) = -z\frac{d}{dz}\hat{f}(z) \tag{4.97}$$

que, aplicada em (4.96), resulta em

$$\sum_{i=0}^{n} \beta_i z^i \hat{y}(z) - \sum_{i=0}^{n} \alpha_i z \frac{d}{dz}\left(z^i \hat{y}(z)\right) = 0 \tag{4.98}$$

que é reescrita na forma mais compacta

$$Q(z)\hat{y}(z) - P(z)\frac{d}{dz}\hat{y}(z) = 0 \tag{4.99}$$

onde os polinômios $P(z)$ e $Q(z)$ são dados por

$$P(z) = \sum_{i=0}^{n} \alpha_i z^{i+1} \ , \quad Q(z) = \sum_{i=0}^{n} \beta_i z^i - \sum_{i=1}^{n} i\alpha_i z^i$$

sendo que o primeiro tem grau $n + 1$, com uma de suas raízes localizadas na origem $z = 0$, e o segundo tem grau n, quando $\beta_n \neq n\alpha_n$. Supondo que todas as raízes não nulas de $P(z) = 0$, denotadas por $p_1, p_2, \cdots, p_n$, sejam diferentes entre si, a decomposição em frações parciais permite estabelecer

$$\frac{1}{\hat{y}(z)}\frac{d}{dz}\hat{y}(z) = \frac{Q(z)}{P(z)} = \frac{d_0}{z} + \sum_{i=1}^{n} \frac{d_i}{(z - p_i)} \tag{4.100}$$

a qual é satisfeita, a menos de uma constante, para

$$\ln(\hat{y}(z)) = d_0 \ln(z) + \sum_{i=1}^{n} d_i \ln(z - p_i)$$

ou seja,

$$\hat{y}(z) = z^{d_0} \prod_{i=1}^{n} (z - p_i)^{d_i} \tag{4.101}$$

Determinar a transformada inversa de $\hat{y}(z)$ é, geralmente, uma tarefa bastante difícil a menos que d_0 seja um número inteiro negativo e $d_1, d_2, \cdots, d_n$ sejam números inteiros cuja soma seja negativa. Neste caso, $\hat{y}(z)$ é uma função racional. Nos demais casos, a transformada inversa pode ser obtida numericamente resolvendo-se a equação original (4.96). É importante observar que (4.98) pode permanecer válida mesmo que as condições iniciais não sejam todas nulas, como foi inicialmente assumido.

Exemplo 4.26 Considere a equação a diferenças de primeira ordem com

$$a_0(k) = -k - 1/2 \ , \quad a_1(k) = k + 1$$

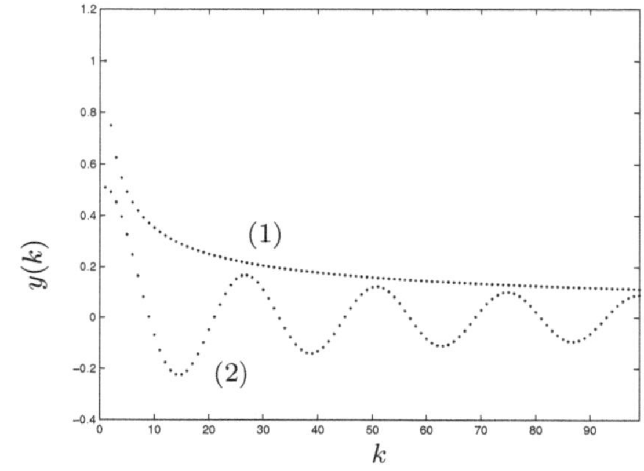

Figura 4.4: Funções com transformadas não racionais

Adotando o procedimento introduzido, calculamos sem dificuldades

$$\frac{Q(z)}{P(z)} = \frac{-1/2}{z(z-1)} = \frac{1/2}{z} + \frac{-1/2}{(z-1)}$$

fazendo com que (4.101) nos forneça

$$\hat{y}(z) = z^{1/2}(z-1)^{-1/2} = \frac{1}{\sqrt{1-z^{-1}}}$$

Como já tinha sido determinado anteriormente, a solução dessa equação, com a condição inicial $y(0) = 1$, satisfaz $y(k) * y(k) = \upsilon(k)$. O leitor é convidado a verificar que, neste caso, a transformada $\mathcal{Z}$ da equação (4.96) não depende da sua condição inicial, que pode, portanto, ser considerada arbitrária. A conclusão importante é que a transformada inversa da função não racional $\hat{y}(z)$ pode ser determinada numericamente resolvendo-se a equação a diferenças a ela associada. Essa função é a curva denotada com (1) na Figura 4.4. □

Exemplo 4.27 Não é possível calcular uma função $y(k), k \in \mathbb{N}$ de tal forma que $y(k) * y(k) = \text{sen}(\theta k)$. De fato, a convolução avaliada para $k = 0$ e $k = 1$ implica em que $y(0)^2 = 0$ e $2y(1)y(0) = \text{sen}(\theta)$, que não podem ser simultaneamente satisfeitas para valores genéricos de θ. Entretanto, podemos resolver a equação $y(k)*y(k) = \text{sen}(\theta(k+1))$ para todo $k \in \mathbb{N}$. Portanto, a transformada da função procurada é

$$\hat{y}(z) = \frac{z\sqrt{\text{sen}(\theta)}}{\sqrt{z^2 - 2\cos(\theta)z + 1}}$$

que, comparada com (4.101), permite identificar

$$d_0 = 1 \ , \ p_1 = \cos(\theta) + j\text{sen}(\theta) \ , \ p_2 = \cos(\theta) - j\text{sen}(\theta) \ , \ d_1 = d_2 = -1/2$$

de tal forma que a relação entre os polinômios $Q(z)$ e $P(z)$ é dada por

$$\frac{Q(z)}{P(z)} = \frac{-\cos(\theta)z + 1}{z^3 - 2\cos(\theta)z^2 + z}$$

e, por consequência, os parâmetros

$$\alpha_2 = 1 \ , \ \alpha_1 = -2\cos(\theta) \ , \ \alpha_0 = 1$$

$$\beta_2 = 2 \ , \ \beta_1 = -3\cos(\theta) \ , \ \beta_0 = 1$$

são determinados. Concluímos então que a função $y(k)$ para todo $k \in \mathbb{N}$ satisfaz uma equação a diferenças da forma (4.96), ou seja,

$$(k+2)y(k+2) - (2k+3)\cos(\theta)y(k+1) + (k+1)y(k) = 0$$

que, para determinar completamente a incógnita, necessita que as condições iniciais $y(0)$ e $y(1)$ sejam devidamente especificadas. A melhor maneira de determiná-las parece ser de, novamente, calcular a transformada $\mathcal{Z}$ da equação a diferenças que acabamos de determinar e verificar que (4.99) permanece válida, desde que as condições iniciais sejam escolhidas de tal forma que $y(1) = \cos(\theta)y(0)$ com $y(0)$ arbitrária. Voltando ao problema que desejamos resolver, devemos impor $y(0)^2 = \text{sen}(\theta)$ o que, para $\text{sen}(\theta) > 0$, leva a

$$y(0) = \sqrt{\text{sen}(\theta)} \ , \ y(1) = \cos(\theta)\sqrt{\text{sen}(\theta)}$$

Essa função, representada pela curva (2) na Figura 4.4, foi numericamente calculada a partir das condições iniciais que acabamos de determinar, considerando $\theta = \pi/12$. □

O procedimento que acabamos de introduzir permite determinar, sob as hipóteses elencadas, uma equação a diferenças com coeficientes variantes no tempo, bem como suas condições iniciais de tal maneira que sua solução seja a transformada $\mathcal{Z}$ inversa de uma função irracional. Além de permitir o cálculo numérico da transformação inversa, em muitos casos, é também possível determiná-la de forma explícita. Para ilustrar esta afirmação, considere a função

$$\hat{y}(z) = \frac{z}{\sqrt{z^2+1}} = \frac{1}{\sqrt{1+z^{-2}}} \tag{4.102}$$

obtida daquela do Exemplo 4.27 com $\theta = \pi/2$ e que pode ser decomposta em série de potências

$$\hat{y}(z) = \sum_{k=0}^{\infty}(-1)^k \frac{(2k)!}{(k!)^2 2^{2k}} z^{-2k} \tag{4.103}$$

válida para todo $z \in \mathbb{C}$ tais que $|z| > 1$, que é exatamente o domínio de $\hat{y}(z)$. Como (4.103) já está na forma de potências decrescentes de z, sua transformada inversa é imediata, isto é,

$$y(2k) = (-1)^k \frac{(2k)!}{(k!)^2 2^{2k}} \ , \ y(2k+1) = 0 \ , \ k \in \mathbb{N} \tag{4.104}$$

sendo, portanto, a solução geral da equação a diferenças, com coeficientes variantes no tempo

$$y(k+2) + \left(\frac{k+1}{k+2}\right) y(k) = 0 \ , \ y(0) = 1, \ y(1) = 0 \tag{4.105}$$

válida para todo $k \in \mathbb{N}$. É preciso ter o máximo cuidado para aplicar esse procedimento, sendo o ponto crucial, a verificação de que o desenvolvimento em série tenha uma região de convergência no plano complexo, que seja coincidente com o domínio da transformada $\mathcal{Z}$. Essa propriedade assegura que o termo genérico da transformação inversa seja corretamente calculado.

4.4 Resposta em Frequência

A solução geral de uma equação a diferenças linear pode ser escrita, como já vimos em (4.79), como a soma de duas parcelas. A primeira depende das condições iniciais modificadas e a segunda depende exclusivamente da entrada. Sob certas condições, mesmo que as condições iniciais modificadas não sejam todas nulas, a contribuição da primeira parcela torna-se mais e mais desprezível à medida que $k \in \mathbb{N}$ aumenta, fazendo com que a solução dependa apenas da função de excitação ou de entrada. Essa solução limite é chamada *solução de regime permanente* e pode ser calculada através da relação entre entrada e saída definida pela respectiva função de transferência, ou seja,

$$\hat{y}(z) = H(z)\hat{g}(z) \tag{4.106}$$

a qual assumimos que satisfaça a propriedade que é objeto da seguinte definição.

Definição 4.5 (Estabilidade) *Uma função de transferência $H(z)$ é dita assintoticamente estável se ela for analítica em todos os pontos $z \in \mathbb{C}$ tais que $|z| \geq 1$.*

Como consequência dessa definição, para que a função de transferência $H(z)$ seja assintoticamente estável, todos os seus polos devem estar localizados dentro do círculo unitário, isto é, se $z = p \in \mathbb{C}$ for um polo qualquer de $H(z)$, então $|p| < 1$. Isso implica que todo o percurso do plano complexo definido por $|z| = 1$ está contido no seu domínio, o que permite a seguinte parametrização:

$$z = e^{j\omega} \in \mathcal{D}(H) \ , \quad \forall \ \omega \in \mathbb{R} \tag{4.107}$$

A resposta em frequência de uma equação a diferenças ou da função de transferência assintoticamente estável a ela associada resulta da escolha, como função de entrada, de uma senoide ou cossenoide ou, ainda, de forma mais geral, a sequência numérica complexa

$$g(k) = e^{j\omega k} \; , \; k \in \mathbb{N} \; , \quad \omega \in \mathbb{R} \tag{4.108}$$

cuja transformada $\mathcal{Z}$ e (4.106) nos permite escrever

$$\hat{y}(z) = H(z)\frac{z}{z - e^{j\omega}} = R(z) + \frac{cz}{z - e^{j\omega}} \tag{4.109}$$

onde $R(z)$ é uma função que contém todos os demais termos da decomposição em frações parciais e, por conseguinte, tem exatamente os mesmos polos de $H(z)$. Neste caso, não há possibilidade de ocorrer cancelamento, pois nenhum polo de $H(z)$ ou de $R(z)$ tem módulo unitário, fazendo com que a determinação da constante $c \in \mathbb{C}$ seja imediata. De fato, obtemos $c = H(e^{j\omega})$, o que implica em

$$\hat{y}(z) = R(z) + \frac{H(e^{j\omega})z}{z - e^{j\omega}} \tag{4.110}$$

A transformada inversa de (4.110) é composta de duas parcelas distintas. A primeira $r(k) = \mathcal{Z}^{-1}(R(z))$ tende para zero conforme $k \in \mathbb{N}$ cresce, pois, devido ao fato de $H(z)$ ser assintoticamente estável, $z = 1 \in \mathcal{D}((z-1)R)$ e o Teorema do Valor Final fornece

$$\lim_{z \to 1}(z-1)R(z) = 0$$

Isso implica que, para k suficientemente grande, a solução $y(k)$ se aproxima cada vez mais da solução de regime permanente que é a transformada inversa da parcela restante, ou seja,

$$y(k) \approx H(e^{j\omega})e^{j\omega k} = y_{perm}(k) \tag{4.111}$$

Fica evidente que a solução de regime permanente depende exclusivamente do valor da função de transferência $H(z)$, para $z = e^{j\omega}$, sendo $\omega \in \mathbb{R}$ a frequência definida pela função de entrada. Lembrando que $z = e^{j\omega}$ é uma função periódica em ω, com período igual a 2π, então a função $H(e^{j\omega})$ também será periódica com o mesmo período, fazendo com que sua determinação possa estar restrita ao intervalo $0 \leq \omega \leq 2\pi$. Com sua representação polar

$$H(e^{j\omega}) = A(\omega)e^{j\phi(\omega)} \; , \quad A(\omega) = |H(e^{j\omega})| \; , \quad \phi(\omega) = \text{tg}^{-1}\left\{\frac{\text{Im}(H(e^{j\omega}))}{\text{Re}(H(e^{j\omega}))}\right\}$$

obtemos com (4.111) a forma final

$$y_{perm}(k) = A(\omega)e^{j(\omega k + \phi(\omega))} \tag{4.112}$$

com a qual podemos concluir que a resposta em regime permanente correspondente à entrada $g(k) = \text{sen}(\omega k)$ é

$$y_{perm}(k) = A(\omega)\text{sen}(\omega k + \phi(\omega))$$

que é uma senoide com a mesma frequência, amplitude $A(\omega)$ e defasagem $\phi(\omega)$ em relação à senoide de entrada. Portanto, se conhecermos o valor de uma função de transferência assintoticamente estável $H(z)$ para todo $z \in \mathbb{C}$ sobre o círculo unitário, podemos determinar a sua respectiva resposta em regime permanente para qualquer entrada do tipo senoidal.

Exemplo 4.28 Considere a seguinte função de transferência associada a uma equação a diferenças de segunda ordem, assintoticamente estável:

$$H(z) = \frac{z(z - 0{,}25)}{z^2 - 0{,}25z + 0{,}25}$$

Para $\omega = 3\pi/4$ [rad/s], obtemos imediatamente

$$A(\omega) = 0{,}9506 \ , \quad \phi(\omega) = -0{,}1988 \ [\text{rad}]$$

e, assim, a função

$$y_{perm}(k) = 9{,}5060 \ \text{sen}\,(3\pi k/4 - 0{,}1988)$$

é a resposta em regime permanente correspondente à entrada 10 $\text{sen}(3\pi k/4)$. Diferentemente do ocorrido no caso de sistemas contínuos no tempo, por não ser um número inteiro, a relação $-\phi(\omega)/\omega = 0{,}0844$ não pode ser interpretada como um atraso introduzido pela função de transferência na frequência considerada. □

A resposta em frequência de um determinado sistema dinâmico a tempo discreto com função de transferência $H(z)$ nada mais é que a determinação dessa função para todo $z \in \mathbb{C}$ sobre o círculo unitário. Devemos novamente enfatizar que a resposta assim calculada não dependerá das condições iniciais modificadas, cuja importância é atenuada na medida em que o sistema evolui no tempo. Conhecendo-se $H(e^{j\omega})$ para todo $0 \le \omega \le 2\pi$, a resposta em regime permanente a, virtualmente, qualquer entrada pode ser facilmente calculada. Para tanto, vamos precisar desenvolver uma dada função em série discreta de Fourier.

O problema que temos em mãos corresponde a determinar uma aproximação conveniente para uma função a tempo discreto em um intervalo de tempo especificado. Seja $g(k) : k \in [0, L-1] \to \mathbb{R}$ uma função conhecida e as funções $f_i(k)$, $i = 1, \cdots, m$ definidas no mesmo intervalo com $L \ge 1$. Considerando desde logo que as funções $f_i(k)$ têm imagem complexa, o objetivo é determinar os coeficientes $\alpha_i \in \mathbb{C}$, $i = 1, \cdots, m$ de tal forma que

$$\epsilon(k) = g(k) - \sum_{i=1}^{m} \alpha_i f_i(k) \approx 0 \ , \ \forall k \in [0, L-1] \tag{4.113}$$

Para manipularmos corretamente essas funções, é necessário definirmos convenientemente o produto escalar de duas delas, na forma

$$\langle h, f\rangle = \sum_{k=0}^{L-1} h(k)f(k)^* \tag{4.114}$$

onde $(\cdot)^*$ indica o complexo conjugado de $(\cdot)$, sendo a norma por ele induzida dada por

$$\|f\| = \sqrt{\langle f, f\rangle} = \sqrt{\sum_{k=0}^{L-1} |f(k)|^2} \tag{4.115}$$

Podemos então proceder como de costume e minimizar $\|\epsilon\|$ em relação à escolha das incógnitas α_i, $i = 1, \cdots, m$, cuja solução ótima se expressa por $\alpha = V^{-1}v$, onde o vetor $\alpha \in \mathbb{C}^m$ contém os parâmetros procurados e a matriz $V \in \mathbb{C}^{m\times m}$ e o vetor $v \in \mathbb{C}^m$ são dados por

$$V = \begin{bmatrix} \langle f_1, f_1\rangle & \langle f_1, f_2\rangle & \cdots & \langle f_1, f_m\rangle \\ \langle f_2, f_1\rangle & \langle f_2, f_2\rangle & \cdots & \langle f_2, f_m\rangle \\ \vdots & \vdots & \vdots & \vdots \\ \langle f_m, f_1\rangle & \langle f_m, f_2\rangle & \cdots & \langle f_m, f_m\rangle \end{bmatrix}, \quad v = \begin{bmatrix} \langle g, f_1\rangle \\ \langle g, f_2\rangle \\ \vdots \\ \langle g, f_m\rangle \end{bmatrix}$$

Essa solução requer que a matriz V seja não singular, o que é conseguido sempre que as funções $f_i(k)$, $i = 1, \cdots, m$ sejam escolhidas de tal maneira a constituírem um conjunto linearmente independente no intervalo de tempo considerado. Isso pode ser feito desde que $L \geq m$, pois só com esta condição podemos obter um conjunto de m funções que seja linearmente independente no intervalo $k \in [0, L-1]$. Um caso importante ocorre ao fixarmos o número de funções de tal forma que $m = L$, pois (4.113) pode ser exatamente resolvida obtendo-se $\epsilon(k) = 0$ para todo $k = 0, \cdots, L-1$. De fato, neste caso, temos L equações lineares a serem satisfeitas com a escolha de $m = L$ parâmetros.

No presente contexto de resposta em frequência, temos todo o interesse de expressar uma dada função como uma combinação linear de funções senoidais, o que nos faz escolher

$$f_i(k) = e^{j\omega_i k} \ , \ \omega_i = \frac{2\pi}{L} i \ , \ i = -n, \cdots, 0, \cdots, n \tag{4.116}$$

com as quais verificamos, imediatamente, que

$$\langle f_p, f_q\rangle = \sum_{k=0}^{L-1} e^{j(\omega_p - \omega_q)k} = \begin{cases} L & , \ p = q \\ 0 & , \ p \neq q \end{cases}$$

ou seja, acabamos de definir um conjunto de funções em tempo discreto que são ortogonais no intervalo de tempo considerado, cada uma delas com normas iguais a $\sqrt{L}$, fazendo com que a matriz V seja, simplesmente, L vezes a matriz identidade. Temos então

$$\alpha_i = \frac{\langle g, f_i \rangle}{\langle f_i, f_i \rangle} = \frac{1}{L} \sum_{k=0}^{L-1} g(k) e^{-j\omega_i k} \ , \ i = -n, \cdots, 0, \cdots, n \tag{4.117}$$

que permite escrever a função original na forma final de uma série trigonométrica denominada série discreta de Fourier, ou seja,

$$g(k) = \sum_{i=-n}^{n} \alpha_i e^{j\omega_i k} \ , \ k = 0, 1, \cdots, L-1 \tag{4.118}$$

Deve ser ressaltado que a igualdade anterior não é verdadeira quando $L > m = 2n + 1$, sendo, portanto, uma mera aproximação, cujo erro pode ser facilmente avaliado calculando-se a sua norma, isto é,

$$\begin{aligned} \|\epsilon\|^2 &= \langle g - \sum_{i=-n}^{n} \alpha_i f_i, \ g - \sum_{j=-n}^{n} \alpha_j f_j \rangle \\ &= \|g\|^2 - L \sum_{i=-n}^{n} |\alpha_i|^2 \end{aligned}$$

a qual, tendo em vista que $\|\epsilon\|^2 \geq 0$, nos leva à versão discreta da *desigualdade de Bessel*

$$\sum_{i=-n}^{n} |\alpha_i|^2 \leq \frac{1}{L} \sum_{k=0}^{L-1} g(k)^2 \tag{4.119}$$

indicando que o erro cometido na aproximação adotada diminui quando n aumenta. Note que as funções $f_i(k)$ para $i = -n, \cdots, n$ foram escolhidas de tal forma a garantir que os parâmetros fornecidos por (4.117) satisfaçam a restrição $\alpha_{-i} = \alpha_i^*$, que é essencial para que o lado direito de (4.118) sempre seja real. Por outro lado, como já foi comentado, quando $L = m = 2n + 1$, a norma do erro reduz-se a zero e, para que isso possa ocorrer, para algum $n \in \mathbb{N}$, é imperativo que L seja um número ímpar. Porém, se L for um número par, podemos adotar $n = L/2$, fazendo com que o número de funções seja igual a $m = L + 1$. Neste caso, podemos verificar que $\omega_{-n} = -\pi$ e $\omega_n = \pi$, implicando em que as respectivas funções $f_{-n}(k)$ e $f_n(k)$ sejam reais e idênticas para todo $k \in \mathbb{N}$. Uma delas deve ser removida do desenvolvimento em série como forma de evitar que o conjunto de funções considerado se torne linearmente dependente. Para tanto,

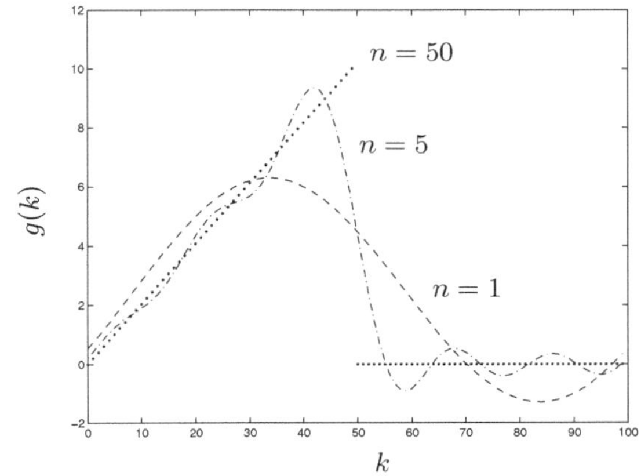

Figura 4.5: Aproximações dadas pela série discreta de Fourier

basta restringirmos o cálculo dos coeficientes em (4.117) e a soma (4.118) para $i \in [-n+1, n]$. Esse aspecto é ilustrado no exemplo dado a seguir.

Exemplo 4.29 Para a função $g(k)$ definida na forma

$$g(k) = \begin{cases} (10/49)k & , \quad k \in [0,\ 49] \\ 0 & , \quad k \in [50,\ 99] \end{cases}$$

para a qual temos $L = 100$. Seu desenvolvimento em série discreta de Fourier permite escrevê-la na forma (4.118), ou seja,

$$g(k) = \sum_{i=-n}^{n} \alpha_i e^{j(\pi/50)ik}$$

para todo $n = 1, 2, \cdots, 49$ sendo que para $n = 50$ o somatório deve ser realizado apenas de $i = -49$ a $i = 50$. Os coeficientes α_i foram determinados numericamente segundo estabelecido em (4.117). A Figura 4.5 mostra os resultados obtidos para $n = 50$, $n = 5$ e $n = 1$. Para cada uma dessas aproximações avaliamos a norma do erro como sendo zero, $\|\epsilon\| = 9{,}65$ e $\|\epsilon\| = 18{,}39$ respectivamente. □

A série discreta de Fourier (4.118) aproxima uma função tendo como informação os seus valores em L pontos. Se $g(k)$ for periódica com período L, o mesmo acontecerá com a sua série discreta de Fourier, indicando que, neste caso, a aproximação é válida para todo $k \in \mathbb{N}$.

Como ocorreu no estudo de sistemas a tempo contínuo, se o nosso propósito for calcular a resposta, em regime permanente, de uma determinada equação a diferenças sujeita a uma entrada $g(k), k \in \mathbb{N}$ conhecida, a série discreta de

Fourier torna-se uma ferramenta essencial. De fato, tendo em mãos a função de transferência $H(z)$ e escrevendo $g(k)$ na forma

$$g(k) = \sum_{i=-n}^{n} \alpha_i e^{j\omega_i k} \ , \ k = 0, 1, \cdots, L-1$$

para L dado, a solução em regime permanente (4.111) leva a

$$y_{perm}(k) = \sum_{i=-n}^{n} \beta_i e^{j\omega_i k} \ , \ \beta_i = H(e^{j\omega_i})\alpha_i \tag{4.120}$$

já expressa na forma de uma série discreta de Fourier, cujos coeficientes são imediatamente calculados a partir do conhecimento da função de transferência nas frequências indicadas. Sendo $g(k)$ uma função com domínio real, o mesmo deve ocorrer com a respectiva resposta em regime permanente. Em outras palavras, $\alpha_{-i} = \alpha_i^*$ deve impor que $\beta_{-i} = \beta_i^*$, ou seja,

$$\begin{aligned} H(e^{j\omega_i})^* \alpha_i^* &= \beta_i^* \\ &= \beta_{-i} \\ &= H(e^{j\omega_{-i}})\alpha_{-i} \\ &= H(e^{-j\omega_i})\alpha_i^* \end{aligned}$$

significando que $H(e^{j\omega_i})^* = H(e^{-j\omega_i})$ ou, de maneira genérica,

$$H(e^{j\omega})^* = H(e^{-j\omega}) \ , \ \forall \ \omega \in [0, 2\pi] \tag{4.121}$$

Fica bastante caracterizado que não é necessário conhecermos o valor de $H(e^{j\omega})$ para todo $\omega \in [0, 2\pi]$. De fato, se os valores da função de transferência forem conhecidos para $\omega \in [0, \pi]$, os demais podem ser calculados como sendo os seus respectivos complexos conjugados. Por este motivo, a representação gráfica do seu módulo $A(\omega)$ e da sua fase $\phi(\omega)$ são restritos ao domínio $\omega \in [0, \pi]$.

Exemplo 4.30 Considerando a função $g(k)$ definida na forma

$$g(k) = \begin{cases} 1 + (0{,}8)^k & , \ k \in [0, \ 40] \\ 0 & , \ k \in [41, 101] \end{cases}$$

para a qual temos $L = 101$. Podemos determinar seu desenvolvimento exato em série discreta de Fourier com $n = 50$, cujo resultado é mostrado na Figura 4.6. Considerando-a como a função de entrada para o sistema linear discreto com função de transferência

$$H(z) = \frac{0{,}1z^2 - 0{,}0888z}{z^3 - 2{,}5278z^2 + 2{,}1434z - 0{,}6075}$$

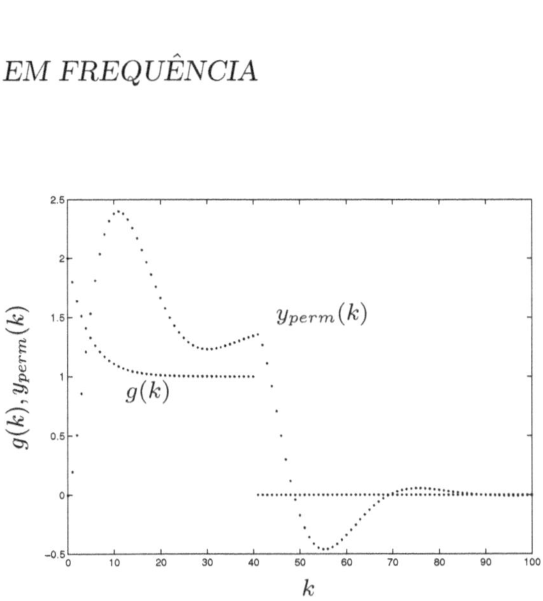

Figura 4.6: Aproximações da entrada e da saída

cujos polos estão todos localizados no interior do círculo unitário, resulta que a série discreta de Fourier da resposta em regime permanente é imediatamente calculada com auxílio de (4.120). Essa série, definida por $n = 50$, também tem a propriedade de ser a representação exata da resposta em regime permanente associada à entrada considerada.

Este exemplo também ilustra o fato de que sempre podemos calcular a resposta em regime permanente ou uma solução particular com condições iniciais modificadas nulas, para uma entrada qualquer que seja limitada no tempo, muito embora, não seja necessariamente uma função periódica. Se desejarmos calcular a resposta à entrada $g(k) = f(k)$ para $k \in [0, l-1]$, devemos definir como entrada a função periódica com período L,

$$g(k) = \begin{cases} f(k) & , \quad k \in [0, l-1] \\ 0 & , \quad k \in [l, L-1] \end{cases}$$

sendo L escolhido suficientemente grande para que, no intervalo de tempo $L - l$, sua resposta retorne para zero. Como $H(z)$ é assintoticamente estável, essa escolha é sempre possível. Assim procedendo, obtemos como resposta uma função periódica que no intervalo $k \in [0, l-1]$ corresponde à solução procurada. □

Para sistemas discretos no tempo, os *diagramas de Bode de módulo e de fase* são definidos da seguinte maneira:

- **Diagrama de módulo:** Para a função de transferência $H(z)$, seu diagrama de módulo corresponde ao gráfico de $A(\omega)$ em função de $\omega \in [0, \pi]$ colocando-se $A_{dB} = 20\log(A(\omega))$ na ordenada e $\omega \in (0, \pi]$ na abscissa em escala logarítmica de base dez.

- **Diagrama de fase:** Para a função de transferência $H(z)$, seu diagrama de fase corresponde ao gráfico de $\phi(\omega)$ em função de $\omega \in [0, \pi]$ colocando-se

$\phi(\omega)$ na ordenada e $\omega \in (0, \pi]$ na abscissa em escala logarítmica de base dez.

Infelizmente, eles não admitem diretamente as assíntotas lineares que puderam ser calculadas para os sistemas a tempo contínuo. De fato, como $A(\omega)$ e $\phi(\omega)$ são funções periódicas, não há como se falar, por exemplo, em assíntotas lineares de alta frequência. Assim sendo, os respectivos diagramas de módulo e de fase devem ser calculados numericamente. Entretanto, para $\omega \in [0, \pi]$ podemos adotar um procedimento alternativo que se baseia em uma importante propriedade de funções de variáveis complexas que é estudada com detalhes no Apêndice B. No plano complexo, a região $\text{Re}(s) \leq 0$ é mapeada na região $|z| \leq 1$ pela função

$$z = \frac{1+s}{1-s} \tag{4.122}$$

ademais, a reta $\text{Re}(s) = 0$ que define o eixo imaginário é mapeada sobre o círculo unitário $|z| = 1$. Definindo $w = \text{tg}(\omega/2)$ que varia de $w = 0$ para $\omega = 0$ até $w = +\infty$ para $\omega = \pi$, simples cálculos indicam que

$$e^{j\omega} = \frac{1+jw}{1-jw}$$

o que permite determinar a resposta em frequência de $H(z)$ para $z = e^{j\omega}$, $\omega \in [0, \pi]$ através da resposta em frequência da função de transferência modificada

$$H_{mod}(s) = H\left(\frac{1+s}{1-s}\right) \tag{4.123}$$

para $s = jw$, $w \in [0, +\infty)$. A função $H_{mod}(s)$ associada é uma função racional sempre que $H(z)$ for uma função racional, fazendo com que sua resposta em frequência possa ser determinada utilizando-se os procedimentos válidos para o caso de sistemas a tempo contínuo. Neste contexto, a função de transferência $H_{mod}(s)$ apresenta propriedades importantes que são analisadas no Apêndice B. Em particular, o módulo e a fase de $H_{mod}(jw)$ calculados em função de $w \in [0, +\infty)$ fornecem imediatamente o módulo e a fase de $H(e^{j\omega})$ para $\omega = 2\text{tg}^{-1}(w) \in [0, \pi]$. Por exemplo, considere um sistema a tempo discreto com resposta ao impulso $h(k) = (1/2)^k$, $k \in \mathbb{N}$, para o qual determinamos

$$H(z) = \frac{z}{z-1/2} \Longrightarrow H_{mod}(s) = \frac{2}{3}\frac{s+1}{s+1/3}$$

sendo que, para $H_{mod}(s)$, podemos determinar sem dificuldades suas assíntotas de baixa e de alta frequência em relação a $w \in [0, +\infty)$ e converter para $\omega \in [0, \pi]$

qualquer valor de interesse selecionado no diagrama de módulo ou de fase. Note que $H_{mod}(0) = H(1) = 2$ e $H_{mod}(j\infty) = H(-1) = 2/3$, e assim sucessivamente para todo $s = jw$ e $z = e^{j\omega}$ tais que $\omega = 2\text{tg}^{-1}(w)$.

A resposta em frequência de um sistema a tempo discreto permite avaliar somas quadráticas, que são de particular importância para cálculos de aproximações através de mínimos quadrados. Por este motivo, apresentamos em seguida a versão discreta do Teorema de Parseval.

Teorema 4.9 (Teorema de Parseval) *Seja $f(k)$ uma função tal que $\hat{f}(z)$ tenha um domínio $\mathcal{D}(\hat{f})$ que satisfaz*

$$\mathcal{V} = \{z \in \mathcal{D}(\hat{f})\} \cap \{z^{-1} \in \mathcal{D}(\hat{f})\} \neq \emptyset$$

Considerando γ uma circunferência qualquer com centro na origem, inteiramente contida em $\mathcal{V}$, a seguinte igualdade é verdadeira:

$$\sum_{k=0}^{\infty} f(k)^2 = \frac{1}{2\pi j} \oint_{\gamma} \hat{f}(z)\hat{f}(z^{-1})z^{-1}dz \tag{4.124}$$

Prova: Como γ está inteiramente contida no domínio da transformada, então, pela fórmula da transformada inversa, temos para todo $k \in \mathbb{N}$ que

$$f(k) = \frac{1}{2\pi j} \oint_{\gamma} \hat{f}(z)z^{k-1}dz$$

Ademais, como $z \in \gamma$ implica que z^{-1} também pertença ao domínio da transformada, estabelece-se a igualdade

$$\hat{f}(z^{-1}) = \sum_{k=0}^{\infty} f(k)z^k$$

que permite escrever

$$\begin{aligned}
\sum_{k=0}^{\infty} f(k)^2 &= \frac{1}{2\pi j} \sum_{k=0}^{\infty} f(k) \oint_{\gamma} \hat{f}(z)z^{k-1}dz \\
&= \frac{1}{2\pi j} \oint_{\gamma} \hat{f}(z)z^{-1} \sum_{k=0}^{\infty} f(k)z^k dz \\
&= \frac{1}{2\pi j} \oint_{\gamma} \hat{f}(z)\hat{f}(z^{-1})z^{-1}dz
\end{aligned}$$

que era o resultado a ser demonstrado. □

Fica claro que para atender a hipótese $\mathcal{V} \neq \emptyset$ é necessário que $\hat{f}(z)$ seja assintoticamente estável. Assim sendo, podemos escolher a curva γ como sendo o círculo unitário, isto é, $z = e^{j\omega}$ com $\omega \in [0, 2\pi]$. Calculando a diferencial $dz = jzd\omega$, a relação (4.124) nos leva a

$$\sum_{k=0}^{\infty} f(k)^2 = \frac{1}{2\pi}\int_0^{2\pi} \hat{f}(e^{j\omega})\hat{f}(e^{-j\omega})d\omega = \frac{1}{\pi}\int_0^{\pi} |\hat{f}(e^{j\omega})|^2 d\omega \tag{4.125}$$

A prova do teorema anterior deixa claro que podemos considerar o produto de duas funções a tempo discreto, cuja soma infinita é calculada através das respectivas transformadas, ou seja,

$$\sum_{k=0}^{\infty} f(k)h(k) = \frac{1}{2\pi j}\oint_{\gamma} \hat{f}(z)\hat{h}(z^{-1})z^{-1}dz \tag{4.126}$$

onde deve existir uma circunferência centrada na origem γ de tal forma que todo $z \in \gamma$ satisfaça simultaneamente $z \in \mathcal{D}(\hat{f})$ e $z^{-1} \in \mathcal{D}(\hat{h})$. Se $\mathcal{D}(\hat{f})$ for definido para todo $|z| > \alpha$ e $\mathcal{D}(\hat{h})$ for definido para todo $|z| > \beta$, então verificamos facilmente que devemos impor $\alpha\beta < 1$ para que a igualdade (4.126) se verifique. Além disso, para podermos escolher γ como sendo o círculo unitário, é preciso que, simultaneamente, $\alpha < 1$ e $\beta < 1$. Devemos mencionar ainda que o método dos resíduos pode ser aplicado com vistas ao cálculo das integrais (4.124) e (4.126).

Exemplo 4.31 Seja $f(k) = k(1/2)^k$, $k \in \mathbb{N}$, cuja transformada $\mathcal{Z}$ fornece

$$\hat{f}(z)\hat{f}(z^{-1})z^{-1} = \frac{z}{(z-1/2)^2(z-2)^2}$$

Note que podemos escolher γ como sendo qualquer circunferência centrada na origem com raio $1/2 < r < 2$, ou seja, podemos escolher γ como sendo o círculo unitário que contém apenas o polo $z = 1/2$. Para calcular a integral indicada no lado direito de (4.124) pelo método dos resíduos, desenvolvemos em frações parciais

$$\frac{z}{(z-1/2)^2(z-2)^2} = \frac{a}{(z-1/2)} + \frac{b}{(z-1/2)^2} + \frac{c}{(z-2)} + \frac{d}{(z-2)^2}$$

onde fica claro que devemos calcular apenas o valor de $a \in \mathbb{R}$, que é exatamente o resíduo do polo $z = 1/2$ que se encontra no interior de γ. Obtemos pelo Teorema de Parseval

$$\sum_{k=0}^{\infty} f(k)^2 = \frac{20}{27}$$

Este exemplo ilustra um fato bastante conhecido, qual seja, a soma dos infinitos termos da série $k^2(1/2)^{2k}$, $k \in \mathbb{N}$ converge. Isso se deve a ela ter o conjunto $\mathcal{V}$ não vazio. □

4.5 Discretização

Com a crescente expansão dos sistemas digitais, que vêm substituindo os sistemas analógicos na indústria moderna, cada vez mais devemos trabalhar em ambientes nos quais os sistemas dinâmicos a tempo contínuo sejam representados em tempo discreto, exigindo, inclusive, que uma certa margem de precisão entre as duas representações seja aceita. Por exemplo, quando resolvemos numericamente uma equação diferencial em um computador digital, a solução é fornecida em instantes de tempo discretos, definidos por um passo de integração que é determinado de tal forma que a solução seja calculada com uma precisão adequada. Geralmente, quanto menor o passo, maior a precisão, e vice-versa. Entretanto, deve-se ter consciência de que existe um preço a ser pago por maior precisão, que é o aumento do tempo de processamento envolvido, resultando na necessidade de estabelecer-se métodos que levem à obtenção de um equilíbrio entre essas grandezas. A representação de um determinado sistema a tempo contínuo por um sistema a tempo discreto é conseguida através de um processo denominado discretização, que é o objeto do estudo desta seção.

Considere uma função $f(t)$ definida para todo $t \geq 0$ e um escalar $T > 0$. As amostras de $f(t)$ são seus valores calculados em $t = kT$, $k \in \mathbb{N}$, isto é, $f(kT)$, $k \in \mathbb{N}$, e T é chamado período de amostragem, tendo em vista que no decorrer do tempo $t \in \mathbb{R}$ uma nova amostra é colhida a cada intervalo de tempo T. Desde logo, assumimos que $f(t)$ admita a transformada de Laplace $\hat{f}(s)$ com domínio $\mathcal{D}(\hat{f})$. Por outro lado, as suas amostras constituem uma sequência numérica cuja transformada $\mathcal{Z}$ e seu respectivo domínio podem ser calculados através da sua própria definição

$$\hat{f}(z) = \sum_{k=0}^{\infty} f(kT) z^{-k} \tag{4.127}$$

Tendo em mãos apenas um valor da função $f(t)$ em cada intervalo de tempo decorrido entre dois instantes de amostragem sucessivos, a menos de casos especiais, só podemos reconstituir a função original se introduzirmos algum tipo de aproximação. A mais evidente é dada por

$$f(t) \approx f_0(t) = f(kT) \ , \ kT \leq t < (k+1)T \tag{4.128}$$

que corresponde a manter constante o valor da função durante todo o intervalo de tempo entre duas amostras sucessivas. Intuitivamente notamos que, mediante continuidade, o erro da aproximação tende a zero quando T é escolhido arbitrariamente pequeno. Isso implicaria em um tempo de processamento numérico tão grande que tornaria inviável qualquer cálculo de algoritmo de decisão, a ser realizado no intervalo de tempo entre duas amostras sucessivas. A transformada de Laplace da função aproximada é

$$\begin{aligned}
\hat{f}_0(s) &= \int_0^\infty f_0(t)e^{-st}dt \\
&= \sum_{k=0}^{\infty} f(kT) \int_{kT}^{(k+1)T} e^{-st}dt \\
&= \frac{1-e^{-Ts}}{s} \sum_{k=0}^{\infty} f(kT)e^{-kTs} \\
&= S_0(s)\hat{f}_*(s)
\end{aligned}$$

onde

$$S_0(s) = \frac{1-e^{-Ts}}{s} \ , \quad \hat{f}_*(s) = \sum_{k=0}^{\infty} f(kT)e^{-kTs} \tag{4.129}$$

A transformada de Laplace da função aproximada é obtida por um dispositivo denominado *Segurador de Ordem Zero*, cuja função de transferência é $S_0(s)$, tendo como entrada a função $\hat{f}_*(s)$. Em relação ao tempo, essas relações fornecem $f_0(t) = s_0(t) * f_*(t)$, onde $s_0(t) = \mathcal{L}^{-1}(S_0(s))$ é a resposta ao impulso do segurador de ordem zero e

$$f_*(t) = \sum_{k=0}^{\infty} f(kT)\delta(t-kT) \tag{4.130}$$

que representa em tempo contínuo o processo de amostragem. Observe que $f_*(t)$ é nula para todo $t \neq kT$ e é completamente definida pelas amostras $f(kT)$ da função original. Esses cálculos suportam a estrutura colocada em evidência na Figura 4.7.

O domínio da função de transferência do segurador de ordem zero é todo o plano complexo, pois ela não tem nenhum ponto singular. Sua resposta em frequência é calculada notando-se que

$$S_0(j\omega) = \frac{e^{j\omega T/2} - e^{-j\omega T/2}}{j\omega} e^{-j\omega T/2} = T\text{sinc}\left(\frac{\omega T}{2}\right) e^{-j\omega T/2}$$

onde, por definição, $\text{sinc}(x) = \text{sen}(x)/x \ , \forall \ x \geq 0$. Com essa manipulação, seu módulo e sua fase são facilmente calculados, em particular

$$A_0(\omega) = T \left| \text{sinc}\left(\frac{\omega T}{2}\right) \right|$$

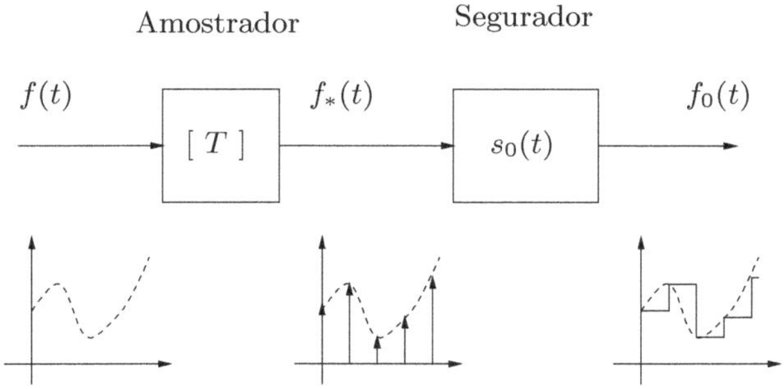

Figura 4.7: Diagrama de blocos

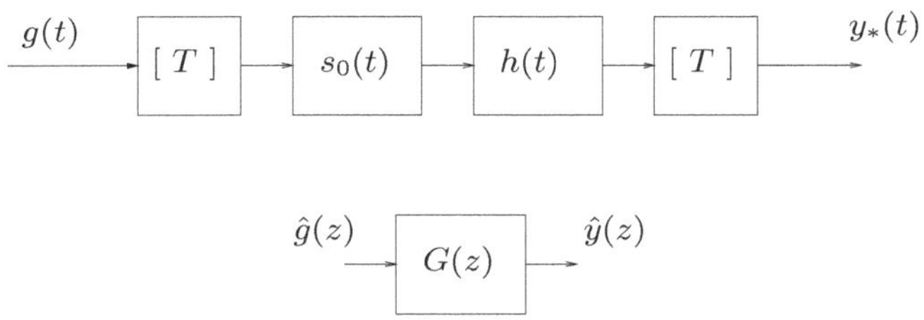

Figura 4.8: Função de transferência pulsada

Para frequências muito baixas, isto é, $|\omega| \ll 2\pi/T$, o segurador de ordem zero tem um ganho aproximadamente constante igual a T e adiciona ao sinal de entrada um atraso constante igual a $\tau = T/2$. Observe que, por construção, as amostras da função $f(t)$ e as amostras da função aproximada $f_0(t)$ obtida pela estrutura introduzida na Figura 4.7 são idênticas. Assim sendo, podemos afirmar que a função de transferência

$$G(z) = \frac{\hat{f}_0(z)}{\hat{f}(z)} = 1 \tag{4.131}$$

ou seja, em tempo discreto, o segurador de ordem zero mantém o valor da função original nos instantes de amostragem e a completa nos instantes intermediários para obter uma aproximação em tempo contínuo.

Uma situação que generaliza o fato acima relatado diz respeito a representar uma equação diferencial em tempo contínuo por uma equação a diferenças que permite calcular a solução da primeira nos instantes de amostragem. Esse processo, denominado discretização, é mostrado na Figura 4.8, onde $H(s) = \mathcal{L}(h(t))$ denotam a função de transferência e a respectiva resposta ao impulso de uma dada equação diferencial. A entrada da equação diferencial é a função aproximada $g_0(t)$, cuja resposta dada por $y(t) = h(t) * g_0(t)$ é amostrada com o mesmo período de amostragem da entrada, produzindo então o sinal $y_*(t)$. Sem dificuldades podemos calcular a transformada $\mathcal{Z}$ das amostras da função de entrada, isto é, $g(kT),\ k \in \mathbb{N}$, e o nosso objetivo é verificar que podemos determinar uma função de transferência $G(z)$ de tal forma que o diagrama de blocos da Figura 4.8 forneça a transformada $\mathcal{Z}$ das amostras da saída $y(kT),\ k \in \mathbb{N}$. De fato, calculando a transformada de Laplace de $y(t)$, obtemos

$$\begin{aligned}\hat{y}(s) &= \hat{h}(s)\hat{g}_0(s) \\ &= \hat{h}(s)S_0(s)\hat{g}_*(s) \\ &= \hat{r}(s)\sum_{i=0}^{\infty} g(iT)e^{-iTs}\end{aligned}$$

onde

$$\hat{r}(s) = \left(\frac{\hat{h}(s)}{s}\right) - e^{-Ts}\left(\frac{\hat{h}(s)}{s}\right)$$

portanto, a resposta no tempo do sistema em estudo é obtida através do cálculo da transformada de Laplace inversa de $\hat{y}(s)$, ou seja,

$$y(t) = \sum_{i=0}^{\infty} r(t - iT)g(iT) \tag{4.132}$$

indicando que as amostras da saída $y(kT),\ k \in \mathbb{N}$ resultam da convolução discreta de $r(kT),\ k \in \mathbb{N}$ pelas amostras da entrada $g(kT),\ k \in \mathbb{N}$. Ou, de forma equivalente, $\hat{y}(z) = G(z)\hat{g}(z)$, onde

$$G(z) = \mathcal{Z}(r(kT)) \tag{4.133}$$

Essa função é denominada função de transferência pulsada e permite calcular, nos instantes de amostragem $t = kT,\ k \in \mathbb{N}$, a resposta do sistema contínuo definido por $h(t)$ sujeito a uma entrada aproximada pelo segurador de ordem zero.

Note que $G(z)$ deve ser interpretada, de fato, como uma função de transferência, tendo em vista que ela não depende da entrada. Para podermos calcular $G(z)$ como indicada em (4.133), devemos inicialmente calcular $r(t)$, que é dada por

$$r(t) = \mathcal{L}^{-1}(\hat{r}(s)) = \begin{cases} \int_0^t h(\tau)d\tau & ,\ 0 \le t \le T \\ \int_0^t h(\tau)d\tau - \int_0^{t-T} h(\tau)d\tau & ,\ t \ge T \end{cases} \tag{4.134}$$

em seguida, determinar as amostras nos instantes convenientes, assumindo que $h(t)$ não contenha impulso na origem

$$r(kT) = \begin{cases} 0 & , \quad k = 0 \\ \int_{(k-1)T}^{kT} h(\tau)d\tau & , \quad k \geq 1 \end{cases}$$

e, finalmente, calcular a respectiva transformada $\mathcal{Z}$, ou seja,

$$G(z) = z^{-1}\mathcal{Z}\left(\int_{kT}^{(k+1)T} h(\tau)d\tau \ , \ k \in \mathbb{N}\right) \tag{4.135}$$

Esse resultado é bastante expressivo, pois permite discretizar equações diferenciais lineares de qualquer ordem. Ademais, como estamos utilizando um segurador de ordem zero na entrada, o resultado será aproximado, mas a precisão pode ser controlada com a escolha de T suficientemente pequeno, na medida do possível. Como já deve ter ocorrido ao leitor, se a entrada $g(t)$ for constante em relação ao tempo, o procedimento torna-se exato nos instantes de amostragem. Para ilustrar essa afirmação, vamos considerar que $h(t)$ seja a resposta ao impulso associada a uma equação diferencial, cuja função de transferência apresenta n polos distintos já decomposta em frações parciais, isto é,

$$\hat{h}(s) = \sum_{i=1}^{n} \frac{\alpha_i}{s - p_i}$$

cuja transformada de Laplace inversa determina a resposta ao impulso e, finalmente, (4.135) fornece a função de transferência pulsada

$$G(z) = \sum_{i=1}^{n} \frac{\beta_i}{z - q_i} \tag{4.136}$$

onde

$$q_i = e^{p_i T} \ , \ \beta_i = \frac{e^{p_i T} - 1}{p_i}\alpha_i$$

para $i = 1, 2, \cdots, n$. Note que, sendo $\hat{h}(s)$ uma função racional estritamente própria, o mesmo ocorre com $G(z)$. O estudo do caso mais geral em que $\hat{h}(s)$ é própria é proposto como exercício no final deste capítulo e será visto também em seguida através da representação de estado da função de transferência.

De fato, em diversas situações, sobretudo quando se manipulam sistemas dinâmicos de ordem elevada, é mais apropriado e fácil representá-lo na forma

$$\dot{x}(t) = Ax(t) + Bg_0(t) \ , \quad x(0) = x_0 \tag{4.137}$$

$$y(t) = Cx(t) + Dg_0(t) \tag{4.138}$$

com as diversas matrizes de dimensões compatíveis e onde já consideramos como sua entrada a função $g_0(t)$ gerada pelo segurador de ordem zero. Adotando a notação simplificada

$$x(k) = x(t)\,|_{t=kT} \ , \ y(k) = y(t)\,|_{t=kT} \ , \ g(k) = g(t)\,|_{t=kT}$$

a solução geral da equação de estado fornecida pelo Teorema 3.11 permite escrever

$$\begin{aligned} x(k+1) &= e^{A(k+1)T}x_0 + \int_0^{(k+1)T} e^{A((k+1)T-\tau)}Bg_0(\tau)d\tau \\ &= e^{AT}x(k) + \int_{kT}^{(k+1)T} e^{A((k+1)T-\tau)}Bg_0(\tau)d\tau \\ &= e^{AT}x(k) + \left(\int_0^T e^{A\xi}Bd\xi\right)g(k) \end{aligned}$$

onde na última igualdade utilizamos o fato de que $g_0(\tau) = g(k)$ é constante para todo $kT \leq \tau < (k+1)T$. Consequentemente, a representação de estado do sistema discretizado é expressa na forma padrão

$$x(k+1) = Fx(k) + Jg(k) \ , \quad x(0) = x_0 \tag{4.139}$$

$$y(k) = Cx(k) + Dg(k) \tag{4.140}$$

válida para todo $k \in \mathbb{N}$, com as matrizes $F \in \mathbb{R}^{n\times n}$ e $J \in \mathbb{R}^{n\times 1}$ dadas por

$$F = e^{AT} \ , \quad J = \int_0^T e^{A\xi}Bd\xi$$

Felizmente o cálculo das matrizes acima indicadas pode ser feito sem grandes dificuldades para quaisquer matrizes A e B com dimensões apropriadas. De fato, definindo a matriz aumentada $\Gamma \in \mathbb{R}^{(n+1)\times(n+1)}$ como sendo

$$\Gamma = \begin{bmatrix} A & B \\ 0 & 0 \end{bmatrix} \tag{4.141}$$

então, por simples inversão, verificamos que a seguinte igualdade se estabelece:

$$\begin{aligned} (sI-\Gamma)^{-1} &= \begin{bmatrix} sI-A & -B \\ 0 & s \end{bmatrix}^{-1} \\ &= \begin{bmatrix} (sI-A)^{-1} & (sI-A)^{-1}B/s \\ 0 & 1/s \end{bmatrix} \end{aligned}$$

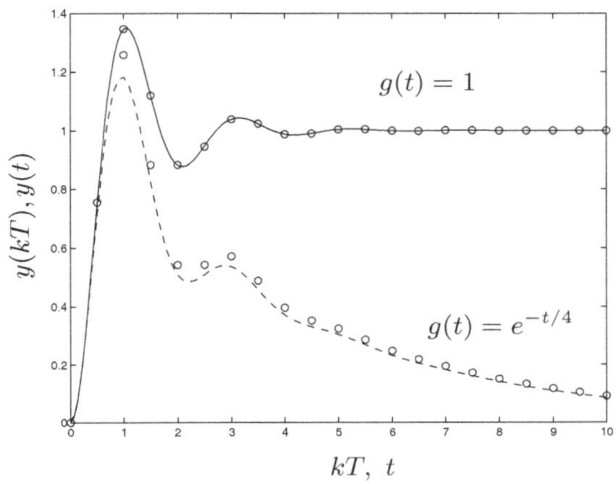

Figura 4.9: Discretização de um sistema a tempo contínuo

Aplicando a transformada de Laplace inversa aos seus dois membros, obtemos a partir do Lema 3.8 para $t = T$, a relação final

$$e^{\Gamma T} = \begin{bmatrix} F & J \\ 0 & 1 \end{bmatrix} \tag{4.142}$$

ou seja, as duas matrizes F e J do sistema a tempo discreto, resultante da discretização do sistema a tempo contínuo, são simultaneamente determinadas pelo particionamento da matriz exponencial de ΓT, segundo as dimensões compatíveis com a representação de estado (4.139). Note que as matrizes C e D permanecem inalteradas no processo de discretização adotado. Vale a pena enfatizar que, para uma entrada qualquer $g(t),\ t \geq 0$, o sistema discretizado fornece uma mera aproximação para a solução $y(t)$, nos instantes $t = kT,\ k \in \mathbb{N}$. Porém, para entrada constante no tempo, a discretização fornece o resultado exato para a solução $y(t)$ nos instantes de amostragem.

Exemplo 4.32 Considere um sistema a tempo contínuo definido pela função de transferência

$$\hat{h}(s) = \frac{10}{s^2 + 2s + 10}$$

Escolhendo o período de amostragem $T = 0{,}5$ calculamos a função de transferência pulsada segundo o diagrama da Figura 4.8 que é dada por (4.135), isto é,

$$G(z) = \frac{0{,}7554z + 0{,}5266}{z^2 - 0{,}0858z + 0{,}3679}$$

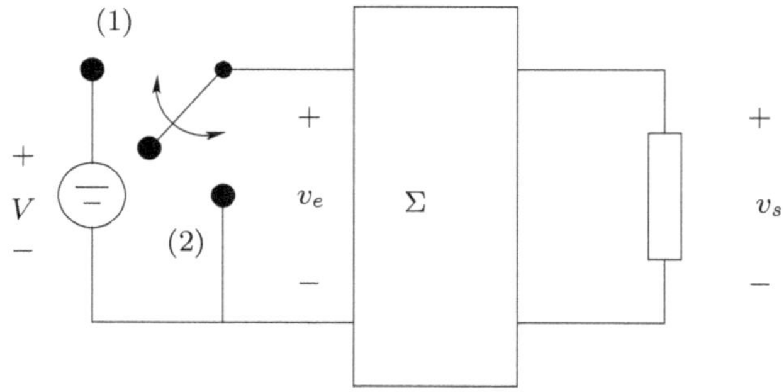

Figura 4.10: Circuito elétrico com fonte chaveada

A Figura 4.9 mostra os resultados obtidos em duas situações diversas, ambas partindo de condições iniciais nulas. Na primeira, mostramos em linha cheia a resposta do sistema a tempo contínuo para a entrada degrau unitário $g(t) = 1,\ t \geq 0$ e os valores de $y(kT)$ obtidos com $G(z)$ e a entrada $g(kT) = 1,\ k \in \mathbb{N}$. Nota-se, como era esperado, que nos instantes de amostragem a discretização oferece o resultado exato. Na segunda, mostramos em linha tracejada a resposta do sistema a tempo contínuo para a entrada $g(t) = e^{-t/4},\ t \geq 0$ e os valores de $y(kT)$ obtidos com a mesma função de transferência pulsada e a entrada $g(kT) = e^{-k/8},\ k \in \mathbb{N}$. A concordância não é mais exata, pois o segurador de ordem zero apenas aproxima a função de entrada $g(t)$ entre os instantes de amostragem. É claro que o resultado torna-se cada vez mais preciso quanto menor for o valor de T. □

Uma aplicação bastante interessante dos procedimentos adotados sobre discretização diz respeito ao estudo de sistemas dinâmicos a tempo contínuo que são submetidos a fontes de alimentação controladas por chaveamento, assim como ilustra a Figura 4.10, onde o sistema dinâmico é um circuito elétrico. A chave transita entre as posições (1) e (2) com um certo período $T > 0$. Quando ela se encontra na posição (1), a fonte de tensão é conectada na entrada do circuito e, quando ela se encontra na outra posição, a tensão de entrada do circuito é nula, fazendo com que a potência média consumida seja minimizada. Assim sendo, podemos sintetizar a tensão de entrada como

$$v_e(t) = \begin{cases} V & , \quad kT \leq t \leq (k+\theta)T \\ 0 & , \quad (k+\theta)T < t \leq (k+1)T \end{cases} \tag{4.143}$$

onde $k \in \mathbb{N}$ e $\theta \in [0,1]$ indica a fração de tempo em cada período que a chave permanece na posição (1). O fato importante nesta formulação é que o circuito Σ é linear, porém pode ser de qualquer natureza e de qualquer ordem. O nosso objetivo é calcular o valor da tensão de saída $v_s(t)$ que é fornecida à carga nos instantes de chaveamento $t = kT,\ k \in \mathbb{N}$.

Sendo $h(t) = \mathcal{L}^{-1}(\hat{h}(s))$ a resposta ao impulso do circuito elétrico, com a tensão de entrada $v_e(t)$ dada em (4.143), podemos determinar a tensão de saída na forma padrão $v_s(t) = h(t) * v_e(t)$. Por outro lado, a transformada de Laplace

$$\hat{v}_e(s) = \left(\frac{1 - e^{-\theta T s}}{s}\right) \sum_{k=0}^{\infty} V e^{-kTs}$$

indica que, em termos do primeiro diagrama de blocos da Figura 4.8, se considerarmos $g(t) = V,\ t \geq 0$ e no lugar da resposta ao impulso do segurador de ordem zero colocarmos $s_\theta(t)$ com transformada de Laplace

$$S_\theta(s) = \frac{1 - e^{-\theta T s}}{s} \tag{4.144}$$

que representa a função de transferência de um modulador em largura de pulsos, a saída do bloco $h(t)$ produz $y(t)$, de tal maneira que nos instantes de amostragem obtemos $v_s(kT) = y(kT)$, que são os valores que desejamos calcular. Com o segundo diagrama de blocos da mesma figura, temos

$$\hat{v}_s(z) = G(z)\frac{Vz}{z-1} \tag{4.145}$$

que nada mais é que a resposta ao degrau discreto com amplitude dada pela tensão da fonte V. A partir do conhecimento da função de transferência pulsada $G(z)$, do conjunto modulador e sistema dinâmico a tempo contínuo, as quantidades procuradas $v_s(kT)$ são calculadas através da transformada inversa de (4.145).

Seguindo os mesmos passos anteriores, verificamos sem dificuldades que $G(z)$ é a transformada $\mathcal{Z}$ da sequência gerada pelas amostras obtidas em $t = kT$ da nova função $r(t)$, oriunda do modulador, cuja transformada de Laplace é

$$\hat{r}(s) = \left(\frac{\hat{h}(s)}{s}\right) - e^{-\theta T s}\left(\frac{\hat{h}(s)}{s}\right)$$

Todas as contas feitas, assumindo que $h(t)$ não contenha impulso na origem, obtemos

$$G(z) = z^{-1}\mathcal{Z}\left(\int_{(k+1-\theta)T}^{(k+1)T} h(\tau)d\tau\ ,\ k \in \mathbb{N}\right) \tag{4.146}$$

que é uma função de transferência bastante parecida com (4.135), sendo coincidentes para $\theta = 1$, como era esperado. Para um circuito com resposta ao impulso definida por n polos distintos, isto é,

$$h(t) = \sum_{i=1}^{n} \alpha_i e^{p_i t}\ ,\ t \geq 0$$

a transformada $\mathcal{Z}$ indicada em (4.146) continua sendo exatamente da mesma forma que (4.136), porém com os diversos parâmetros que a definem sendo agora dados por

$$q_i = e^{p_i T} \ , \ \beta_i = \frac{e^{p_i T} - e^{(1-\theta)p_i T}}{p_i} \alpha_i$$

As amostras $v_s(kT)$, $k \in \mathbb{N}$ são obtidas pela transformada inversa de (4.145) ou, o que é geralmente mais conveniente, quando n for grande, diretamente pela resposta ao degrau de amplitude V de um sistema a tempo discreto com a função de transferência pulsada $G(z)$ que acabamos de calcular.

Uma maneira alternativa de resolver o mesmo problema é empregada quando a função de transferência do circuito Σ for dada através de sua representação de estado (4.137) e (4.138), onde $g_0(t)$ é substituída por $v_e(t)$ segundo especificada em (4.143). Fazendo uso da notação já introduzida e procedendo aos mesmos cálculos, verifica-se que a saída nos instantes de amostragem $v_s(kT)$, $k \in \mathbb{N}$ é dada pela equação a diferenças, expressa na representação de estado (4.139) e (4.140), com $g(k) = V$ para todo $k \in \mathbb{N}$ e

$$F = e^{AT} \ , \ J = \int_{(1-\theta)T}^{T} e^{A\xi} B d\xi$$

que são facilmente calculadas com duas exponenciais de matrizes

$$e^{\Gamma T} = \begin{bmatrix} F & J_0 \\ 0 & 1 \end{bmatrix} \ , \ e^{(1-\theta)\Gamma T} = \begin{bmatrix} ? & J_\theta \\ 0 & 1 \end{bmatrix} \tag{4.147}$$

com $J = J_0 - J_\theta$ e onde a matriz indicada por "?" não é importante para o cálculo que se deseja realizar. É interessante lembrar que, ao contrário da manipulação realizada envolvendo a função de transferência do circuito, no caso de manipularmos sua representação de estado, a condição inicial pode ser fixada de maneira arbitrária. Ademais, para circuitos de ordem elevada, a representação de estado da sua função de transferência pode ser determinada diretamente com o auxílio de procedimentos numéricos bem sedimentados como aqueles introduzidos no início deste livro.

Exemplo 4.33 A Figura 4.11 mostra um circuito elétrico Σ, submetido a uma fonte de tensão chaveada, que produz uma tensão $V = 1$ com período de chaveamento $T = 2$ unidades de tempo. Os valores numéricos dos dispositivos elétricos do circuito, em unidades coerentes, são $L_2 = 1/2$, $C_3 = 1$, $R_4 = 1/2$ e $C_5 = 1/2$. A carga é o capacitor C_5. Assume-se que todas as condições iniciais são nulas. Utilizando o procedimento elaborado anteriormente, o circuito elétrico Σ com entrada $v_e(t)$ e saída $v_s(t)$ é descrito

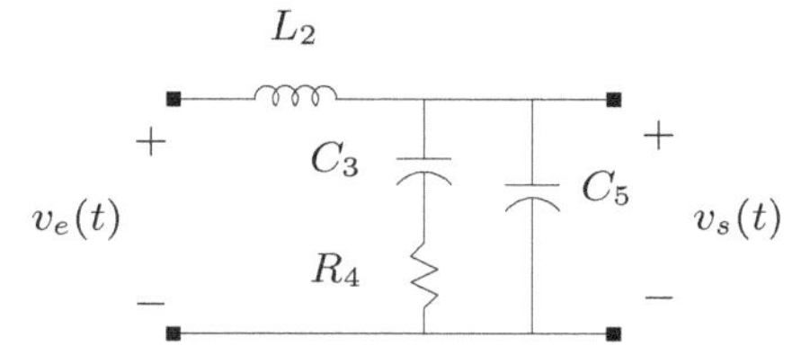

Figura 4.11: Circuito elétrico Σ

pela seguinte representação de estado:

$$\begin{aligned} \dot{x}_1(t) &= \begin{bmatrix} -0{,}7639 & -2 & -0{,}2827 \\ -2 & -5{,}2361 & 1{,}9376 \\ 0{,}7469 & -1{,}9555 & 0 \end{bmatrix} x_1(t) + \begin{bmatrix} 0 \\ 0 \\ 1{,}8072 \end{bmatrix} v_e(t) \\ v_s(t) &= \begin{bmatrix} -0{,}4133 & 1{,}0820 & 0 \end{bmatrix} x_1(t) \end{aligned}$$

que é usada para determinar a sua representação de estado a tempo discreto, com tensão de saída $v_s(k) = v_s(kT)$, $k \in \mathbb{N}$, tendo como entrada, no presente caso, a função $g(k) = v_e(kT) = 1$ para todo $k \in \mathbb{N}$. Notando que a matriz $F \in \mathbb{R}^{3\times 3}$ só depende de T e a matriz $J \in \mathbb{R}^{3\times 1}$ depende de θ e T, temos

$$\begin{aligned} x_1(k+1) &= \begin{bmatrix} -0{,}1956 & 0{,}2090 & -0{,}4202 \\ 0{,}2830 & -0{,}1268 & 0{,}0112 \\ 0{,}5865 & -0{,}0877 & -0{,}5716 \end{bmatrix} x_1(k) + Jg(k) \\ v_s(k) &= \begin{bmatrix} -0{,}4133 & 1{,}0820 & 0 \end{bmatrix} x_1(k) \end{aligned}$$

com

$$\theta = 1{,}0 \rightarrow J = \begin{bmatrix} -1{,}5430 \\ 0{,}8631 \\ 0{,}7501 \end{bmatrix} \ , \ \ \theta = 0{,}5 \rightarrow J = \begin{bmatrix} -0{,}9989 \\ 0{,}3193 \\ -0{,}4592 \end{bmatrix}$$

As duas situações, definidas pelos dois valores distintos de θ, foram simuladas e estão representadas na Figura 4.12. Para $\theta = 1{,}0$ não existe chaveamento e a linha cheia mostra a resposta ao degrau unitário do circuito Σ, em tempo contínuo. O sistema a tempo discreto associado fornece o valor exato da saída nos instantes $t = kT$. Para $\theta = 0{,}5$ a fonte é chaveada e a linha tracejada mostra a resposta em tempo contínuo do mesmo circuito que tende, com o passar do tempo, para uma oscilação periódica. Entretanto, o sistema a tempo discreto associado novamente fornece os valores exatos da tensão na carga nos instantes $t = kT$, $k \in \mathbb{N}$. □

De forma similar àquela adotada para sistemas a tempo discreto e a tempo contínuo, podemos caracterizar os sistemas obtidos por discretização através de sua resposta em frequência. Para tanto, ressaltamos uma vez mais a estrutura da Figura 4.8, onde fica clara a importância da função de transferência pulsada

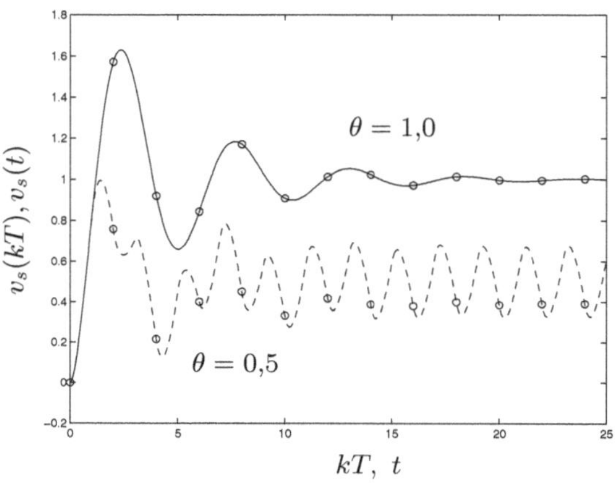

Figura 4.12: Sistema com fonte chaveada

$G(z)$, que permite calcular os valores da saída $y(kT)$, a partir do conhecimento da entrada $g(kT)$ para $k \in \mathbb{N}$. Assumindo que $G(z)$ seja assintoticamente estável, consideramos como entrada

$$g(t) = e^{j\omega t} \ , \ t \geq 0 \tag{4.148}$$

cuja transformada $\mathcal{Z}$ das suas amostras colhidas com período de amostragem T é dada por

$$g(kT) = e^{jk\omega T} \Longrightarrow \hat{g}(z) = \frac{z}{z - e^{j\omega T}} \tag{4.149}$$

fazendo com que, em regime permanente, a resposta seja

$$y_{perm}(kT) = G(e^{j\omega T})e^{jk\omega T} \tag{4.150}$$

Isso quer dizer que a resposta em frequência da função de transferência pulsada $G(z)$ é inteiramente definida pelo seu módulo e sua fase, calculados em $z = e^{j\omega T}$, sendo, portanto, funções periódicas em ω com período igual a $2\pi/T$. Com esse cuidado adicional, os diagramas de Bode de módulo e de fase são definidos exatamente como foi feito no caso discreto, considerando o intervalo de frequências $\omega \in [0, \pi/T]$. Da mesma forma, o mapeamento (4.122) pode ser adotado, fazendo com que a função modificada

$$G_{mod}(s) = G\left(\frac{1+s}{1-s}\right) \tag{4.151}$$

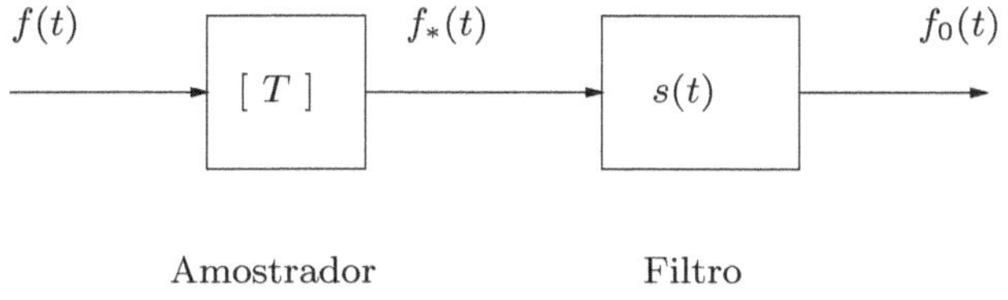

Figura 4.13: Diagrama de blocos

para $s = jw$, $w \in [0, +\infty)$ se iguale numericamente a $G(z)$ para $z = e^{j\omega T}$, $\omega \in [0, \pi/T]$ através da relação $w = \text{tg}(\omega T/2)$, tornando viável o uso dos procedimentos elaborados para a determinação da resposta em frequência de sistemas a tempo contínuo.

Finalizamos esta seção com um breve estudo a respeito de reconstituição de uma função ou sinal a partir de suas amostras. A Figura 4.13 é similar à Figura 4.7, onde o segurador de ordem zero foi substituído por um filtro a ser determinado, o que será feito a partir de dois enfoques diversos, o primeiro trabalhando no domínio do tempo e o outro no domínio da frequência.

Para tratarmos o problema sob o enfoque do domínio do tempo, consideramos a função $f_*(t)$, que contém todas as amostras e é dada por (4.130), presente na entrada do filtro que fornece a saída $f_0(t)$ correspondente, para todo $t \geq 0$, na forma

$$\begin{aligned} f_0(t) &= s(t) * f_*(t) \\ &= \sum_{k=0}^{\infty} f(kT)s(t) * \delta(t - kT) \\ &= \sum_{k=0}^{\infty} f(kT)s(t - kT) \end{aligned} \tag{4.152}$$

o que requer que sua resposta ao impulso seja tal que $s(0) = 1$ e $s(kT) = 0$ para $k \neq 0 \in \mathbb{N}$, como forma de garantir que nos instantes de amostragem tenhamos $f_0(kT) = f(kT)$. Em outras palavras, a sua função de transferência pulsada deve ser igual a $\hat{S}(z){=}1$. Escolhendo o filtro como sendo o segurador de ordem zero, cuja resposta ao impulso é

$$s(t) = s_0(t) = \begin{cases} 1 & , \quad 0 \leq t < T \\ 0 & , \quad t \geq T \end{cases}$$

então, essa condição preliminar está satisfeita. Ademais, ela é claramente necessária, afinal não é possível aceitar que nenhum erro seja cometido nos instantes de amostragem nos quais conhecemos exatamente o valor da função. Por outro lado, com essa escolha, a resposta ao impulso do filtro gera um conjunto de funções ortogonais no intervalo $t \in \mathbb{R}_+$, pois como pode ser facilmente verificado,

$$\int_0^\infty s(t-iT)s(t-kT)dt = \begin{cases} T & , \quad i = k \\ 0 & , \quad i \neq k \end{cases}$$

o que nos coloca a possibilidade de enunciar um problema, que consiste em determinar os coeficientes α_k, $k \in \mathbb{N}$, de tal maneira a obter a melhor aproximação para a função original, como resultado da minimização da norma do erro

$$f(t) \approx \sum_{k=0}^{\infty} \alpha_k s(t-kT) \tag{4.153}$$

os quais são dados, como já sabemos, por

$$\alpha_k = \frac{1}{T}\int_0^\infty f(t)s(t-kT)dt = \frac{1}{T}\int_{kT}^{(k+1)T} f(t)dt$$

Portanto, comparando (4.152) e (4.153) notamos, a menos de eventuais pontos isolados, que ocorre a igualdade $f_0(t) = f(t)$ para todo $t \geq 0$ desde que se possa estabelecer

$$f(kT) = \frac{1}{T}\int_{kT}^{(k+1)T} f(t)dt$$

que só é possível em casos bastante especiais, por exemplo, quando a função amostrada é constante por partes em relação ao tempo e quando T pode ser convenientemente ajustado. Para funções que não satisfazem essa igualdade, ela pode ser buscada com uma precisão desejada desde que o período de amostragem seja arbitrariamente pequeno, como já foi afirmado anteriormente.

Para tratarmos o problema sob o enfoque do domínio da frequência, calculamos a transformada de Laplace de (4.152) e assumimos que o filtro seja assintoticamente estável de tal forma que seja possível calcular seu valor para todo $s = j\omega$ com $\omega \in \mathbb{R}$, ou seja,

$$\hat{f}_0(j\omega) = \sum_{k=0}^{\infty} f(kT)S(j\omega)e^{-jkT\omega} \tag{4.154}$$

e notamos que, se adotarmos a função de transferência do filtro como sendo

$$S(j\omega) = S_\infty(j\omega) = \begin{cases} T & , \quad |\omega| \leq \pi/T \\ 0 & , \quad |\omega| > \pi/T \end{cases}$$

estamos, na verdade, construindo no domínio da frequência $\omega \in \mathbb{R}$ um conjunto de funções ortogonais, pois para cada duas delas o respectivo produto escalar é

$$\begin{aligned}\int_{-\infty}^{\infty} S(j\omega)S(-j\omega)e^{j(k-i)T\omega}d\omega &= T^2 \int_{-\pi/T}^{\pi/T} e^{j(k-i)T\omega}d\omega \\ &= \begin{cases} 2\pi T & , \; i = k \\ 0 & , \; i \neq k \end{cases}\end{aligned}$$

Introduzindo a hipótese de que, para todo $\omega \in \mathbb{R}$, $s = j\omega$ pertence ao domínio da função original, colocamos o problema que consiste em determinar os coeficientes α_k, $k \in \mathbb{N}$, de tal forma a obter a melhor aproximação para a sua transformada, através da minimização do erro cometido, isto é,

$$\hat{f}(j\omega) \approx \sum_{k=0}^{\infty} \alpha_k S(j\omega)e^{-jkT\omega} \tag{4.155}$$

os quais, como já sabemos calcular, são dados por

$$\begin{aligned}\alpha_k &= \frac{1}{2\pi T}\int_{-\infty}^{\infty} \hat{f}(j\omega)S(-j\omega)e^{jkT\omega}d\omega \\ &= \frac{1}{2\pi}\int_{-\pi/T}^{\pi/T} \hat{f}(j\omega)e^{jkT\omega}d\omega\end{aligned}$$

Comparando (4.154) e (4.155) torna-se aparente que para se obter $\hat{f}(s)$, através de $\hat{f}_0(s)$, é imperativo que a igualdade $\alpha_k = f(kT)$ se estabeleça. Uma maneira de se conseguir esse objetivo é considerar que a função a ser amostrada, para todo $s = j\omega$ com $\omega \in \mathbb{R}$, que pertença ao domínio de sua transformada satisfaça a condição suplementar

$$\hat{f}(j\omega) = 0 \ , \ \forall \ |\omega| > W, \ \ \frac{\pi}{T} \geq W \tag{4.156}$$

pois, sob essa hipótese, os limites de integração de α_k podem ser tornados infinitos, viabilizando sob a égide das hipóteses elencadas, o uso da transformada de Laplace inversa com $j\omega \in \gamma$, que fornece, finalmente,

$$\begin{aligned}\alpha_k &= \frac{1}{2\pi}\int_{-\infty}^{\infty} \hat{f}(j\omega)e^{jkT\omega}d\omega \\ &= \mathcal{L}^{-1}(\hat{f}(s))\Big|_{t=kT} \\ &= f(kT)\end{aligned}$$

Portanto, definindo $w = 2\pi/T$ como sendo a frequência de amostragem, (4.156) indica que $w \geq 2\ W$ é uma condição que deve ser satisfeita para que a função original, da classe em consideração, possa ser recuperada a partir do conhecimento das suas amostras. Esse é um resultado clássico conhecido como Teorema da Amostragem.

4.6 Notas e Referências

O estudo de equações a diferenças e de transformada $\mathcal{Z}$ é mais árduo que o de equações diferenciais e de transformada de Laplace. Além disso, os textos básicos disponíveis na literatura são em bem menor número, muito embora este tema seja cada vez mais importante, sobretudo com o advento e disseminação de técnicas digitais de computação e controle de processos dinâmicos. As referências [13] e [16] são dedicadas aos estudo dos mais variados aspectos de processos dinâmicos a tempo discreto. Para ter acesso a uma coleção bastante ampla de modelos e exercícios, o leitor pode recorrer a [22]. O material relativo a alguns aspectos de equações a diferenças e transformada $\mathcal{Z}$, principalmente no que diz respeito à determinação de domínios e cálculo de inversas de funções irracionais, é novo e, até certo ponto, inédito. O mesmo pode ser dito a respeito da parte que trata de discretização, onde o resultado central do Teorema da Amostragem foi obtido através da sua conversão em um problema de erro quadrático mínimo. Dentro desse contexto, porém de forma específica, o leitor pode obter em [3] maiores informações a respeito de circuitos chaveados, nos quais a técnica de discretização pode ser aplicada com bastante sucesso.

4.7 Exercícios

Exercício 4.1 *Resolva as seguintes equações a diferenças homogêneas:*

a) $y(k+2) - 7y(k+1) + 10y(k) = 0\ ,\ \ y(0) = 1$ *e* $y(1) = 0$.

b) $y(k+2) - 6y(k+1) + 9y(k) = 0\ ,\ \ y(0) = 1$ *e* $y(1) = 0$.

c) $y(k+2) - 2y(k+1) + 2y(k) = 0\ ,\ \ y(0) = 0$ *e* $y(1) = 1$.

Exercício 4.2 *Resolva as equações a diferenças sujeitas a condições iniciais nulas:*

a) $y(k+2) - 6y(k+1) + 5y(k) = 3^k$.

b) $y(k+2) - 6y(k+1) + 5y(k) = 5^k$.

c) $y(k+2) - 6y(k+1) + 9y(k) = 3^k$.

d) $y(k+2) - 6y(k+1) + 5y(k) = k^2$.

Exercício 4.3 *Determine a solução geral de cada equação a diferenças indicadas abaixo:*

a) $y(k+1) - 4y(k) = 3$, $y(0) = 8$.

b) $y(k+2) - 6y(k+1) + 5y(k) = 3^k + 5^k$, $y(0) = 1$ *e* $y(1) = 0$.

Exercício 4.4 *Sob condições iniciais nulas, determine a solução geral da equação de segunda ordem,* $y(k+2) - 2y(k+1) + y(k) = g(k)$, *para* $g(k) = 1^k$ *e* $g(k) = \delta(k)$.

Exercício 4.5 *Uma progressão geométrica tem razão* r *e primeiro elemento* a.

a) Determine a equação a diferenças cuja solução geral é a progressão geométrica dada. Resolva-a e determine o seu elemento genérico $y(k)$.

b) Definindo $s(k) = y(0)+\cdots+y(k)$ *para todo* $k \in \mathbb{N}$, *determine a equação a diferenças cuja solução geral é* $s(k)$. *Resolva-a e determine o seu termo genérico* $s(k)$.

c) Aplicando a transformada $\mathcal{Z}$ *na equação do item a), determine* $\hat{y}(z)$ *e verifique sob que condição* $z = 1 \in \mathcal{D}(\hat{y})$. *Sob essa condição, mostre que* $\lim_{k\to\infty} s(k) = \hat{y}(1)$.

Exercício 4.6 *Um banco atende seus clientes com um único caixa. Os clientes chegam ao banco em uma taxa de* $\lambda = 0{,}2$ [clientes/min] *e esperam, em média,* $\tau = 4$ [min] *para serem atendidos. Denotando por* $p(i)$ *a probabilidade de* $i \in \mathbb{N}$ *clientes estarem no banco, tem-se*

$$p(i+2) - (1+\lambda\tau)p(i+1) + (\lambda\tau)p(i) = 0 \ , \ p(1) - (\lambda\tau)p(0) = 0$$

Determine $p(i)$ *em função de* $i \in \mathbb{N}$ *e o número médio de clientes esperando ser atendidos. Observe que, sendo* $p(i)$ *uma probabilidade, é imperativo impor* $p(0)+p(1)+\cdots+p(\infty) = 1$.

Exercício 4.7 *Sejam* $f(t)$ *e* $g(t)$ *funções periódicas definidas para todo* $t \geq 0$, *cujos primeiros períodos são dados por:*

$$f_1(t) = \begin{cases} 2\text{sen}(\pi t) & , \ 0 \leq t \leq 1 \\ 0 & , \ 1 < t \leq 2 \end{cases} \ , \ g_1(t) = \begin{cases} 2 & , \ 0 \leq t \leq 1 \\ 0 & , \ 1 < t \leq 2 \end{cases}$$

a) Determine as suas transformadas de Laplace e seus respectivos domínios.

b) Determine, para cada uma delas, as amostras em $t = k/2$ *para todo* $k \in \mathbb{N}$, *sua transformada* $\mathcal{Z}$ *e seu respectivo domínio.*

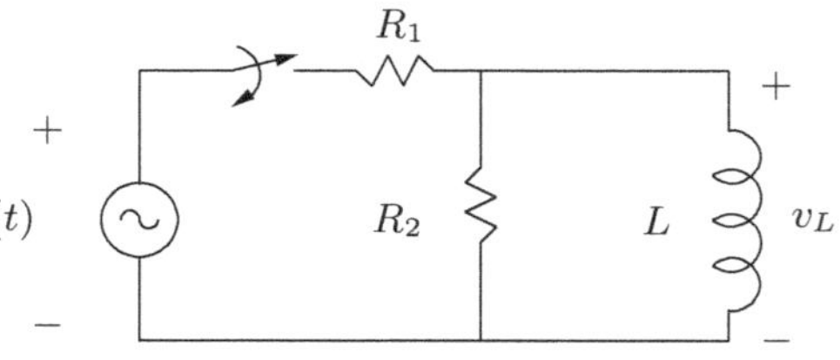

Figura 4.14: Circuito RL

Exercício 4.8 *O circuito elétrico da Figura 4.14 é alimentado por uma fonte de tensão $V(t) = 10$ [V] e a chave encontra-se aberta há muito tempo. Os seguintes valores numéricos para os dispositivos nele indicados devem ser adotados: $R_1 = 30$ [Ω], $R_2 = 10$ [Ω] e $L = 1/3$ [H].*

a) A chave é fechada em $t = 0$ [s]. Determine $v_L(t)$ para todo $t \geq 0$.

b) A chave é fechada em $t = 0$ [s] e é aberta em $t = 4$ [s]. Determine $v_L(t)$ para todo $t \geq 0$.

c) A chave é fechada em $t = 0$ [s], é aberta em $t = 4$ [s], é novamente fechada em $t = 6$ [s] e assim sucessivamente. Determine $v_L(t)$ para $t = 6k$ [s] para todo $k \in \mathbb{N}$.

d) Determine a transformada $\mathcal{Z}$ da sequência de amostras da tensão no indutor $v_L(6k)$ obtida no item anterior.

Exercício 4.9 *Considere o circuito elétrico da Figura 4.15. A chave permanece na posição "(1)" durante τ [s] e, em seguida, permanece na posição "(2)" até T [s], sendo que essa situação se repete indefinidamente. Assumindo que em $t = 0$ a corrente no indutor seja nula e que $V(t) = E$ para todo $t \geq 0$, determine a tensão no resistor nos instantes em que a chave muda de posição, isto é, $v_R(kT)$ para todo $k \in \mathbb{N}$.*

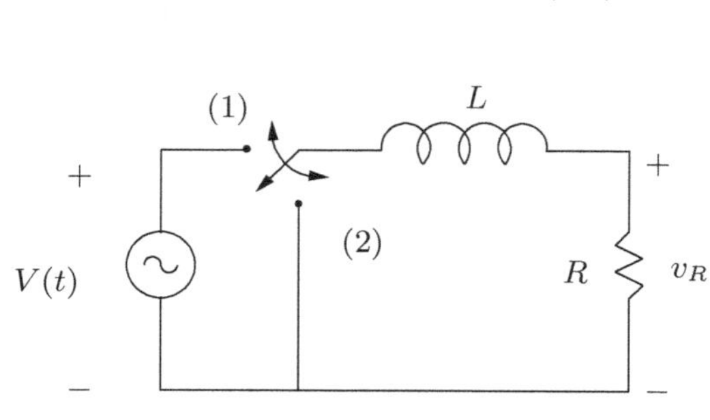

Figura 4.15: Circuito com chaveamento

Exercício 4.10 *Considere as duas situações mostradas na Figura 4.16. Em ambos os casos, a entrada e a saída são amostradas com o mesmo período de amostragem* T *e* SOZ *indica um segurador de ordem zero. Para cada uma delas, determine a respectiva função de transferência pulsada e a sua transformada* $\mathcal{Z}$ *inversa.*

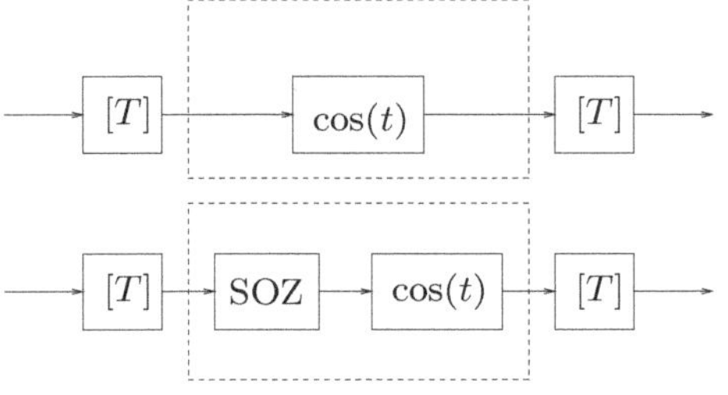

Figura 4.16: Função de transferência pulsada

Exercício 4.11 *Para as seguintes funções de transferência que representam sistemas a tempo contínuo:*

$$\hat{h}(s) = \frac{2}{s+1} \ , \quad \hat{h}(s) = \frac{2s}{(s+1)^2}$$

considere $T = 2$ [s] *como período de amostragem. Para cada uma delas, determine a função de transferência pulsada* $\hat{h}(z)$ *e esboce os diagramas de Bode de módulo e de fase, bem como os mesmos diagramas obtidos através da transformação bilinear.*

Exercício 4.12 *Considere a equação diferencial de segunda ordem*

$$\ddot{y}(t) + 3\dot{y}(t) + 2y(t) = g(t)$$

sujeita a condições iniciais nulas.

a) Determine sua representação de estado e resolva-a para $g(t) = t$*. Calcule as amostras da solução encontrada* $y(kT)$ *para* $T = 0{,}5$ [s].

b) Determine a representação de estado da equação discretizada, com período de amostragem $T = 0{,}5$ [s]*. Resolva-a considerando como entrada a mesma função do item anterior e compare os valores da solução obtida com* $y(kT)$.

Exercício 4.13 *Considere que o circuito elétrico da Figura 4.17 é composto por* $m+1$ *estágios. Salvo a primeira e a última malha, nas quais estão localizadas, respectivamente, a fonte de alimentação e a carga, todas as demais são idênticas.*

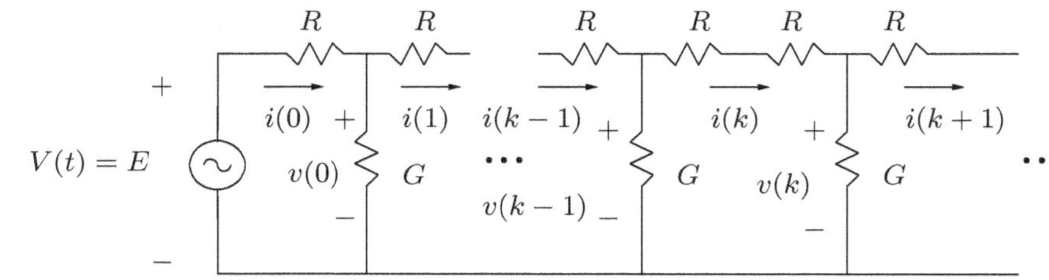

Figura 4.17: Circuito com estágios resistivos

a) *Com o último estágio em aberto, determine a sequência de tensões* $v(0), \cdots v(m)$ *e de correntes* $i(0), \cdots, i(m)$. *Em seguida, calcule e esboce o valor da resistência equivalente* $Z(k) = v(k)/i(k)$ *em função de* k.

b) *Refaça o item anterior considerando, porém, que o último estágio está em curto-circuito.*

Exercício 4.14 *Seja* $A \in \mathbb{R}^{n\times n}$ *uma matriz que pode ser diagonalizada por uma transformação de similaridade e sejam* $\lambda_1, \cdots, \lambda_n$ *seus autovalores. Mostre que as seguintes igualdades são verdadeiras:*

$$\text{tr}(A) = \sum_{i=1}^{n} a_{ii} = \sum_{i=1}^{n} \lambda_i \ , \quad \det(A) = \prod_{i=1}^{n} \lambda_i$$

Nota: *A função* $\text{tr}(\cdot)$ *é denominada* traço *de uma matriz. As duas igualdades acima permanecem válidas mesmo que a matriz não possa ser diagonalizada por uma transformação de similaridade.*

Exercício 4.15 *Seja* $A \in \mathbb{R}^{n\times n}$. *Calcule os autovalores e os autovetores das funções de matriz* $f(A) = A^m$ *com* $m \geq 1$ *e* $g(A) = e^A$ *em função dos autovalores e dos autovetores de* A. *Em seguida, usando esses resultados, determine* A^{100} *e* e^{2A} *para*

$$A = \begin{bmatrix} 1 & 1 \\ 0 & 2 \end{bmatrix}$$

Exercício 4.16 *A resposta de um sistema a tempo discreto, a um degrau unitário, com condições iniciais modificadas nulas, é dada por* $y(k) = 2(-1)^k + 3 \ , \ \ k \in \mathbb{N}$. *Determine:*

a) *A sua resposta ao impulso unitário e a sua função de transferência.*

b) *A sua resposta correspondente à entrada* $g(k) = k$ *para todo* $k \in \mathbb{N}$, *sujeita à condição inicial* $y(0) = 1$.

Exercício 4.17 *Verifique se os conjuntos de funções, definidas para* $\forall k \in \mathbb{N}$, *são* LI.

a) $\mathcal{I} = \{1, 2^k, k2^k\}$.

b) $\mathcal{I} = \{1, k, 2^k\}$.

c) $\mathcal{I} = \{1, k, (-1)^k, k(-1)^k\}$.

Exercício 4.18 *Para cada uma das funções* $g(k)$ *definidas para todo* $k \in \mathbb{N}$ *dadas abaixo, determine o operador linear de menor ordem tal que* $N[g(k)] = 0$:

a) $g(k) = 1$.

b) $g(k) = k$.

c) $g(k) = k2^k$.

Exercício 4.19 *Um sistema de transmissão começa a operar no instante* $k = 0$. *A partir desse instante, a sequência numérica recebida* $y(k)$ *é obtida realizando-se a seguinte operação, com a sequência numérica transmitida* $g(k)$:

$$y(k) = g(k) + \frac{1}{2}g(k-1)\ , \quad k \in \mathbb{N}$$

Determine a função de transferência do transmissor. Em seguida, ao receber a sequência

$$y(k) = \frac{3}{4} + \frac{1}{4}(-1)^k\ , \quad k \in \mathbb{N}$$

determine a sequência numérica que foi transmitida.

Exercício 4.20 *Para as sequências numéricas dadas abaixo, determine suas transformadas* $\mathcal{Z}$ *e seus respectivos domínios:*

a) $\{0, 1, 0, 1, 0, 1, \cdots\}$.

b) $\{1, 1, 2, 2, 1, 1, 2, 2, \cdots\}$.

Exercício 4.21 *Determine o termo genérico da função* $f(k) = \sum_{i=0}^{k} a^i$ *para todo* $k \in \mathbb{N}$. *Considerando* $a \in \mathbb{R}$, *utilize esse resultado para determinar todas a raízes da equação algébrica* $\sum_{i=0}^{n} a^i z^i = 0$ *para* $a = 2$ *e* $n = 7$.

Exercício 4.22 *Considere que a resposta ao impulso unitário, de um sistema linear a tempo contínuo, seja dada na forma* $h(t) = h_0(t) + \delta(t)$ *para todo* $t \geq 0$. *Determine a função de transferência pulsada* $G(z)$ *correspondente a uma taxa de amostragem* $T > 0$ *com a introdução de um segurador de ordem zero na entrada. Sendo*

$$\hat{h}(s) = \frac{s}{s+1}$$

a transformada de Laplace de $h(t)$, *resolva numericamente este exercício para* $T = 0{,}5$.

Exercício 4.23 *Existem diversas maneiras de se aproximar, via discretização, um sistema a tempo contínuo definido através de sua função de transferência $H(s)$. Considerando $T > 0$ o período de amostragem adotado, a estratégia é determinar uma aproximação racional discreta para o operador elementar $E(s) = s$ na forma $s \approx F(z)$ que leva imediatamente à função de transferência discreta correspondente $G(z) = H(F(z))$. Em tempo contínuo, temos*

$$y(t) = \dot{u}(t) \Longrightarrow \hat{y}(s) = s\hat{u}(s)$$

e, após discretização com período de amostragem T, obtemos

$$y(kT) \approx \frac{u(kT) - u((k-1)T)}{T} \Longrightarrow \hat{y}(z) = \left(\frac{z-1}{Tz}\right)\hat{u}(z)$$

o que nos leva a obter a aproximação discreta $G(z) = H((z-1)/Tz))$.

a) Determine $G(z)$ considerando $\dot{y}(t) = u(t)$ e calculando a integral através da aproximação retangular $y((k+1)T) = y(kT) + Tu(kT)$.

b) Determine $G(z)$ considerando $\dot{y}(t) = u(t)$ e calculando a integral através da aproximação trapezoidal $y((k+1)T) = y(kT) + T(u(kT) + u((k+1)T))/2$. Essa é a chamada regra de discretização de Tustin.

Exercício 4.24 *Considere a função de transferência*

$$H(s) = \frac{10}{s^2 + 2s + 10}$$

e o período de amostragem $T = 0{,}5$. Determine as funções discretizadas $G(z)$ pelos três métodos discutidos no exercício anterior e compare as respectivas respostas correspondentes às entradas $g(t) = 1$ e $g(t) = e^{-t/4}$ para todo $t \geq 0$, com aquelas fornecidas no Exemplo 4.32. Em todos os casos, avalie numericamente a evolução do erro de aproximação em função do período de amostragem. Supondo, em um caso específico, que o esforço computacional é inversamente proporcional ao período de amostragem, discuta sua determinação mais favorável.

Exercício 4.25 *Considere a função de transferência*

$$H(s) = \frac{s^2 + 56s + 40}{s^4 + 10s^3 + 38s^2 + 56s + 40}$$

Determine a função de transferência aproximada $H_{aprox}(s)$ com dois polos e um zero, de tal forma que ambas tenham o mesmo domínio, e que as suas respostas para as entradas $g(t) = 1$ e $g(t) = t$ para todo $t \geq 0$ sejam idênticas para t suficientemente grande. Considerando $T = 0{,}05$ como período de amostragem, determine as respectivas funções de transferência pulsadas $G(z)$ e $G_{aprox}(z)$, considerando na entrada um segurador de ordem zero. Obtenha numericamente as respectivas respostas discretas correspondentes às entradas dadas.

Exercício 4.26 *Considere a estrutura da Figura 4.8, onde $h(t)$ é uma resposta ao impulso dada e a entrada é a função $g(t) = e^{-\lambda t}$, $t \geq 0$. Determine a função de transferência pulsada $G_g(z)$ substituindo $\hat{h}(s)$ por*

$$\hat{h}_g(s) = \hat{h}(s)\frac{s}{s+\lambda}$$

Adotando como nova entrada a função degrau unitário, resolva novamente o Exemplo 4.32 e compare os resultados obtidos. Generalize esse procedimento para qualquer função de entrada sendo conhecida sua transformada de Laplace $\hat{g}(s)$.

Exercício 4.27 *Assuma, como de costume, que $f(t)$ é nula para $t < 0$ e considere a função amostrada ideal*

$$f_*(t) = \sum_{k=0}^{\infty} f(kT)\delta(t-kT)$$

definida para todo $t \in \mathbb{R}$. Calculando os coeficientes da série de Fourier, mostre que a seguinte igualdade é válida

$$\sum_{k=-\infty}^{\infty} \delta(t-kT) = \frac{1}{T}\sum_{k=-\infty}^{\infty} e^{j\omega_k t}$$

para todo $t \in \mathbb{R}$, onde $\omega_k = (2\pi/T)k$. Em seguida, mostre que a transformada de Laplace de $f_*(t)$ é dada por

$$\hat{f}_*(s) = \frac{1}{T}\sum_{k=-\infty}^{\infty} \hat{f}(s-j\omega_k)$$

e determine o seu domínio. Interprete esse resultado à luz do Teorema da Amostragem, utilizando o esboço de $|\hat{f}_*(j\omega)|$ para $\omega \in \mathbb{R}$ que é obtido com a imposição da condição (4.156).

Capítulo 5

Modelagem e Ensaios Práticos

5.1 Introdução

Neste capítulo, apresentamos alguns sistemas dinâmicos a tempo contínuo e a tempo discreto que são modelados a partir dos procedimentos introduzidos no Capítulo 2. Para cada um deles, desenvolvemos um modelo matemático o qual, em seguida, é simulado e confrontado com os respectivos dados reais colhidos em montagens experimentais de laboratório. Antes, porém, tendo em mãos um determinado modelo matemático, é imperativo determinar os diversos parâmetros nele presentes a partir de medidas realizadas durante o ensaio prático. Nesta importante etapa, os valores dos parâmetros são determinados e, em seguida, devem ser validados através de comparação do modelo final obtido com as medidas disponíveis. Neste sentido, iniciamos este capítulo pelo desenvolvimento de um procedimento clássico de identificação de parâmetros baseado na minimização da norma do erro de estimação.

5.2 Identificação de Parâmetros

Naturalmente os modelos matemáticos, que representam sistemas reais, dependem de parâmetros que devem ser adequadamente identificados. Em várias situações os referidos parâmetros só podem ser determinados a partir do conhecimento da evolução dinâmica do sistema. Por exemplo, um corpo sujeito a uma força externa que se move em um ambiente com atrito viscoso tem o seu deslocamento definido pela Segunda Lei de Newton. Para aplicá-la é preciso conhecer a massa e o coeficiente de atrito viscoso presente. A massa pode, em princípio, ser determinada sem dificuldades. Ao contrário, o coeficiente de atrito é de difícil determinação, tendo em vista sua dependência da geometria do corpo, das características aerodinâmicas de sua superfície e do meio em que está se movendo. Neste sentido, é imperativo sabermos identificar os diversos parâmetros de um modelo matemático, retirando essa informação das trajetórias obtidas segundo situações de operação em montagens experimentais preestabelecidas. Em seguida, trataremos esse tema iniciando o estudo pelos sistemas a tempo discreto para, em seguida, podermos considerar os sistemas a tempo contínuo.

5.2.1 Sistemas a Tempo Discreto

No âmbito dos sistemas a tempo discreto consideramos, para fins de identificação de parâmetros, o seguinte modelo linear genérico, traduzido pela equação a diferenças (4.71):

$$\sum_{i=0}^{n} a_i y(k+i) = \sum_{i=0}^{m} e_i g(k+i) \tag{5.1}$$

a respeito da qual as seguintes hipóteses são adotadas:

- Os valores de n e m, tais que $n \geq m \geq 0$, são conhecidos. Isso indica que as ordens dos operadores lineares que definem a equação são conhecidas e normalmente resultam da etapa de modelamento matemático do processo em estudo.

- O parâmetro a_n é não nulo, como forma de garantir que a ordem da equação seja mantida igual a n. Sem perda de generalidade, assumimos que $a_n = 1$.

- São conhecidos os valores da saída $y(k)$ para $k = 0, \cdots, N$ e os respectivos valores da entrada $g(k)$ para $k = 0, \cdots, N-(n-m)$. Observe que os valores de $y(k)$ para $k = 0, \cdots, n-1$ são as condições iniciais. Estes valores definem o conjunto de medidas a serem usadas para a identificação dos parâmetros do modelo proposto.

Usando essas hipóteses podemos, sem dificuldades, escrever o resultado da aplicação de (5.1) para $k = 0, \cdots, N-n$ na forma matricial

$$Y = Vq \tag{5.2}$$

onde o vetor $Y \in \mathbb{R}^{N-(n-1)}$ contém apenas valores conhecidos da saída e o vetor

$q \in \mathbb{R}^{n+m+1}$ contém os parâmetros da equação (5.1), sendo dados por

$$Y = \begin{bmatrix} y(n) \\ y(n+1) \\ \vdots \\ y(N) \end{bmatrix}, \quad q = \begin{bmatrix} a_{n-1} \\ \vdots \\ a_0 \\ e_m \\ \vdots \\ e_0 \end{bmatrix} \tag{5.3}$$

e onde a matriz $V \in \mathbb{R}^{(N-n+1)\times(n+m+1)}$ também contém apenas valores conhecidos da entrada e da saída e é expressa na forma

$$V = \begin{bmatrix} -y(n-1) & \cdots & -y(0) & g(m) & \cdots & g(0) \\ -y(n) & \cdots & -y(1) & g(m+1) & \cdots & g(1) \\ \vdots & \vdots & \vdots & \vdots & \vdots & \vdots \\ -y(N-1) & \cdots & -y(N-n) & g(N-n+m) & \cdots & g(N-m) \end{bmatrix} \tag{5.4}$$

Um caso particular importante, não incluído nessa estrutura, é aquele em que $y(k)$ é a resposta à entrada nula $g(k) = 0$ e condições iniciais arbitrárias. Nesta situação, apenas os parâmetros $a_0, \cdots, a_{n-1}$ devem ser identificados, fazendo com que o vetor q e a matriz V sejam dados por

$$q = \begin{bmatrix} a_{n-1} \\ \vdots \\ a_0 \end{bmatrix}, \quad V = \begin{bmatrix} -y(n-1) & \cdots & -y(0) \\ -y(n) & \cdots & -y(1) \\ \vdots & \vdots & \vdots \\ -y(N-1) & \cdots & -y(N-n) \end{bmatrix} \tag{5.5}$$

O problema de identificação de parâmetros reduz-se então à determinação do vetor q de tal forma que (5.2) seja satisfeita. Entretanto, é preciso desde logo reconhecer que o problema assim formulado traduz apenas um paradigma, pois a igualdade expressa em (5.2) não pode ser exatamente satisfeita tendo em vista a ocorrência de erros durante a etapa de coleta dos dados, de imprecisões e de simplificações impostas pelo modelo linear adotado. Considerando que o número de medidas é suficientemente grande de tal forma que a dimensão de Y seja muito maior que a dimensão de q, isto é, $N - n \gg n + m$, que é assegurada pela relação mais simples $N \gg 3n$, propomos a determinação do vetor de parâmetros desconhecidos através da solução do problema de mínimos quadrados

$$\min_q \|Y - Vq\|^2 \tag{5.6}$$

onde a norma escolhida é a usual norma euclidiana. Como já sabemos (ver o Apêndice A), a sua solução é dada simplesmente por

$$q = (V'V)^{-1}V'Y \tag{5.7}$$

sob a condição de que a inversa da matriz indicada exista. Esse é um resultado clássico, já bastante utilizado neste livro, e pode ser empregado para determinar numericamente os parâmetros que melhor se adaptem na confrontação entre os dados existentes e o modelo matemático proposto como sua representação.

Entretanto, no âmbito de identificação de parâmetros, é frequente desejarmos manipular um número bastante grande de medidas. Neste sentido, uma versão recursiva para o problema de norma mínima se mostra mais apropriada, pois tende a reduzir a quantidade de memória requerida no processamento. Essa versão baseia-se no fato de que, em duas iterações genéricas e sucessivas r e $r+1$, (5.7) fornece

$$q_r = (V_r'V_r)^{-1}V_r'Y_r \ , \quad q_{r+1} = (V_{r+1}'V_{r+1})^{-1}V_{r+1}'Y_{r+1} \tag{5.8}$$

onde

$$Y_{r+1} = \begin{bmatrix} Y_r \\ y_{r+1} \end{bmatrix} \ , \quad V_{r+1} = \begin{bmatrix} V_r \\ v_{r+1}' \end{bmatrix}$$

ou seja, a solução do problema (5.6) na iteração subsequente $r+1$ é obtida a partir das medidas disponíveis na iteração anterior, mais as novas medidas introduzidas na iteração corrente, que são representadas pelo escalar y_{r+1} e pelo vetor linha v_{r+1}', dispensando-se o armazenamento das informações anteriores. Essas quantidades são, respectivamente, a $(r+1)-$ésima componente de Y e a $(r+1)-$ésima linha de V. Como mostraremos em seguida, é marcante o fato de que seja possível determinar uma relação explícita entre as melhores estimativas do vetor de parâmetros q entre duas iterações sucessivas. Usando a fórmula de inversão de matrizes que consta do Apêndice A, temos

$$\begin{aligned} P_{r+1} &= (V_{r+1}'V_{r+1})^{-1} \\ &= (V_r'V_r + v_{r+1}v_{r+1}')^{-1} \\ &= P_r - \frac{P_r v_{r+1} v_{r+1}' P_r}{1 + v_{r+1}' P_r v_{r+1}} \end{aligned} \tag{5.9}$$

e, por outro lado,

$$\begin{aligned} q_{r+1} &= (V_{r+1}'V_{r+1})^{-1}V_{r+1}'Y_{r+1} \\ &= P_{r+1}V_r'Y_r + P_{r+1}v_{r+1}y_{r+1} \\ &= q_r - \frac{P_r v_{r+1}}{1 + v_{r+1}' P_r v_{r+1}}(v_{r+1}'q_r - y_{r+1}) \end{aligned} \tag{5.10}$$

Ganho	$K_{r+1} = \frac{1}{1+v'_{r+1}P_r v_{r+1}} P_r v_{r+1}$
Erro	$\varepsilon_{r+1} = v'_{r+1} q_r - y_{r+1}$
Atualização de P	$P_{r+1} = (I - K_{r+1} v'_{r+1}) P_r$
Atualização de q	$q_{r+1} = q_r - K_{r+1} \varepsilon_{r+1}$

Tabela 5.1: Solução recursiva para o problema de norma mínima

Essas equações admitem uma interpretação interessante quando são escritas na forma padrão, segundo mostra a Tabela 5.1. Tendo em mãos a matriz P_r e o vetor linha v'_{r+1}, o ganho K_{r+1} é calculado para permitir a atualização de P_{r+1}. Como a melhor estimativa para o vetor de parâmetros até a iteração r é q_r, o erro produzido pelo modelo é calculado com os dados contidos em v_{r+1} e y_{r+1}, permitindo que seja determinada a nova estimativa q_{r+1}. Note que se $\varepsilon_{r+1} = 0$ a nova estimativa para o vetor de parâmetros coincide com a anterior, o que indica a convergência do processo recursivo. É importante salientar que esse processo deve ser inicializado com

$$P_0 = (V'_0 V_0)^{-1} \ , \quad q_0 = (V'_0 V_0)^{-1} V'_0 Y_0$$

onde a matriz V_0 e o vetor Y_0 são constituídos pelas medidas iniciais que fornecem $V'_0 V_0$ uma matriz não singular. Geralmente, isso é possível quando estes elementos são definidos por um número de medidas igual ou superior ao número de parâmetros desconhecidos presentes no vetor q. Quando o número de medidas for bastante elevado em comparação com o número de parâmetros que se deseja estimar, a inicialização do processo recursivo pode ser feita com, por exemplo, $P_0 = I$ e $q_0 = 0$, pois podemos esperar que o grande número de medidas disponível seja suficiente para que a convergência aos valores corretos dos parâmetros, de fato, possa ocorrer. Finalmente, é também importante notar que o índice r, que define o número da iteração do processo recursivo, pode coincidir com $k \in \mathbb{N}$, que é o tempo do sistema discreto (5.1), viabilizando inclusive a

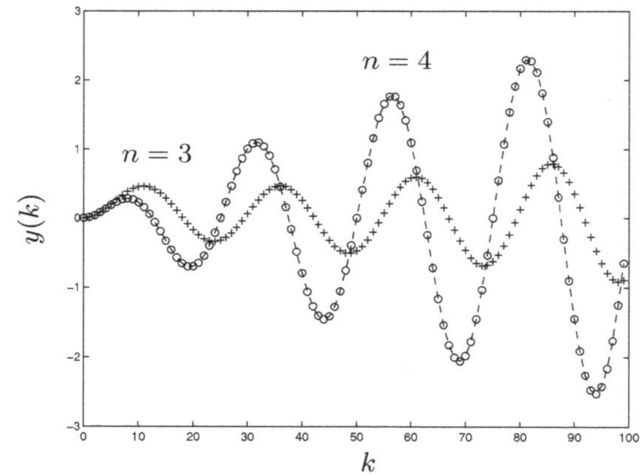

Figura 5.1: Identificação de um sistema a tempo discreto

identificação em tempo real. Neste caso, a identificação através desse processo ocorre simultaneamente com a evolução temporal do sistema a ser identificado.

Exemplo 5.1 Desejamos determinar os parâmetros de uma equação a diferenças do tipo (5.1), de tal forma que sua solução no intervalo $k = 0, \cdots, 99$ correspondente à entrada nula $g(k) = 0$ e com condições iniciais apropriadas seja

$$y(k) = \left(\frac{k}{25}\right) (0{,}9)^{k/25} \text{sen} \left(\frac{2\pi k}{25}\right)$$

A primeira etapa consiste na escolha da ordem n da equação cujos coeficientes deseja-se identificar. O procedimento mais adequado é iniciar pela menor ordem $n = 1$ e, através da solução do problema de mínimos quadrados, determinar os parâmetros e o erro de identificação. Em seguida, se necessário, a ordem deve ser aumentada até que o erro de identificação obtido não possa ser mais reduzido. Adotando esse procedimento e construindo a matriz V definida em (5.5) e o vetor Y como definido em (5.3), o qual também depende exclusivamente de $y(k)$, fixamos inicialmente $n = 1$ e, resolvendo o problema (5.6), obtemos a solução ótima que produz um erro igual a 2,92. Para $n = 2$, obtemos o erro mínimo como sendo 0,06. Em seguida, para $n = 3$, obtemos

$$q = \begin{bmatrix} -2{,}8871 \\ 2{,}8419 \\ -0{,}9501 \end{bmatrix}, \quad \min_q \|Y - Vq\| = 0{,}0156$$

Finalmente, para $n = 4$, a solução do problema (5.6) fornece

$$q = \begin{bmatrix} -3{,}8580 \\ 5{,}7043 \\ -3{,}8257 \\ 0{,}9833 \end{bmatrix}, \quad \min_q \|Y - Vq\| = 10^{-14}$$

Observe que os valores do erro de identificação são decrescentes conforme n aumenta. Essa é uma característica própria do problema (5.6) que torna viável o procedimento acima adotado. Podemos ainda extrair desses cálculos a informação de que a função dada é a solução de uma equação a diferenças de ordem $n = 4$, cujos coeficientes estão contidos no vetor q segundo estabelecido em (5.5) e com condições iniciais dadas, como de costume, por $y(k)$, $k = 0, \cdots, n-1$. A Figura 5.1 mostra em linha tracejada os valores de $y(k)$. A curva coincidente com $y(k)$ corresponde à solução da equação de ordem quatro e a outra corresponde à solução da equação de ordem três, ambas com os coeficientes que acabamos de identificar. □

5.2.2 Sistemas a Tempo Contínuo

Ao contrário dos sistemas a tempo discreto, cuja manipulação numérica, pela sua própria natureza, está mais imune a imprecisões, a identificação de parâmetros de sistemas a tempo contínuo necessita manipular os dados amostrados de tal maneira que necessariamente imprecisões e ruídos são introduzidos. Neste caso, a depender da intensidade do ruído presente nos dados, infelizmente, o procedimento de identificação paramétrica geralmente falha e não é capaz de fornecer os valores corretos dos parâmetros. Veremos, em seguida, que para sistemas a tempo contínuo os dados devem ser previamente tratados de tal forma que a precisão seja recuperada.

No âmbito de sistemas dinâmicos a tempo contínuo, é imperativo reconhecer que os dados são coletados e, portanto, estão disponíveis não de forma contínua, mas sim em instantes discretos de tempo $t = kT$, $k \in \mathbb{N}$ com $T > 0$ pré-especificado. Assim sendo, com o objetivo de identificação de parâmetros, consideramos o modelo matemático expresso pela equação diferencial

$$\sum_{i=0}^{n} a_i \frac{d^i}{dt^i} y(t) = \sum_{i=0}^{m} e_i \frac{d^i}{dt^i} g(t) \tag{5.11}$$

a respeito da qual introduzimos as seguintes hipóteses:

- Os valores de n e m, tais que $n \geq m \geq 0$, são conhecidos.
- O parâmetro a_n é não nulo. Sem perda de generalidade assumimos que $a_n = 1$.
- São conhecidos os valores de $T > 0$, da saída $y(kT)$ para $k = 0, \cdots, N$ e os respectivos valores da entrada $g(kT)$ para $k = 0, \cdots, N$. Esses valores definem o conjunto de medidas a serem usadas para a identificação dos parâmetros do modelo proposto.

Em muitas situações práticas, não dispomos das derivadas sucessivas da função de saída $y(t)$ e da função de entrada $g(t)$. É preciso, portanto, calculá-las numericamente para que os parâmetros possam ser devidamente identificados. Se $y(t)$ e $g(t)$ contiverem imprecisões produzidas pelos dispositivos de medidas, as suas derivadas vão amplificá-las de forma monotonicamente crescente segundo a ordem da derivada e a frequência da imprecisão. Isso pode comprometer de maneira marcante a determinação correta dos parâmetros.

Para fazer uma análise desse problema, consideramos uma função genérica $f(t)$, a qual, em conjunto com suas derivadas sucessivas em relação ao tempo, são definidas para todo $t \in \mathcal{T}$ onde $\mathcal{T}$ é o intervalo de interesse. Consideramos, ainda, que medimos $f_m(kT)$ de tal forma que $kT \in \mathcal{T}$, sendo $f_m(t) = f(t) + \eta(t)$, onde $\eta(t)$ é uma imprecisão ou ruído presente nas medidas realizadas. Assumindo que as seguintes quantidades

$$\theta = \max_{t\in\mathcal{T}} |\ddot{f}(t)| \ , \quad \lambda = \max_{t\in\mathcal{T}} |\eta(t)| \tag{5.12}$$

sejam finitas, nosso propósito é avaliar o erro cometido na determinação da derivada primeira de $f(t)$ em $t = kT$ a partir dos dados disponíveis, isto é,

$$\mathcal{E} = \left| \frac{f_m((k+1)T) - f_m(kT)}{T} - \dot{f}(kT) \right| \tag{5.13}$$

o que é conseguido a partir do desenvolvimento de $f(t)$ em série de Taylor em $t = kT$, ou seja,

$$\begin{aligned} f_m((k+1)T)) &= f((k+1)T) + \eta((k+1)T) \\ &= f(kT) + T\dot{f}(kT) + \frac{T^2}{2}\ddot{f}(\xi) + \eta((k+1)T) \\ &= f_m(kT) + T\dot{f}(kT) + \frac{T^2}{2}\ddot{f}(\xi) + \eta((k+1)T) - \eta(kT) \end{aligned}$$

onde ξ é um valor adequado que se encontra no intervalo definido pelos instantes kT e $(k+1)T$, fazendo com que o desenvolvimento em série de Taylor seja exato, e não apenas uma aproximação. Desta forma, usando (5.12), obtemos

$$\begin{aligned} \mathcal{E} &= \left| \frac{T}{2}\ddot{f}(\xi) + \frac{\eta((k+1)T) - \eta(kT)}{T} \right| \\ &\leq \frac{\theta T}{2} + \frac{2\lambda}{T} \end{aligned} \tag{5.14}$$

O limitante superior do erro fornecido por (5.14) é bastante peculiar. Para T pequeno o erro cometido pela aproximação tende a aumentar devido à presença

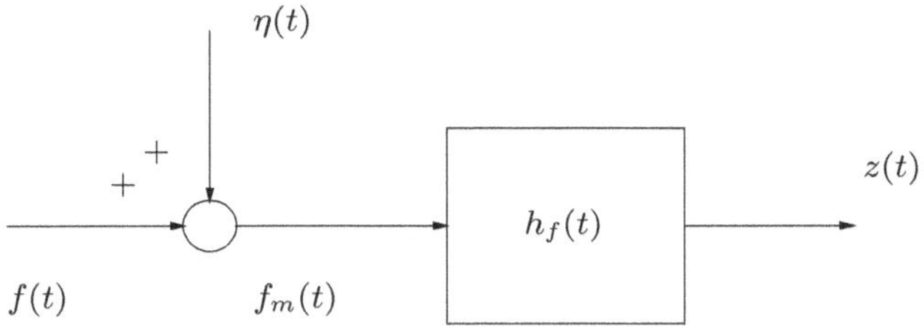

Figura 5.2: Estrutura do filtro

do ruído, enquanto que, se adotarmos T grande, o erro também tende a aumentar devido à imprecisão introduzida no cálculo aproximado da derivada. Podemos minimizar o limitante superior do erro escolhendo o período de amostragem T de forma apropriada, ou seja,

$$T = 2\sqrt{\frac{\lambda}{\theta}} \Longrightarrow \mathcal{E} \leq 2\sqrt{\lambda\theta} \tag{5.15}$$

o que permite concluir que, mesmo no caso mais favorável, o limitante superior do erro será grande quando as medidas forem submetidas a imprecisões ou ruídos de grande magnitude. Assim sendo, é imperativo reduzir λ, já que θ é um parâmetro que não pode ser alterado, por depender exclusivamente da função que se deseja derivar. A estratégia a ser adotada reside em não utilizar diretamente a função $f_m(t)$, mas sim *filtrar* o ruído nela contido antes de sua utilização. Assim procedendo, podemos utilizar um sinal com menor λ, fazendo com que (5.15) forneça um erro menor associado a um menor período de amostragem T.

A estrutura do filtro é ilustrada na Figura 5.2. Idealmente, o objetivo é determinar a resposta ao impulso do filtro denominada $h_f(t)$ de tal forma que, associada à entrada $f_m(t)$, tenhamos a saída $z(t) = f(t)$. Para que isso possa ocorrer, é necessário determinar $h_f(t)$ que satisfaça, simultaneamente, as duas condições $f(t) = h_f(t) * f(t)$ e $h_f(t) * \eta(t) = 0$. Calculando as respectivas transformadas de Laplace em $s = j\omega$ notamos que, se existir $\omega_f \in \mathbb{R}$, de tal maneira que $|\hat{f}(j\omega)| = 0$ para todo $|\omega| > \omega_f$ e $|\hat{\eta}(j\omega)| = 0$ para todo $|\omega| < \omega_f$, então o filtro ideal procurado é aquele cuja função de transferência satisfaz $H_f(j\omega) = 1$ para todo $|\omega| \leq \omega_f$ e $H_f(j\omega) = 0$ para todo $|\omega| > \omega_f$. Em outras palavras, o filtro ideal tem ganho unitário na faixa de frequência do sinal e tem ganho nulo na faixa de frequência ocupada pelo ruído. Ocorre, entretanto, que essas hipóteses frequentemente não são exatamente satisfeitas, principalmente se o espectro do ruído for bastante amplo e, ademais, desejarmos determinar um filtro que se aproxime daquele ideal, mas que possa ser facilmente implementado através da síntese de uma função de transferência racional $H_f(s)$. Na prática, a dificuldade para se projetar um bom filtro reside na determinação adequada de um compromisso entre um filtro com grande largura de faixa que responde rapidamente, mas que tem baixa capacidade de atenuar o ruído, e um filtro com pequena largura de faixa que, embora com um nível de ruído bastante reduzido, produza um sinal altamente distorcido.

Felizmente, no presente contexto de identificação de parâmetros o projeto do filtro é bastante simplificado, tendo em vista que o compromisso mencionado não precisa ser estabelecido. De fato, suponha que especificamos um filtro com função de transferência $H_f(s)$ satisfazendo apenas a condição $H_f(j\omega)\eta(j\omega) \approx 0$ para todo $\omega \in \mathbb{R}$. Como, por hipótese, o ruído atua predominantemente nas altas frequências, isto é conseguido, muito embora distorções certamente venham a ocorrer, escolhendo

$$H_f(s) = \frac{\rho^{n+1}}{(s+\rho)^{n+1}} \tag{5.16}$$

onde $\rho \geq 0$ é um número real a ser sintonizado, tomado geralmente da mesma ordem de grandeza que ω_f. Um primeiro fato importante a ser devidamente observado é que, sob condições iniciais nulas, a transformada de Laplace aplicada à equação (5.11) fornece

$$\left(\sum_{i=0}^{n} a_i s^i\right) \hat{y}(s) = \left(\sum_{i=0}^{m} e_i s^i\right) \hat{g}(s) \tag{5.17}$$

a qual, multiplicada pela função de transferência $H_f(s)$, pode ser reescrita na forma

$$\left(\sum_{i=0}^{n} a_i s^i\right) \hat{y}_f(s) = \left(\sum_{i=0}^{m} e_i s^i\right) \hat{g}_f(s) \tag{5.18}$$

onde

$$\hat{y}_f(s) = H_f(s)\hat{y}(s) \ , \ \hat{g}_f(s) = H_f(s)\hat{g}(s)$$

ou seja, fazendo o mesmo filtro atuar em ambos os sinais disponíveis $y(t)$ e $g(t)$ as saídas resultantes continuam a resolver a mesma equação diferencial. Esse aspecto é de particular importância, pois esses sinais, embora distorcidos, isto é, embora modificados dinamicamente pela função de transferência $H_f(s)$, o são simultaneamente, fazendo com que a relação original existente entre eles se mantenha e não mais apresentem os níveis de ruído que certamente impediriam a adequada e precisa identificação dos parâmetros. É possível interpretar que a distorção causada em $y(t)$ é compensada por aquela introduzida em $g(t)$, fazendo com que ambos continuem a satisfazer a mesma equação diferencial original (5.11).

Além disso, um outro aspecto importante torna-se visível quando realizamos a representação de estado do filtro. Lembrando que sua função de transferência $H_f(s)$ tem $n+1$ polos e nenhum zero, então podemos determinar as matrizes $A \in \mathbb{R}^{n+1 \times n+1}$ e $B \in \mathbb{R}^{n+1}$, de tal forma que, a partir da definição de $r_i(t) = y_f^{(i-1)}(t)$ para $i = 1, 2, \cdots, n+1$ como sendo as variáveis de estado, temos

$$\dot{r}(t) = Ar(t) + By(t) \ , \ r(0) = 0 \tag{5.19}$$

e, da mesma forma, a partir da definição de $s_i(t) = g_f^{(i-1)}(t)$ para $i = 1, 2, \cdots, n+1$ como sendo as variáveis de estado, temos

$$\dot{s}(t) = As(t) + Bg(t) \ , \ s(0) = 0 \tag{5.20}$$

o que deixa claro que as derivadas sucessivas de $y_f(t)$ e de $g_f(t)$ necessárias para compor a equação diferencial original estão dispostas nos vetores de estado $r(t)$ e $s(t)$, respectivamente. Assim sendo, lembrando que $a_n = 1$, estabelecemos as igualdades

$$\sum_{i=0}^{n} a_i \frac{d^i}{dt^i} y_f(t) = \sum_{i=0}^{n-1} a_i r_{i+1}(t) + r_{n+1}(t) \tag{5.21}$$

bem como

$$\sum_{i=0}^{m} e_i \frac{d^i}{dt^i} g_f(t) = \sum_{i=0}^{m} e_i s_{i+1}(t) \tag{5.22}$$

que nos leva a concluir que os parâmetros da equação diferencial (5.11) que desejamos identificar são aqueles que tornam os resultados de (5.21) e (5.22) iguais, sendo $r(t)$ e $s(t)$ soluções das equações (5.19) e (5.20). Antes de efetuar essas operações, é preciso relembrar que, por hipótese, temos como medidas disponíveis apenas os valores de $y(t)$ e $g(t)$ em instantes discretos de tempo $t = kT$. Portanto, as integrações das equações mencionadas devem ser feitas de forma aproximada. Adotando para ambas a aproximação do segurador de ordem zero, obtemos

$$r(k+1) = Fr(k) + Jy(k) \ , \ r(0) = 0 \tag{5.23}$$

$$s(k+1) = Fs(k) + Jg(k) \ , \ s(0) = 0 \tag{5.24}$$

onde, para facilitar a notação, todas as variáveis discretas correspondem aos instantes $t = kT$ e as matrizes indicadas são dadas por

$$\Gamma = \begin{bmatrix} A & B \\ 0 & 0 \end{bmatrix} \Longrightarrow e^{\Gamma T} = \begin{bmatrix} F & J \\ 0 & 1 \end{bmatrix}$$

Assim sendo, a equação diferencial (5.11), como já comentado, resulta em uma igualdade do tipo (5.2), onde os vetores de parâmetros desconhecidos $q \in \mathbb{R}^{n+m+1}$ e $Y \in \mathbb{R}^{N+1}$ são estabelecidos na forma

$$Y = \begin{bmatrix} r_{n+1}(1) \\ r_{n+1}(2) \\ \vdots \\ r_{n+1}(N+1) \end{bmatrix}, \quad q = \begin{bmatrix} a_{n-1} \\ \vdots \\ a_0 \\ e_m \\ \vdots \\ e_0 \end{bmatrix} \tag{5.25}$$

e a matriz $V \in \mathbb{R}^{N+1 \times N+1}$ é dada por

$$V = \begin{bmatrix} -r_n(1) & \cdots & -r_1(1) & s_{m+1}(1) & \cdots & s_1(1) \\ -r_n(2) & \cdots & -r_1(2) & s_{m+1}(2) & \cdots & s_1(2) \\ \vdots & \vdots & \vdots & \vdots & \vdots & \vdots \\ -r_n(N+1) & \cdots & -r_1(N+1) & s_{m+1}(N+1) & \cdots & s_1(N+1) \end{bmatrix} \tag{5.26}$$

A melhor estimativa para o vetor de parâmetros q é, portanto, determinada através da solução do problema de mínimos quadrados (5.6), que pode ser resolvido diretamente ou através do emprego do método recursivo. Finalmente, é importante mencionar que o método que acabamos de expor para identificação de parâmetros não pode ser usado quando o sistema é sujeito a entrada nula. Neste caso, como primeira providência, é imperativo converter o efeito das condições iniciais em uma entrada específica, o que é sempre possível realizar no âmbito de sistemas lineares. O exemplo dado a seguir ilustra alguns dos aspectos que acabamos de discutir.

Exemplo 5.2 Considere a função $f_m(t) = f(t) + \eta(t)$ definida para todo $0 \leq t \leq 5$ com

$$f(t) = 2te^{-t/\tau_f}\ , \quad \eta(t) = \eta_0(t)\text{sen}(\omega_\eta t)$$

onde $\tau_f = 1$, $\omega_\eta = 100$ e $\eta_0(t)$ é uma variável aleatória uniformemente distribuída no intervalo $|\eta_0(t)| \leq 0{,}1$. Para fins de identificação, consideramos que $f(t)$ é a resposta ao impulso unitário de um sistema de segunda ordem ou, de forma equivalente, podemos considerar $f(t)$ como sendo a solução de

$$\ddot{y}(t) + 2\dot{y}(t) + y(t) = 2\dot{g}(t)$$

sob condições iniciais nulas, com $g(t)$ sendo o degrau unitário. Considerando $T = 0{,}005$ e que as medidas sejam dadas por $y(kT) = f_m(kT)$ para todo $k = 0, \cdots, 1.000$; definimos a seguinte equação diferencial:

$$\ddot{y}(t) + a_1\dot{y}(t) + a_0 y(t) = e_0 g(t) + e_1\dot{g}(t)$$

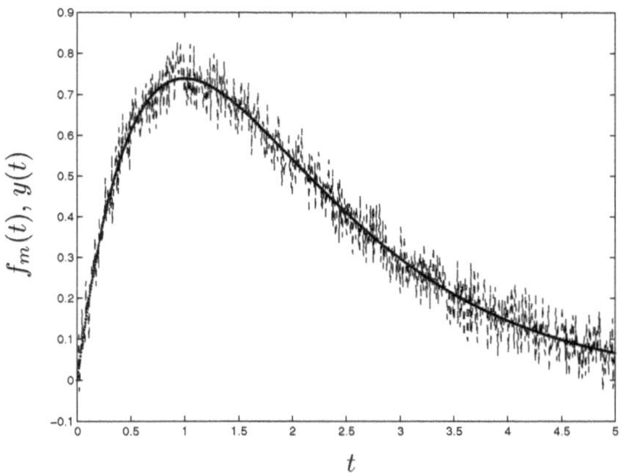

Figura 5.3: Medidas e a função estimada

para que os parâmetros indicados sejam identificados. O filtro escolhido foi aquele introduzido em (5.16) com $n = 2$. Como já discutimos anteriormente, nosso interesse é escolher $\rho \ll \omega_\eta$ para eliminar completamente o ruído presente em $f_m(t)$, porém, ao mesmo tempo, devemos impor $\rho \geq 1/\tau_f$ para que o sinal não seja demasiadamente distorcido e atenuado. Para efeito de ilustração, adotamos $\rho = 1$, que nos leva à solução do problema de mínimos quadrados como sendo

$$q = \begin{bmatrix} a_1 \\ a_0 \\ e_1 \\ e_0 \end{bmatrix} = \begin{bmatrix} 1{,}9760 \\ 1{,}0325 \\ 1{,}9943 \\ 0{,}0162 \end{bmatrix}$$

que são aproximadamente os parâmetros verdadeiros. Um resultado mais preciso pode ser obtido impondo-se $e_0 = 0$, o que é conseguido pela simples eliminação da coluna correspondente a esse parâmetro na matriz V. Assim procedendo e resolvendo novamente o problema de mínimos quadrados, obtemos

$$q = \begin{bmatrix} a_1 \\ a_0 \\ e_1 \end{bmatrix} = \begin{bmatrix} 2{,}0040 \\ 1{,}0070 \\ 2{,}0133 \end{bmatrix}$$

cujo resultado é aquele esperado com bastante precisão. Para se ter uma ideia real da qualidade da solução encontrada e a dificuldade numérica que foi suplantada, a Figura 5.3 mostra a função $f_m(t)$ e a solução da equação diferencial $y(t)$ com os parâmetros fornecidos pela última solução do problema de mínimos quadrados. Nota-se perfeitamente a intensidade do ruído presente nas medidas, tornando virtualmente impossível o cálculo direto das derivadas de primeira e de segunda ordens presentes no modelo escolhido. □

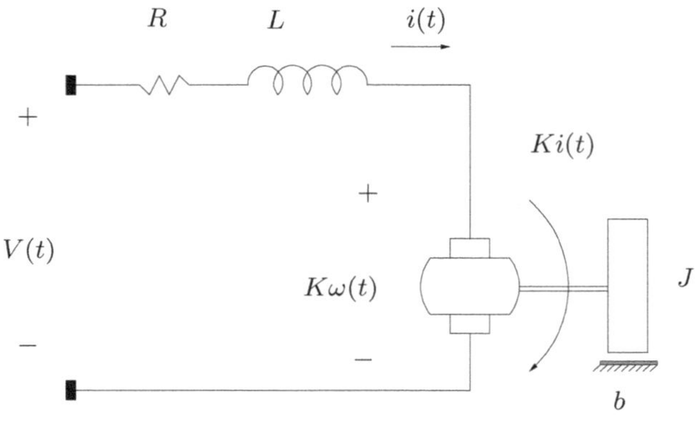

Figura 5.4: Motor de corrente contínua

5.3 Motor de Corrente Contínua

A Figura 5.4 mostra de forma esquemática um motor de corrente contínua cujo modelo matemático foi estudado com detalhes no Capítulo 2 (veja o Exemplo 2.16).

Trata-se de um dispositivo eletromecânico constituído por um conjunto de espiras conectadas em série, dispostas em forma circular formando uma bobina condutora, com liberdade de movimento rotacional em torno do seu eixo e um par de polos magnéticos permanentes ou produzidos por corrente constante, com contorno interno, também circular, e raio um pouco maior do que o da bobina, de tal forma que as linhas de campo sejam sempre ortogonais a qualquer tangente à circunferência que delimita a bobina. Nesta montagem, pode-se garantir que as linhas de campo cruzam qualquer espira na direção radial, ou seja, no plano de rotação, o vetor velocidade é ortogonal ao vetor indução magnética. A bobina é enrolada sobre um núcleo de ferro cilíndrico denominado *rotor* ou *armadura*, cujo eixo estará submetido a um torque proporcional a uma determinada corrente elétrica que circula na bobina. O torque transferido ao eixo produz um movimento circular o qual, em contrapartida, produz na bobina uma tensão elétrica denominada *força contraeletromotriz* que é proporcional à sua velocidade angular. Considerando que a bobina pode ser modelada como um resistor e um indutor em série e sendo $\theta(t)$ o deslocamento angular do rotor com um momento de inércia J, que é submetido a um atrito viscoso rotacional com coeficiente b, o modelo do motor CC pode ser escrito na forma

$$L\frac{di}{dt}(t) + Ri(t) = V(t) - K\omega(t) \tag{5.27}$$

$$J\frac{d\omega}{dt}(t) + b\omega(t) = Ki(t) \ , \quad \omega(t) = \frac{d\theta}{dt}(t) \tag{5.28}$$

com as condições iniciais $\theta(0)$, $\omega(0)$ e $i(0)$ adequadamente especificadas. Definindo a variável de estado $x(t) \in \mathbb{R}^3$, a variável de saída $y(t) \in \mathbb{R}^2$ e a variável de entrada $u(t) \in \mathbb{R}$ como sendo

$$x(t) = \begin{bmatrix} i(t) \\ \omega(t) \\ \theta(t) \end{bmatrix} \ , \ y(t) = \begin{bmatrix} i(t) \\ \omega(t) \end{bmatrix} \ , \ u(t) = \begin{bmatrix} V(t) \end{bmatrix} \tag{5.29}$$

obtemos, sem dificuldade, o modelo expresso na forma padrão de representação de estado $\dot{x} = Ax + Bu$, $y = Cx + Du$ na qual as matrizes indicadas são dadas por

$$A = \begin{bmatrix} -R/L & -K/L & 0 \\ K/J & -b/J & 0 \\ 0 & 1 & 0 \end{bmatrix} \ , \ B = \begin{bmatrix} 1/L \\ 0 \\ 0 \end{bmatrix} \tag{5.30}$$

$$C = \begin{bmatrix} 1 & 0 & 0 \\ 0 & 1 & 0 \end{bmatrix} \ , \ D = \begin{bmatrix} 0 \\ 0 \end{bmatrix} \tag{5.31}$$

É importante ressaltar que o modelo obtido é de ordem $n = 3$ e permite obter a corrente de armadura, a velocidade angular e o deslocamento angular do rotor. Porém, neste caso, se o nosso interesse for apenas a corrente de armadura e a velocidade angular do rotor, o modelo pode ser reduzido para ordem dois, tendo em vista que as equações (5.27) e (5.28) que definem essas duas variáveis não dependem explicitamente do deslocamento angular $\theta(t)$.

5.3.1 Identificação dos Parâmetros do Motor

Para termos em mãos o modelo completo de um motor de corrente contínua, resta identificar os seus parâmetros elétricos R e L, os seus parâmetros mecânicos J e b e o parâmetro K, que é o fator de proporcionalidade entre o torque produzido e a corrente de armadura. Em um sistema de unidades coerentes, K é também o fator de proporcionalidade entre a força contraeletromotriz e a velocidade angular do rotor. Com esse objetivo, utilizamos nos diversos ensaios práticos realizados um motor CC a ímã permanente sem carga. As medidas de corrente foram realizadas através de um resistor de $R_s = 1{,}05$ [Ω] colocado em série com a fonte de tensão $V(t)$ aplicada na armadura. A resistência R do diagrama da Figura 5.4 indica, portanto, a soma da resistência própria do circuito de armadura com R_s.

- **Resistência de armadura (R):** Com o eixo travado forçando, portanto, $\omega(t) = 0, \ t \geq 0$, submetendo a armadura a uma tensão constante $V(t) = V_0, \ t \geq 0$ a corrente no circuito de armadura a partir de uma condição inicial nula é dada por

$$i(t) = I_0 \left(1 - e^{-t/\tau_e}\right) \ , \ I_0 = \frac{V_0}{R} \ , \ \tau_e = \frac{L}{R}$$

  Para $V_0 = 12{,}05$ [V] e t suficientemente grande, medimos a corrente de regime $i(t) \approx I_0 = 3{,}62$ [A] permitindo, então, a determinação da resistência elétrica total de armadura

$$R = \frac{V_0}{I_0} = 3{,}33 \ [\Omega]$$

- **Indutância de armadura (L):** Novamente, com o eixo travado e a mesma tensão de armadura constante $V(t) = V_0 \ , t \geq 0$, verificamos pela equação da corrente que para $t = \tau_e$ temos $i(t) = 0{,}63 I_0$. Portanto, ao medirmos o intervalo de tempo decorrido para que a corrente chegue a 63% do valor de regime, determinamos $\tau_e = 1{,}37$ [ms] e, por consequência,

$$L = R\tau_e = 4{,}56 \ [\text{mH}]$$

O procedimento adotado, para identificar os parâmetros elétricos do motor, requer alguns cuidados a serem observados durante os ensaios. Com o rotor travado é imperativo alimentar a armadura com um tensão constante, suficientemente baixa de tal forma que em regime permanente a corrente fique abaixo da máxima especificada pelo fabricante. Além disso, as medidas devem ser feitas rapidamente, de tal forma que a corrente na armadura não proporcione uma dissipação de calor suficiente para causar dano ao isolamento do motor.

- **Constante (K):** Com o eixo do rotor destravado e alimentando a armadura novamente com a tensão constante $V(t) = V_0 \ , t \geq 0$, verificamos que a corrente $i(t)$ bem como a velocidade angular $\omega(t)$ tendem para valores constantes denotados I_∞ e ω_∞, respectivamente. Para $V_0 = 12{,}05$ [V] e t suficientemente grande, medimos $I_\infty = 0{,}44$ [A] e $\omega_\infty = 318{,}55$ [rad/s]. Assim sendo, a equação (5.27) permite determinar

$$K = \frac{V_0 - RI_\infty}{\omega_\infty} = 0{,}0332 \ [\text{Vs}]$$

- **Coeficiente de atrito viscoso (b):** Com o mesmo experimento anterior, a partir da equação (5.28), determinamos

$$b = K\frac{I_\infty}{\omega_\infty} = 4{,}59 \times 10^{-5} \text{ [Nms]}$$

- **Momento de inércia (J):** Foi aplicada na armadura uma tensão constante que levou o motor a desenvolver uma velocidade ω_0, quando, então, o circuito de armadura foi aberto. A partir desse instante, a corrente de armadura manteve-se nula, fazendo com que a velocidade angular evoluísse segundo

$$\omega(t) = \omega_0 e^{-t/\tau_m} \ , \ \tau_m = \frac{J}{b}$$

  e, portanto, o intervalo de tempo para $\omega(t)$ se reduzir a $\omega(t) = 0{,}27\omega_0$ fornece o valor da constante de tempo na desaceleração, $\tau_m = 1{,}08$ [s], que permite determinar

$$J = b\tau_m = 4{,}96 \times 10^{-5} \text{ [kgm}^2\text{]}$$

A partir da identificação dos valores dos parâmetros do motor, podemos determinar a sua representação de estado conforme estabelecido pelas matrizes dadas em (5.30) e (5.31), ou seja,

$$\dot{x}(t) = \begin{bmatrix} -730{,}26 & -7{,}28 & 0 \\ 669{,}35 & -0{,}92 & 0 \\ 0 & 1 & 0 \end{bmatrix} x(t) + \begin{bmatrix} 219{,}30 \\ 0 \\ 0 \end{bmatrix} u(t) \tag{5.32}$$

$$y(t) = \begin{bmatrix} 1 & 0 & 0 \\ 0 & 1 & 0 \end{bmatrix} x(t) \tag{5.33}$$

sendo que sua saída fornece, simultaneamente, as variáveis de interesse, a saber, a corrente de armadura $i(t)$ e a velocidade angular do motor $\omega(t)$ para todo $t \geq 0$, desde que tenha sido convenientemente especificado o estado inicial correspondente. É interessante observar que os autovalores da matriz $A \in \mathbb{R}^{3\times 3}$, que definem os três polos da função de transferência do motor, são dados por $p_1 = 0$, $p_2 = -7{,}67$ e $p_3 = -723{,}52$. Isso mostra que o seu comportamento dinâmico depende, sobretudo, de p_1 e de p_2. De fato, como $|p_3|$ é muito maior do que $|p_2|$, sua importância está restrita a valores bem pequenos de $t \geq 0$, fazendo com que, logo após, sua contribuição seja severamente atenuada.

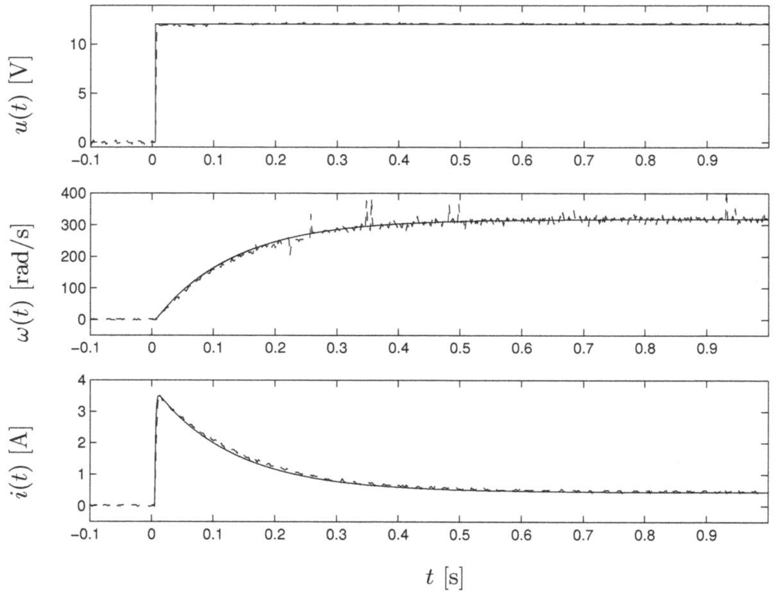

Figura 5.5: Simulação e resultados experimentais do motor

5.3.2 Validação do Modelo

Para verificarmos a exatidão do modelo apresentado, bem como os valores numéricos dos seus diversos parâmetros identificados, o motor escolhido foi submetido a um ensaio prático consistindo em aplicar, na sua armadura, um degrau de tensão $V(t) = 12{,}05$ [V], $t \geq 0$. Com essa entrada e a partir de condições iniciais nulas, foram medidas a corrente de armadura e a velocidade angular do rotor. Em seguida, com a mesma entrada $u(t) = 12{,}05$ [V], $t \geq 0$, e com condições iniciais nulas, as equações de estado (5.32) e (5.33) foram resolvidas numericamente para todo $0 \leq t \leq 1{,}0$ [s].

A Figura 5.5 mostra os resultados obtidos. A sua primeira parte mostra em linha contínua o degrau de entrada $u(t)$ que foi usado para fins de simulação e, em linha tracejada, o degrau de tensão que foi implementado para alimentar a armadura do motor. Nota-se que ambos são, para todos os fins práticos, coincidentes. A parte seguinte da mesma figura mostra, em linha contínua, a velocidade angular $\omega(t)$ obtida através do modelo e, em linha tracejada, a medida no ensaio realizado. Da mesma forma, a última parte mostra a corrente de armadura $i(t)$ obtida através da integração do modelo, em linha contínua, e aquela efetivamente medida durante o mesmo ensaio prático realizado, em linha tracejada. Nota-se claramente uma concordância bastante acentuada entre as medidas e o resultados fornecidos pela simulação do modelo, o que indica, por um lado, a exatidão do modelo proposto e, por outro lado, a identificação correta e precisa dos seus diversos parâmetros.

Neste ponto, podemos investigar uma simplificação no modelo do motor que, em muitas situações, pode ser adotada. Ela baseia-se no fato de que, no presente caso, o modelo do motor (5.32) apresenta um polo lento p_2 e um polo rápido p_3 cuja relação entre eles é aproximadamente cem. Assim sendo, para obter um modelo simplificado de ordem reduzida, basta impor em (5.27) $L = 0$. Com auxílio de (5.28), a partir da definição das variáveis

$$x(t) = \begin{bmatrix} \omega(t) \\ \theta(t) \end{bmatrix}, \; y(t) = \begin{bmatrix} i(t) \\ \omega(t) \end{bmatrix}, \; u(t) = \begin{bmatrix} V(t) \end{bmatrix} \tag{5.34}$$

obtemos a nova representação de estado $\dot{x} = Ax + Bu$, $y = Cx + Du$ com as matrizes indicadas dadas por

$$A = \begin{bmatrix} -b/J - K^2/JR & 0 \\ 1 & 0 \end{bmatrix}, \; B = \begin{bmatrix} K/JR \\ 0 \end{bmatrix} \tag{5.35}$$

$$C = \begin{bmatrix} -K/R & 0 \\ 1 & 0 \end{bmatrix}, \; D = \begin{bmatrix} 1/R \\ 0 \end{bmatrix} \tag{5.36}$$

as quais, com os valores numéricos dos diversos parâmetros, permitem escrever o modelo de segunda ordem para o motor na forma

$$\dot{x}(t) = \begin{bmatrix} -7{,}60 & 0 \\ 1 & 0 \end{bmatrix} x(t) + \begin{bmatrix} 201{,}01 \\ 0 \end{bmatrix} u(t) \tag{5.37}$$

$$y(t) = \begin{bmatrix} -0{,}01 & 0 \\ 1 & 0 \end{bmatrix} x(t) + \begin{bmatrix} 0{,}30 \\ 0 \end{bmatrix} u(t) \tag{5.38}$$

A resposta desse modelo simplificado foi obtida numericamente para a entrada $u(t) = 12{,}05$ [V], $t \geq 0$ e a partir de condições iniciais nulas de deslocamento e velocidade. Colocadas nos gráficos correspondentes da Figura 5.5 elas são virtualmente indistinguíveis daquelas produzidas pelo modelo original, fato que atesta a validade da aproximação adotada.

Adotamos também o procedimento já discutido para identificação de parâmetros através do método de mínimos quadrados como forma alternativa de validar os valores numéricos conseguidos. Considerando o modelo simplificado de primeira ordem para a velocidade angular, isto é,

$$\dot{\omega}(t) + a_1\omega(t) = e_0 V(t)$$

com condição inicial nula e $V(t)$ como sendo um degrau de amplitude 12,05 [V], obtemos com o filtro (5.16), $\rho = 2$ e $n = 1$ os valores $a_1 = 7{,}4257$ e $e_0 = 196{,}3114$ os quais, comparados com (5.37), indicam uma variação de aproximadamente 2%, o que atesta a qualidade dos resultados apresentados.

5.3.3 Alimentação com Fonte Chaveada

Uma técnica bastante difundida para o controle de velocidade de motores CC emprega não simplesmente uma fonte de tensão constante na armadura, mas sim uma fonte de tensão chaveada, isto é, cuja saída transita periodicamente entre dois níveis de tensão preestabelecidos. Para o motor descrito na Figura 5.4, as medidas de corrente foram feitas através de um resistor de $R_s = 0{,}8$ [Ω] colocado em série com a fonte de tensão fazendo com que a resistência total do circuito de armadura seja $R = 3{,}08$ [Ω], ligeiramente menor que aquela usada nos ensaios anteriores. O circuito de armadura foi alimentado com a tensão periódica definida por

$$V(t) = \begin{cases} V & , \quad kT \le t \le (k+\theta)T \\ 0 & , \quad (k+\theta)T < t \le (k+1)T \end{cases} \tag{5.39}$$

com $V = 11{,}05$ [V], $T = 1{,}0$ [ms] e $\theta = 0{,}5$. A Figura 5.6 mostra em linha tracejada a corrente de armadura $i(t)$ efetivamente medida quando o motor foi ligado à fonte de tensão chaveada acima definida, a partir de condições iniciais nulas. Para melhor compreensão, na mesma figura, incluímos em linha contínua a onda de tensão gerada pela fonte observando rigorosamente apenas a escala de tempo.

Por outro lado, como não estamos interessados no deslocamento angular do motor, o modelo completo (5.32) e (5.33) não precisa ser utilizado. De fato, com os dados numéricos disponíveis (note que a resistência total da armadura foi modificada), podemos escrevê-lo na seguinte forma, mais simples, que depende apenas das duas primeiras variáveis de estado a saber, $i(t)$ e $\omega(t)$, ou seja,

$$\dot{x}(t) = \begin{bmatrix} -675{,}44 & -7{,}28 \\ 669{,}35 & -0{,}92 \end{bmatrix} x(t) + \begin{bmatrix} 219{,}30 \\ 0 \end{bmatrix} u(t) \tag{5.40}$$

$$y(t) = \begin{bmatrix} 1 & 0 \end{bmatrix} x(t) \tag{5.41}$$

onde $y(t)$ fornece a corrente de armadura $i(t)$, que é a variável de interesse no presente momento. A partir de condições iniciais nulas e fazendo $u(t) = V(t)$, $t \ge 0$ dada por (5.39), podemos determinar os valores da corrente $i(kT)$, $k \in \mathbb{N}$, a partir da determinação do modelo discretizado, como estabelecido no capítulo

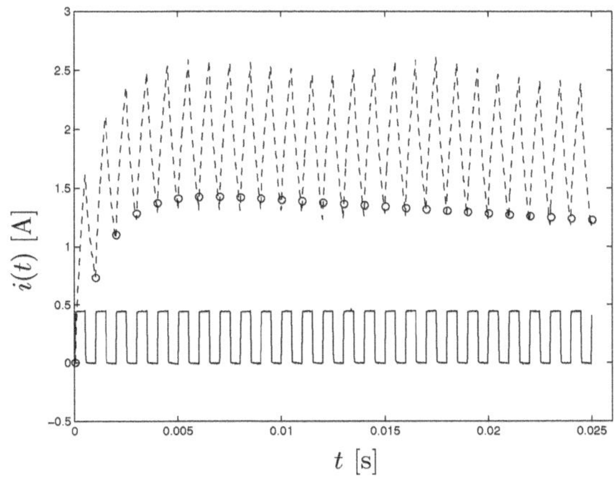

Figura 5.6: Simulação e resultados experimentais

anterior. Adotando aquele procedimento, obtemos $i(kT) = y(k),\ k \in \mathbb{N}$, onde

$$x(k+1) = \begin{bmatrix} 0{,}5074 & -0{,}0053 \\ 0{,}4860 & 0{,}9971 \end{bmatrix} x(k) + \begin{bmatrix} 0{,}0663 \\ 0{,}0428 \end{bmatrix} u(k) \quad (5.42)$$

$$y(k) = \begin{bmatrix} 1 & 0 \end{bmatrix} x(k) \quad (5.43)$$

Considerando as condições iniciais nulas e $u(k) = V,\ k \in \mathbb{N}$, calculamos imediatamente, através das equações a diferenças acima, os valores da corrente de armadura nos instantes $t = kT,\ k \in \mathbb{N}$. Os valores obtidos também foram incluídos na Figura 5.6 e são aqueles representados por "o". Nota-se uma concordância marcante entre os valores medidos e aqueles fornecidos pela solução de (5.42) e (5.43). Esse fato indica a possibilidade efetiva de uso dos procedimentos aqui preconizados para o estudo de sistemas dinâmicos reais.

5.4 Força de Atrito

O movimento relativo entre dois ou mais corpos rígidos e entre corpos rígidos e fluidos em contato geram forças de atrito que devem ser incorporadas na elaboração do modelo matemático, visando descrever o movimento da maneira mais precisa possível. Nesse contexto, devemos citar a força de atrito viscoso e a força de atrito seco ou de Coulomb. A primeira pode ser modelada como sendo proporcional à velocidade do corpo, medida a partir de um referencial inercial

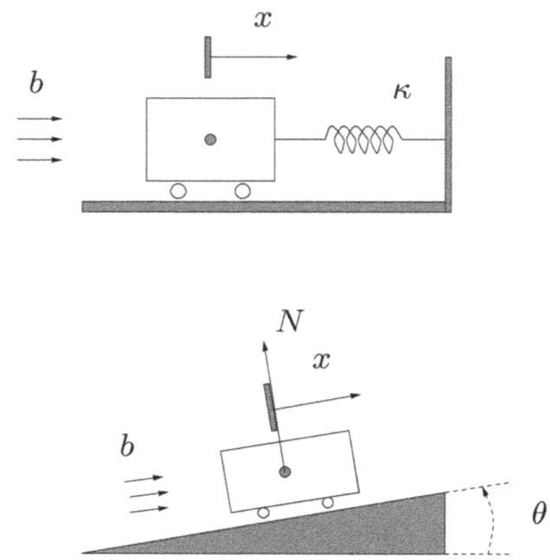

Figura 5.7: Massa-mola e plano inclinado

de translação ou de rotação, de tal forma que sua intensidade aumenta com o aumento da velocidade, ou seja, $f_b = b\dot{x}$. Esse modelo é bastante preciso para velocidades baixas ou moderadas. A segunda, em determinadas situações, pode ser aproximada por uma força de intensidade constante, sendo que apenas seu sentido e direção variam segundo a velocidade do corpo, sempre medida a partir de um referencial inercial. Sua representação mais simples é dada pela função descontínua na origem

$$f_{co} = \mu|N|\frac{\dot{x}}{|\dot{x}|} \tag{5.44}$$

onde μ é denominado *coeficiente de atrito de Coulomb*, que depende das propriedades físicas dos corpos em contato, e $|N|$ é a intensidade da força normal à trajetória do corpo. De maneira geral, para grandes ou moderadas velocidades, a força de atrito de Coulomb pode se desprezada quando comparada com a força de atrito viscoso. Entretanto, em baixas velocidades a força de atrito de Coulomb pode ser decisiva para que o modelo dinâmico seja adequadamente definido e seus parâmetros sejam corretamente identificados. Quando a velocidade do corpo é nula, a intensidade da força de atrito de Coulomb é meramente proporcional à intensidade da força normal e, portanto, o coeficiente μ é substancialmente maior. De fato, verifica-se experimentalmente que o valor de μ para um corpo em movimento pode ser substancialmente menor que o seu valor quando o corpo está em repouso.

Considere o plano inclinado da Figura 5.7 inicialmente com $\theta = 0$ e o corpo em repouso. Conforme aumentamos θ suavemente, o corpo continua em repouso sob a ação da gravidade e da força de atrito de Coulomb. Assim sendo, antes que ocorra qualquer deslocamento, o equilíbrio requer que a projeção da força peso na direção do movimento seja anulada por $f_{co} = \mu mg\cos(\theta)$, o que fornece imediatamente

$$\mu = \text{tg}(\theta) \tag{5.45}$$

cujo valor numérico deve ser determinado para o maior ângulo θ em que o corpo continue a manter seu estado de repouso. O valor para μ que acabamos de determinar é denominado *coeficiente de atrito estático*. Se θ for aumentado acima desse valor, o corpo se movimenta e (5.44) continua válida, porém com um valor de μ geralmente bastante menor, denominado *coeficiente de atrito dinâmico*. De fato, a relação (5.44), com μ constante, traduz apenas uma aproximação de um fenômeno físico complexo em que o coeficiente de atrito dinâmico também depende da velocidade, $\mu = \mu(\dot{x})$. Esta seção é inteiramente dedicada ao estudo e identificação de modelos de sistemas submetidos à ação de forças de atrito.

A primeira montagem da Figura 5.7 mostra um corpo de massa m ligado a uma mola com coeficiente de elasticidade κ e com uma das suas extremidades mantida fixa. O corpo está sujeito a uma força de atrito viscoso definida pelo coeficiente de atrito b. O sistema de referência, que define o deslocamento da massa, tem sua origem em um ponto onde a mola não está sujeita a nenhuma deformação. No instante $t = 0$, a massa é colocada em uma posição conhecida x_0 e o movimento se inicia com velocidade inicial nula. Nestas condições, a equação que descreve o deslocamento $x(t)$ para todo $t \geq 0$ é dada por

$$m\ddot{x}(t) + b\dot{x}(t) + \kappa x(t) = 0 \ , \quad x(0) = x_0 \ , \ \dot{x}(0) = 0 \tag{5.46}$$

cuja transformada de Laplace, ao ser expressa na forma

$$\hat{x}(s) = \frac{ms^2 + bs}{ms^2 + bs + \kappa}\left(\frac{x_0}{s}\right) \tag{5.47}$$

permite afirmar que a solução geral $x(t)$ de (5.46) é dada alternativamente por $x(t) = y(t)$ para todo $t \geq 0$, onde $y(t)$ é a solução da equação de segunda ordem

$$m\ddot{y}(t) + b\dot{y}(t) + \kappa y(t) = m\ddot{g}(t) + b\dot{g}(t) \tag{5.48}$$

com condições iniciais nulas e sendo $g(t)$ uma função degrau com amplitude x_0. Definindo os parâmetros a serem identificados $a_1 = b/m$ e $a_0 = \kappa/m$, após terem sido obtidos os sinais $r_i(t) = y_f^{(i-1)}(t)$ e $s_i(t) = g_f^{(i-1)}(t)$ para $i = 1, 2, 3$ que resultam das filtragens dos sinais originais $y(t)$ e $g(t)$ respectivamente, temos a igualdade

$$(r_3(t) - s_3(t)) + a_1(r_2(t) - s_2(t)) + a_0 r_1(t) = 0 \tag{5.49}$$

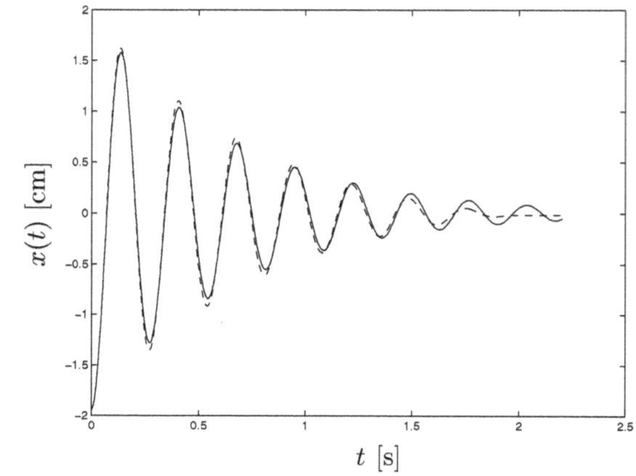

Figura 5.8: Massa-mola

que permite a identificação dos parâmetros nela indicados, através do método dos mínimos quadrados, impondo-a para todo $t = kT$ com $k = 0, 1, \cdots, N$, que são os instantes em que os dados estão disponíveis, resultando, como já sabemos, em

$$q = \begin{bmatrix} a_1 \\ a_0 \end{bmatrix} = (V'V)^{-1}V'Y \tag{5.50}$$

onde, de dimensões compatíveis, o vetor Y é dado por

$$Y = \begin{bmatrix} r_3(1) - s_3(1) \\ r_3(2) - s_3(2) \\ \vdots \\ r_3(N+1) - s_3(N+1) \end{bmatrix} \tag{5.51}$$

e a matriz V é dada por

$$V = \begin{bmatrix} s_2(1) - r_2(1) & -r_1(1) \\ s_2(2) - r_2(2) & -r_1(2) \\ \vdots & \vdots \\ s_2(N+1) - r_2(N+1) & -r_1(N+1) \end{bmatrix} \tag{5.52}$$

A Figura 5.8 mostra em linha tracejada o resultado de um ensaio prático realizado com um sistema massa-mola. Em $t = 0$, a massa foi solta a partir do repouso da posição $x_0 = -1{,}95$ [cm], e o seu deslocamento $x(t)$ foi medido nos

Deformação [cm]	Massa [kg]	κ [N/m]
1,84	0,59	315,0
3,35	1,09	319,4
4,99	1,59	312,0
6,54	2,09	313,3
8,12	2,59	312,7

Tabela 5.2: Identificação alternativa de κ

instantes $t = kT$ com $k = 0, 1, \cdots, 499$ e $T = 4{,}42$ [ms]. Verifica-se imediatamente a partir da figura, em linha tracejada, que o deslocamento medido apresenta uma frequência de oscilação de aproximadamente $\omega = 8\pi$ [rad/s], fazendo com que fosse adotado o filtro (5.16) com $\rho \approx \omega \approx 25$. Nestas condições, o método dos mínimos quadrados fornece

$$\begin{bmatrix} b/m \\ \kappa/m \end{bmatrix} = \begin{bmatrix} 3{,}09 \\ 537{,}47 \end{bmatrix} \tag{5.53}$$

Para efeito de comparação, na mesma figura, mostramos em linha cheia a solução da equação do modelo original (5.46) com os parâmetros dados por (5.53). Muito embora a concordância entre as duas curvas seja expressiva, existem algumas pequenas diferenças, cujas causas merecem uma análise mais aprofundada.

Primeiramente, verificamos que a mola obedece aproximadamente o modelo linear, em que a força por ela produzida é proporcional à sua deformação. A Tabela 5.2 mostra na primeira coluna a deformação produzida pela mola ao suspender, contra a gravidade com aceleração 9,8 [m/s^2], a massa indicada na segunda coluna. A terceira coluna mostra os valores do coeficiente κ obtido ponto a ponto cuja minimização do erro quadrático fornece $\kappa \approx 313$ [N/m]. Utilizando o valor da massa $m = 0{,}59$ [kg], obtido de forma bastante precisa, em conjunto com (5.53), podemos finalmente determinar

$$b \approx 1{,}8 \text{ [Ns/m]} \ , \quad \kappa \approx 317 \text{ [N/m]}$$

o que permite verificar que o erro na obtenção de κ, segundo os dois procedimentos apresentados, situa-se dentro de um limiar de aproximadamente 1%, o que é perfeitamente aceitável tendo em vista a precisão do equipamento utilizado.

Nota-se que a concordância entre as curvas mostradas na Figura 5.8 é bastante boa sobretudo no início da simulação. Conforme o tempo passa, a velocidade da massa diminui e um pequeno erro entre as mesmas curvas pode ser nitidamente

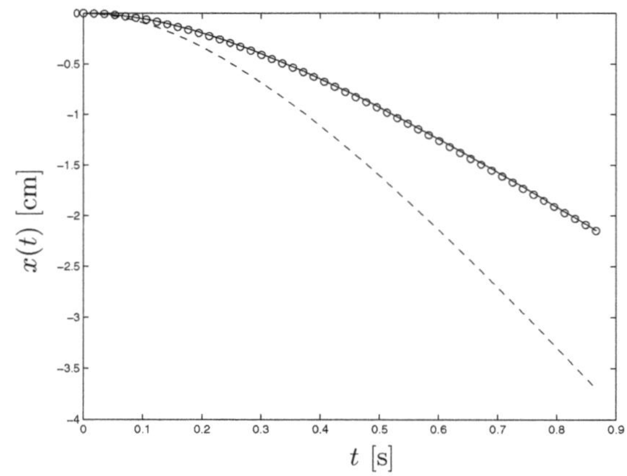

Figura 5.9: Plano inclinado

observado. A explicação reside na existência de uma força de atrito de Coulomb cuja intensidade torna-se importante para pequenas velocidades e que não foi levada em conta na modelagem que acabamos de realizar. A dificuldade de incluir no modelo a força de atrito de Coulomb e identificar o coeficiente de atrito dinâmico é seu caráter não linear, que inviabiliza o procedimento aqui preconizado.

Uma situação bastante conveniente que permite identificar o coeficiente de atrito dinâmico é o plano inclinado, pois a velocidade da massa tem sempre o mesmo sinal, fazendo com que a força de atrito dada por (5.44) seja constante durante todo o movimento. Segundo o sistema de referência adotado, a equação do movimento é dada por

$$m\ddot{x}(t) + b\dot{x}(t) = -mg\text{sen}(\theta) + \mu mg\cos(\theta) \qquad (5.54)$$

com condições iniciais nulas. Definindo os parâmetros a serem identificados $a_1 = b/m$ e $e_0 = g(\mu\cos(\theta) - \text{sen}(\theta))$ bem como $g(t)$ como sendo o degrau unitário, a solução geral da equação diferencial (5.54) é dada por $x(t) = y(t)$ para todo $t \geq 0$, onde

$$\ddot{y}(t) + a_1\dot{y}(t) = e_0 g(t) \ , \ y(0) = \dot{y}(0) = 0 \qquad (5.55)$$

Novamente, adotando o mesmo procedimento de identificação de parâmetros, os sinais de entrada $g(t)$ e $y(t) = x(t)$ são filtrados, permitindo obter $r_i(t) = y_f^{(i-1)}(t)$ e $s_i(t) = g_f^{(i-1)}(t)$ para $i = 1, 2, 3$, resultando na igualdade

$$r_3(t) + a_1 r_2(t) - e_0 s_1(t) = 0 \qquad (5.56)$$

que fornece os parâmetros desconhecidos impondo-se sua validade para todo $t = kT$ com $k = 0, 1, \cdots, N$. Resolvendo o problema de mínimos quadrados, obtemos

$$q = \begin{bmatrix} a_1 \\ e_0 \end{bmatrix} = (V'V)^{-1}V'Y \tag{5.57}$$

onde, de dimensões compatíveis, o vetor Y é dado por

$$Y = \begin{bmatrix} r_3(1) \\ r_3(2) \\ \vdots \\ r_3(N+1) \end{bmatrix} \tag{5.58}$$

e a matriz V é dada por

$$V = \begin{bmatrix} -r_2(1) & s_1(1) \\ -r_2(2) & s_1(2) \\ \vdots & \vdots \\ -r_2(N+1) & s_1(N+1) \end{bmatrix} \tag{5.59}$$

A Figura 5.9 mostra em "o" os valores efetivamente medidos do deslocamento $x(t)$ da mesma massa m anteriormente considerada em um plano inclinado com $\theta = 0{,}0206$ [rad]. A massa foi solta em $t = 0$ com velocidade inicial nula, na origem do sistema de referência indicado na Figura 5.7, sendo que sua posição foi medida para $t = kT$ com $k = 0, 1, \cdots, 99$ e $T = 8{,}84$ [ms]. Os filtros de entrada e de saída foram projetados com $\rho = 3$, que é aproximadamente igual ao inverso da constante de tempo do sistema que já foi calculada no ensaio anterior. Temos então

$$\begin{bmatrix} a_1 \\ e_0 \end{bmatrix} = \begin{bmatrix} 3{,}09 \\ -0{,}1175 \end{bmatrix} \tag{5.60}$$

Neste ponto, é importante notar que o valor $b/m = 3{,}09$ é igual àquele anteriormente obtido. Na Figura 5.9, mostramos em linha cheia a solução de (5.55) com os parâmetros dados em (5.60). Como se pode notar, a concordância do modelo com os valores medidos é bastante alta, permitindo, então, que o coeficiente de atrito dinâmico seja imediatamente calculado como sendo $\mu \approx 0{,}0087$. O valor de μ que acabamos de calcular é bastante alto e corresponde a 40% do valor de $\theta \approx \text{sen}(\theta)$, o que faz com que a intensidade da força de atrito de Coulomb seja, neste caso, da ordem de 40% da intensidade da componente da força peso, existente na direção do movimento. Para evidenciar de forma bastante clara a importância de se levar em conta a força de atrito de Coulomb, na mesma figura incluímos em linha tracejada a posição da massa em função do tempo que foi obtida desconsiderando a existência do atrito no modelo, ou seja, impondo-se $\mu = 0$. Nota-se agora uma discordânia bastante significativa e inaceitável em relação aos dados reais colhidos experimentalmente. Cabe ainda salientar que o valor $\mu = 0{,}0087$ corresponde ao coeficiente de atrito dinâmico, que é, como já foi salientado, menor que o coeficiente de atrito estático $\mu = 0{,}0108$ calculado com (5.45), através da determinação experimental do ângulo máximo de equilíbrio $\theta \approx 0{,}0108$ [rad].

5.5 Movimentos com Dois Graus de Liberdade

Em muitas aplicações industriais, principalmente em processos automatizados, as máquinas e dispositivos de manufatura operam com vários graus de liberdade de movimento, envolvendo simultaneamente translação e rotação. Os robôs industriais são exemplos importantes de mecanismos que apresentam estas características. Ademais, devido ao grau de autonomia que é exigido dessas ferramentas, muitas vezes o número de coordenadas necessárias para que se atinja um determinado objetivo é bastante elevado. De fato, são necessárias seis coordenadas para se posicionar e orientar uma ferramenta no espaço tridimensional, sendo três delas para o posicionamento e outras três para a orientação. Entretanto, é comum a introdução de coordenadas adicionais, redundantes, de tal forma a obter-se maior simplicidade nas regras de atuação e controle que são praticamente implementadas.

Esta seção é dedicada ao estudo de mecanismos com mais de um grau de liberdade. Os respectivos modelos dinâmicos serão obtidos através da aplicação dos conceitos e estratégias de modelagem delineados no Capítulo 2, que têm como base a Segunda Lei de Newton e o Princípio de D'Alembert. Nosso propósito é de introduzir o leitor a um conjunto de sistemas dinâmicos complexos, mas cujos modelos podem ser perfeitamente obtidos através da aplicação cuidadosa da metodologia aqui proposta. Como de costume, a escolha parcimoniosa dos diversos sistemas de referência, necessários para descrever os fenômenos dinâmicos que se deseja modelar, é uma etapa central, estratégica e importante na medida em que condiciona a simplicidade e exatidão do resultado final obtido.

5.5.1 Juntas Robóticas Rotacionais

A Figura 5.10 mostra de forma esquemática um manipulador mecânico com três graus de liberdade, projetado para desempenhar funções que mimetizam as de um conjunto braço, antebraço e tronco humano. Os dois movimentos mais

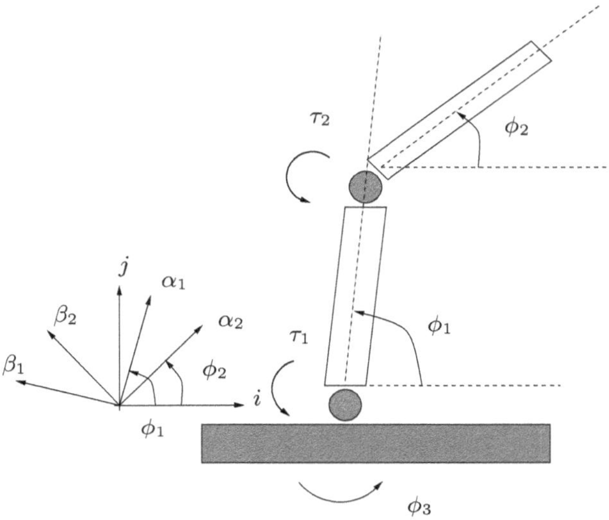

Figura 5.10: Manipulador planar com duas juntas

importantes, do ponto de vista dos esforços envolvidos, são aqueles cujas juntas ou articulações têm os deslocamentos angulares denotados por ϕ_1 e ϕ_2. São esses elos que exigem maior esforço para vencer a ação da gravidade e por desenvolverem maiores torques, devido à eventual presença de carregamento na extremidade do manipulador e das grandes distâncias até os dois centros de rotação. Por este motivo, no presente estudo, vamos nos restringir à análise destes dois movimentos assumindo ainda que eles ocorrem em um mesmo plano.

Denominamos *braço* o primeiro elo com comprimento ℓ_1, cujo centro de massa está localizado a uma distância conhecida ℓ_{c1} do primeiro centro de rotação, que se situa sobre uma base fixa. O segundo elo, denominado *antebraço*, com comprimento ℓ_2, tem seu centro de massa situado a uma distância ℓ_{c2} do centro de rotação que se localiza na extremidade do braço. Nos dois centros de rotação do braço e do antebraço são aplicados torques externos τ_1 e τ_2, conseguidos geralmente através de motores de corrente contínua convenientemente posicionados.

Como temos dois centros de rotação com movimentos planares independentes, na Figura 5.10 mostramos também os três sistemas de referência que são utilizados: o referencial inercial S_F definido através dos versores (i, j, k) e dois referenciais expressos em coordenadas cilíndricas S_{C1} e S_{C2}. Estes, móveis em relação ao referencial inercial S_F, são definidos pelos versores (α_1, β_1, k) que acompanham o movimento do centro de massa do braço e (α_2, β_2, k) que acompanham

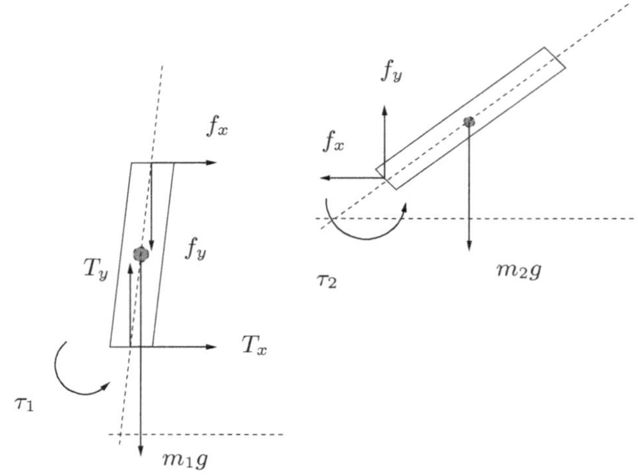

Figura 5.11: Diagramas de forças e de momentos

o movimento do centro de massa do antebraço, respectivamente.

Assumindo que são conhecidas as massas m_1 e m_2, bem como os momentos de inércia J_{c1} e J_{c2} em relação aos centros de massa do braço e do antebraço, respectivamente, com auxílio da Figura 5.11 podemos imediatamente aplicar as leis que regem o movimento de cada elo, desconsiderando, neste primeiro instante, a eventual existência de qualquer tipo de atrito.

A resultante de todas as forças que agem no antebraço escrita na base, que define o sistema inercial de referência S_F, é dada por

$$F_2(t) = \begin{bmatrix} -f_x \\ f_y - m_2 g \\ 0 \end{bmatrix} \tag{5.61}$$

e, por outro lado, a posição do centro de massa do antebraço sendo dada por $\ell_1\alpha_1 + \ell_{c2}\alpha_2$ pode ser escrita em relação ao referencial inercial S_F na forma

$$r_{c2} = R_{\phi_1} \begin{bmatrix} \ell_1 \\ 0 \\ 0 \end{bmatrix} + R_{\phi_2} \begin{bmatrix} \ell_{c2} \\ 0 \\ 0 \end{bmatrix} \tag{5.62}$$

onde R_{ϕ_1} e R_{ϕ_2} são as respectivas matrizes de rotação. Consequentemente, a aceleração do centro de massa do antebraço em relação a S_F é dada por

$$\ddot{r}_{c2} = R_{\phi_1}\mathcal{A}_{\phi_1} \begin{bmatrix} \ell_1 \\ 0 \\ 0 \end{bmatrix} + R_{\phi_2}\mathcal{A}_{\phi_2} \begin{bmatrix} \ell_{c2} \\ 0 \\ 0 \end{bmatrix} \tag{5.63}$$

a qual permite determinar, a partir da aplicação da Segunda Lei de Newton $m_2\ddot{r}_{c2} = F_2(t)$, associada ao referencial inercial escolhido, as forças f_x e f_y, ou seja,

$$f_x = m_2\ell_1\left(\dot{\phi}_1^2\cos(\phi_1) + \ddot{\phi}_1\mathrm{sen}(\phi_1)\right) + m_2\ell_{c2}\left(\dot{\phi}_2^2\cos(\phi_2) + \ddot{\phi}_2\mathrm{sen}(\phi_2)\right)$$
$$f_y = m_2 g - m_2\ell_1\left(\dot{\phi}_1^2\mathrm{sen}(\phi_1) - \ddot{\phi}_1\cos(\phi_1)\right) - m_2\ell_{c2}\left(\dot{\phi}_2^2\mathrm{sen}(\phi_2) - \ddot{\phi}_2\cos(\phi_2)\right)$$

Essas forças, sendo agora conhecidas, viabilizam que seja estabelecida a equação de equilíbrio de momentos relativos ao centro de massa do antebraço, que se expressa na forma $J_{c2}\ddot{\phi}_2 = \tau_{c2}$, onde

$$\tau_{c2} = \det\begin{bmatrix} i & j & k \\ -\ell_{c2}\cos(\phi_2) & -\ell_{c2}\mathrm{sen}(\phi_2) & 0 \\ -f_x & f_y & 0 \end{bmatrix} + \tau_2 k \tag{5.64}$$

Substituindo, nesta última equação, as forças f_x e f_y já calculadas, após algumas manipulações algébricas obtemos a seguinte equação diferencial de segunda ordem que rege o comportamento dinâmico do antebraço:

$$J_2\ddot{\phi}_2 + m_2\ell_1\ell_{c2}\left(\ddot{\phi}_1\cos(\phi_1 - \phi_2) - \dot{\phi}_1^2\mathrm{sen}(\phi_1 - \phi_2)\right) + m_2\ell_{c2}g\cos(\phi_2) = \tau_2 \tag{5.65}$$

onde $J_2 = J_{c2} + m_2\ell_{c2}^2$ é, como sabemos, o momento de inércia do antebraço em relação ao seu centro de rotação. Essa equação apresenta algumas interpretações particulares interessantes. Considerando que o braço permaneça em repouso em $\phi_1(t) = \phi_{10}$ para todo $t \geq 0$, o que pode ser conseguido impondo-se um conveniente torque externo τ_1, ela se reduz à equação do pêndulo invertido que foi tratado no Capítulo 2, o qual é submetido a um torque externo conhecido τ_2. Por outro lado, se $\ell_{c2} = 0$, o que corresponde a fixar o centro de rotação do antebraço exatamente sobre o seu centro de massa, o seu movimento torna-se independente do movimento do braço, ou seja, da evolução temporal de $\phi_1(t)$.

De maneira similar, vamos agora estabelecer as equações que definem o comportamento dinâmico do braço. Com este propósito, verificamos a partir da Figura 5.11 que a resultante das forças que agem no braço é expressa em S_F por

$$F_1(t) = \begin{bmatrix} T_x + f_x \\ T_y - f_y - m_1 g \\ 0 \end{bmatrix} \tag{5.66}$$

e, no mesmo sistema de referência, a posição do centro de massa do braço permite determinar sua aceleração, ou seja,

$$r_{c1} = R_{\phi_1}\begin{bmatrix} \ell_{c1} \\ 0 \\ 0 \end{bmatrix} \Longrightarrow \ddot{r}_{c1} = R_{\phi_1}\mathcal{A}_{\phi_1}\begin{bmatrix} \ell_{c1} \\ 0 \\ 0 \end{bmatrix} \tag{5.67}$$

viabilizando, com o auxílio da Segunda Lei de Newton $m_1\ddot{r}_{c1} = F_1(t)$, o cálculo das forças de reação existentes na base do braço, que são dadas por

$$T_x = -f_x - m_1\ell_{c1}\left(\dot{\phi}_1^2\cos(\phi_1) + \ddot{\phi}_1\text{sen}(\phi_1)\right)$$

$$T_y = f_y + m_1 g - m_1\ell_{c1}\left(\dot{\phi}_1^2\text{sen}(\phi_1) - \ddot{\phi}_1\cos(\phi_1)\right)$$

Neste ponto, devemos agora impor a equação de equilíbrio de momentos em relação ao centro de massa do braço, que é expressa na forma $J_{c1}\ddot{\phi}_1 = \tau_{c1}$, onde

$$\tau_{c1} = \det\begin{bmatrix} i & j & k \\ (\ell_1 - \ell_{c1})\cos(\phi_1) & (\ell_1 - \ell_{c1})\text{sen}(\phi_1) & 0 \\ f_x & -f_y & 0 \end{bmatrix} + \\ + \det\begin{bmatrix} i & j & k \\ -\ell_{c1}\cos(\phi_1) & -\ell_{c1}\text{sen}(\phi_1) & 0 \\ T_x & T_y & 0 \end{bmatrix} + \tau_1 k \tag{5.68}$$

A equação diferencial de segunda ordem, que rege o comportamento dinâmico do braço, é obtida com manipulações algébricas simples, mas algo trabalhosas, após os valores da respectivas forças indicadas em (5.68) terem sido substituídos pelos seus valores já calculados, obtendo-se

$$J_1\ddot{\phi}_1 + m_2\ell_1\ell_{c2}\left(\ddot{\phi}_2\cos(\phi_1 - \phi_2) + \dot{\phi}_2^2\text{sen}(\phi_1 - \phi_2)\right) + \\ +(m_2\ell_1 + m_1\ell_{c1})g\cos(\phi_1) = \tau_1 \tag{5.69}$$

onde $J_1 = J_{c1} + m_1\ell_{c1}^2 + m_2\ell_1^2$. De forma similar podemos verificar a partir de (5.69) que se o torque externo τ_2 for imposto de tal forma que $\phi_2(t) = \phi_{20}$ para todo $t \geq 0$, ou seja, permaneça constante em relação a S_F, o braço se comporta como um pêndulo invertido com a massa do antebraço inteiramente concentrada na sua extremidade, sendo o conjunto submetido ao torque externo conhecido τ_1. Ademais, se novamente considerarmos $\ell_{c2} = 0$, as equações que regem os comportamentos dinâmicos se desacoplam e os movimentos de cada uma das partes tornam-se independentes.

As equações (5.65) e (5.69) com condições iniciais de posição e de velocidade angulares para o braço e para o antebraço constituem o modelo dinâmico do sistema em estudo. No caso geral, cada uma delas é uma equação diferencial de segunda ordem não linear com coeficientes constantes que são acopladas. Assim sendo, esse sistema de equações diferenciais não lineares não admite solução em forma fechada, fazendo com que seu cálculo requeira o uso de métodos numéricos de integração. Sua forma mais simples e desacoplada é obtida para $\ell_{c1} = \ell_{c2} = 0$, isto é,

$$(J_{c1} + m_2\ell_1^2)\ddot{\phi}_1 + m_2\ell_1 g\cos(\phi_1) = \tau_1 \tag{5.70}$$

$$J_{c2}\ddot{\phi}_2 = \tau_2 \tag{5.71}$$

o que é conseguido fazendo-se coincidir os centros de massa do braço e do antebraço com os seus respectivos centros de rotação.

5.5.2 Juntas Robóticas Rotacionais com Atrito Viscoso

Em muitas situações práticas, por exemplo, a operação de robôs submersos em água ou em outro meio de grande viscosidade, torna-se importante incluir no modelo anterior os efeitos das forças de atrito viscoso. Com este propósito o leitor é convidado a consultar o modelo do pêndulo composto acelerado que foi introduzido no Capítulo 2, para que as diferenças e similitudes sejam adequadamente entendidas. Consideramos que, devido às formas geométricas do braço e do antebraço, os coeficientes de atrito viscoso sejam dados por B_1 e B_2, respectivamente, sendo ambos expressos por unidade de comprimento.

Começando nossa análise pelo antebraço, verificamos que em relação ao referencial inercial S_F, a posição de um ponto qualquer é definida por

$$r_2 = R_{\phi_1}\begin{bmatrix} \ell_1 \\ 0 \\ 0 \end{bmatrix} + R_{\phi_2}\begin{bmatrix} l \\ 0 \\ 0 \end{bmatrix} \tag{5.72}$$

onde R_{ϕ_1} e R_{ϕ_2} continuam sendo as mesmas matrizes de rotação e $0 \leq l \leq \ell_2$. Consequentemente, em relação ao mesmo referencial, como a velocidade deste ponto genérico $\dot{r}_2$ é dada por

$$\dot{r}_2 = R_{\phi_1}\mathcal{V}_{\phi_1}\begin{bmatrix} \ell_1 \\ 0 \\ 0 \end{bmatrix} + R_{\phi_2}\mathcal{V}_{\phi_2}\begin{bmatrix} l \\ 0 \\ 0 \end{bmatrix} \tag{5.73}$$

podemos calcular a resultante de todas as forças que agem no antebraço como sendo

$$\begin{aligned} F_2(t) &= \begin{bmatrix} -f_x \\ f_y - m_2 g \\ 0 \end{bmatrix} - \int_0^{\ell_2} B_2\dot{r}_2 dl \\ &= \begin{bmatrix} -f_x + B_2\ell_2\ell_1\dot{\phi}_1\text{sen}(\phi_1) + B_2(\ell_2^2/2)\dot{\phi}_2\text{sen}(\phi_2) \\ f_y - m_2 g - B_2\ell_2\ell_1\dot{\phi}_1\cos(\phi_1) - B_2(\ell_2^2/2)\dot{\phi}_2\cos(\phi_2) \\ 0 \end{bmatrix} \end{aligned} \tag{5.74}$$

É interessante observar que a força de atrito total não pode ser escrita na forma $-B_2\ell_2\dot{r}_{c2}$, a não ser no caso em que haja perfeita simetria em relação ao centro de massa, isto é, $\ell_{c2} = \ell_2/2$. As forças de reação f_x e f_y, entre o braço e o antebraço são determinadas, como feito na seção anterior, ao impormos a Segunda Lei de Newton $m_2\ddot{r}_{c2} = F_2(t)$, com $F_2(t)$ dada por (5.74).

Podemos agora escrever a equação correspondente ao equilíbrio de momentos em relação ao centro de massa do antebraço, $J_{c2}\ddot{\phi}_2 = \tau_{c2}$, onde

$$\tau_{c2} = \det \begin{bmatrix} i & j & k \\ -\ell_{c2}\cos(\phi_2) & -\ell_{c2}\mathrm{sen}(\phi_2) & 0 \\ -f_x & f_y & 0 \end{bmatrix} + \tau_{atr}k + \tau_2 k \tag{5.75}$$

que inclui o torque produzido pela força de atrito τ_{atr}. Esse torque é calculado notando-se que o elemento infinitesimal dl, situado em uma posição genérica $\ell_1\alpha_1 + l\alpha_2$ do antebraço (5.72), está animado com a velocidade fornecida em (5.73), a qual define a intensidade da força de atrito, ou seja,

$$\begin{aligned} \tau_{atr} &= \int_0^{\ell_2} (l - \ell_{c2})\alpha_2 \times -B_2\dot{r}_2 dl \\ &= -B_2\ell_1\ell_2(\ell_2/2 - \ell_{c2})\dot{\phi}_1\cos(\phi_1 - \phi_2) - B_2\ell_2^2(\ell_2/3 - \ell_{c2}/2)\dot{\phi}_2 \end{aligned} \tag{5.76}$$

que, substituída na equação de equilíbrio de momentos em relação ao centro de massa do antebraço, fornece a equação final que rege seu movimento em relação ao referencial inercial adotado como sendo

$$\begin{aligned} J_2\ddot{\phi}_2 + m_2\ell_1\ell_{c2}\left(\ddot{\phi}_1\cos(\phi_1 - \phi_2) - \dot{\phi}_1^2\mathrm{sen}(\phi_1 - \phi_2)\right) + \\ +B_2\ell_1(\ell_2^2/2)\dot{\phi}_1\cos(\phi_1 - \phi_2) + B_2(\ell_2^3/3)\dot{\phi}_2 + m_2\ell_{c2}g\cos(\phi_2) = \tau_2 \end{aligned} \tag{5.77}$$

Para o braço, podemos adotar um raciocínio análogo, tendo em vista que uma posição genérica dada por $r_1 = l\alpha_1$ com $0 \le l \le \ell_1$ está animada com velocidade dada por

$$r_1 = R_{\phi_1}\begin{bmatrix} l \\ 0 \\ 0 \end{bmatrix} \Longrightarrow \dot{r}_1 = R_{\phi_1}\mathcal{V}_{\phi_1}\begin{bmatrix} l \\ 0 \\ 0 \end{bmatrix} \tag{5.78}$$

permitindo que a resultante das forças que agem no braço, incluindo a de atrito, seja calculada sem maiores dificuldades, obtendo-se

$$\begin{aligned} F_1(t) &= \begin{bmatrix} T_x + f_x \\ T_y - f_y - m_1 g \\ 0 \end{bmatrix} - \int_0^{\ell_1} B_1\dot{r}_1 dl \\ &= \begin{bmatrix} T_x + f_x + B_1(\ell_1^2/2)\dot{\phi}_1\mathrm{sen}(\phi_1) \\ T_y - f_y - m_1 g - B_1(\ell_1^2/2)\dot{\phi}_1\cos(\phi_1) \\ 0 \end{bmatrix} \end{aligned} \tag{5.79}$$

a qual permite determinar as forças de reação no braço T_x e T_y a partir da Segunda Lei de Newton $m_1\ddot{r}_{c1} = F_1(t)$, tendo em vista que as forças f_x e f_y já são conhecidas. Em seguida, para impormos a condição de equilíbrio de momentos, em relação ao centro de massa do braço, é necessário determinar o torque produzido pela força de atrito. De forma inteiramente similar àquela já adotada, temos agora

$$\begin{aligned}\tau_{atr} &= \int_0^{\ell_1} (l - \ell_{c1})\alpha_1 \times -B_1\dot{r}_1 dl \\ &= -B_1\ell_1^2(\ell_1/3 - \ell_{c1}/2)\dot{\phi}_1 \end{aligned} \tag{5.80}$$

bem como o torque total em relação ao centro de massa, que inclui o torque produzido pela força de atrito, dado por

$$\begin{aligned}\tau_{c1} = \det &\begin{bmatrix} i & j & k \\ (\ell_1 - \ell_{c1})\cos(\phi_1) & (\ell_1 - \ell_{c1})\mathrm{sen}(\phi_1) & 0 \\ f_x & -f_y & 0 \end{bmatrix} + \\ + \det &\begin{bmatrix} i & j & k \\ -\ell_{c1}\cos(\phi_1) & -\ell_{c1}\mathrm{sen}(\phi_1) & 0 \\ T_x & T_y & 0 \end{bmatrix} + \tau_{atr}k + \tau_1 k \end{aligned} \tag{5.81}$$

Finalmente, impondo-se o equilíbrio de momentos, em relação ao centro de massa, $J_{c1}\ddot{\phi}_1 = \tau_{c1}$, obtemos a seguinte equação diferencial de segunda ordem não linear que rege o comportamento dinâmico do braço:

$$\begin{aligned} J_1\ddot{\phi}_1 + m_2\ell_1\ell_{c2}\left(\ddot{\phi}_2\cos(\phi_1 - \phi_2) + \dot{\phi}_2^2\mathrm{sen}(\phi_1 - \phi_2)\right) + \\ + B_2\ell_1(\ell_2^2/2)\dot{\phi}_2\cos(\phi_1 - \phi_2) + (B_1(\ell_1^3/3) + B_2\ell_1^2\ell_2)\dot{\phi}_1 + \\ + (m_2\ell_1 + m_1\ell_{c1})g\cos(\phi_1) = \tau_1 \end{aligned} \tag{5.82}$$

As equações diferenciais de segunda ordem acopladas (5.77) e (5.82) definem o modelo dinâmico do sistema em questão, quando o atrito viscoso é levado em conta. É interessante observar que, mesmo para $\ell_{c1} = \ell_{c2} = 0$, elas não se tornam mais desacopladas, dado que o acoplamento entre elas persiste devido ao atrito. De fato, as forças de atrito que agem no braço e no antebraço não dependem de como as suas massas são distribuídas e, portanto, da localização de cada centro de massa, mas sim do perfil geométrico e do material com que estas peças são construídas.

A Figura 5.12 mostra a simulação do movimento do manipulador considerando dois meios com diferentes viscosidades, por exemplo, ar e água. Para fins de ilustração, cada elo do manipulador foi caracterizado pelos parâmetros que

Parâmetros	Braço	Antebraço
J_c [kgm^2]	0,10	0,03
m [kg]	30	10
ℓ [m]	0,2	0,2
ℓ_c [m]	0,0	0,1
τ [Nm]	9,80	6,93

Tabela 5.3: Parâmetros do manipulador

constam da Tabela 5.3. Os torques τ_1 e τ_2 foram considerados constantes, de tal forma que os ângulos de equilíbrio do braço e do antebraço sejam, respectivamente, $\phi_{1eq} = -\pi/3$ [rad] e $\phi_{2eq} = -\pi/4$ [rad], sendo que nas simulações o manipulador partiu do repouso, com os dois elos distendidos verticalmente, ou seja, $\phi_1(0) = \phi_2(0) = -\pi/2$ [rad]. A parte superior da Figura 5.12 mostra os movimentos do braço e do antebraço imersos no ar, correspondendo a coeficientes de atrito viscoso $B_1 = B_2 = 80$ [Ns/m^2], enquanto que a parte inferior corresponde ao mesmo manipulador imerso em água com $B_1 = B_2 = 384$ [Ns/m^2]. Como era de se esperar, devido ao atrito viscoso estar sempre presente no mundo real, as oscilações tendem a ser amortecidas conforme a viscosidade do meio seja maior. Esse fato pode servir para que os momentos τ_1 e τ_2, tomados de forma dependente das velocidades angulares de cada elo, proporcionem um aumento artificial da viscosidade, impedindo oscilações indesejáveis.

5.5.3 Juntas Robóticas Subatuadas

A Figura 5.13 mostra um sistema de juntas robóticas com dois graus de liberdade, rotacional-prismática e subatuada. Uma das juntas tem movimento rotacional e não existe nenhum atuador agindo diretamente sobre ela, de tal forma que o seu deslocamento angular ϕ seja influenciado apenas indiretamente pela presença de um atuador fixado em sua extremidade e que aplica uma força $f(t)\beta$ na junta prismática, provocando o movimento retilíneo $d(t)\beta$. Como indicado na figura, o movimento retilíneo do elo prismático está restrito a ser ortogonal ao do elo rotacional. Esse vínculo estático introduz uma dificuldade na modelagem do sistema, que permite ilustrar um procedimento diferente daquele utilizado nas seções anteriores. O procedimento a ser utilizado aplica a Segunda Lei de Newton para o elo prismático e o equilíbrio de momentos em relação centro de rotação (CR) para todo o sistema, que é composto pelos elos rotacional e prismático.

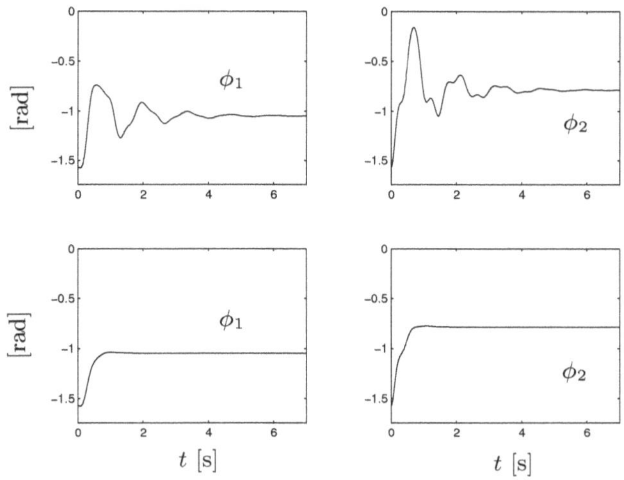

Figura 5.12: Simulação do manipulador planar

Na mesma figura, também são indicados o referencial inercial S_F definido pelos versores (i, j, k) e o referencial cilíndrico S_C, fixado no elo rotacional, definido pelos versores (α, β, k).

O elo rotacional mais o contrapeso (CP) formam um conjunto com massa total M, cujo centro de massa situa-se a uma distância ℓ_c do centro de rotação. É claro que o valor de ℓ_c, que inclusive pode ser negativo, é fortemente influenciado pela posição e pela massa do contrapeso. O elo prismático tem massa m e seu centro de massa situa-se a uma distância d do elo rotacional. Denotando por J_R o momento de inércia do elo prismático mais contrapeso, em relação ao centro de massa do conjunto, e por J_p o momento do inércia do elo prismático, em relação ao seu centro de massa, o momento angular total em relação ao centro de rotação (CR) é dado por

$$H = (J_R + J_p)\dot{\phi} + r_{CM} \times M\dot{r}_{CM} + r_{cm} \times m\dot{r}_{cm} \tag{5.83}$$

onde r_{CM} e r_{cm} são os vetores que definem as posições dos respectivos centros de massa, em relação ao referencial inercial S_F, os quais, escritos na base de S_C, fornecem a velocidade do centro de massa do elo rotacional

$$r_{CM} = \begin{bmatrix} \ell_c \\ 0 \\ 0 \end{bmatrix} \Longrightarrow \dot{r}_{CM} = \mathcal{V}_\phi \begin{bmatrix} \ell_c \\ 0 \\ 0 \end{bmatrix} = \begin{bmatrix} 0 \\ \dot{\phi}\ell_c \\ 0 \end{bmatrix} \tag{5.84}$$

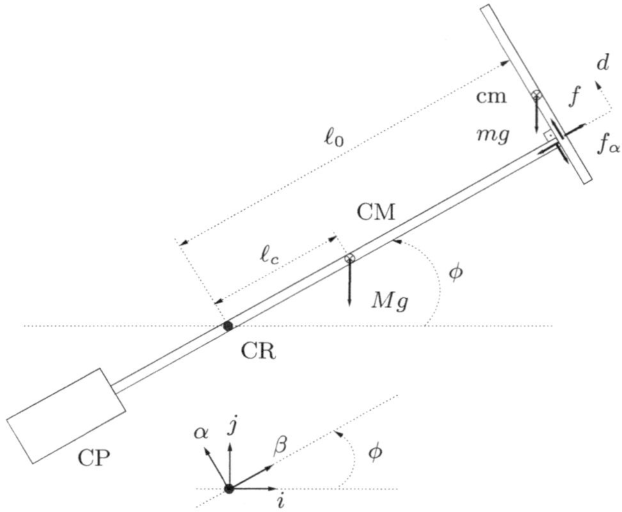

Figura 5.13: Junta robótica subatuada

bem como a velocidade do centro de massa do elo prismático, cujo cálculo deve levar em conta que a distância d varia no decorrer do tempo

$$r_{cm} = \begin{bmatrix} \ell_0 \\ d \\ 0 \end{bmatrix} \Longrightarrow \dot{r}_{cm} = \mathcal{V}_\phi \begin{bmatrix} \ell_0 \\ d \\ 0 \end{bmatrix} + \begin{bmatrix} 0 \\ \dot{d} \\ 0 \end{bmatrix} = \begin{bmatrix} -\dot{\phi} d \\ \dot{\phi}\ell_0 + \dot{d} \\ 0 \end{bmatrix} \tag{5.85}$$

Desta forma, estamos em condições de calcular o momento angular total como indicado em (5.83), tendo em vista que as posições e velocidades dos centros de massas são agora disponíveis. Realizando os produtos vetoriais, obtemos

$$H = J(d)\dot{\phi} + m\ell_0\dot{d} \tag{5.86}$$

onde $J(d)$ representa o momento de inércia total do sistema

$$J(d) = J_R + J_p + M\ell_c^2 + m(\ell_0^2 + d^2) \tag{5.87}$$

que varia conforme a posição relativa do centro de massa do elo prismático em relação à extremidade do elo rotacional. Por outro lado, está bastante claro na Figura 5.13 que as forças externas que produzem torques no centro de rotação do conjunto são os pesos dos dois elos, pois as forças de ação e reação entre eles produzem torques nulos. Temos então

$$\begin{aligned}
\tau &= \det \begin{bmatrix} \alpha & \beta & k \\ \ell_c & 0 & 0 \\ -M g\text{sen}(\phi) & -M g\cos(\phi) & 0 \end{bmatrix} + \\
&+ \det \begin{bmatrix} \alpha & \beta & k \\ \ell_0 & d & 0 \\ -m g\text{sen}(\phi) & -m g\cos(\phi) & 0 \end{bmatrix} \\
&= -(M\ell_c + m\ell_0) g\cos(\phi) k + m g d\,\text{sen}(\phi) k
\end{aligned} \tag{5.88}$$

Consequentemente, a primeira equação que rege o comportamento dinâmico do sistema é obtida impondo-se $\dot{H} = \tau$, que expressa o equilíbrio de momentos em relação ao centro de rotação, isto é,

$$J(d)\ddot{\phi} + m\ell_0 \ddot{d} + 2md\dot{d}\dot{\phi} - mdg\text{sen}(\phi) + (M\ell_c + m\ell_0)g\cos(\phi) = 0 \tag{5.89}$$

A equação que descreve o movimento do elo prismático é obtida aplicando-se diretamente a Segunda Lei de Newton no seu centro de massa. O vínculo de ortogonalidade entre este elo e o rotacional, impõe que o seu movimento se dará sempre e somente na direção do versor β. A resultante das forças que atuam no elo prismático, em coordenadas cilíndricas, é determinada conforme está ilustrado na Figura 5.13, que fornece

$$F_p(t) = \begin{bmatrix} f_\alpha - mg\text{sen}(\phi) \\ f - mg\cos(\phi) \\ 0 \end{bmatrix} \tag{5.90}$$

Como a localização do centro de massa do elo prismático no sistema de referência S_C é r_{cm} dado em (5.85), a sua aceleração no sistema de coordenadas cilíndrico é

$$\begin{aligned}
\ddot{r}_{cm} &= \mathcal{A}_\phi \begin{bmatrix} \ell_0 \\ d \\ 0 \end{bmatrix} + 2\mathcal{V}_\phi \begin{bmatrix} 0 \\ \dot{d} \\ 0 \end{bmatrix} + \begin{bmatrix} 0 \\ \ddot{d} \\ 0 \end{bmatrix} \\
&= \begin{bmatrix} -\dot{\phi}^2 \ell_0 - \ddot{\phi} d - 2\dot{\phi}\dot{d} \\ \ddot{\phi}\ell_0 - \dot{\phi}^2 d + \ddot{d} \\ 0 \end{bmatrix}
\end{aligned} \tag{5.91}$$

o que permite aplicar a Segunda Lei de Newton, $m\ddot{r}_{cm} = F_p(t)$, para que sejam determinadas a força de reação no elo prismático f_α, bem como a equação que rege seu movimento, dada por

$$m\ddot{d} + m\ell_0\ddot{\phi} - m\dot{\phi}^2 d + mg\cos(\phi) = f \tag{5.92}$$

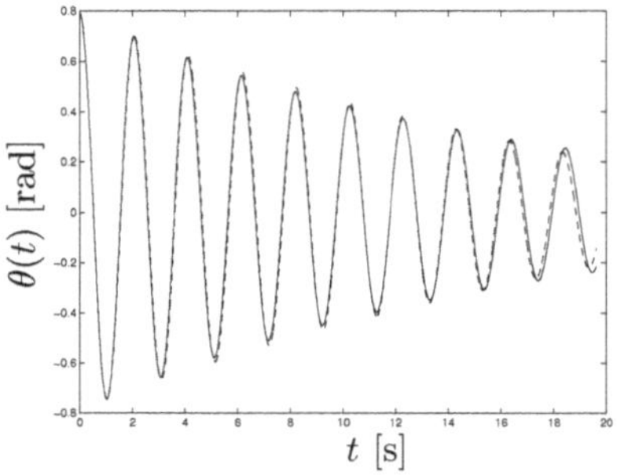

Figura 5.14: Deslocamento do elo rotacional

Finalmente, é preciso considerar no modelo que acabamos de obter o impacto das forças de atrito viscoso que certamente então presentes. Para o elo rotacional ela produz no centro de rotação (CR) um torque proporcional à sua velocidade angular, ou seja, $-B\dot{\phi}k$. Para o elo prismático, sua componente na direção do versor β é proporcional à componente da velocidade nesta mesma direção, ou seja, $-b(\dot{\phi}\ell_0 + \dot{d})$. Os dois coeficientes de proporcionalidade B e b com unidades coerentes podem ser determinados através de ensaios práticos, como será feito em seguida. Introduzindo o efeito do atrito viscoso, a equação que define o movimento do elo rotacional (5.89) torna-se

$$J(d)\ddot{\phi} + m\ell_0\ddot{d} + B\dot{\phi} + 2md\dot{d}\dot{\phi} - mdg\text{sen}(\phi) + (M\ell_c + m\ell_0)g\cos(\phi) = 0 \quad (5.93)$$

enquanto que a equação (5.92), que define o movimento do elo prismático, modifica-se para

$$m\ddot{d} + m\ell_0\ddot{\phi} + b(\dot{d} + \ell_0\dot{\phi}) - m\dot{\phi}^2 d + mg\cos(\phi) = f \quad (5.94)$$

É interessante observar que cada uma das equações que definem o comportamento dinâmico de cada elo permanece válida se o movimento do outro elo for travado. Esse aspecto é importante para que os ensaios práticos que permitem identificar seus vários parâmetros sejam adequadamente definidos. Para tanto, foi usada uma junta robótica subatuada com $M = 1{,}78$ [kg], $m = 0{,}10$ [kg], $\ell_c = -0{,}0469$ [m] e $\ell_0 = 0{,}33$ [m].

Com o elo prismático travado em $d(t) = d_0 = 0$ para todo $t \geq 0$, a equação diferencial que descreve o movimento do elo rotacional (5.93) se reduz a

$$J_0\ddot{\phi} + B\dot{\phi} + (M\ell_c + m\ell_0)g\cos(\phi) = 0 \quad (5.95)$$

onde $J_0 = J(0)$. Com o contrapeso posicionado suficientemente baixo, de tal forma que o centro de massa se localize abaixo do centro de rotação, o ângulo

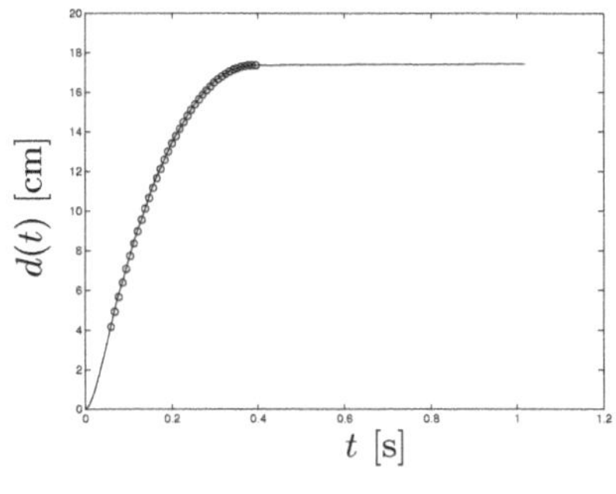

Figura 5.15: Deslocamento do elo prismático

$\phi_0 = \pi/2$ [rad] corresponde a uma posição estável para o elo rotacional. Definindo $\theta = \phi - \pi/2$ e pequenos deslocamentos em torno desta posição, a equação (5.95) pode ser linearizada, obtendo-se

$$J_0\ddot{\theta} + B\dot{\theta} - (M\ell_c + m\ell_0)g\theta = 0 \tag{5.96}$$

No primeiro ensaio prático o deslocamento angular $\theta(t)$, sujeito às condições iniciais $\theta(0) = 0{,}7921$ [rad] e $\dot{\theta}(0) = 0$, foi medido para $t = kT$ com $k = 0, \cdots, 4.437$ e $T = 4{,}42$ [ms]. Adotando o mesmo procedimento já empregado na identificação do sistema massa-mola, obtemos

$$\begin{bmatrix} B/J_0 \\ (M\ell_c + m\ell_0)g/J_0 \end{bmatrix} = \begin{bmatrix} 0{,}1228 \\ -9{,}4092 \end{bmatrix} \tag{5.97}$$

que permite calcular com os parâmetros conhecidos, $J_0 = 0{,}0518$ [kgm^2] e $B = 0{,}0064$ [Nms]. A Figura 5.14 mostra as medidas e a simulação do modelo com os parâmetros identificados. A concordância entre eles valida o modelo obtido.

Com o elo rotacional travado em $\phi_0 = \pi/2$ [rad] para todo $t \geq 0$, a dinâmica do elo prismático definida pela equação (5.94) se reduz a

$$m\ddot{d} + b\dot{d} = f \tag{5.98}$$

onde f é a força externa aplicada no elo prismático. Esse modelo, entretanto, não fornece resultados precisos, pois não inclui a força de atrito de Coulomb. Como o elo prismático permanece na horizontal, o modelo completo se escreve na forma

$$m\ddot{d} + b\dot{d} = f - \mu m g \frac{\dot{d}}{|\dot{d}|} \tag{5.99}$$

No segundo ensaio prático, medimos o deslocamento $d(t)$ para todo $t = kT$, com $k = 0, \cdots, 1.153$ e $T = 0{,}884$ [ms], considerando condições iniciais nulas e $f(t)$ como sendo um pulso retangular de grande amplitude e pequena duração, a fim de aproximar um impulso. O deslocamento medido está representado em linha contínua na Figura 5.15.

Para tornar viável a identificação dos parâmetros do elo prismático, sujeito à força de atrito de Coulomb, consideramos apenas os valores medidos de $d(t)$ para todo $t = kT$ com $k = 67, \cdots, 450$ e, no lugar de (5.99), a equação diferencial linear

$$m\ddot{d}(\xi) + b\dot{d}(\xi) + \mu m g = 0 \quad , \; d(0) = d_0 \; , \; \dot{d}(0) = v_0 \tag{5.100}$$

onde $\xi = t - t_0$ com $t_0 = 67T$, pois para todo t correspondente a $67 \leq k \leq 450$ a força $f(t)$ é nula e $\dot{d}(t) > 0$. Note que apenas o valor da condição inicial de posição $d_0 = d(t_0) = 0{,}0417$ [m] é conhecido, fazendo com que v_0 participe do processo de identificação.

Aplicando a transformada de Laplace em (5.100), temos

$$\hat{d}(s) = \frac{s^2 + (b/m + v_0/d_0)s + \mu g/d_0}{s^2 + (b/m)s} \left(\frac{d_0}{s}\right) \tag{5.101}$$

cujos parâmetros independentes $a_1 = b/m$, $e_1 = b/m + v_0/d_0$ e $e_0 = \mu g/d_0$ podem ser identificados com o método dos mínimos quadrados, considerando condições iniciais nulas e como entrada a função degrau de amplitude d_0. Obtemos então

$$\begin{bmatrix} b/m \\ b/m + v_0/d_0 \\ \mu g/d_0 \end{bmatrix} = \begin{bmatrix} 1{,}7025 \\ 22{,}8466 \\ 47{,}5954 \end{bmatrix} \tag{5.102}$$

com os quais determinamos $b = 0{,}17$ [Ns/m], $v_0 = 0{,}88$ [m/s] e $\mu = 0{,}20$. A Figura 5.15 mostra em "o" o resultado da simulação do modelo com os parâmetros que acabamos de identificar. Mais uma vez, o resultado é bastante preciso, indicando inclusive a importância de se levar em conta no modelo a força de atrito de Coulomb, cuja intensidade, no presente caso, é aproximadamente 20% do peso do elo prismático.

5.6 Linha de Transmissão

Os mais variados tipos de linhas de transmissão estão presentes no nosso cotidiano. Por exemplo, o transporte de energia elétrica entre a usina produtora e os centros consumidores é feito através de linhas de alta-tensão. Da mesma

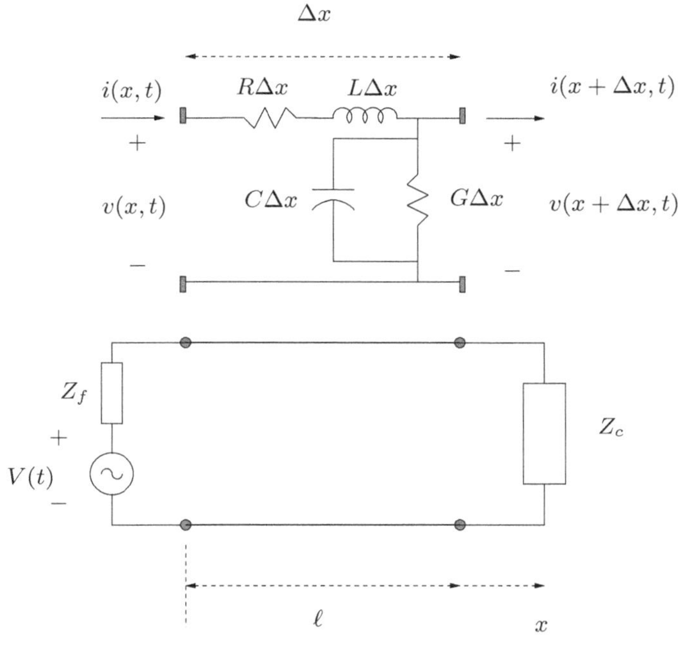

Figura 5.16: Linha de transmissão

forma, diversos aparelhos de comunicação se interligam através de redes de linhas de transmissão, que suportam e transmitem os sinais elétricos que contêm informação. Devido à sua importância, esta seção é inteiramente devotada ao estudo desse dispositivo elétrico, incluindo a validação dos modelos obtidos, através de ensaios práticos de diversos aspectos teóricos.

A parte superior da Figura 5.16 mostra uma seção de comprimento Δx de uma linha de transmissão genérica a qual, para Δx suficientemente pequeno, pode ser modelada como sendo um circuito elétrico com a estrutura indicada, onde R, L, C e G denotam, respectivamente, a resistência, indutância, capacitância e condutância por unidade de comprimento. A parte inferior da mesma figura mostra uma montagem bastante utilizada, na qual uma linha de transmissão de comprimento ℓ tem uma fonte de tensão, com impedância interna Z_f, conectada na sua extremidade $x = 0$ e tem uma carga, caracterizada pela impedância Z_c, conectada na outra extremidade $x = \ell$.

Aplicando a lei das tensões no circuito da parte superior da Figura 5.16, obtemos sem dificuldades a equação

$$v(x,t) - v(x+\Delta x,t) = (R\Delta x)i(x,t) + (L\Delta x)\frac{\partial}{\partial t}i(x,t) \tag{5.103}$$

e, em seguida, aplicando a lei das correntes, temos

$$i(x,t) - i(x+\Delta x,t) = (G\Delta x)v(x+\Delta x,t) + (C\Delta x)\frac{\partial}{\partial t}v(x+\Delta x,t) \tag{5.104}$$

as quais, após serem divididas por Δx e passando os resultados ao limite para $\Delta x \to 0$, fornecem, respectivamente,

$$-\frac{\partial}{\partial x}v(x,t) = Ri(x,t) + L\frac{\partial}{\partial t}i(x,t) \tag{5.105}$$

$$-\frac{\partial}{\partial x}i(x,t) = Gv(x,t) + C\frac{\partial}{\partial t}v(x,t) \tag{5.106}$$

Essas são as equações, a derivadas parciais, que constituem o modelo matemático da linha de transmissão. São duas equações de primeira ordem, acopladas, que ao serem resolvidas fornecem os valores de corrente $i(x,t)$ e de tensão $v(x,t)$, em qualquer ponto $0 \leq x \leq \ell$ da linha para t em todo intervalo de tempo considerado. Muito embora as equações (5.105) e (5.106) possam ser convertidas em duas equações de segunda ordem, desacopladas, uma na variável $i(x,t)$ e outra na variável $v(x,t)$, não adotaremos este procedimento, tendo em vista que as variáveis $i(x,t)$ e $v(x,t)$ podem se acoplar através das diversas condições iniciais e de contorno que se possam considerar. De fato, para que as equações (5.105) e (5.106) possam ser resolvidas é preciso explicitar $i(x,0)$ e $v(x,0)$ para todo $0 \leq x \leq \ell$, que indicam as correntes e tensões em cada ponto da linha no instante inicial, bem como a relação entre $i(0,t)$ e $v(0,t)$ para todo $t \geq 0$ imposta pela fonte de tensão e a relação entre $i(\ell,t)$ e $v(\ell,t)$ para todo $t \geq 0$ imposta pela carga. Por exemplo, se as impedâncias da fonte e da carga forem meras resistências $Z_f = R_f$ e $Z_c = R_c$, temos

$$V(t) = R_f i(0,t) + v(0,t)\ , \quad v(\ell,t) = R_c i(\ell,t)\ , \ \forall t \geq 0 \tag{5.107}$$

Para resolvermos as equações da linha, vamos considerar o caso mais típico de condições iniciais nulas, isto é, em $t = 0$ temos $i(x,0) = 0$ e $v(x,0) = 0$ para todo $0 \leq x \leq \ell$. Aplicando a transformada de Laplace apenas em relação a $t \geq 0$, obtemos

$$\frac{d}{dx}\begin{bmatrix} \hat{v}(x,s) \\ \hat{i}(x,s) \end{bmatrix} = \begin{bmatrix} 0 & -(R+Ls) \\ -(G+Cs) & 0 \end{bmatrix}\begin{bmatrix} \hat{v}(x,s) \\ \hat{i}(x,s) \end{bmatrix} \tag{5.108}$$

onde devemos enfatizar que a derivada, em relação a $x \in \mathbb{R}$, torna-se ordinária e não parcial, tendo em vista que $s \in \mathbb{C}$ introduzido pela transformada de Laplace deve ser entendido como sendo um parâmetro fixo em relação à derivada espacial. É também interessante observar que (5.108) já se encontra na forma de representação de estado e, portanto, pode ser imediatamente resolvida. De fato, definindo a matriz

$$M = \begin{bmatrix} 0 & -(R+Ls) \\ -(G+Cs) & 0 \end{bmatrix} \tag{5.109}$$

podemos determinar imediatamente a solução geral de (5.108) a partir do cálculo da matriz exponencial de Mx. Sendo Mx uma matriz de dimensão dois por dois, a determinação da exponencial requerida não traz maiores dificuldades e é deixada como um dos exercícios deste capítulo. Todos os cálculos feitos, obtemos

$$\begin{bmatrix} \hat{v}(x,s) \\ \hat{i}(x,s) \end{bmatrix} = \begin{bmatrix} \cosh(\gamma x) & -Z_0 \text{senh}(\gamma x) \\ -Z_0^{-1}\text{senh}(\gamma x) & \cosh(\gamma x) \end{bmatrix} \begin{bmatrix} \hat{v}(0,s) \\ \hat{i}(0,s) \end{bmatrix} \tag{5.110}$$

onde as constantes indicadas

$$\gamma = \sqrt{(R+Ls)(G+Cs)} \ , \quad Z_0 = \sqrt{\frac{R+Ls}{G+Cs}} \tag{5.111}$$

são denominadas respectivamente *constante de propagação* e *impedância característica* da linha de transmissão. Deve ser ressaltado que γ e Z_0 não são constantes, mas sim funções de $s \in \mathbb{C}$ que permitem definir completamente uma linha específica. Ademais, elas são fundamentais para que as transformadas inversas de Laplace, que fornecem $v(x,t)$ e $i(x,t)$, sejam corretamente calculadas. Neste ponto, ocorre uma importante questão que diz respeito a se determinar sob quais condições as funções γ e Z_0 podem ser simplificadas. A primeira condição, mais básica, caracteriza a chamada linha *ideal sem perdas* por não possuir nenhuma resistência ($R = 0$) e nenhuma condutância ($G = 0$), o que leva a

$$\gamma = \sqrt{LC}s \ , \quad Z_0 = \sqrt{\frac{L}{C}} \tag{5.112}$$

A segunda condição caracteriza a chamada linha *ideal sem distorção*, quando os seus parâmetros obedecem a relação de igualdade $RC = LG \neq 0$, implicando em se ter

$$\gamma = \sqrt{LC}s + \sqrt{RG} \ , \quad Z_0 = \sqrt{\frac{L}{C}} = \sqrt{\frac{R}{G}} \tag{5.113}$$

Essas duas condições caracterizam situações idealizadas importantes pois permitem, como veremos em seguida, que a equação geral da linha seja resolvida com

Parâmetros	Valor
R [mΩ/m]	58,5
L [μH/m]	0,258
G^{-1} [MΩm]	102,5
C [pF/m]	95,3
ℓ [m]	205,0

Tabela 5.4: Parâmetros da linha de transmissão

bastante simplicidade. Ademais, a única diferença entre elas reside no termo independente, presente na constante de propagação, que é responsável pela atenuação do sinal de entrada sem que ocorra distorção na sua forma.

No caso geral, mais comum na prática, em que as duas condições precedentes não são verificadas, é importante obter aproximações racionais para γ e Z_0. As aproximações mais simples possíveis, de primeira ordem, são obtidas a partir de (5.111), fazendo com que a da constante de propagação apresente as mesmas assíntotas de baixa e de alta frequência dadas respectivamente por $|\gamma| = \sqrt{RG}$ e $|\gamma| = \sqrt{LC}\omega$, que se interceptam em $\omega = \omega_c = \sqrt{(RG)/(LC)}$. Da mesma forma, a aproximação para a impedância característica deve ter as mesmas assíntotas de baixa e de alta frequência $|Z_0| = \sqrt{R/G}$ e $|Z_0| = \sqrt{L/C}$, respectivamente, e ainda fornecer o valor exato $|Z_0(j\omega_c)|^2 = \sqrt{(RL)/(GC)}$. Assim procedendo, as aproximações racionais procuradas são dadas por

$$\gamma \approx \sqrt{LC}s + \sqrt{RG}\ , \quad Z_0 \approx \sqrt{\frac{R}{G}} \left(\frac{1 + s\left(\frac{L}{R}\right)\left(\frac{RC}{LG}\right)^{1/4}}{1 + s\left(\frac{C}{G}\right)\left(\frac{LG}{RC}\right)^{1/4}} \right)$$

Fica aparente que essa aproximação racional, para a constante de propagação, é exatamente aquela da linha sem distorção. Ademais, muito embora a aproximação racional para a impedância característica seja bastante diversa daquela da linha sem distorção, no caso de ocorrer a igualdade $RC = LG$, ambas reduzem-se a (5.113).

Para ilustrar o que acabamos de afirmar, consideramos uma linha de transmissão real com os seus parâmetros dados na Tabela 5.4. Como pode ser verificado, por não se tratar de uma linha ideal, ela não satisfaz a condição $RC = LG$. A Figura 5.17 mostra, em função de ω, os módulos e as fases de $\gamma(j\omega)$ e de $Z_0(j\omega)$, respectivamente, sendo que os gráficos de módulo estão expressos em escala logarítmica e os de fase em escala linear. As linhas cheias correspondem às funções exatas expressas em (5.111), as linhas tracejadas correspondem às aproximações racionais de primeira ordem propostas. É importante salientar a existência de

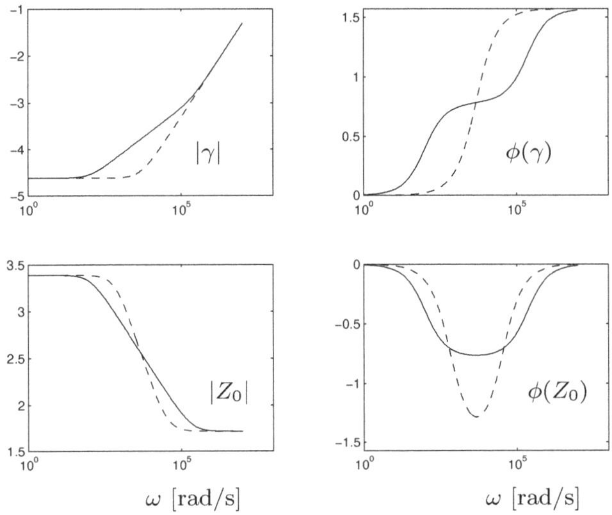

Figura 5.17: Aproximações para $\gamma(j\omega)$ e $Z_0(j\omega)$

erros significativos, sobretudo para as fases da constante de propagação e da impedância característica, na faixa de frequências intermediárias, isto é, em torno de $\omega = \omega_c$, fazendo com que as aproximações racionais sugeridas não possam ser adotadas, nos casos em que uma maior precisão dos resultados seja requerida.

Exemplo 5.3 (Aproximação racional para γ) Geralmente, em uma linha de transmissão, a constante de propagação tem um papel fundamental no sentido de definir o comportamento dinâmico de uma linha se esta não puder ser considerada ideal. Geralmente, as aproximações racionais para γ não oferecem resultados bastante precisos, a não ser que a linha seja sem perdas ou sem distorção. Para podermos propor uma aproximação racional mais adequada, devemos notar que a maneira de obtê-la consiste em exprimir γ^2 na forma de um quadrado perfeito. Para $|s| \ll \omega_c$ negligenciamos o termo em s^2 para obtermos

$$\gamma \approx \sqrt{RG} + \frac{LG + RC}{2\sqrt{RG}} s$$

enquanto que para $|s| \gg \omega_c$, ao negligenciarmos o termo independente, determinamos

$$\gamma \approx \frac{LG + RC}{2\sqrt{LC}} + \sqrt{LC} s$$

que indicam que as ondas de baixa e alta frequência são atenuadas de forma diferente e percorrem a linha com velocidades diversas. Verificamos então, de maneira clara, que esse comportamento não foi contemplado na aproximação de primeira ordem introduzida anteriormente. Propomos então a seguinte aproximação:

$$\gamma \approx as + b + \frac{c}{s+d}$$

que se comporta como $\gamma \approx b + as$ para $|s|$ suficientemente grande e como $\gamma \approx (b + cd^{-1}) + (a - cd^{-2})s$ quando $|s|$ é muito pequeno. Igualando estas com as duas primeiras aproximações, obtemos sem dificuldades

$$a = \sqrt{LC} \ , \ b = \frac{LG+RC}{2\sqrt{LC}} \ , \ c = \left(\sqrt{RG} - \frac{LG+RC}{2\sqrt{LC}}\right)\sqrt{\frac{RG}{LC}} \ , \ d = \sqrt{\frac{RG}{LC}}$$

que definem a função escolhida, fornecendo então a aproximação para a constante de propagação como sendo

$$\gamma \approx \sqrt{LC}s + \frac{(\sqrt{LG}+\sqrt{RC})^2}{4\sqrt{LC}} + \frac{(\sqrt{LG}-\sqrt{RC})^2}{4\sqrt{LC}}\left(\frac{\sqrt{\frac{LC}{RG}}s-1}{\sqrt{\frac{LC}{RG}}s+1}\right)$$

Trata-se de uma aproximação racional que apresenta algumas propriedades bastante interessantes. Em primeiro lugar, como o leitor pode verificar, ela se reduz à constante de propagação exata no caso de uma linha sem distorção, para a qual vale a igualdade $RC = LG$. Em segundo lugar, a fração racional tem módulo unitário para todo $s = j\omega$, $\omega \in \mathbb{R}$ com um ganho que depende da distorção imposta pela linha, em termos da diferença existente entre $\sqrt{LG}$ e $\sqrt{RC}$. Em linhas reais este ganho é geralmente pequeno, o que viabiliza a resolução da equação geral da linha de forma simples e eficiente. □

A solução geral da linha (5.110) é de fundamental importância, pois permite que as transformadas de Laplace da tensão e da corrente em qualquer ponto $0 \le x \le \ell$ possam ser calculadas, desde que sejam conhecidas a tensão e a corrente em $x = 0$, que, por sua vez, dependem da fonte de alimentação e da carga. De fato, considerando o circuito da Figura 5.16, em termos da transformada de Laplace, temos

$$\hat{V}(s) = Z_f\hat{i}(0,s) + \hat{v}(0,s) \ , \ \ \hat{v}(\ell,s) = Z_c\hat{i}(\ell,s) \tag{5.114}$$

Calculando (5.110) para $x = \ell$ e substituindo o resultado na segunda condição em (5.114) obtemos, com a primeira, um sistema com duas equações e duas incógnitas que permite determinar imediatamente as condições iniciais

$$\hat{v}(0,s) = \frac{Z_c\cosh(\gamma\ell) + Z_0\text{senh}(\gamma\ell)}{(Z_f+Z_c)\cosh(\gamma\ell) + (Z_0 + Z_fZ_cZ_0^{-1})\text{senh}(\gamma\ell)}\hat{V}(s) \tag{5.115}$$

$$\hat{i}(0,s) = \frac{\cosh(\gamma\ell) + Z_cZ_0^{-1}\text{senh}(\gamma\ell)}{(Z_f+Z_c)\cosh(\gamma\ell) + (Z_0 + Z_fZ_cZ_0^{-1})\text{senh}(\gamma\ell)}\hat{V}(s) \tag{5.116}$$

as quais, levadas novamente em (5.110), fornecem a transformada da tensão e da corrente em qualquer ponto da linha em estudo. Em particular, para $x = \ell$, podemos calcular as transformadas da tensão e a corrente na carga como sendo

$$\hat{v}(\ell, s) = \frac{Z_c}{(Z_f + Z_c)\cosh(\gamma\ell) + (Z_0 + Z_f Z_c Z_0^{-1})\text{senh}(\gamma\ell)} \hat{V}(s) \tag{5.117}$$

$$\hat{i}(\ell, s) = \frac{1}{(Z_f + Z_c)\cosh(\gamma\ell) + (Z_0 + Z_f Z_c Z_0^{-1})\text{senh}(\gamma\ell)} \hat{V}(s) \tag{5.118}$$

É imperativo reconhecer que estas funções transformadas são bastante complicadas, tornando bastante difícil obter, exatamente, as suas respectivas inversas sem que sejam adotadas algumas aproximações. Entretanto, de todas elas, podemos extrair a respectiva função de transferência entre $\hat{V}(s)$ e a variável de interesse, fazendo com que, para $s = j\omega$ com $\omega \in \mathbb{R}$, suas respostas em frequência sejam calculadas sem grandes dificuldades, viabilizando a determinação numérica, para cada entrada dada, da respectiva solução temporal, com auxílio da série de Fourier.

Considere a linha de transmissão cujos parâmetros estão expressos na Tabela 5.4, alimentada por uma fonte de tensão com impedância interna puramente resistiva $Z_f = R_f$ e com a extremidade da carga mantida em aberto, ou seja, com Z_c arbitrariamente grande. A transformada da tensão em $x = 0$, dada na forma $\hat{v}(0, s) = H_0(s)\hat{V}(s)$, é obtida dividindo-se o numerador e o denominador do lado direito de (5.115) por Z_c e passando o resultado ao limite para $Z_c \to +\infty$, como

$$H_0(s) = \frac{\cosh(\gamma\ell)}{\cosh(\gamma\ell) + R_f Z_0^{-1}\text{senh}(\gamma\ell)} \tag{5.119}$$

Se a linha for alimentada por um sinal composto de baixas frequências, isto é, $\omega \ll \omega_c \approx 4{,}8 \times 10^3$ [rad/s], podemos adotar a seguinte aproximação válida para $\gamma\ell$ muito pequeno:

$$\begin{aligned} H_0(s) &\approx \frac{1}{1 + R_f Z_0^{-1}\gamma\ell} \\ &= \frac{1}{(R_f C\ell)s + (1 + R_f G\ell)} \end{aligned} \tag{5.120}$$

indicando que a linha se comporta como um mero circuito de primeira ordem. Para fazermos uma breve verificação desse resultado, alimentamos a linha com uma onda de tensão quadrada com período $T = 44{,}6$ [ms], tensão máxima $V_f = 7{,}28$ [V] e tensão mínima zero gerada por uma fonte de tensão com resistência interna muito pequena e uma resistência adicional, associada em série, perfazendo

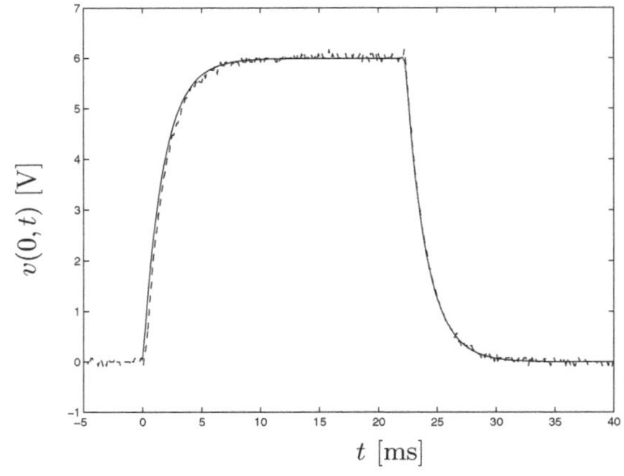

Figura 5.18: Linha de transmissão operando em baixa frequência

$R_f = 107{,}6$ [kΩ], que foi decomposta em série de Fourier truncada, de tal forma que

$$V(t) = \sum_{k=-100}^{100} \alpha_k e^{j\omega_k t} \Longrightarrow v(0,t) = \sum_{k=-100}^{100} H_0(j\omega_k)\alpha_k e^{j\omega_k t} \qquad (5.121)$$

onde $H_0(j\omega_k)$ foi calculada a partir de (5.119) sem introduzir nenhum tipo de aproximação, sendo, portanto, o valor em $s = j\omega_k$, de uma função de transferência irracional, cuja transformada inversa é geralmente bastante difícil de ser obtida de forma explícita. A Figura 5.18 mostra em linha tracejada os valores da tensão no início da linha em função do tempo, medida em um ensaio prático. Na mesma figura, o gráfico em linha contínua foi obtido tanto através da decomposição em série de Fourier (5.121) com $H_0(s)$ exata dada por (5.119) como com a aproximação proposta (5.120). Nota-se uma perfeita concordância entre os valores de tensão medidos e os fornecidos pelo modelo exato e pelo aproximado.

Uma outra experiência bastante interessante consiste em alimentarmos a mesma linha com seu terminal de carga em aberto, porém com um gerador de pulsos com resistência interna $R_f = 54{,}3$ [Ω]. Os pulsos de amplitude $V_f = 7{,}28$ [V] ocupam 5% do período $T = 10{,}25$ [μs]. Nesta condição extrema, é claro que a aproximação anterior não mais se justifica e, ao contrário, podemos tentar adotar inicialmente a aproximação de uma linha ideal sem perdas (5.112) que, em conjunto com (5.119), fornece a função de transferência para a tensão no início da linha reescrita na forma

$$H_0(s) = \frac{1-\rho}{2}\frac{1+e^{-\tau s}}{1-\rho e^{-\tau s}} \tag{5.122}$$

onde

$$\tau = 2\ell\sqrt{LC}\ , \quad \rho = \frac{R_f - Z_0}{R_f + Z_0}$$

são duas constantes que admitem interpretações interessantes. Sendo $c = 1/\sqrt{LC}$ a velocidade de propagação na linha, a constante τ indica o tempo que uma onda leva para percorrer o dobro do comprimento da linha (ida e volta), que no presente caso é igual a $\tau = 2{,}03$ [μs]. A constante ρ que satisfaz $|\rho| \leq 1$ é responsável pela existência ou não de reflexões, que não existem quando $\rho = 0$, o que é conseguido desde que $R_f = Z_0 = 52{,}03$ [Ω]. Como estamos usando uma fonte com resistência interna ligeiramente diferente de Z_0, temos $\rho \approx 0{,}02$ indicando que as reflexões dos pulsos por ela emitidos são bastante atenuadas. De fato, podemos agora proceder ao cálculo da transformada inversa de $H_0(s)$, o que é bastante facilitado ao notarmos que seu domínio é dado por

$$\mathcal{D}(H_0) = \left\{ s \in \mathbb{C}\ :\ \text{Re}(s) > \frac{1}{\tau}\ln(|\rho|) \right\} \tag{5.123}$$

de tal forma que para todo $s \in \mathcal{D}(H_0)$ temos $|\rho e^{-\tau s}| < 1$ e, portanto, podemos escrever o denominador de (5.122), na forma padrão já adotada diversas vezes, como sendo a soma dos infinitos termos de uma série geométrica convergente, ou seja,

$$H_0(s) = \frac{1-\rho}{2}\sum_{k=0}^{\infty}\rho^k\left(e^{-\tau k s} + e^{-\tau(k+1)s}\right) \tag{5.124}$$

permitindo, finalmente, determinar a transformada inversa da tensão no início da linha

$$v(0,t) = \frac{1-\rho}{2}V(t) + \frac{1-\rho^2}{2\rho}\sum_{k=1}^{\infty}\rho^k V(t-k\tau) \tag{5.125}$$

que é válida para todo $t \geq 0$. Convém observar que essa soma deve ser calculada com cuidado para cada $t \geq 0$, levando em conta que $V(t) = 0$ para todo $t < 0$. Ademais, se a duração de cada pulso for menor que τ, não haverá superposição e (5.125) fornece os pulsos deslocados no tempo, atenuados por um fator igual a ρ, que são os resultados de cada reflexão. Para ρ bastante pequeno, como é o caso presente, temos

$$v(0,t) \approx \frac{1}{2}V(t) + \frac{1}{2}V(t-\tau) \tag{5.126}$$

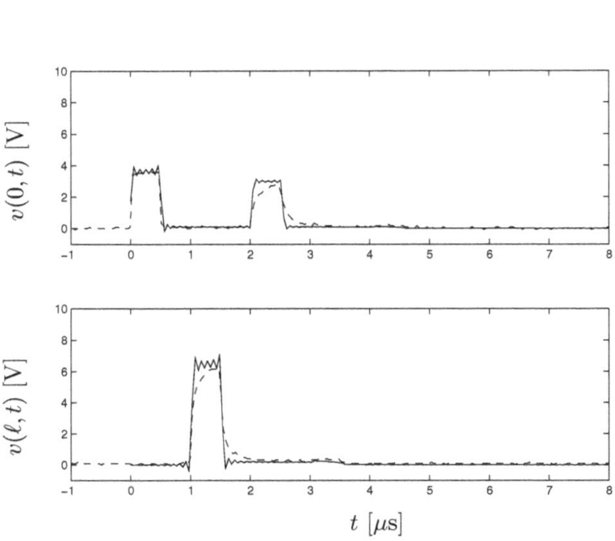

Figura 5.19: Linha de transmissão operando em alta frequência

que corresponde a se ter apenas uma reflexão. De fato, no momento $t = 0$, em que a fonte é conectada à linha e emite o primeiro pulso, esse aparece instantaneamente no seu terminal de entrada, porém com amplitude atenuada em 50% devido à existência da resistência interna da fonte. Em seguida, esse pulso percorre a linha, reflete no terminal da carga que está em aberto e volta, sem atenuação, para o terminal inicial. Como existe um casamento quase perfeito entre $R_f \approx Z_0$, não ocorre mais nenhuma reflexão significativa e o processo termina, até que um novo pulso venha a ser gerado pela fonte.

A Figura 5.19 mostra, em linha tracejada, as medidas realizadas em um ensaio prático, utilizando a mesma linha caracterizada pelos parâmetros da Tabela 5.4, tendo sido medidas as tensões no seu início $v(0,t)$ e no seu final $v(\ell,t)$. A resposta da linha, representada em linha contínua, foi calculada através do desenvolvimento em série de Fourier truncada (5.121) sem adotar nenhum tipo de aproximação. Nota-se que os resultados são bastante concordantes, a não ser pelo fato de que os pulsos reais refletidos no início e no final da linha apresentam um ligeiro espalhamento que não aparece na solução calculada. Uma explicação possível reside no fato de que, para altas frequências, os parâmetros da linha não são constantes, mas variam com a frequência devido, sobretudo, ao fenômeno de efeito pelicular que não foi considerado em nosso modelo. Por outro lado, o pulso refletido que chega no início da linha está visivelmente distorcido, em comparação com o pulso emitido, fato que é capturado pelo modelo, mas não pela aproximação (5.126), a qual foi obtida considerando a linha como sendo ideal, sem perdas.

Vamos, em seguida, melhorar esse resultado considerando as melhores aproximações racionais para γ e Z_0 e decompor a solução geral da equação em uma série de funções, cujas transformadas também são racionais. De fato, retomando a transformada da tensão na entrada da linha dada em (5.119), temos

$$\begin{aligned}\hat{v}(0,s) &= \frac{Z_0\hat{V}}{R_f+Z_0}\left(1+e^{-2\gamma\ell}\right)\frac{1}{1-\frac{R_f-Z_0}{R_f+Z_0}e^{-2\gamma\ell}} \\ &= \frac{Z_0\hat{V}}{R_f+Z_0}\left(1+e^{-2\gamma\ell}\right)\sum_{k=0}^{\infty}\left(\frac{R_f-Z_0}{R_f+Z_0}\right)^k e^{-2\gamma\ell k} \qquad (5.127)\end{aligned}$$

cuja transformada inversa, para ser devidamente calculada, necessita que melhor explicitemos, em termos racionais, as exponenciais que envolvem a constante de propagação. Definindo as constantes

$$\tau = 2\ell\sqrt{LC}\ , \quad \beta = 2\ell\left(\frac{\left(\sqrt{LG}+\sqrt{RC}\right)^2}{4\sqrt{LC}}\right)$$

e a função racional

$$A(s) = 2\ell\left(\frac{(\sqrt{LG}-\sqrt{RC})^2}{4\sqrt{LC}}\right)\left(\frac{\sqrt{\frac{LC}{RG}}s-1}{\sqrt{\frac{LC}{RG}}s+1}\right)$$

podemos determinar, com auxílio da aproximação para a constante de propagação, introduzida no Exemplo 5.3:

$$\begin{aligned}e^{-2\gamma\ell k} &= e^{-\tau k s}\left(e^{-\beta}e^{-A(s)}\right)^k \\ &= e^{-\tau k s}H(s)^k\ , \quad k=0,1,\cdots,\infty \qquad (5.128)\end{aligned}$$

sendo que $H(s)$, dada por

$$H(s) \approx e^{-\beta}\left(\frac{2-A(s)}{2+A(s)}\right) \qquad (5.129)$$

aproxima a exponencial que consta em (5.128). É claro que a precisão dessa aproximação depende basicamente da magnitude de $|A(j\omega)|$, que é constante para todo $\omega \in \mathbb{R}$ e cujo valor é geralmente bastante pequeno. No presente caso, tendo em vista que $\beta = 0{,}12$ e $|A| = 0{,}11$ a aproximação sugerida é bastante precisa e faz com que $H(s)$ seja uma função racional de primeira ordem, com um polo e um zero. Com essas considerações, estamos em condições de expressar a transformada (5.127) na forma compacta

$$\hat{v}(0,s) = \hat{g}_0(s) + \sum_{k=1}^{\infty} \hat{g}_k(s)e^{-\tau ks} + \sum_{k=1}^{\infty} \hat{h}_{k-1}(s)e^{-\tau ks} \tag{5.130}$$

onde as transformadas indicadas são dadas por

$$\hat{g}_k(s) = \left(\frac{R_f - Z_0}{R_f + Z_0}H(s)\right)^k \frac{Z_0\hat{V}}{R_f + Z_0}\,, \quad \hat{h}_k(s) = H(s)\hat{g}_k(s) \tag{5.131}$$

para todo $k = 0, 1, \cdots, \infty$. São dois os pontos cruciais deste desenvolvimento. O primeiro é que as transformadas inversas das séries de funções presentes em (5.131) podem ser calculadas iterativamente através da sequência

$$g_{k+1}(t) = \mathcal{L}^{-1}\left(\frac{R_f - Z_0}{R_f + Z_0}\right) * h_k(t)\,, \quad h_k(t) = \mathcal{L}^{-1}\left(H(s)\right) * g_k(t) \tag{5.132}$$

para todo $k = 0, 1, \cdots, \infty$, inicializando o processo iterativo com

$$g_0(t) = \mathcal{L}^{-1}\left(\frac{Z_0}{R_f + Z_0}\right) * V(t) \tag{5.133}$$

enquanto que o segundo diz respeito ao fato de que a transformada inversa da tensão na entrada da linha (5.130) é agora imediata, ou seja,

$$v(0,t) = g_0(t) + \sum_{k=1}^{\infty} g_k(t - k\tau) + \sum_{k=1}^{\infty} h_{k-1}(t - k\tau) \tag{5.134}$$

É importante colocar em evidência que todas as operações de convolução envolvidas só dependem do cálculo de transformadas inversas, de funções racionais, desde que também seja adotada uma aproximação racional para Z_0. Note que $g_0(t)$ nada mais é que a tensão no início da linha e as funções $g_k(t)$ e $h_k(t)$ resultam das diversas reflexões que ocorrem quando a linha não está casada, isto é, quando $R_f \neq Z_0$. Devemos ainda salientar que os cálculos que acabamos de realizar continuam válidos mesmo que a fonte tenha uma impedância racional qualquer, não necessariamente resistiva, e a linha esteja com o seu terminal de carga em aberto.

As Figuras 5.20 e 5.21 mostram, em linhas contínuas, os resultados obtidos a partir do procedimento que acabamos de introduzir, para resolver a equação geral da linha, bem como, em linhas tracejadas, as medidas coletadas durante

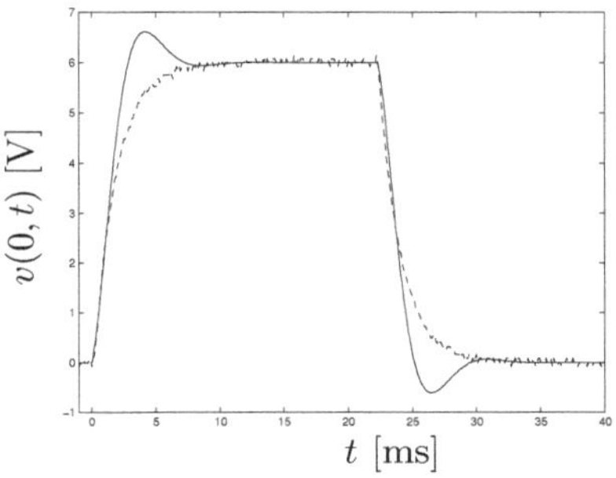

Figura 5.20: Pulso de baixa frequência

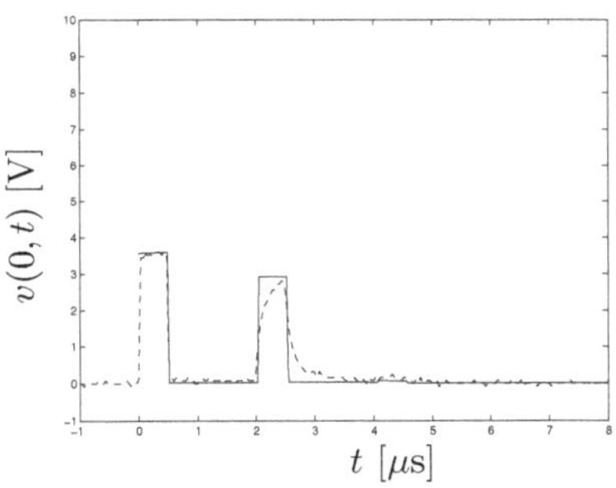

Figura 5.21: Pulso de alta frequência

o ensaio prático. Em ambos os casos, foram repetidas as mesmas condições enunciadas anteriormente para a fonte e para o terminal de carga, mantido em aberto. Nota-se, no caso do pulso de baixa frequência, uma ligeira sobre-elevação do sinal, devido às aproximações introduzidas na constante de propagação e na impedância característica da linha. De fato, no início do pulso, quando sua variação temporal é grande, e no seu final, quando sua variação temporal é nula, o resultado é muito preciso. A diferença está localizada nos instantes em que a sua variação temporal assume valores intermediários, o que está de acordo com as aproximações racionais para γ e Z_0, que são boas para baixas e altas frequências, mas que podem ser pobres para frequências intermediárias, próximas de ω_c. O mesmo efeito não ocorre com o pulso de alta frequência tendo em vista que, inclusive, a sua primeira reflexão é recuperada com bastante precisão. Para efeito de calcularmos a solução final, consideramos duzentos e apenas dois termos em (5.134) para os pulsos de baixa e de alta frequência, respectivamente.

5.7 Notas e Referências

Este capítulo apresentou inicialmente um estudo detalhado a respeito de identificação de parâmetros para modelos lineares a tempo contínuo e a tempo discreto, incluindo a solução clássica recursiva para o problema de erro quadrático mínimo. Maiores detalhes relativos à identificação de parâmetros podem ser obtidos em [11] e [13]. Neste mesmo contexto, a referência [14] pode ser consultada com maior aproveitamento, sobretudo para os alunos de pós-graduação, pois requer o conhecimento prévio de propriedades matemáticas, que vão além do escopo deste livro. Para estudos complementares do modelo do motor de corrente contínua pode ser utilizada a referência [26], bem como [3], que oferece informações detalhadas a respeito de sua alimentação com fontes de tensão chaveadas. Os livros [27] e [29] são indicados para aqueles que desejam aprofundar seus conhecimentos em robótica e processos dinâmicos não lineares. Um estudo mais detalhado de linhas de transmissão certamente requer a consulta aos livros [8], [18] e [23], sendo o último uma referência obrigatória para a modelagem e análise de linhas de transmissão de energia elétrica.

5.8 Exercícios

Exercício 5.1 *Deseja-se identificar os coeficientes de uma função polinomial do tipo*

$$f(t) = \sum_{i=0}^{n} a_i t^i \ , \quad a_i \in \mathbb{R}$$

que melhor representem uma quantidade de $N \gg n$ medidas $f_k = f(t_k)$ efetuadas nos instantes discretos $t = t_k$ para $k = 0, \cdots, N-1$.

a) Para $n \geq 1$ dado, formule o respectivo problema de mínimos quadrados e resolva-o literalmente para o caso linear caracterizado por $n = 1$.

b) Reformule o mesmo problema, de tal forma que seja possível identificar os parâmetros reais c e λ da função $f(t) = ce^{\lambda t}$ para $t \geq 0$.

Exercício 5.2 *Aplique o resultado do exercício anterior no conjunto de dados fornecidos na Tabela 5.5. Considerando a aproximação polinomial com $n = 1$ e $n = 2$, bem como a aproximação exponencial. Discuta a qualidade de cada aproximação obtida através do cálculo do respectivo erro a ela associado.*

t_k	0,0	2,0	2,5	3,0	4,0	5,0	5,5	6,0	7,0	9,0
f_k	1,0	2,5	1,5	3,0	7,0	5,5	4,5	6,5	9,0	8,0

Tabela 5.5: Dados numéricos

Exercício 5.3 *Considere a seguinte equação a diferenças homogênea de quarta ordem, com condições iniciais apropriadas*

$$y(k+4) + a_3 y(k+3) + a_2 y(k+2) + a_1 y(k+1) + a_0 y(k) = 0$$

cuja solução para $k = 0, \cdots, 99$ *é dada por*

$$y(k) = \left(\frac{k}{25}\right)(0{,}9)^{k/25}\text{sen}\left(\frac{2\pi k}{25}\right)$$

Implemente numericamente a solução recursiva do método de mínimos quadrados e identifique o vetor de parâmetros desconhecidos q*, definido em (5.5), a partir da sua inicialização com* $q_0 = 0$ *e* $P_0 = I/10$*,* $P_0 = I$ *e* $P_0 = 10I$*. Construa os gráficos de* q_k*, em função de* k*, e discuta a influência da escolha da matriz* P_0*. Em cada caso, verifique se a solução do método recursivo recupera aquela fornecida no Exemplo 5.1.*

Exercício 5.4 *O circuito RLC da Figura 5.22 começou a oscilar, a partir de* $t = 0$*, devido às condições iniciais* $i(0)$ *e* $v(0)$ *não nulas. Assuma que as medidas efetuadas na tensão do resistor nos instantes* $t = kT$ *com* $T = 0{,}05$ [s] *e* $k = 0, 1, \cdots, 99$ *podem ser geradas através de*

$$v(kT) = 10e^{-kT}\cos(kT/5) + \eta(kT)$$

onde $\eta(kT)$ *é uma variável aleatória uniformemente distribuída no intervalo* $|\eta(kT)| \leq$ 0,1.

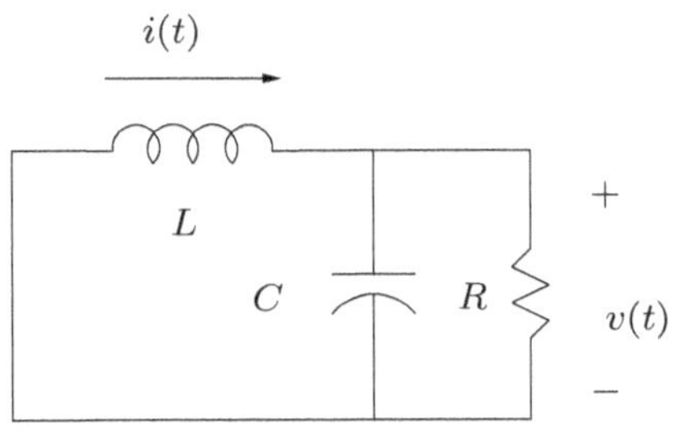

Figura 5.22: Circuito RLC

a) Mostre que uma equação diferencial do tipo (5.11), com $n = 1$, $m = 2$, $e_0 = 0$ *e* $g(t)$ *sendo o degrau unitário, pode ter como solução a função* $v(t)$.

b) Projete um filtro do tipo (5.16) e identifique os produtos de parâmetros RC *e* LC, *bem como as condições iniciais* $i(0)$ *e* $v(0)$.

Exercício 5.5 *Um sistema a tempo contínuo foi excitado por um degrau unitário, a partir de condições iniciais nulas. Sabe-se que sua resposta deve ser do tipo*

$$y(t) = 1 + 2e^{-\lambda t}\text{sen}(\omega t)$$

para algum $\lambda > 0$ *e* $\omega > 0$. *Considere que as medidas efetuadas para* $t = kT$ *com* $T = 0{,}1$ [s] *e* $k = 0, 1, \cdots, 99$ *podem ser geradas através de*

$$y(kT) = 1 + 2e^{-2kT}\text{sen}(3kT) + \eta(kT)$$

onde $\eta(kT)$ *é uma variável aleatória uniformemente distribuída no intervalo* $|\eta(kT)| \leq 0{,}05$.

a) Mostre que uma equação diferencial do tipo (5.11) com $n = 1$ *e* $m = 0$ *pode ter* $y(t)$ *como solução. Considerando* $g(t)$ *como sendo o degrau unitário, relacione* λ *e* ω *com* a_1, a_0 *e* e_0.

b) Projete um filtro do tipo (5.16) e identifique os parâmetros λ *e* ω. *Verifique a sensibilidade do método de identificação proposto neste capítulo, considerando diversos valores para* ρ, *que define a localização dos polos do filtro.*

Exercício 5.6 *Considere o sistema massa-mola-amortecedor, conforme ilustrado na Figura 5.23. A partir de condições iniciais nulas, aplica-se uma força externa do tipo* $f(t) = F\text{sen}(\omega t)$, *onde* F *é sua amplitude e* $\omega \in \mathbb{R}$ *é uma frequência que pode ser variada. Escrevendo a função de transferência entre o deslocamento* $x(t)$ *e a força aplicada, na forma padrão*

$$H(s) = \frac{K\omega_n^2}{s^2 + 2\xi\omega_n s + \omega_n^2}$$

medimos, em regime permanente, a amplitude de $x(t)$ *e sua defasagem em relação à força aplicada, o que permite determinar o módulo* $A(\omega)$ *e a fase* $\phi(\omega)$, *de* $H(j\omega)$, *para todo* $\omega \in \mathbb{R}$ *de interesse.*

a) Determine ξ, ω_n *e* K *em função de* m, b *e* κ.

b) Definindo como frequência de ressonância *o valor de* $\omega = \omega_{res}$, *para o qual o módulo* $A(\omega)$ *é máximo, mostre que, se* $0 \leq \xi \leq 1/\sqrt{2}$, *então* $\omega_{res} = \sqrt{1 - 2\xi^2}\omega_n$.

c) Considerando que $0 \leq \xi \leq 1/\sqrt{2}$, *determine os valores dos parâmetros* m, b *e* κ *medindo* ω_{res}, $A_{res} = A(\omega_{res})$ *e* $\phi_{res} = \phi(\omega_{res})$.

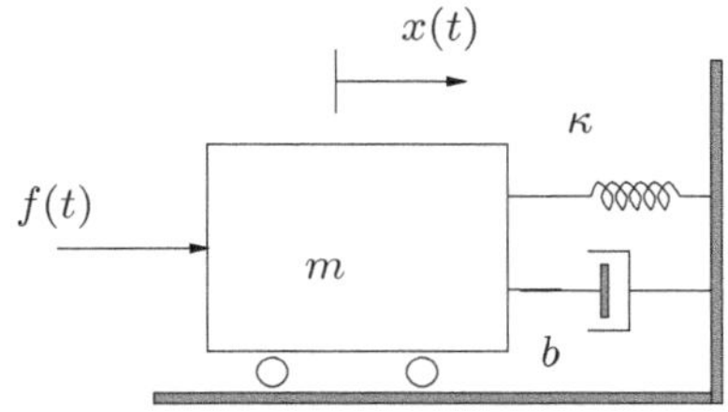

Figura 5.23: Sistema massa-mola-amortecedor

Exercício 5.7 *Considere que em $t = 0$ os dois elos do manipulador planar, cuja dinâmica é definida pelas equações diferenciais (5.77) e (5.82), estão em repouso nas posições $\phi_1(0) = \phi_2(0) = -\pi/2$ [rad]. Utilize os dados numéricos que constam da Tabela 5.3.*

a) *Determine os torques externos τ_1 e τ_2 de tal forma que os ângulos de equilíbrio do braço e do antebraço sejam $\phi_{1eq} = -\pi/3$ [rad] e $\phi_{2eq} = -\pi/4$ [rad], respectivamente.*

b) *Determine a representação de estado do modelo linearizado, válido na vizinhança do ponto de equilíbrio definido no item anterior.*

c) *Para $B_1 = B_2 = 0$, $B_1 = B_2 = 80$ [Ns/m^2] e $B_1 = B_2 = 384$ [Ns/m^2], resolva numericamente e compare as soluções das equações do modelo não linear e do modelo linear aproximado.*

Exercício 5.8 *Mostre que, para uma matriz quadrada de dimensão dois, vale a seguinte relação:*

$$A = \begin{bmatrix} 0 & -a \\ -b & 0 \end{bmatrix} \Longrightarrow e^{Ax} = \begin{bmatrix} \cosh(\sqrt{ab}x) & -\sqrt{\frac{a}{b}}\text{senh}(\sqrt{ab}x) \\ -\sqrt{\frac{b}{a}}\text{senh}(\sqrt{ab}x) & \cosh(\sqrt{ab}x) \end{bmatrix}$$

Exercício 5.9 *Mostre que para uma linha de transmissão casada, isto é, conectada em uma fonte com impedância interna Z_f qualquer e a uma carga com impedância $Z_c = Z_0$, vale a seguinte relação*

$$Z_0 = \frac{\hat{v}(x,s)}{\hat{i}(x,s)}$$

para todo $0 \leq x \leq \ell$. À luz deste resultado, considerando a aproximação racional para Z_0, os dados numéricos da Tabela 5.4 e a linha casada, determine a tensão no seu início $v(0,t)$ referente, respectivamente, aos dois casos tratados neste capítulo, quais sejam, a transmissão de um pulso de baixa e de um pulso de alta frequência.

Exercício 5.10 *Utilizando o mesmo procedimento, as mesmas aproximações e os mesmos dados numéricos da Tabela 5.4, determine* $v(\ell, t)$ *para a linha, com seu terminal de carga em aberto, considerando a transmissão do pulso de baixa e do pulso de alta frequência, respectivamente, como definidos neste capítulo. Refaça este exercício considerando o terminal de carga em curto-circuito.*

Apêndice A

Vetores e Matrizes

Neste apêndice, oferecemos um breve estudo das mais importantes propriedades de vetores e matrizes que são utilizadas no decorrer do texto. As propriedades aqui elencadas estão presentes na maioria dos bons livros de cálculo e análise matricial, como aqueles citados nas referências bibliográficas.

A.1 Conceitos e Propriedades

Vetor é uma coleção de $n \geq 2$ escalares, denominados componentes, que assumiremos sempre estarem dispostas em uma coluna. Assim sendo, $x \in \mathbb{R}^n$ indica um vetor com n componentes reais e, ao estar associado a um sistema de referência, permite localizar um ponto no espaço de dimensão n. Denotamos

$$x = \begin{bmatrix} x_1 \\ x_2 \\ \vdots \\ x_n \end{bmatrix} \in \mathbb{R}^n \tag{A.1}$$

como sendo um vetor genérico com todas as suas componentes reais, sendo que n é a sua dimensão. Podemos também ter um vetor coluna formado por n números complexos, quando então denotamos $x \in \mathbb{C}^n$. Todas as operações e propriedades que passaremos a exibir valem indistintamente para vetores definidos no $\mathbb{R}^n$ ou $\mathbb{C}^n$.

O vetor linha

$$x' = \begin{bmatrix} x_1 & x_2 & \cdots & x_n \end{bmatrix} \in \mathbb{R}^n \tag{A.2}$$

é, por definição, o transposto de $x \in \mathbb{R}^n$, ficando claro que a operação de transposição não altera a dimensão do vetor. O vetor linha $x^\sim = (x^*)'$ é o conjugado transposto de x e suas componentes são as conjugadas das respectivas componentes de x'. É claro que para todo $x \in \mathbb{R}^n$ tem-se $x^\sim = x' \in \mathbb{R}^n$.

Um vetor pode ser multiplicado por um escalar, resultando um novo vetor, de mesma dimensão do primeiro, com cada componente obtida pela multiplicação do escalar pela respectiva componente do vetor original, ou seja, para $x \in \mathbb{R}^n$ e $\alpha \in \mathbb{R}$ temos

$$\alpha x = \begin{bmatrix} \alpha x_1 \\ \alpha x_2 \\ \vdots \\ \alpha x_n \end{bmatrix} \in \mathbb{R}^n \tag{A.3}$$

Vetores de mesmas dimensões podem ser somados. Cada componente do vetor resultante é obtida pela soma das respectivas componentes dos vetores originais, assim sendo, para $x \in \mathbb{R}^n$ e $y \in \mathbb{R}^n$, temos

$$y + x = x + y = \begin{bmatrix} x_1 + y_1 \\ x_2 + y_2 \\ \vdots \\ x_n + y_n \end{bmatrix} \in \mathbb{R}^n \tag{A.4}$$

Dois vetores de mesmas dimensões podem ser multiplicados, tendo como resultado um escalar na operação denominada *produto escalar* ou um vetor na operação denominada *produto vetorial*. O produto escalar é definido na forma

$$\langle x, y \rangle = \sum_{i=1}^{n} x_i y_i^* = y^\sim x \tag{A.5}$$

para quaisquer vetores $x \in \mathbb{C}^n$ e $y \in \mathbb{C}^n$. Simples manipulações mostram que $\langle x, y \rangle = \langle y, x \rangle^*$ e, em decorrência, que $\langle x, y \rangle = \langle y, x \rangle$ quando ambos forem vetores reais. O produto escalar de um vetor por ele próprio resulta sempre em um número real não nulo cuja raiz quadrada é denominada *norma*, que é interpretada como sendo seu comprimento

$$\|x\| = \sqrt{\langle x, x \rangle} = \sqrt{\sum_{i=1}^{n} |x_i|^2} \tag{A.6}$$

para qualquer $x \in \mathbb{C}^n$. A norma assim definida é chamada de maneira mais específica de *norma euclidiana*, sendo dada pela raiz quadrada da soma dos quadrados dos módulos das componentes do vetor. Para vetores reais $x \in \mathbb{R}^n$ e

$y \in \mathbb{R}^n$, uma importante propriedade é derivada da expressão

$$\langle x, y \rangle = \|x\| \|y\| \cos(\theta) \tag{A.7}$$

onde $\theta \in \mathbb{R}$ é o ângulo formado pelos dois vetores considerados. Assim sendo, os vetores são *ortogonais* sempre que $\langle x, y \rangle = 0$. Para vetores complexos $x \in \mathbb{C}^n$ e $y \in \mathbb{C}^n$, essa propriedade pode ser generalizada, fazendo com que $\langle x, y \rangle = 0$ continue a indicar ortogonalidade.

Matriz é uma coleção de $nm \geq 2$ escalares denominados elementos, dispostos em linhas e colunas. Assim, $A \in \mathbb{R}^{n \times m}$ indica uma matriz com elementos reais e, da mesma forma, $A \in \mathbb{C}^{n \times m}$ indica uma matriz com elementos complexos. Em ambos os casos, os inteiros n e m são suas dimensões. Notamos

$$A = \begin{bmatrix} a_{11} & a_{12} & \cdots & a_{1m} \\ a_{21} & a_{22} & \cdots & a_{2m} \\ \vdots & \vdots & \cdots & \vdots \\ a_{n1} & a_{n2} & \cdots & a_{nm} \end{bmatrix} \in \mathbb{R}^{n \times m} \tag{A.8}$$

sendo a_{ij} seus elementos. A matriz $B = A' \in \mathbb{R}^{m \times n}$ é a matriz transposta de $A \in \mathbb{R}^{n \times m}$ que é obtida pela simples conversão de linhas em colunas, ou seja, o elemento genérico da matriz transposta é dado por $b_{ij} = a_{ji}$. A matriz $A^{\sim} = (A^*)'$ é a conjugada transposta da matriz original que coincide com a sua transposta no caso em que A é uma matriz com elementos reais. Uma matriz pode ser multiplicada por um escalar, obtendo-se como resultado uma nova matriz, de mesma dimensão, com todos os seus elementos determinados pela multiplicação dos elementos da matriz original pelo escalar dado. Por exemplo, para $A \in \mathbb{R}^{n \times m}$ e $\alpha \in \mathbb{R}$, temos

$$A\alpha = \alpha A = \begin{bmatrix} \alpha a_{11} & \alpha a_{12} & \cdots & \alpha a_{1m} \\ \alpha a_{21} & \alpha a_{22} & \cdots & \alpha a_{2m} \\ \vdots & \vdots & \cdots & \vdots \\ \alpha a_{n1} & \alpha a_{n2} & \cdots & \alpha a_{nm} \end{bmatrix} \in \mathbb{R}^{n \times m} \tag{A.9}$$

Matrizes de mesmas dimensões podem ser adicionadas resultando em uma nova matriz obtida pela simples adição dos elementos das parcelas. Para $A \in \mathbb{R}^{n \times m}$ e $B \in \mathbb{R}^{n \times m}$, obtém-se

$$B + A = A + B = \begin{bmatrix} a_{11} + b_{11} & a_{12} + b_{12} & \cdots & a_{1m} + b_{1m} \\ a_{21} + b_{21} & a_{22} + b_{22} & \cdots & a_{2m} + b_{2m} \\ \vdots & \vdots & \cdots & \vdots \\ a_{n1} + b_{n1} & a_{n2} + b_{n2} & \cdots & a_{nm} + b_{nm} \end{bmatrix} \in \mathbb{R}^{n \times m} \tag{A.10}$$

Matrizes com dimensões apropriadas podem ser multiplicadas. A multiplicação de duas matrizes só é possível de ser realizada se o número de colunas da matriz à esquerda for igual ao número de linhas da matriz à direita. Para $A \in \mathbb{R}^{n\times m}$ e $B \in \mathbb{R}^{m\times r}$ a multiplicação de A por B é possível e resulta em $C = AB \in \mathbb{R}^{n\times r}$, onde cada elemento da matriz C é dado por

$$c_{ij} = \sum_{k=1}^{m} a_{ik}b_{kj} \ , \ i = 1, \cdots, n \ ; \ j = 1, \cdots, r \tag{A.11}$$

ademais, se $r \neq n$ o produto BA não pode ser realizado, indicando que o produto de matrizes geralmente não é uma operação comutativa.

Toda matriz quadrada, tem o mesmo número de linhas e de colunas e um escalar a ela associado, denominado *determinante*. Matrizes assim definidas podem ser invertidas. Para $A \in \mathbb{R}^{n\times n}$ a sua inversa $X = A^{-1} \in \mathbb{R}^{n\times n}$ é definida como sendo a única solução da equação linear

$$AX = XA = I = \begin{bmatrix} 1 & 0 & \cdots & 0 \\ 0 & 1 & \cdots & 0 \\ \vdots & \vdots & \cdots & \vdots \\ 0 & 0 & \cdots & 1 \end{bmatrix} \tag{A.12}$$

onde $I \in \mathbb{R}^{n\times n}$ é a matriz identidade. A condição necessária e suficiente para que a matriz inversa exista é que seu determinante seja diferente de zero. Portanto, se ocorrer

$$\det(A) \neq 0 \tag{A.13}$$

a matriz A é dita *não singular* e sua inversa existe e pode ser calculada. Essa operação, geralmente, requer o uso de um procedimento numérico específico, porém bastante difundido. Observe que, por definição, o produto de uma matriz por sua inversa é comutativo e que, formalmente, a inversa de uma matriz, quando existir, pode ser calculada através de

$$A^{-1} = \frac{\text{adj}(A)}{\det(A)}$$

onde a matriz do numerador é uma matriz de mesma dimensão que a matriz original e é denominada *matriz adjunta* de A. Note que essa fórmula só é válida se (A.13) for satisfeita.

Existe uma fórmula para inversão de matrizes que tem particular importância pois, em muitos casos, permite simplificar os cálculos envolvidos. Considere B e

C duas matrizes quaisquer com dimensões $n \times m$ e $m \times n$, respectivamente. Se as inversas indicadas existem, então vale a igualdade

$$(I + BC)^{-1} = I - B(I + CB)^{-1}C$$

que pode ser facilmente provada multiplicando-a por $(I + BC)$ à esquerda. Observe que a inversa indicada no seu lado esquerdo tem dimensão $n \times n$, enquanto que a inversa indicada no seu lado direito tem dimensão $m \times m$. Por exemplo, no caso em que $B = b$ e $C = c'$, onde b e c são vetores de mesma dimensão n, a matriz $I + CB$ reduz-se a um escalar e a fórmula permite calcular a inversa

$$(I + bc')^{-1} = I - \frac{bc'}{(1 + c'b)}$$

desde que $c'b \neq -1$, sendo esta a condição para a sua existência .

Um vetor $v \in \mathbb{R}^n$ pode ser multiplicado por uma matriz quadrada $A \in \mathbb{R}^{n \times n}$, resultando em um novo vetor de mesma dimensão Av. Neste caso, existem vetores que, ao serem multiplicados por uma matriz, resultam em novos vetores que são colineares a cada um dos vetores originais. Esses vetores especiais recebem a denominação de *autovetores* de A. A equação não linear nas variáveis $\lambda \in \mathbb{C}$ e $v \in \mathbb{C}^n$

$$Av = \lambda v \Longrightarrow (\lambda I - A)v = 0 \tag{A.14}$$

define o autovetor v e o *autovalor* λ a ele associado. Nesta equação, procura-se por uma solução não trivial impondo-se $v \neq 0$ e, como se pode verificar que, sendo v uma de suas soluções, o mesmo ocorre com αv para todo $\alpha \neq 0$, sem perda alguma de generalidade podemos impor $\|v\| = 1$. Mediante essas considerações, para que $v \neq 0$ seja uma autovetor é imperativo que o autovalor seja solução de

$$\Delta(\lambda) = \det(\lambda I - A) = 0 \tag{A.15}$$

denominada *equação característica* de A. Trata-se de uma equação algébrica de grau n e, sendo A uma matriz real, todos os seus coeficientes são reais. Em consequência, podemos afirmar que uma matriz real, quadrada, de dimensão n admite n autovalores. Além disso, se $\lambda \in \mathbb{C}$ for um dos autovalores, então seu complexo conjugado λ^* também será um autovalor da mesma matriz. É interessante determinar a relação entre os autovalores e os autovetores das matrizes A e $V^{-1}AV$. Multiplicando a equação $(\lambda I - V^{-1}AV)u = 0$ pela esquerda por V, obtemos $(\lambda I - A)v = 0$ com $v = Vu$, o que torna aparente que as duas matrizes têm os mesmos autovalores e os respectivos autovetores são relacionados por $v = Vu$. Essa operação é denominada *transformação de similaridade*.

A *norma* de uma matriz $A \in \mathbb{C}^{n\times m}$ pode ser definida como sendo o menor número real $M \geq 0$ tal que $\|Ax\| \leq M\|x\|$ para todo $x \in \mathbb{C}^m$, ou seja,

$$\|A\| = \max_{x\neq 0} \frac{\|Ax\|}{\|x\|} = \max_{\|x\|=1} \frac{\|Ax\|}{\|x\|} \tag{A.16}$$

a qual, com a norma definida em (A.6), pode ser reescrita na forma

$$\|A\|^2 = \max_{\|x\|=1} x^{\sim}A^{\sim}Ax = x^{\sim}Qx$$

onde $Q = A^{\sim}A \in \mathbb{C}^{m\times m}$ é uma matriz chamada *Hermitiana* por apresentar a propriedade $Q^{\sim} = Q$ fazendo com que todos os seus autovalores sejam reais. No caso $Q \in \mathbb{R}^{m\times m}$, uma matriz Hermitiana é caracterizada por $Q' = Q$, sendo então chamada de matriz *simétrica*. A matriz Q apresenta a propriedade adicional de que todos os seus autovalores são números não negativos e suas raízes quadradas $\sigma(A)$ são definidas como sendo os *valores singulares* de A, ou seja,

$$\sigma_i(A) = \sqrt{\lambda_i(A^{\sim}A)}\ ,\ i = 1, \cdots, m \tag{A.17}$$

Os valores singulares de uma matriz são importantes pois sua norma pode ser simplesmente expressa por $\|A\| = \max_i \sigma_i(A)$ e, por outro lado, pode-se provar que qualquer matriz $A \in \mathbb{C}^{n\times m}$ com $n \geq m$ sempre pode ser escrita na forma

$$A = RZS^{\sim} \tag{A.18}$$

onde $R \in \mathbb{C}^{n\times m}$ e $S \in \mathbb{C}^{m\times m}$ são matrizes *unitárias*, isto é, $R^{\sim}R = I$, $S^{\sim}S = I$ e $Z \in \mathbb{R}^{m\times m}$ é dada na forma diagonal

$$Z = \begin{bmatrix} \sigma_1(A) & 0 & \cdots & 0 \\ 0 & \sigma_2(A) & \cdots & 0 \\ \vdots & \vdots & \cdots & \vdots \\ 0 & 0 & \cdots & \sigma_m(A) \end{bmatrix}$$

onde os valores singulares indicados são dispostos em ordem decrescente. Essa forma é conhecida como *decomposição em valores singulares*. É interessante notar que para $A \in \mathbb{R}^{n\times m}$ todas as matrizes em (A.18) tornam-se reais e, além disso, se $n = m$, então a matriz Z com a estrutura

$$Z = \begin{bmatrix} Z_+ & 0 \\ 0 & 0 \end{bmatrix}$$

e Z_+ sendo uma diagonal positiva, indica que A é uma matriz singular e, portanto, não inversível. Neste caso, a decomposição (A.18) nos leva a

$$\begin{aligned} A &= R \begin{bmatrix} Z_+ & 0 \\ 0 & 0 \end{bmatrix} S' \\ &= R \begin{bmatrix} Z_+^{1/2} & 0 \\ 0 & I \end{bmatrix} \begin{bmatrix} I & 0 \\ 0 & 0 \end{bmatrix} \begin{bmatrix} Z_+^{1/2} & 0 \\ 0 & I \end{bmatrix} S' \\ &= V\Sigma U \end{aligned} \tag{A.19}$$

onde V e U não são mais matrizes unitárias, mas são inversíveis e

$$\Sigma = \begin{bmatrix} I & 0 \\ 0 & 0 \end{bmatrix} \tag{A.20}$$

que é exatamente a decomposição que utilizamos para o modelamento de circuitos elétricos. Conforme exposto com detalhes no Capítulo 2, a decomposição em valores singulares permite extrair de um conjunto de equações diferenciais lineares, as relações puramente algébricas eventualmente existentes.

Denomina-se *combinação linear* dos vetores $v_i \in \mathbb{C}^n$, $i = 1, 2, \cdots, m$ o vetor $y \in \mathbb{C}^n$ dado por

$$y = \sum_{i=1}^{m} \alpha_i v_i \tag{A.21}$$

onde α_i, $i = 1, \cdots, m$ são escalares. O conjunto formado pelos vetores $v_1, \cdots, v_m$ é dito ser *linearmente independente* se a origem $y = 0$ em (A.21) só for gerada, necessariamente, com todos os escalares da combinação linear nulos, ou seja,

$$\sum_{i=1}^{m} \alpha_i v_i = 0 \Longrightarrow \alpha_1 = \cdots = \alpha_m = 0 \tag{A.22}$$

caso contrário o conjunto de vetores é dito ser *linearmente dependente*. Definindo

$$V = \begin{bmatrix} v_1 & v_2 & \cdots & v_m \end{bmatrix} \in \mathbb{C}^{n \times m}, \quad \alpha = \begin{bmatrix} \alpha_1 \\ \alpha_2 \\ \vdots \\ \alpha_m \end{bmatrix} \in \mathbb{C}^m$$

notamos que a independência linear pode ser testada através da unicidade, ou não, das soluções da equação linear $V\alpha = 0$. Intuitivamente verificamos que se $n < m$ o número de variáveis supera o número de equações, tornando possível a existência de outras soluções além daquela trivial $\alpha = 0$. No caso contrário

$n \geq m$, o número de variáveis é, no máximo, igual ao número de equações e a independência linear das colunas de V obriga que $V\alpha = 0$ seja verificada apenas pelo vetor $\alpha = 0$.

O conjunto

$$\mathcal{R} = \{V\alpha \ : \ \alpha \in \mathbb{C}^m\} \tag{A.23}$$

forma um subconjunto do $\mathbb{C}^n$ e é conhecido como o *espaço imagem* da matriz V. O conjunto

$$\mathcal{N} = \{\beta \ : \ V^\sim \beta = 0\} \tag{A.24}$$

também forma um subconjunto do $\mathbb{C}^n$ e é conhecido como o *espaço nulo* da matriz $V^\sim$. Quaisquer vetores $v \in \mathcal{R}$ e $u \in \mathcal{N}$ são sempre ortogonais. De fato, existe α tal que $v = V\alpha$ e $V^\sim u = 0$, portanto

$$\langle v, u \rangle = u^\sim v = u^\sim V\alpha = (V^\sim u)^\sim \alpha = 0$$

e, por outro lado, qualquer vetor $y \in \mathbb{C}^n$ pode ser decomposto na soma $y = v + u$ onde $v \in \mathcal{R}$ e $u \in \mathcal{N}$. De pronto é preciso colocar em evidência que $V\alpha = 0$ ao admitir apenas a solução trivial $\alpha = 0$ implica, multiplicando à esquerda por $V^\sim$, que $V^\sim V$ é uma matriz não singular. Considerando

$$v = V(V^\sim V)^{-1}V^\sim y \ , \quad u = \left[I - V(V^\sim V)^{-1}V^\sim\right] y$$

verifica-se sem dificuldades que $v = V\alpha$ com $\alpha = (V^\sim V)^{-1}V^\sim y$ e, consequentemente, $v \in \mathcal{R}$. Determina-se também facilmente que $V^\sim u = 0$, indicando, por sua vez, que $u \in \mathcal{N}$. Finalmente, a soma de ambos fornece diretamente o vetor original $y \in \mathbb{C}^n$.

É bastante importante estudar a existência de relação entre este último tipo de decomposição de um vetor com o seguinte problema de norma mínima:

$$\min_{v \in \mathcal{R}} \|y - v\|^2 \tag{A.25}$$

onde $y \in \mathbb{C}^n$ é conhecido, $\mathcal{R}$ é o espaço imagem de uma matriz $V \in \mathbb{C}^{n \times m}$ com $n \geq m$ e a norma utilizada é a norma euclidiana (A.6). Como todo $v \in \mathcal{R}$, por definição, se escreve na forma $v = V\alpha$ para algum $\alpha \in \mathbb{C}^m$, o problema (A.25) é idêntico a

$$\min_{\alpha} \|y - V\alpha\|^2 \tag{A.26}$$

cuja solução, portanto, devemos determinar. A dificuldade maior reside no fato de que a incógnita α é um vetor de números complexos que, entretanto, é contornada ao lançarmos mão da igualdade

$$\begin{aligned}\|y - V\alpha\|^2 &= \|y\|^2 - y^\sim V(V^\sim V)^{-1}V^\sim y + \left\|V\left((V^\sim V)^{-1}V^\sim y - \alpha\right)\right\|^2 \\ &\geq \|y\|^2 - y^\sim V(V^\sim V)^{-1}V^\sim y\end{aligned}$$

a qual, como pode ser verificada por simples desenvolvimento, é válida para todo $y \in \mathbb{C}^n$ e $\alpha \in \mathbb{C}^m$ desde que $V^\sim V$ seja uma matriz não singular, ou, de forma equivalente, se as colunas de V formam um conjunto de vetores linearmente independente. Sob essa condição, a melhor escolha possível para α de tal forma a resolver (A.26) é

$$\alpha = (V^\sim V)^{-1} V^\sim y$$

quando o limitante inferior da norma que se deseja minimizar é atingido. Com esse valor determinado, podemos calcular a solução do problema (A.25) como sendo $v = V\alpha$ e, então, notar que a última desigualdade fornece

$$\|y - v\|^2 = \|y\|^2 - \|v\|^2 \tag{A.27}$$

que nada mais é que o resultado do célebre *teorema de Pitágoras*. O vetor $v \in \mathcal{R}$ que mais se aproxima de $y \in \mathbb{C}^n$ segundo a norma euclidiana é aquele obtido de tal forma que ele próprio e o vetor $y - v$ sejam ortogonais segundo $\langle y - v, v \rangle = 0$. Neste caso, como $v \in \mathcal{R}$, então $u = y - v \in \mathcal{N}$.

Dada uma matriz quadrada $A \in \mathbb{R}^{n \times n}$ e uma matriz também quadrada $V \in \mathbb{C}^{n \times n}$ não singular, os autovalores de A e de $V^{-1}AV$ são exatamente os mesmos, caracterizando a chamada transformação de similaridade. Para uma classe bastante ampla de matrizes é possível escolher $V \in \mathbb{C}^{n \times n}$ de tal forma que $V^{-1}AV$ tenha uma estrutura bastante particular, ou seja,

$$V^{-1}AV = \Lambda = \begin{bmatrix} \lambda_1 & 0 & \cdots & 0 \\ 0 & \lambda_2 & \cdots & 0 \\ \vdots & \vdots & \cdots & \vdots \\ 0 & 0 & \cdots & \lambda_n \end{bmatrix} \tag{A.28}$$

onde $\lambda_1, \cdots \lambda_n$ são os autovalores de A. Aplicando esta igualdade de forma recursiva, verificamos que

$$V^{-1}A^k V = \Lambda^k \ , \ \forall \ k \in \mathbb{N} \tag{A.29}$$

indicando que a transformação de similaridade, que diagonaliza A, também diagonaliza qualquer potência não negativa de A. Sob a hipótese de que A seja não singular, esse resultado continua válido para as potências negativas de A. Uma consequência importante é que podemos associar a função polinomial de variável real $t \in \mathbb{R}$

$$f(t) = \sum_{k=0}^{m} p_k t^k$$

à *função de matriz* assim definida:

$$F(A) = \sum_{k=0}^{m} p_k A^k = V \left(\sum_{k=0}^{m} p_k \Lambda^k \right) V^{-1} \tag{A.30}$$

a qual, colocando em evidência que Λ é uma matriz diagonal, se escreve na forma final

$$F(A) = V \begin{bmatrix} f(\lambda_1) & 0 & \cdots & 0 \\ 0 & f(\lambda_2) & \cdots & 0 \\ \vdots & \vdots & \cdots & \vdots \\ 0 & 0 & \cdots & f(\lambda_n) \end{bmatrix} V^{-1} \tag{A.31}$$

Fica claro que a mesma matriz V que define a transformação de similaridade e diagonaliza A é aquela que diagonaliza $F(A)$, tendo na sua diagonal principal os valores da função polinomial $f(t)$ calculada em $t = \lambda_1, \cdots, t = \lambda_n$. Dois casos particulares merecem alguns comentários. O primeiro é caracterizado por $m = n$ e $f(t) = \Delta(t) = \det(tI - A)$, cuja função associada é $F(A) = 0$. Esse resultado clássico é conhecido como *teorema de Cayley-Hamilton*. O segundo é definido por $m = +\infty$ e pela função

$$f(t) = e^t = \sum_{k=0}^{\infty} \frac{t^k}{k!}$$

para a qual temos a exponencial de matriz

$$F(A) = e^A = \sum_{k=0}^{\infty} \frac{A^k}{k!} = V \begin{bmatrix} e^{\lambda_1} & 0 & \cdots & 0 \\ 0 & e^{\lambda_2} & \cdots & 0 \\ \vdots & \vdots & \cdots & \vdots \\ 0 & 0 & \cdots & e^{\lambda_n} \end{bmatrix} V^{-1} \tag{A.32}$$

É importante salientar que essas duas funções permanecem válidas, independentemente da existência de uma transformação de similaridade que seja capaz de diagonalizar a matriz A.

No final deste apêndice, ilustramos o cálculo do produto vetorial de dois vetores $r \in \mathbb{R}^3$ e $s \in \mathbb{R}^3$ que é dado por

$$r \times s = \det \begin{bmatrix} u_x & u_y & u_z \\ r_x & r_y & r_z \\ s_x & s_y & s_z \end{bmatrix} = -s \times r \tag{A.33}$$

onde u_x, u_y e u_z são os versores ortonormais que definem um sistema de referência no qual devemos escrever os vetores r e s na forma

$$r = r_x u_x + r_y u_y + r_z u_z \ , \ s = s_x u_x + s_y u_y + s_z u_z$$

Pode-se mostrar que $\|r \times s\| = \|r\|\|s\|\text{sen}(\theta)$, o que leva à conclusão de que o produto vetorial de quaisquer dois vetores paralelos ou colineares é sempre nulo.

Apêndice B

Funções de Variáveis Complexas

Este apêndice é dedicado a um breve estudo de números complexos e de funções de variáveis complexas, tendo como foco principal seus aspectos mais importantes que são usados neste livro. Trata-se de material bastante sedimentado e que, portanto, pode ser encontrado nos mais diversos livros textos incluídos nas referências bibliográficas.

B.1 Conceitos e Propriedades

Denotamos por $\mathbb{C}$ o conjunto dos números complexos que são aqueles que assumem a forma genérica $z = x + jy$, onde x e y são números reais e $j = \sqrt{-1}$, denominada *unidade imaginária*, é solução da equação algébrica de segunda ordem $j^2 + 1 = 0$. É claro que $\mathbb{R}$ é um subconjunto de $\mathbb{C}$, uma vez que o segundo se reduz ao primeiro impondo-se $y = 0 \in \mathbb{R}$. As quantidades

$$\text{Re}(z) = x \ , \ \ \text{Im}(z) = y \ , \ \ |z| = \sqrt{x^2 + y^2} \ , \ \ \phi(z) = \text{tg}^{-1}\left(\frac{y}{x}\right) \tag{B.1}$$

são denominadas, respectivamente, *parte real*, *parte imaginária*, *módulo* e *argumento* do número complexo z e, como é simples verificar, se relacionam através de $\text{Re}(z) = |z|\cos(\phi(z))$ e $\text{Im}(z) = |z|\text{sen}(\phi(z))$, permitindo, conforme é mostrado na Figura B.1, que qualquer número complexo z seja expresso de forma alternativa, denominada *representação polar*, por

$$z = |z|\cos(\phi) + j|z|\text{sen}(\phi) \tag{B.2}$$

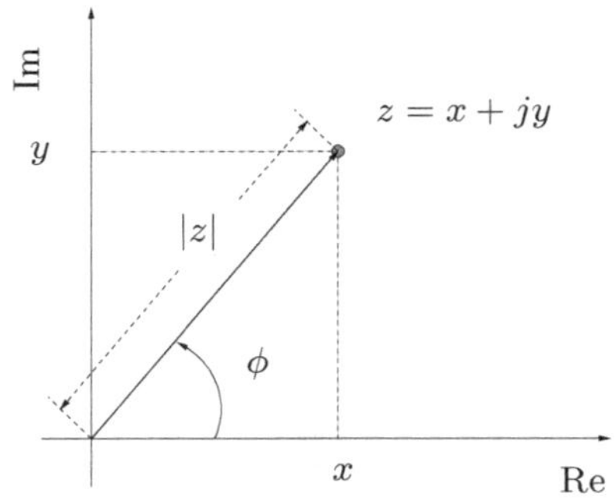

Figura B.1: Representação no plano complexo

As operações básicas de soma, subtração, multiplicação e divisão efetuam-se de maneira normal substituindo, quando necessário, j^2 por -1. Associado a qualquer número complexo definimos seu *conjugado*, denotado z^*, de tal forma que $zz^* = |z|^2$, o que leva a

$$z^* = |z|(\cos(\phi) - j\text{sen}(\phi)) \tag{B.3}$$

da mesma forma, o inverso de um número complexo deve satisfazer $zz^{-1} = 1$. Multiplicando essa igualdade pelo conjugado de z, determinamos

$$z^{-1} = \frac{z^*}{|z|^2} = \frac{1}{|z|}(\cos(\phi) - j\text{sen}(\phi)) \tag{B.4}$$

que, para ser satisfeita naturalmente, requer $|z| \neq 0$. Usando a representação polar, a multiplicação de dois números complexos quaisquer z_1 e z_2 resulta em

$$z_1 z_2 = |z_1||z_2|(\cos(\phi_1 + \phi_2) + j\text{sen}(\phi_1 + \phi_2)) \tag{B.5}$$

que, aplicada sucessivamente, permite determinar

$$z^n = |z|^n(\cos(n\phi) + j\text{sen}(n\phi)) \tag{B.6}$$

válida para todo $n \in \mathbb{N}$. Finalmente, para qualquer z com módulo unitário, a igualdade (B.6) se reduz a

$$[\cos(\phi) + j\text{sen}(\phi)]^n = \cos(n\phi) + j\text{sen}(n\phi) \tag{B.7}$$

que é o resultado conhecido como *teorema de De Moivre*. Uma das mais importantes funções de variável complexa é a função exponencial que é definida para todo $z = x + jy \in \mathbb{C}$, na forma

$$e^{x+jy} = e^x(\cos(y) + j\text{sen}(y)) \tag{B.8}$$

a qual, para $y = 0$, torna-se igual à função exponencial de variável real e, para $x = 0$, fornece a chamada *fórmula de Euler*, a qual, por sua vez, permite expressar qualquer número complexo como

$$z = |z|e^{j\phi} \tag{B.9}$$

A partir das definições e propriedades até agora elencadas, não devem ocorrer maiores dificuldades para que os números complexos sejam devidamente manipulados. Assim sendo, podemos, em seguida, discutir um aspecto importante e bastante peculiar dos números complexos e que tem grande impacto no estudo de funções de variáveis complexas. Dado $z_0 = x_0 + jy_0 \in \mathbb{C}$, dizer que $z = x + jy \in \mathbb{C}$ tende a z_0, denotado por $z \to z_0$, implica que simultaneamente e de forma independente $x \to x_0$ e $y \to y_0$. No chamado *plano complexo*, definido pela abscissa $\mathrm{Re}(z)$ e pela ordenada $\mathrm{Im}(z)$, não se especifica uma trajetória particular, mas sim considera-se como válidas todas as possíveis trajetórias que nascem em z e terminam em z_0.

Uma função de variável complexa é definida de forma genérica como sendo

$$f(z) \ : \ \mathcal{D} \subset \mathbb{C} \to \mathcal{F} \subset \mathbb{C} \tag{B.10}$$

onde $\mathcal{D}$, um subconjunto aberto de $\mathbb{C}$, é o seu domínio e $\mathcal{F}$ é a sua imagem ou contradomínio. Tomando $z = x + jy$ um elemento qualquer de $\mathcal{D}$ o valor correspondente da função $f(z)$ é dado por

$$f(z) = u(x, y) + jv(x, y) \tag{B.11}$$

ou seja, no plano complexo, podemos interpretar $f(z)$ como uma função de duas variáveis que mapeia os pontos $(x, y) \in \mathcal{D}$ em $(u, v) \in \mathcal{F} \subset \mathbb{C}$. Para $z_0 \in \mathcal{D}$, podemos calcular o limite

$$f_0 = \lim_{z \to z_0} f(z) \tag{B.12}$$

desde que para todo $\epsilon > 0$ existam $\delta > 0$ tais que $|f(z) - f_0| < \epsilon$ se verifique para $|z - z_0| < \delta$. Ou seja, qualquer trajetória que leve z para z_0 faz com que $f(z)$ seja levada à mesma quantidade denotada f_0. Se eventualmente ocorrer a igualdade $f_0 = f(z_0)$, a função é dita *contínua* em z_0. Em termos da relação (B.11) podemos ainda afirmar que

$$\lim_{\substack{x \to x_0 \\ y \to y_0}} u(x, y) + j \lim_{\substack{x \to x_0 \\ y \to y_0}} v(x, y) = f_0 = f(z_0) \tag{B.13}$$

sendo que a segunda igualdade se estabelece no caso em que $f(z)$ seja contínua em z_0. Por exemplo, para a função $f(z) = z^2 : \mathbb{C} \to \mathbb{C}$ e $z_0 \in \mathbb{C}$ qualquer, temos

$$\begin{aligned} f(z) &= (z_0 + z - z_0)^2 \\ &= z_0^2 + (2z_0 + \Delta z)\Delta z \end{aligned}$$

onde $\Delta z = z - z_0$. Consequentemente, estabelecemos sem dificuldades que

$$|f(z) - z_0^2| \leq 2|z_0||\Delta z| + |\Delta z|^2$$

para qualquer $\Delta z \in \mathbb{C}$, o que implica que a função em consideração satisfaz $f_0 = f(z_0) = z_0^2$, sendo, portanto, contínua em todos os pontos do seu domínio. De fato, fazer z se aproximar de z_0 sobre qualquer trajetória possível é equivalente a afirmar apenas que $|\Delta z|$ se aproxima de zero, o que leva $|f(z) - z_0^2|$ a também se aproximar arbitrariamente de zero, estabelecendo a sua continuidade em $z_0 \in \mathbb{C}$.

A derivada de $f(z)$ definida segundo (B.10) em $z_0 \in \mathcal{D}$ é dada por

$$f'(z_0) = \lim_{z \to z_0} \frac{f(z) - f(z_0)}{z - z_0} \tag{B.14}$$

onde se deve obviamente exigir que o limite indicado exista e que, como já comentado, seja invariante com qualquer trajetória segundo a qual z tende a z_0. Assim sendo, muito embora a diferencial complexa seja $dz = dx + jdy$ com as diferenciais dx e dy independentes, não há ambiguidade alguma em escrever $f'(z) = df(z)/dz$. A exigência de se ter o mesmo valor para o limite indicado em (B.14) é equivalente a exigir que a derivada direcional da função seja a mesma em todas as direções. Isso faz com que as funções $u(x, y)$ e $v(x, y)$ não possam ser genéricas, mas tenham que exibir alguma propriedade para que $f(z)$ seja diferenciável. Para obtermos essa propriedade é preciso lembrar que a relação

$$q = \frac{a\Delta x^2 + b\Delta x\Delta y + c\Delta y^2}{\Delta x^2 + \Delta y^2} \tag{B.15}$$

com a, b e c reais é constante para todo $\Delta x \in \mathbb{R}$ e $\Delta y \in \mathbb{R}$ se e somente se $a = c$ e $b = 0$, quando, então, $q = a = c$. Explicitando o limite indicado em (B.14), temos

$$f'(z_0) = \lim_{\substack{x \to x_0 \\ y \to y_0}} \frac{\Delta u\Delta x + \Delta v\Delta y}{\Delta x^2 + \Delta y^2} + j \lim_{\substack{x \to x_0 \\ y \to y_0}} \frac{\Delta v\Delta x - \Delta u\Delta y}{\Delta x^2 + \Delta y^2} \tag{B.16}$$

onde as quantidades Δu e Δv, assumindo diferenciabilidade e eliminando os termos de ordens superiores não importantes para o cálculo de (B.16), são dadas por

$$\Delta u = \frac{\partial u}{\partial x}\Delta x + \frac{\partial u}{\partial y}\Delta y \ , \quad \Delta v = \frac{\partial v}{\partial x}\Delta x + \frac{\partial v}{\partial y}\Delta y \tag{B.17}$$

com as derivadas parciais calculadas em $x = x_0$ e $y = y_0$. Substituindo (B.17) em (B.16), notamos que a parte real e a parte imaginária de $f'(z_0)$ são do tipo (B.15), o que nos leva ao resultado

$$f'(z_0) = \frac{\partial u}{\partial x} + j\frac{\partial v}{\partial x} = \frac{\partial v}{\partial y} - j\frac{\partial u}{\partial y} \tag{B.18}$$

desde que as seguintes condições sejam simultaneamente satisfeitas:

$$\frac{\partial u}{\partial x} = \frac{\partial v}{\partial y} \ , \quad \frac{\partial u}{\partial y} = -\frac{\partial v}{\partial x} \tag{B.19}$$

Essas são as chamadas *condições de Cauchy-Riemann.* Essas condições, na verdade, asseguram que não só a derivada $f'(z)$ exista, mas que ela também seja contínua em $z = z_0$. As condições (B.19) acoplam as funções u e v de tal forma que, dada uma delas, a outra fica completamente determinada a menos de uma constante. Derivando parcialmente as igualdades (B.19) em relação a x e y sucessivamente, verificamos que u e v satisfazem

$$\frac{\partial^2 u}{\partial x^2} + \frac{\partial^2 u}{\partial y^2} = 0 \ , \quad \frac{\partial^2 v}{\partial x^2} + \frac{\partial^2 v}{\partial y^2} = 0$$

que são duas equações de Laplace e, por este motivo, estas funções são chamadas *Harmônicas.*

Definição B.1 (Função analítica) *Uma função de variável complexa $f(z)$, definida em um domínio $\mathcal{D} \subset \mathbb{C}$, é analítica em $\mathcal{D}$ se $f'(z)$ existir e for contínua em todo $z \in \mathcal{D}$.*

Na verdade a continuidade da derivada não precisa ser explicitada, tendo em vista que, se $f'(z)$ existir, ela é necessariamente contínua. Dada uma função $f(z)$ e o domínio $\mathcal{D}$, as condições de Cauchy-Riemann, aplicadas para todo ponto $z \in \mathcal{D}$, permitem verificar imediatamente se $f(z)$ é ou não é analítica em $\mathcal{D}$. Um ponto importante que deve ser ressaltado a respeito das funções analíticas é que suas derivadas se expressam diretamente em função da variável complexa $z \in \mathcal{D}$, geralmente com uma expressão idêntica àquela obtida como se z fosse uma variável real. Por exemplo, $f(z) = z^2$ é analítica em todo o plano complexo pois $u = x^2 - y^2$ e $v = 2xy$ verificam as condições de Cauchy-Riemann em todo $z \in \mathbb{C}$ e $f'(z) = 2z$. Porém, impondo as condições de Cauchy-Riemann (B.19), verificamos que a função $f(z) = x^2 + j2y$ é diferenciável apenas sobre a reta $\text{Re}(z) = 1$, sendo $f'(z) = 2$ em todos os seus pontos. Como essa reta, por não ser um conjunto aberto, não caracteriza um domínio, $f(z)$ não é analítica em nenhum domínio de $\mathbb{C}$. A soma, o produto e a divisão de funções analíticas em $\mathcal{D}$ são analíticas em $\mathcal{D}$ desde que, na divisão, $\mathcal{D}$ não contenha nenhum ponto onde o denominador se anula. Em consequência, uma função racional é analítica em todo domínio que não contenha nenhum de seus polos.

As condições de Cauchy-Riemann permitem estabelecer um importante resultado conhecido como *teorema integral de Cauchy.* Considere $f(z)$ uma função analítica em um domínio $\mathcal{D} \subset \mathbb{C}$ e uma curva fechada C, arbitrária, porém de tal

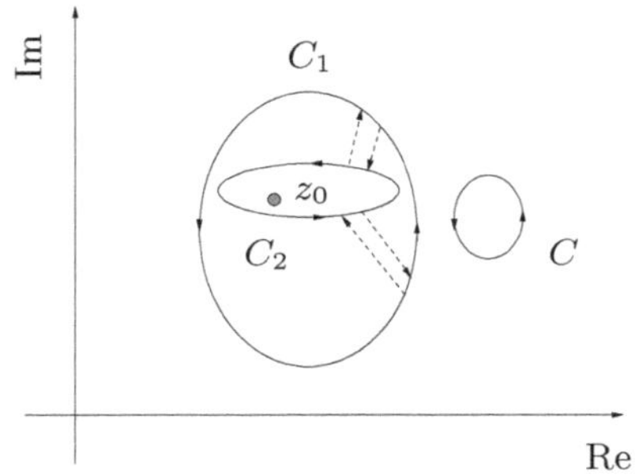

Figura B.2: Independência do caminho de integração

forma que todos os pontos de C e todos os pontos do seu interior sejam elementos de $\mathcal{D}$. Neste caso, vale a igualdade

$$\oint_C f(z)dz = 0 \tag{B.20}$$

onde o sentido de percurso positivo é tomado como anti-horário. De fato, esse resultado decorre imediatamente do teorema de Green, que, aplicado a (B.20), fornece

$$\begin{aligned}\oint_C f(z)dz &= \oint_C udx - vdy + j\oint_C vdx + udy \\ &= \int\int_{\mathcal{R}} \left(-\frac{\partial v}{\partial x} - \frac{\partial u}{\partial y}\right) dxdy + j\int\int_{\mathcal{R}} \left(\frac{\partial u}{\partial x} - \frac{\partial v}{\partial y}\right) dxdy \\ &= 0\end{aligned}$$

onde $\mathcal{R}$ é a região de $\mathcal{D}$ delimitada por C. Note que a igualdade é consequência direta das condições de Cauchy-Riemann (B.19) e que para podermos aplicar o teorema de Green é essencial que a função $f(z)$ seja analítica em todo $\mathcal{D}$. Note ainda que qualquer curva fechada em $\mathcal{D}$ pode ser escolhida, mantendo nulo o valor da integral indicada.

Por outro lado, se em uma região de $\mathcal{D}$ a função deixar de ser analítica, o resultado da integral em uma curva fechada C, que envolve esta região, não mais será necessariamente nulo, mas será sempre o mesmo independentemente da escolha específica de C. Essa situação é ilustrada na Figura B.2, onde uma determinada função $f(z)$ deixa de ser analítica apenas no ponto $z_0 \in \mathbb{C}$. Como z_0 não está no interior de C, para esta curva fechada a integral da função se anula. Para as curvas C_1 e C_2 isto não ocorre, porém a integração sobre C_1, no sentido indicado e sobre C_2, no sentido contrário ao indicado, é feita notando-se que estas curvas são o resultado da união de duas outras, obtidas a partir das linhas tracejadas, que não envolvem z_0, portanto

$$\oint_{C_1} f(z)dz - \oint_{C_2} f(z)dz = 0$$

Uma aplicação bastante interessante desse resultado é a obtenção da chamada *fórmula integral de Cauchy*. Dada uma função $f(z)$ analítica em um domínio $\mathcal{D}$ e C uma curva fechada, com seu interior inteiramente contido em $\mathcal{D}$, para qualquer ponto z_0 pertencente ao interior de C vale a igualdade

$$f(z_0) = \frac{1}{2\pi j} \oint_C \frac{f(z)}{z - z_0} dz \tag{B.21}$$

que decorre da independência do percurso de integração que acabamos de estabelecer. Assim sendo, sem alterar o resultado da integral, escolhemos como percurso de integração uma circunferência com centro em z_0 e raio $r > 0$ arbitrariamente pequeno, ou seja,

$$z - z_0 = re^{j\theta} \ , \ 0 \leq \theta \leq 2\pi \Longrightarrow dz = jre^{j\theta} d\theta$$

que, tendo em vista a continuidade de $f(z)$ em z_0, permite finalmente determinar

$$\begin{aligned} \oint_C \frac{f(z)}{z - z_0} dz &= \oint_{|z-z_0|=r} \frac{f(z_0)}{z - z_0} dz \\ &= f(z_0) \int_0^{2\pi} j d\theta \\ &= 2\pi j f(z_0) \end{aligned}$$

Sendo $f(z)$ uma função analítica em z_0, a razão $f(z)/(z - z_0)$ geralmente deixa de ser analítica neste ponto, fazendo com que o resultado da integração não seja necessariamente nulo, mas sim $f(z_0)$. Entretanto, no caso em que $f(z_0) = 0$, aquela razão torna-se analítica em z_0, o que faz a integral tornar-se novamente zero, em conformidade com os resultados anteriores.

Uma função $f(z)$, analítica em um domínio $\mathcal{D}$, pode ser desenvolvida em série de Taylor, isto é, para $z_0 \in \mathcal{D}$, então o valor da função em qualquer z pertencente à região circular $|z - z_0| < R$ cujo interior esteja inteiramente contido em $\mathcal{D}$ é dado por

$$f(z) = \sum_{i=0}^{\infty} c_i (z - z_0)^i \tag{B.22}$$

onde os coeficientes c_i, para todo $i = 0, 1, \cdots, \infty$ são calculados alternativamente através de

$$c_i = \frac{1}{i!}\frac{d^i f}{dz^i}(z_0) = \frac{1}{2\pi j}\oint_C \frac{f(z)}{(z - z_0)^{i+1}} dz \tag{B.23}$$

sendo C uma curva fechada qualquer cujo interior está inteiramente contido em $\mathcal{D}$ e contém z_0. Esse resultado pode ser provado a partir da seguinte igualdade, que estabelece a convergência de série geométrica complexa, ou seja,

$$\frac{1}{1-z} = \sum_{i=0}^{\infty} z^i \tag{B.24}$$

para todo $z \in \mathbb{C}$ tais que $|z| < 1$. Note que, neste domínio, a fração do lado esquerdo de (B.24) é analítica. De fato, escolhendo C como sendo a circunferência $|z - z_0| = r < R$, podemos verificar com (B.24) que para s no seu interior, isto é, satisfazendo $|s - z_0| < r$, temos

$$\begin{aligned} \frac{1}{z-s} &= \frac{1}{z - z_0}\left(\frac{1}{1 - \frac{s-z_0}{z-z_0}}\right) \\ &= \sum_{i=0}^{\infty} \frac{(s - z_0)^i}{(z - z_0)^{i+1}} \end{aligned}$$

e, como consequência direta da fórmula integral de Cauchy (B.21), vem

$$\begin{aligned} f(s) &= \frac{1}{2\pi j}\oint_C \frac{f(z)}{z-s} dz \\ &= \frac{1}{2\pi j}\sum_{i=0}^{\infty}\oint_C \frac{f(z)}{(z - z_0)^{i+1}} dz \ (s - z_0)^i \end{aligned}$$

que nada mais é que o desenvolvimento (B.22) calculado em $z = s$. Uma conclusão interessante é que uma função analítica, em um determinado domínio, pode ser calculada através da expansão em série de Taylor desenvolvida em um ponto específico z_0, que converge para todo ponto interior de uma circunferência centrada em z_0, em cujo interior tal função mantém-se analítica. Tendo sido estabelecida a igualdade (B.22), o cálculo dos coeficientes c_i, através das derivadas sucessivas de $f(z)$ em $z = z_0$, é feito derivando-se sucessivamente o seu lado direito, fornecendo $f^{(i)}(z_0) = c_i i!$, que é exatamente (B.23).

Uma generalização importante da série de Taylor é a chamada série de Laurent, que é usada quando desejamos desenvolver uma função $f(z)$ em série de potências, porém em um ponto que pertence a uma região onde ela não é analítica.

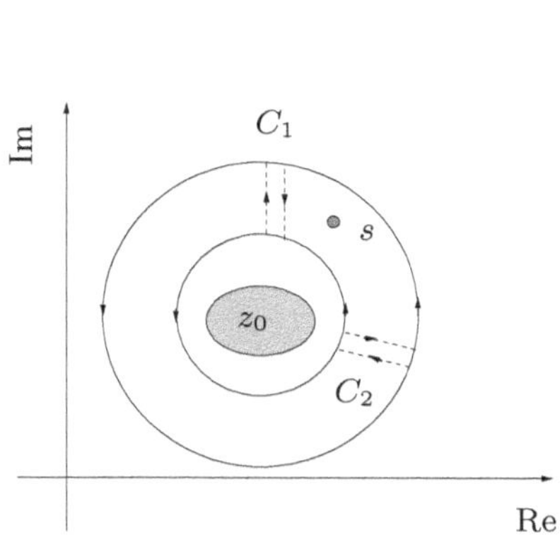

Figura B.3: Série de Laurent

O preço a ser pago é que, ao contrário da série de Taylor, a série de Laurent apresenta termos com potências negativas. Considere uma função $f(z)$ que é analítica no interior do anel $r < |z - z_0| < R$, então para todo z nesta região vale a igualdade

$$f(z) = \sum_{i=-\infty}^{\infty} c_i(z - z_0)^i \ , \quad c_i = \frac{1}{2\pi j} \oint_C \frac{f(z)}{(z - z_0)^{i+1}} dz \tag{B.25}$$

onde C é uma curva fechada inteiramente contida no anel onde $f(z)$ mantém-se analítica. A Figura B.3 mostra o anel delimitado pelas circunferências C_1 e C_2 definidas por $|z - z_0| = r_1 < R$ e $|z - z_0| = R_2 > r$, respectivamente, onde a função $f(z)$ é analítica. Como $f(z)/(z - s)$ deixa de ser analítica em $z = s$, podemos verificar graficamente que a fórmula integral de Cauchy fornece

$$f(s) = \frac{1}{2\pi j} \oint_{C_1} \frac{f(z)}{z - s} dz - \frac{1}{2\pi j} \oint_{C_2} \frac{f(z)}{z - s} dz \tag{B.26}$$

Como s está no interior do anel, $|s - z_0| < r_1$, a primeira integral pode ser calculada com o desenvolvimento em série de potências não negativas, como foi feito anteriormente. Para o cálculo da segunda integral a situação é diversa, mas ainda podemos usar a propriedade de convergência da série geométrica notando que para todo $z \in C_2$ e $|s - z_0| > R_2$ é assegurada como verdadeira a igualdade

$$\frac{1}{z - s} = - \frac{1}{s - z_0} \left(\frac{1}{1 - \frac{z - z_0}{s - z_0}} \right)$$

$$= -\sum_{i=0}^{\infty} \frac{(z-z_0)^i}{(s-z_0)^{i+1}}$$

$$= -\sum_{i=-\infty}^{-1} \frac{(s-z_0)^i}{(z-z_0)^{i+1}}$$

a qual, multiplicada por $f(z)$ e integrada sobre C, contida no interior do anel, fornece exatamente a série (B.25). Note que as curvas fechadas C_1 e C_2 podem ser trocadas por uma curva fechada C, desde que esta esteja inteiramente contida dentro do domínio onde $f(z)$ é analítica.

Um ponto z_0 é uma *singularidade isolada* se $f(z)$ for analítica na vizinhança de z_0, mas não for analítica em z_0. Essas funções podem ser representadas por uma série de Laurent desenvolvida em $z = z_0$. Por exemplo, a função exponencial $f(z) = e^z : \mathbb{C} \to \mathbb{C}$ é analítica em todos os pontos do seu domínio e pode ser desenvolvida em série de Taylor em $z = z_0 = 0$, ou seja,

$$e^z = \sum_{i=0}^{\infty} \frac{z^i}{i!}$$

Uma função racional $H(z) = N(z)/D(z)$ é analítica em todos os pontos do plano complexo à exceção dos pontos em que $D(z) = 0$, ou seja, os seu polos caracterizam singularidades isoladas. A função racional $f(z) = z/(z-1) : \mathbb{C} \to \mathbb{C}$ pode ser desenvolvida em série de Taylor em $z_0 = 2$ e a representa para todo $|z-2| < 1$. Em $z_0 = 1$, a representação da função no anel $0 < |z-1| < \infty$ requer uma série de Laurent que, neste caso, é dada por $f(z) = 1 + 1/(z-1)$.

Definição B.2 (Resíduo) *Seja $f(z)$ uma função analítica em um domínio $\mathcal{D} \subset \mathbb{C}$ e seja $z_0 \in \mathcal{D}$ um ponto singular isolado. O resíduo de $f(z)$ em z_0, denotado por $R(f, z_0)$, é o coeficiente c_{-1} da expansão em série de Laurent de $f(z)$ em $z = z_0$.*

A mais importante propriedade dos resíduos de uma função resulta da integração de $f(z)$ representada através de sua série de Laurent (B.25), sobre uma curva fechada contida em $\mathcal{D}$ e com z_0 pertencente ao seu interior, ou seja,

$$\oint_C f(z)dz = \sum_{i=-\infty}^{\infty} c_i \oint_C (z-z_0)^i dz = 2\pi j c_{-1} = 2\pi j R(f, z_0) \qquad \text{(B.27)}$$

pois as integrais indicadas podem ser calculadas, sem alterarmos seus respectivos valores, sobre a circunferência $|z - z_0| = r$, onde r assegura que seu interior esteja contido em $\mathcal{D}$. Consequentemente,

$$\oint_{|z-z_0|=r} (z-z_0)^i dz = jr^{i+1} \int_0^{2\pi} e^{j(i+1)\theta} d\theta = \begin{cases} 2\pi j & , \quad i=-1 \\ 0 & , \quad i \neq -1 \end{cases}$$

Conhecido o valor do resíduo em um determinado ponto singular isolado, o valor da integral sobre qualquer curva fechada que contenha esse ponto e em cujo interior ela se mantenha analítica é dado por (B.27). O *teorema dos Resíduos* de Cauchy generaliza essas considerações para funções que apresentam vários pontos singulares isolados. Seja $f(z)$ uma função analítica em $\mathcal{D}$, sendo $z_k \in \mathcal{D}$ para $k = 1, 2, \cdots, n$ seus pontos singulares isolados, a seguinte igualdade se verifica:

$$\oint_C f(z)dz = 2\pi j \sum_{k=1}^{r} R(f, z_k) \tag{B.28}$$

onde C é uma curva fechada, cujo interior está contido em $\mathcal{D}$ e contém os pontos singulares isolados $z_1, z_2, \cdots, z_r$. Em particular, se C for escolhida de tal maneira a não envolver nenhum ponto singular, a integral se anula, em conformidade com (B.20), pois C envolve uma região em que $f(z)$ permanece analítica.

Um exemplo importante de aplicação do teorema dos resíduos é o cálculo de integrais de funções racionais que são expressas na forma $f(z) = N(z)/D(z)$, onde $N(z)$ e $D(z)$ são polinômios com coeficientes reais e de graus m e n, respectivamente. Denotando z_k os seus pontos singulares isolados que satisfazem $D(z_k) = 0$, a decomposição em frações parciais permite escrever

$$f(z) = \sum_{k=1}^{n_d} \sum_{i=1}^{m_k} \frac{f_{ki}}{(z-z_k)^i}$$

sendo m_k a multiplicidade de z_k e n_d o número de polos distintos. A vantagem dessa decomposição é que os resíduos são dados por

$$R(f, z_k) = f_{k1} \ , \ k = 1, 2, \cdots, n_d \tag{B.29}$$

o que viabiliza o cálculo, de maneira bastante simples, da integral da função sobre qualquer curva fechada, segundo estabelecido em (B.28). A decomposição em frações parciais fornece como subproduto os resíduos em todos os polos da função racional dada.

Em diversas situações é importante sabermos calcular a imagem $\mathcal{F}$ de um determinado domínio $\mathcal{D}$ através de uma função $T(z)$ dada, isto é:

$$\mathcal{F} = \{T(z) \ : \ \forall z \in \mathcal{D}\} \tag{B.30}$$

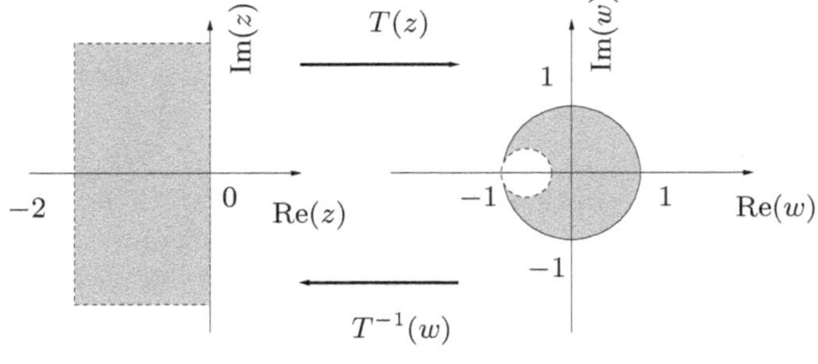

Figura B.4: Transformação bilinear

Essa operação tem especial importância quando ela admite inversa e quando a função $T(z)$ for analítica em $\mathcal{D}$. Neste caso, se $T'(z) \neq 0$ em todos os pontos de $\mathcal{D}$, o resultado é conhecido como *mapeamento conforme*, pois ângulos e sentidos de percurso em $\mathcal{D}$ são exatamente preservados em $\mathcal{F}$. Nosso interesse específico recai sobre a determinação do mapeamento do semiplano esquerdo do plano complexo $\mathcal{D} = \{z : \text{Re}(z) \leq 0\}$ através da chamada transformação bilinear, assim definida:

$$w = T(z) = \frac{1+z}{1-z} \Longleftrightarrow z = T^{-1}(w) = \frac{w-1}{w+1} \tag{B.31}$$

onde está claro que $T(z)$ é analítica em todos os pontos do plano complexo, à exceção de $z = 1$, e a sua inversa $T^{-1}(w)$ existe e é analítica desde que $w \neq -1$. Para determinarmos $\mathcal{F}$, decompomos $\mathcal{D}$ em um conjunto de retas verticais $z = \sigma + j\omega$ com $\sigma \leq 0$ fixo e $\omega \in (-\infty, \infty)$. Sem dificuldades, determinamos $w = u + jv$, onde

$$u = \frac{1 - \sigma^2 - \omega^2}{(1-\sigma)^2 + \omega^2}, \quad v = \frac{2\omega}{(1-\sigma)^2 + \omega^2}$$

e, após algumas manipulações simples, mas tediosas, verificamos que

$$\left(u - \frac{\sigma}{1-\sigma}\right)^2 + v^2 = \left(\frac{1}{1-\sigma}\right)^2$$

o que nos permite afirmar que o seu mapeamento através de $T(z)$ resulta em uma circunferência com centro e raio que só dependem de σ. A conclusão é que o eixo imaginário ($\sigma = 0$) é mapeado na circunferência, de raio unitário, centrada na origem. Conforme σ assume valores negativos o mapeamento resulta em novas circunferências que tangenciam o ponto $w = -1 + j0$, mas que sempre se situam internamente ao círculo unitário. Portanto, o resultado do mapeamento é $\mathcal{F} = \{w \ : \ |w| \leq 1\}$. A Figura B.4 mostra, como ilustração, o mapeamento de uma faixa contida no semiplano esquerdo complexo em uma região completamente inserida dentro do círculo unitário. Cabe, finalmente, observar que o ponto $w = -1+j0$ no qual a transformação inversa deixa de existir não é exatamente atingido pois é o resultado limite do mapeamento de $z = \sigma + j\omega$ para qualquer $\sigma \leq 0$ e $|\omega| \to \infty$, tendo em vista que o domínio $\mathcal{D}$ é aberto e ilimitado.

Bibliografia

[1] M. Alonso e E. J. Finn, *Física: Um Curso Universitário*, vol. I e II, Edgard Blücher, São Paulo, 1972.

[2] V. I. Arnold, *Métodos Matemáticos da Mecânica Clássica*, Mir, Moscou, 1987.

[3] I. Barbi e D. C. Martins, *Eletrônica de Potência: Conversores CC-CC Básicos Não Isolados*, Edição dos Autores, 2000.

[4] R. Bellman, *Introduction to Matrix Analysis*, 2nd edition, McGraw-Hill, New York, 1970.

[5] C. P. Bottura, *Análise Linear de Sistemas*, Guanabara Dois, Rio de Janeiro, 1982.

[6] Y. Burian Jr., *Circuitos Elétricos*, Edição do Autor, 1991.

[7] P. B. L. Castrucci e L. Batista, *Controle Linear - Método Básico*, vol. I, Edgard Blücher, São Paulo, 1980.

[8] D. K. Cheng, *Analysis of Linear Systems*, Addison-Wesley, Reading, MA, 1972.

[9] P. Colaneri, J. C. Geromel and A. Locatelli, *Control Theory and Design: An RH_2 and RH_∞ Viewpoint*, Academic Press, London, 1997.

[10] G. Doetsch, *Introduction to the Theory and Application of the Laplace Transformation*, Springer-Verlag, Berlin, 1974.

[11] A. C. Faleiros e T. Yoneyama, *Teoria Matemática de Sistemas*, Arte & Ciência, São Paulo, 2002.

[12] D. G. de Figueiredo e A. F. Neves, *Equações Diferenciais Aplicadas*, Coleção Matemática Universitária, IMPA, Rio de Janeiro, 1997.

[13] G. F. Franklin and J. D. Powell, *Digital Control of Dynamic Systems*, Addison-Wesley, Reading, MA, 1980.

[14] J. C. Geromel, Optimal Linear Filtering Under Parameter Uncertainty, *IEEE Transactions on Signal Processing*, vol. 47, pp. 168–175, 1999.

[15] D. Halliday, R. Resnick and J. Walker, *Fundamentals of Physics Extended*, 5th edition, John Wiley & Sons, New York, 1997.

[16] E. M. Hemerly, *Controle por Computador de Sistemas Dinâmicos*, 2ª edição, Edgard Blücher, São Paulo, 2000.

[17] R. A. Horn and C. R. Johnson, *Matrix Analysis*, Cambridge University Press, Cambridge, 1985.

[18] W. C. Johnson, *Linhas de Transmissão e Circuitos*, Guanabara Dois, Rio de Janeiro, 1980.

[19] W. Kaplan, *Advanced Calculus*, 6th edition, Addison-Wesley, Reading, MA, 1971.

[20] P. C. Krause, *Analysis of Electric Machinery*, McGraw-Hill, New York, 1986.

[21] E. Kreyszig, *Advanced Engineering Mathematics*, 7th edition, John Wiley & Sons, New York, 1993.

[22] D. G. Luenberger, *Introduction to Dynamic Systems: Theory, Models & Applications*, John Wiley & Sons, New York, 1979.

[23] A. Monticelli e A. Garcia, *Introdução a Sistemas de Energia Elétrica*, Editora da Unicamp, Campinas, 2000.

[24] N. Piskunov, *Calculo Diferencial e Integral*, vol. I e II, 2ª edición, Mir, Moscou, 1973.

[25] M. H. Simonsen, *Ensaios Analíticos*, Editora da Fundação Getúlio Vargas, Rio de Janeiro, 1994.

[26] G. R. Slemon, *Magnetoelectric Devices: Transducers, Transformers and Machines*, John Wiley & Sons, New York, 1966.

[27] M. W. Spong and M. Vidyasagar, *Robot Dynamics and Control*, John Wiley & Sons, New York, 1989.

[28] K. Symon, *Mechanics*, $2^{\underline{nd}}$ edition, Addison-Wesley, Reading, MA, 1967.

[29] M. Vidyasagar, *Nonlinear Systems Analysis*, $2^{\underline{nd}}$ edition, Prentice-Hall, Upper Saddle River, NJ, 1993.

Índice